高等学校专业教材

上海高校市级精品课程配套教材

食品安全与卫生学

白晨　黄玥　编著

中国轻工业出版社

图书在版编目（CIP）数据

食品安全与卫生学/白晨，黄玥编著. —北京：中国轻
工业出版社，2022.1
普通高等教育"十二五"规划教材
上海高校市级精品课程配套教材
ISBN 978-7-5019-9482-3

Ⅰ.①食…　Ⅱ.①白…②黄…　Ⅲ.①食品加工－质量
控制－高等学校－教材②食品卫生－高等学校－教材　Ⅳ.
①TS201.6

中国版本图书馆 CIP 数据核字（2013）第 245943 号

责任编辑：伊双双

策划编辑：伊双双　　　　责任终审：劳国强　　　　封面设计：锋尚设计
版式设计：宋振全　　　　责任校对：吴大朋　　　　责任监印：张　可

出版发行：中国轻工业出版社（北京东长安街 6 号，邮编：100740）
印　　刷：三河市万龙印装有限公司
经　　销：各地新华书店
版　　次：2022 年 1 月第 1 版第 6 次印刷
开　　本：787×1092　1/16　　　　印张：17
字　　数：392 千字
书　　号：ISBN 978-7-5019-9482-3　　　定价：34.00 元
邮购电话：010-65241695
发行电话：010-85119835　传真：85113293
网　　址：http://www.chlip.com.cn
Email：club@chlip.com.cn
如发现图书残缺请与我社邮购联系调换
220125J1C106ZBW

前　言

食品安全与卫生是关系到人民健康和国计民生的重大问题。食品的原料生产、初加工、深加工、运输、储藏、销售、消费等环节都存在着许多不安全卫生因素，例如，工农业生产带来的各种污染，不科学的生产技术，不规范的生产方式，不良的饮食习惯，不道德、不守法的商业行为，对食品的安全性认识缺乏等。

2009 年我国第一部食品安全法出台，相比使用多年的《中华人民共和国食品卫生法》，更加重视食品的安全评估，法规内容更加与世界接轨。因此，针对国家经济的发展，政府法规的更新，在食品相关专业的高等教育中进行教学内容、教材的改革势在必行。

本教材结合多年食品质量与安全专业的教学经验，由高校教师与企业专家共同完成编写。全书共分四部分。绪论：阐述了基本概念，食品安全与卫生学的主要内容，食品安全与卫生学的形成与发展，食品安全的重要性及国内外食品安全现状、展望等；第一篇：食品安全危害因素及食物中毒；第二篇：食品安全卫生与食品加工；第三篇：食品安全管理与控制。本教材力求对影响食品安全与卫生的各种因素、污染途径、对人体的危害、防护措施、法律、法规等进行详细阐述，每章最后都附有思考题，归纳一章内容的重点和难点。

本教材适宜食品质量与安全、食品科学与工程、食品经济管理等专业本科学生使用。

由于本教材涉及的学科跨度较大，难免有不足之处，衷心希望所有的读者能够指出不足并提出宝贵建议，在本书再版时将充分考虑这些建议。

本书在撰写过程中引用了国内外公开发表的文献，在此向文献原著者表示感谢。并感谢中国轻工业出版社的支持及责任编辑为本书的出版所付出的辛勤劳动。

编者
2014 年 5 月

目　录

绪论 ……………………………………………………………………（ 1 ）

　　一、基本概念 …………………………………………………………（ 1 ）

　　二、食品安全与卫生学的主要内容 …………………………………（ 3 ）

　　三、食品安全与卫生学的形成与发展 ………………………………（ 4 ）

　　四、食品安全的重要性及国内外食品安全现状 ……………………（ 6 ）

　　五、展望 ………………………………………………………………（ 9 ）

第一篇　食品安全危害因素及食物中毒 ……………………………（ 11 ）

第一章　生物性危害 ……………………………………………………（ 11 ）

第一节　食品细菌危害与腐败变质 …………………………………（ 12 ）

　　一、常见细菌性污染的菌属及其危害 ………………………………（ 12 ）

　　二、细菌生长繁殖的条件 ……………………………………………（ 13 ）

　　三、细菌的芽孢和毒素 ………………………………………………（ 14 ）

　　四、控制细菌的生长繁殖 ……………………………………………（ 14 ）

　　五、食品腐败变质 ……………………………………………………（ 14 ）

　　六、食品细菌污染指标及其卫生学意义 ……………………………（ 17 ）

第二节　食源性疾病与食物中毒 ……………………………………（ 18 ）

　　一、食源性疾病的概念 ………………………………………………（ 18 ）

　　二、食物中毒 …………………………………………………………（ 19 ）

第三节　细菌性食物中毒 ……………………………………………（ 21 ）

　　一、概述 ………………………………………………………………（ 21 ）

　　二、沙门菌属食物中毒 ………………………………………………（ 26 ）

　　三、副溶血性弧菌食物中毒 …………………………………………（ 27 ）

　　四、单核细胞李斯特菌食物中毒 ……………………………………（ 28 ）

　　五、大肠杆菌食物中毒 ………………………………………………（ 29 ）

　　六、空肠弯曲菌食物中毒 ……………………………………………（ 30 ）

　　七、金黄色葡萄球菌食物中毒 ………………………………………（ 31 ）

　　八、肉毒梭菌食物中毒 ………………………………………………（ 32 ）

　　九、志贺菌属食物中毒 ………………………………………………（ 34 ）

　　十、小肠结肠耶尔森菌食物中毒 ……………………………………（ 35 ）

　　十一、其他细菌引起的食物中毒 ……………………………………（ 35 ）

第四节　食品真菌危害与食物中毒 …………………………………（ 36 ）

　　一、真菌及其毒素 ……………………………………………………（ 36 ）

　　二、黄曲霉毒素 ………………………………………………………（ 38 ）

三、赭曲霉毒素 A ………………………………………………… （40）

四、展青霉素 ……………………………………………………… （41）

五、脱氧雪腐镰刀菌烯醇 ………………………………………… （42）

六、T-2 毒素 ……………………………………………………… （43）

七、毒蕈中毒 ……………………………………………………… （44）

八、霉变甘蔗中毒 ………………………………………………… （46）

第五节　致病性病毒及其危害 …………………………………… （47）

一、急性胃肠炎病毒 ……………………………………………… （47）

二、肝炎病毒 ……………………………………………………… （54）

三、疯牛病病毒(朊病毒) ………………………………………… （59）

四、SARS 冠状病毒 ……………………………………………… （60）

五、禽流感病毒 …………………………………………………… （60）

第六节　食源性寄生虫及其危害 ………………………………… （61）

一、囊尾蚴 ………………………………………………………… （61）

二、旋毛虫 ………………………………………………………… （62）

三、龚地弓形虫 …………………………………………………… （62）

四、并殖吸虫病(肺吸虫病) ……………………………………… （63）

五、其他寄生虫 …………………………………………………… （64）

思考题 ……………………………………………………………… （66）

第二章　化学性危害 ……………………………………………… （67）

第一节　动植物中的天然有毒物质 ……………………………… （67）

一、动植物天然有毒物质的定义及种类 ………………………… （67）

二、动植物天然有毒物质的中毒条件 …………………………… （69）

三、含天然有毒物质的植物 ……………………………………… （70）

四、含天然有毒物质的动物 ……………………………………… （74）

第二节　环境污染的危害物质 …………………………………… （80）

一、大气污染 ……………………………………………………… （80）

二、水体污染 ……………………………………………………… （82）

三、土壤污染 ……………………………………………………… （86）

四、环境激素 ……………………………………………………… （90）

五、放射性污染物 ………………………………………………… （91）

第三节　化学物质应用的安全性 ………………………………… （92）

一、农药残留 ……………………………………………………… （93）

二、兽药残留 ……………………………………………………… （99）

三、食品添加剂的安全性 ………………………………………… （103）

第四节　多种因素产生的危害物质 ……………………………… （107）

一、N-亚硝基化合物污染及其预防 …………………………… （107）

二、多环芳烃化合物污染及其预防 ……………………………… （113）

三、杂环胺类化合物污染及其预防 ……………………………… （115）

四、二噁英污染及其预防 ……………………………………………（120）

第五节　容器和包装材料污染 ……………………………………（122）

一、塑料及其卫生问题 ………………………………………………（123）

二、橡胶制品及其卫生问题 …………………………………………（126）

三、涂料及其卫生问题 ………………………………………………（128）

四、陶瓷、搪器及其卫生问题 ………………………………………（129）

五、不锈钢、铝制品和玻璃制品及其卫生问题 ……………………（130）

六、包装纸、复合包装材料及其卫生问题 …………………………（130）

七、食品容器、包装材料和食品用工具设备的卫生管理 …………（131）

思考题 …………………………………………………………………（131）

第二篇　食品安全卫生与食品加工 ……………………………（133）

第三章　食品企业建筑与设施卫生 ……………………………（133）

第一节　食品企业选址与建筑 ……………………………………（133）

一、食品工厂设计 ……………………………………………………（133）

二、食品工厂的卫生设施 ……………………………………………（136）

第二节　食品企业安全卫生管理 …………………………………（136）

一、建立卫生管理机构 ………………………………………………（137）

二、设施的维修和保养 ………………………………………………（137）

三、工具设备的清洗和消毒 …………………………………………（138）

四、灭鼠、灭蝇、灭蟑 ………………………………………………（138）

五、有害有毒物的管理 ………………………………………………（139）

六、饲养动物的管理 …………………………………………………（139）

七、污水、污物的处理 ………………………………………………（140）

八、副产品的管理 ……………………………………………………（140）

九、卫生设施和工作服的管理 ………………………………………（140）

思考题 …………………………………………………………………（141）

第四章　食品生产中的安全与卫生 ……………………………（142）

第一节　原料的选择与采购 ………………………………………（142）

一、供应商的选择 ……………………………………………………（142）

二、查验有关票证 ……………………………………………………（142）

三、开展质量验收 ……………………………………………………（143）

四、做好进货台账 ……………………………………………………（144）

第二节　食品加工的卫生安全 ……………………………………（144）

一、食品生产加工过程中严禁的行为 ………………………………（144）

二、食品企业注意事项 ………………………………………………（145）

三、食品加工卫生与安全要求 ………………………………………（146）

思考题 …………………………………………………………………（146）

第五章　食品贮运中的安全与卫生 ……………………………（147）

第一节　食品原料、成品的运输 ……………………………………（147）

一、运输对食品质量的影响 …………………………………（147）

二、食品的冷藏运输 …………………………………………（148）

三、食品的运输组织 …………………………………………（149）

第二节　食品原料、成品的贮存 ……………………………………（149）

一、低温保藏与食品安全 ……………………………………（150）

二、高温杀菌保藏与食品安全 ………………………………（152）

三、食品腌渍和烟熏保藏与食品安全 ………………………（155）

四、食品化学保藏与食品安全 ………………………………（158）

五、食品辐照保藏与食品安全 ………………………………（160）

六、脱水与干燥保藏 …………………………………………（163）

七、气体保藏 …………………………………………………（164）

第三节　食品原料、成品的包装 ……………………………………（165）

一、食品包装材料的分类 ……………………………………（166）

二、食品包装的作用 …………………………………………（166）

三、食品包装的卫生安全要求 ………………………………（166）

思考题 ……………………………………………………………（168）

第三篇　食品安全管理与控制 ………………………………………（169）

第六章　各类食品的卫生管理 ………………………………………（169）

第一节　粮豆的卫生及管理 …………………………………………（169）

一、粮豆的主要卫生问题 ……………………………………（169）

二、粮豆的卫生管理 …………………………………………（170）

第二节　蔬菜和水果的卫生及管理 …………………………………（171）

一、蔬菜和水果的主要卫生问题 ……………………………（171）

二、蔬菜和水果的卫生管理 …………………………………（172）

第三节　畜、禽肉类食品的卫生及管理 ……………………………（173）

一、畜肉的卫生及管理 ………………………………………（173）

二、禽类的卫生及管理 ………………………………………（179）

第四节　水产品的卫生及管理 ………………………………………（179）

一、鱼类的主要卫生问题 ……………………………………（180）

二、鱼类食品的卫生管理 ……………………………………（180）

第五节　乳制品的卫生及管理 ………………………………………（181）

一、奶源的卫生及管理 ………………………………………（181）

二、鲜乳的卫生及管理 ………………………………………（181）

三、乳制品的卫生要求 ………………………………………（183）

第六节　食用油脂的卫生及管理 ……………………………………（184）

一、食用油脂的加工方法 ……………………………………（184）

二、食用油脂的主要卫生问题 ………………………………（185）

　　三、食用油脂的卫生管理 ································· (188)

第七节　饮料类的卫生及管理 ·························· (188)

　　一、冷饮食品 ····································· (188)

　　二、酒类 ······································· (192)

第八节　调味品的卫生及管理 ·························· (196)

　　一、酱油类调味品的卫生及管理 ························ (196)

　　二、食醋的卫生及管理 ····························· (198)

　　三、食盐的卫生及管理 ····························· (198)

第九节　罐头食品的卫生及管理 ························· (199)

　　一、罐头食品生产的卫生 ··························· (200)

　　二、罐头食品的卫生及管理 ·························· (203)

第十节　糕点类食品的卫生及管理 ······················ (203)

　　一、原辅料的卫生及管理 ··························· (203)

　　二、生产场所及从业人员的卫生及管理 ··················· (204)

　　三、加工过程中的卫生及管理 ························· (204)

　　四、运输、贮存及销售的卫生及管理 ···················· (205)

　　五、糕点出厂前的卫生及管理 ························· (205)

第十一节　食糖、蜂蜜、糖果的卫生及管理 ·················· (205)

　　一、食糖的卫生及管理 ····························· (205)

　　二、蜂蜜的卫生及管理 ····························· (206)

　　三、糖果的卫生及管理 ····························· (206)

第十二节　方便食品的卫生及管理 ······················ (207)

　　一、方便食品的种类及特点 ·························· (207)

　　二、方便食品的卫生及管理 ·························· (208)

第十三节　转基因食品的卫生及管理 ····················· (209)

　　一、转基因食品的安全性评价 ························· (209)

　　二、转基因食品的卫生和安全管理 ····················· (211)

　思考题 ·· (211)

第七章　食品安全监督管理 ··························· (212)

第一节　概述 ···································· (212)

　　一、食品安全监督管理的概念 ························· (212)

　　二、食品安全监督管理体系 ·························· (212)

　　三、食品安全监督管理的内容 ························· (213)

第二节　食品生产加工过程的卫生管理 ···················· (214)

　　一、概述 ······································· (214)

　　二、食品良好生产规范 ····························· (215)

　　三、HACCP 系统 ································· (221)

　　四、卫生标准操作程序(SSOP) ······················· (225)

第三节　其他行业的卫生监督管理 ······················ (235)

一、食品市场的卫生管理 ……………………………………………………………（235）

二、餐饮业卫生管理 ……………………………………………………………………（239）

思考题 …………………………………………………………………………………………（242）

第八章　食品安全性评价 ………………………………………………………………（243）

第一节　概述 ……………………………………………………………………………（243）

一、制定毒理学安全性评价程序的意义 ……………………………………………（243）

二、毒理学的基本概念 …………………………………………………………………（243）

第二节　毒理学安全性评价程序的内容 ………………………………………………（245）

一、毒理学安全性评价程序的运用原则 ……………………………………………（245）

二、毒理学安全性评价程序的基本内容 ……………………………………………（246）

第三节　食品毒理学安全性评价程序 …………………………………………………（249）

一、食品毒理学安全性评价程序适用范围 …………………………………………（249）

二、食品毒理学安全性评价程序对受试物的要求 …………………………………（249）

三、食品毒理学安全性评价试验的四个阶段内容及选用原则 …………………（249）

第四节　食品毒理学安全性评价试验 …………………………………………………（251）

一、急性毒性试验 ………………………………………………………………………（251）

二、急性联合毒性试验 …………………………………………………………………（253）

三、鼠伤寒沙门菌回复突变试验（Ames 试验）……………………………………（253）

四、小鼠骨髓细胞微核试验 ……………………………………………………………（254）

五、骨髓细胞染色体畸变分析 …………………………………………………………（254）

六、小鼠精子畸形试验 …………………………………………………………………（255）

七、致畸试验 ……………………………………………………………………………（255）

八、30d 和 90d 喂养试验 ………………………………………………………………（256）

九、繁殖试验 ……………………………………………………………………………（256）

十、代谢试验 ……………………………………………………………………………（257）

十一、慢性毒性和致癌试验 ……………………………………………………………（258）

第五节　食品毒理学安全性评价试验结果的判定 …………………………………（258）

一、各项毒理学试验结果的判定 ………………………………………………………（258）

二、食品毒理学安全性评价时需要考虑的因素 ……………………………………（259）

思考题 …………………………………………………………………………………………（260）

参考文献 ………………………………………………………………………………………（261）

绪　论

"国以民为本，民以食为天，食以安为先"。这十五个字可以从治国安民的古训中寻找或提炼出来，它道出了食品安全与卫生的极端重要性。有史以来，人们一直寻找和追求安全且富有营养的美味佳肴，然而，自然界一直存在着有毒有害物质，时刻都有可能混入食品，危及人们的健康与生命安全，特别是近代工农业发展对环境的破坏和污染，使这种情形变得更加严峻。同时，随着食品生产和人们生活的现代化，食品的生产规模日益扩大，人们对食品的消费方式逐渐向社会化转变，从而使食品安全事件的影响范围急剧扩大。

无论在国外还是在国内，消费者对食品的安全都忧心忡忡。然而，食品安全问题不像一般的急性传染病那样，会随着国家经济的发展、人民生活水平的提高、卫生条件的改善以及计划免疫工作的持久开展而得到有效的控制。相反，随着新技术和化学品的广泛使用，食品安全问题将日益严峻。不论发达国家还是发展中国家，不论食品安全监管制度完善与否，都普遍面临食品安全问题。因此，食品安全已成为当今世界各国关注的焦点，近几年由食品安全问题造成的全球性食品恐慌事件足以说明这一点。

一、基本概念

（一）食品安全

根据 1996 年世界卫生组织（WHO）的定义，食品安全是对食品按其原定用途进行制作和食用时不会使消费者受害的一种担保，它主要是指在食品的生产和消费过程中没有达到危害程度的一定剂量的有毒、有害物质或因素的加入，从而保证人体按正常剂量和以正确方式摄入这样的食品时不会受到急性或慢性的危害，这种危害包括对摄入者本身及其后代的不良影响。

有学者将上述定义称为狭义的"食品安全"。相对而言，广义的食品安全除包括狭义食品安全所有的内涵以外，还包括由于食品中某种人体必需营养成分的缺乏或营养成分的相互比例失调，人们长期摄入这类食品后所出现的健康损伤。

（二）食品卫生

根据 1996 年世界卫生组织的定义，食品卫生是指"为确保食品安全性和适合性在食物链的所有阶段必须采取的一切条件和措施"。卫生的英文 Sanitation 一词来源于拉丁文"sanitas"，意为健康。对食品而言，食品卫生旨在创造和维持一个清洁并且有利于健康的环境，使食品生产和消费在其中进行有效的卫生操作。

过去曾将食品安全这一概念同食品中的化学危害物联系在一起，将食品卫生同食源性致病微生物联系在一起，这种区分方式已被学术界抛弃。目前对于食品安全和食品卫生两个概念的内涵与外延学术界还没有一个统一的认识，常常出现混淆。事实上，按照世界卫生组织 1996 年在《加强国家级食品安全性计划指南》一文对它们定义的分别表达，也很难将它们严格区分。因此，有待于相关专家对此作进一步的讨论和规范。

（三）食品质量

食品是人类食用的物品，包括天然食品和加工食品。天然食品是指在大自然中生长的、未经加工制作、可供人类食用的物品，如水果、蔬菜、谷物等；加工食品是指经过一定的工艺进行加工后生产出来的以供人们食用或者饮用为目的的制成品，如大米、小麦粉、果汁饮料等，但不包括以治疗为目的的药品。

食品质量是由各种要素组成的。这些要素被称为食品所具有的特性，不同的食品特性各异。因此，食品所具有的各种特性的总和，便构成了食品质量的内涵。按照国家标准 GB/T19000—2000（ISO9000：2000）对质量的定义，可以将食品质量规定为：食品的一组固有特性满足要求的程度。

"要求"可以包括安全性、营养性、可食用性、经济性等几个方面。食品的安全性是指食品在消费者食用、储运、销售等过程中，保障人体健康和安全的能力。食品的营养性是指食品对人体所必需的各种营养物质、矿物质元素的保障能力。食品的可食用性是指食品可供消费者食用的能力。任何食品都具有其特定的可食用性。食品的经济性指食品在生产、加工等各方面所付出或所消耗成本的程度。

（四）食品安全概念分析

从目前的研究情况看，在食品安全概念的理解上，国际社会已经基本形成以下共识。

1. 食品安全是个综合概念

作为种概念，食品安全包括食品卫生、食品质量、食品营养等相关方面的内容和食品（食物）种植、养殖、加工、包装、贮藏、运输、销售、消费等环节。而作为属概念的食品卫生、食品质量、食品营养等（通常被理解为部门概念或者行业概念），均无法涵盖上述全部内容和全部环节。

2. 食品安全是个社会概念

与卫生学、营养学、质量学等学科概念不同，食品安全是个社会治理概念。不同国家以及不同时期，食品安全所面临的突出问题和治理要求有所不同。在发达国家，食品安全所关注的主要是因科学技术发展所引发的问题，如转基因食品对人类健康的影响；而在发展中国家，食品安全所侧重的则是市场经济发育不成熟所引发的问题，如假冒伪劣、有毒有害食品的非法生产经营。我国的食品安全问题则包括上述全部内容。

3. 食品安全是个政治概念

无论是发达国家，还是发展中国家，食品安全都是企业和政府对社会最基本的责任和必须做出的承诺。食品安全与生存权紧密相连，具有唯一性和强制性，通常属于政府保障或者政府强制的范畴。而食品质量等往往与发展权有关，具有层次性和选择性，通常属于商业选择或者政府倡导的范畴。近年来，国际社会逐步以食品安全的概念替代食品卫生、食品质量的概念，更加突显了食品安全的政治责任。

4. 食品安全是个法律概念

进入 20 世纪 80 年代以来，一些国家以及有关国际组织从社会系统工程建设的角度出发，逐步以食品安全的综合立法替代卫生、质量、营养等要素立法。1990 年英国颁布了《食品安全法》，2000 年欧盟发表了具有指导意义的《食品安全白皮书》，2003 年日本制定了《食品安全基本法》。部分发展中国家也制定了《食品安全法》。综合型的《食品安全法》逐步替代要素型的《食品卫生法》、《食品质量法》、《食品营养法》等，反映了时代发展的要求。

基于以上认识，食品安全的概念可以表述为：食品（食物）的种植、养殖、加工、包装、贮藏、运输、销售、消费等活动符合国家强制标准和要求，不存在可能损害或威胁人体健康的有毒有害物质以导致消费者病亡或者危及消费者及其后代的隐患。该概念表明，食品安全既包括生产安全，也包括经营安全；既包括结果安全，也包括过程安全；既包括现实安全，也包括未来安全。

（五）食品安全和其他基本概念之间的关系

关于食品安全、食品卫生、食品质量的概念以及三者之间的关系，有关国际组织在不同文献中有不同的表述，国内专家、学者对此也有不同的认识。1996 年 WHO 将食品安全界定为"对食品按其原定用途进行制作、食用时不会使消费者健康受到损害的一种担保"；将食品卫生界定为"为确保食品安全性和适用性在食物链的所有阶段必须采取的一切条件和措施"；食品质量指食品满足消费者明确的或者隐含的需要的特性。

食品安全与食品卫生：食品安全是种概念，食品卫生是属概念。食品卫生具有食品安全的基本特征，包括结果安全（无毒无害，符合应有的营养等）和过程安全，即保障结果安全的条件、环境等安全。食品安全和食品卫生的区别：一是范围不同，食品安全包括食品（食物）的种植、养殖、加工、包装、贮藏、运输、销售、消费等环节的安全，而食品卫生通常并不包含种植养殖环节的安全；二是侧重点不同，食品安全是结果安全和过程安全的完整统一，食品卫生虽然也包含上述两项内容，但更侧重过程安全。

食品安全与食品质量：食品安全是指食物有损于消费者健康的急性或慢性危害，食品安全问题没有协商的余地。食品质量涉及对消费者而言的其他性状，即食品的使用价值，有正面的性状，如风味、颜色、质地等，也有负面性状，如腐败性、变色、变味等。明确区分食品质量与食品安全涉及相关政策的制定，以及食品管理体系的内容和构架。

从以上分析可以看出，食品安全、食品卫生、食品质量的关系，三者之间绝不是相互平行，也绝不是相互交叉的。食品安全包括食品卫生与食品质量，食品卫生与食品质量之间存在着一定的交叉。以食品安全的概念涵盖食品卫生、食品质量的概念，并不是否定或者取消食品卫生、食品质量的概念，而是在更加科学的体系下，以更加宏观的视角，来看待食品卫生和食品质量工作。例如，以食品安全来统筹食品标准，就可以避免目前食品卫生标准、食品质量标准、食品营养标准之间的交叉与重复。

二、食品安全与卫生学的主要内容

食品安全与卫生学是研究食品中存在或从环境可能进入食品、能威胁人体健康的有害物质和因素及其评价方法、预防与控制措施，以提高食品卫生质量，保证食用者安全的学科。它的研究内容主要有食品原料的生产、加工、贮运和产品销售与消费整个过程中可能存在的主要有害物质和因素的种类、来源、性质、作用、含量水平、监督管理以及预防与控制措施，各类食品的主要安全与卫生问题，特别是食物中毒及其预防、控制和管理等。

（一）食品的污染问题和食物中毒等食源性疾病及其预防

主要阐明食品中可能存在的有害因素的种类、来源、性质、数量和污染食品的程度，对人体健康的影响与机制，以及这些影响发生、发展和控制的规律，为制定防止食品受到有害因素污染的预防措施提供依据。根据污染食品有害因素的性质可将其概括为生物性、化学性及物理性污染。食源性疾病是由摄食进入人体的各种致病因素引起、通常具有感染性质或中毒性质的一类疾病，食物中毒是最常见的食源性疾病。根据病原物的不同可将食物中毒分成细菌性食物中毒、真菌及其毒素食物中毒、动物性食物中毒、有毒植物中毒及化学性食物中毒。食品安全与卫生学要重点阐明各种食物中毒发生的病因、流行病学特点、发病机制、中毒表现及预防措施等。

(二) 食品生产加工中的安全卫生问题

主要阐明食品企业建筑与设施卫生、食品生产储运中的安全与卫生问题。

(三) 各类食品的卫生问题

根据食物的来源及其理化特性可将食品分成植物性、动物性及加工食品，各类食品在生产、运输、贮存及销售等各环节可能会受到有毒有害物质的污染，研究不同食品易出现的特有卫生问题，有利于采取针对性的预防措施和进行卫生监督管理，从而保证食用者的安全。除上述三类主要食品外，随着科技发展及人们保健意识的增强，一些新型食品，如转基因食品、保健食品、新资源食品等大量涌向市场，对这些食品存在的卫生问题及食用安全性的评价也是食品卫生学研究的新问题。

(四) 食品卫生监督管理

食品卫生监督管理是保证食品卫生的重要手段，即要运用科学技术、道德规范、法律规范等手段来保证食品的安全卫生。我国的食品卫生法律体系是由食品卫生法及其派生法规、行政法规、地方性法规、行政条例规定、食品卫生标准以及其他规范性文件共同构成的，其中食品卫生法是法律性总规范。食品卫生标准是制定食品是否符合卫生要求的重要技术依据，制定和修订各项食品卫生标准及食品中有毒物质限量标准是保护消费者健康和促进食品公平国际贸易的重要保障。此外，加强食品生产企业自身卫生管理也是保证食品卫生质量的重要手段，食品良好生产规范（good manufacturing practice，GMP）管理、危害分析与关键控制点（hazard analysis critical control points，HACCP）体系等的实施均是食品生产加工过程的卫生管理体系。

三、食品安全与卫生学的形成与发展

食品安全与卫生学的发展经历了漫长的历史过程。食品安全与卫生知识，源于对食品与自身健康关系的观察与思考。人类在远古时期学会了使用火对食物进行加热制备的方法，古代发明了食物干燥方法，几千年前发明了酿造等方法，这些方法除了有利于改善食品风味或延长食品贮藏期以外，还是有效的保障食品安全的方法，这些标志着古典食品安全与卫生学的建立与发展。

中国早在3000年前的周朝，人们就知道通过控制一定的卫生条件，可酿造出酒、醋、酱油等发酵产品，而且设置了"凌人"，专司食品的冷藏防腐，说明当时人们已经注意到降低食品的贮藏温度可延缓食品的腐败变质。春秋时，人们已知食物的新鲜、清洁、烹饪和食物取材是否成熟等与人体健康有关，如《论语·乡党》中有所谓"食不厌精，脍不厌细。食饐而餲，鱼馁而肉败，不食。色恶，不食。臭恶，不食。失饪，不食。不时，不食。"到了唐代，更有《唐律》规定了处理腐败变质食品的法律准则，如"脯肉有毒曾经病人，有余者速焚之，违者杖九十；若故与人食，并出卖令人病者徒一年；以故知死者，绞。"说明当时已认识到腐败变质的食品能导致人的食物中毒并可能引起死亡。在古代的医学典籍中，也有不少关于食品卫生方面的论述，如孙思邈在《千金翼方》中对鱼类引起的组胺中毒，就有很深刻而准确的描述："食鱼面肿烦乱，芦根水解。"这不仅描述了食物中毒的症状，而且指出了治疗对策。这些均体现了预防食物中毒的原理与方法。

国外也有类似的记载。如希波克拉底在《论饮食》一书中提及的中世纪罗马设置的专管食品卫生的"市吏"，就是例证。古代的食品安全与卫生学只停留在感观认识和个别现象总结阶段，未能构成一门系统学科。直到 19 世纪初，自然科学的迅速发展，为现代食品安全与卫生学的诞生与发展奠定了科学基础。施旺（Schwamn，1810—1882，德国生理学家，细胞理论的创立者）与巴斯德（Pasteur，1822—1895，法国化学家、生物学家，微生物学奠基人之一）分别于 1837 年和 1863 年提出了食品腐败是微生物作用所致的论点；1855～1888 年，沙尔门（Salmon，美国细菌学家）等人发现了沙门菌。这些都是现代食品安全与卫生学早期发展的里程碑，并由此结束了长达 100 多年的食物中毒妥美毒学说。此外，英、美、法、日等国是最早建立有关食品安全与卫生法律、法规的国家。如 1860 年英国的《防止饮食品掺假法》，1906 年美国的《食品、药品、化妆品法》，1851 年法国的《取缔食品伪造法》，1947 年日本的《食品卫生法》等。这些发达国家的食品安全与卫生管理已逐步实现了法制化管理，有关食品安全与卫生的法律、法规十分周密细致。这些都值得我国学习和借鉴。

在第二次世界大战后的和平时期，科学技术发展带动工农业生产并以前所未有的速度发展。一方面基础学科与关联学科的进步直接促进了食品卫生学向高、精、尖方向发展，如引入新概念、新理论，应用新技术、新方法等。为加强食品安全与卫生学的科学性、法制性和以国际合作为主要特点的食品卫生监督管理，1962 年联合国粮农组织（FAO）和世界卫生组织（WHO）成立了食品法典委员会（Codex Alimentary Committee，CAC），主要负责制定推荐的食品卫生标准及食品加工规范，协调各国的食品卫生标准并指导各国和全球食品安全体系的建立。另一方面又因当时工农业生产的盲目发展曾一度使公害泛滥而带来来源不同、种类各异的环境污染因素，食品卫生学在生物性、化学性、放射性三大类污染物、食物中毒、食品毒理方法学以及卫生科学管理等各项内容方面都取得了引人注目的进展。

为保证食品安全，人类在食品污染方面进行了大量研究，包括食品污染物的种类、来源、性质、危害风险调查、含量水平的检测、预防措施以及监督管理措施等。这一时期，由于现代食品的出现和环境污染的日趋严重，发生或发现了各种来源不同、种类各异的食品污染因素，如黄曲霉毒素、单端孢霉烯族化合物、酵米面黄杆菌等几种食物中毒病原菌；化学农药广泛应用所造成的污染、残留；多环芳烃化合物、N–亚硝基化合物、蛋白质热聚产物等多种污染食品的诱变物和致癌物；食品包装材料中的污染物，如有毒金属和塑料、橡胶、涂料等高分子物质的单体及加工中所用的助剂；食品添加剂的使用过程中也陆续发现一些毒性可疑及有害禁用的品种。另一类食品污染因素是食品的放射性污染。对这些污染因素性质和作用的认识以及它们在食品中含量水平的检测，制定有害化学物质在食品中的残留限量、食品添加剂的人体每日容许摄入量、人群可接受危险水平（acceptable risk level）、食品安全性毒理学评价程度和食品卫生标准等一系列食品卫生技术规范，使食品卫生学的理论与方法得到了进一步发展。

随着对食品卫生基础理论的研究和对食品卫生认识的不断深入，食品安全、卫生与质量的控制技术也得到了不断的完善和进步，食品的良好操作规范（good manufacture practice，GMP）、卫生标准操作程序（sanitation standard operation procedure，SSOP）、食品危害分析和关键控制点（hazard analysis and critical control point，HACCP），特别是 HACCP 成为食品安全生产中的有利控制手段。

在我国，新中国成立前由于食品的匮乏，食品卫生很难得到保证。直到新中国成立后，实行粮食的统购统销，并大力开展爱国卫生运动，才使食品卫生能够得以实现。新中国成立 60 多年来，先后颁布了食品卫生管理办法、规范、程序、规程、条例和规定等单项法规 100 多个，食品卫生标准近 500 个，以及一系列与之配套的地方法规。特别是 1995 年我国正式制定并颁布了《中华人民共和国食品卫生法》和 2009 年正式制定并颁布了《中华人民共和国食品安全法》以后，进一步形成了较完善的食品安全法律体系和食品安全监督体系，从而使我国的食品安全与卫生监督管理工作进入了一个依法行政的新的历史时期。近年来，引进推广的 ISO22000 认证和危害分析和关键控制点（HACCP）管理系统，也必将促进食品安全和质量保证，使食品卫生的管理从依赖于既成事实的反应，改变为最大限度地减少产生食品危害的风险，从而使食品卫生的管理具有可执行性。

随着科学技术的进步、社会的发展和人们生活水平的不断提高和生活方式不断丰富多彩，食品的安全与卫生显得越来越重要。由于政府监督管理部门、食品企业和学术界的共同努力，食品安全与卫生学作为一门应用科学在近二十年内面临许多挑战时得到了长足发展，从而在保障消费者的健康、促进国际食品贸易以及发展国民经济方面发挥了重要的作用。

四、食品安全的重要性及国内外食品安全现状

（一）食品安全的重要性

目前，食品安全问题在发达国家和发展中国家表现得同样突出和严峻，只是问题的重点有所不同。在发达国家，食品安全问题主要是由现代技术应用所伴随的不良反应和生态平衡遭到严重破坏所导致的，如二噁英事件和疯牛病事件就是这样的例子，其特点是事件发生规模大、影响范围广；在发展中国家，食品安全问题主要是由于经济发展水平低、卫生条件差以及法制不健全、监管不力、违法违章生产与经营所造成的，如食源性细菌和病毒引起的食物中毒，农药、兽药残留超标和假冒伪劣食品引起的化学性食物中毒，其特点是事件发生具有偶然性和散发性、出现频率高，部分具有流行性和群发性。

食品安全问题不仅危害人类的身体健康和生命安全，造成医药费用增加和劳动力损失等直接经济损失，而且对社会和政治造成重大危害和影响，一些由食品安全问题引发的食品恐慌事件导致所在国家或地区动荡不安。二噁英事件导致当时的比利时政府集体辞职就是食品安全事件对政治产生深刻影响的典型例子。

食品安全问题对经济的影响，不仅表现在危害人体健康而需要支付疾病治疗与控制所需费用、不合格产品销毁等所造成的直接经济损失上，而且表现在相关的间接经济损失上。食品安全事件对消费者信心的打击可导致一个产业的崩溃；食品安全事件对一个企业、一个国家形象的伤害可造成其产品贸易（特别是国际贸易）机会的减少或丧失。这些间接经济损失往往比上述直接经济损失更大。

面对食品安全性存在的严峻形势，科技界在食品安全控制理论、检测与评价方法、监控与管理体系的建立与完善等方面进行着不断的探索和研究。以原料生产到加工、贮运和销售的食品安全全程控制体系、以毒理学为基础的食品安全性评价方法、以分子生物学、免疫学、化学仪器分析等学科为支撑的食品安全检测技术构成了现代食品安全与卫生学的立体框架。

（二）国内外食品安全现状

1. 国外食品安全状况

自20世纪90年代以来，国际上食品安全恶性事件时有发生，如英国的疯牛病、比利时的二噁英事件等。随着全球经济的一体化，食品安全已变得没有国界，世界上某一地区的食品安全问题很可能会波及全球，乃至引发双边或多边的国际食品贸易争端。因此，近年来世界各国都加强了食品安全工作，包括机构设置、强化或调整政策法规、监督管理和科技投入；各国政府纷纷采取措施，建立和完善食品管理体系和有关法律、法规。美国、欧洲等发达国家和地区不仅对食品原料、加工品有较为完善的标准与检测体系，而且对食品的生产环境，以及食品生产对环境的影响都有相应的标准、检测体系及有关法律、法规。

2. 中国食品安全现状

中国食品安全问题不容乐观，据国家质量检验检疫总局2001年到2003年的专项调查发现，在全国众多食品企业中70%是10人以下的家庭作坊式企业，超过10%的企业无营业执照，1/4的企业对进厂原料不进行任何把关，难以保证食品质量安全。

尽管民众对一些食品的食用安全产生了信誉危机，但是，改革开放以来，中国人口的寿命得到延长，人民健康水平显著提高。目前，中国居民的平均寿命为71.8岁，高于世界平均水平。这种成就的取得与中国食品安全水平的提高密切相关。中国食品安全水平的提高可以从以下几方面体现出来。

（1）构建"从种植到餐桌"的技术、质量、认证全程质量监控标准体系，形成符合国情的安全食品生产和加工体系　20世纪90年代以来，中国借鉴国际上"有机食品"等方面的管理经验，结合本国国情，首先以无污染、安全、优质的安全食品新概念为基本特征，构建了绿色食品质量标准、监测检验、商标管理等产业发展体系，形成了以"标准体系—质量认证—标志管理"为主线的运行模式；以统一的标准和统一的形象面对市场，组织企业和农户共同参与开发，在一些地区形成了"生产基地—龙头企业—品牌—市场"良性运转的产业链条；AA级绿色食品标准及绿色食品全程质量控制标准体系已初步建立。

目前，绿色食品市场建设初显成效。绿色食品主要面向的是收入较高的消费层和特定的消费群体，除了在本国市场销售外，产品主要出口到日本、欧盟等国家和地区。目前，北京、上海、天津、深圳等国内大中城市已组建了绿色食品专业营销渠道，绿色食品已覆盖粮食、食用油、水果、蔬菜、畜禽产品、水产品、酒类和饮料等几大类。

无公害农产品试点工作始于20世纪80年代后期，正式启动是2001年农业部提出的"无公害食品行动计划"，其目的是为了解决近几年来由污染引发的日益突出的农产品安全问题，其产品特色在于强调安全和环保。无公害食品主要是农产品和初级加工产品，消费定位面向广大的中低收入阶层。"无公害食品行动计划"自提出以来进展迅速，目前已出版了"全国无公害食品行动计划丛书"，发布了137项无公害食品新标准。

在中国，有机食品最初是应外商要求生产的，它的一整套标准及加工工艺严格与国际接轨。1994年，国家环境保护总局成立了有机食品发展中心，负责有机食品的审批、管理工作，并制定了《有机食品生产和经过加工技术规范》和《有机食品标准》。中国通过认证的有机食品包括粮食、蔬菜、水果、畜禽产品等几大类上百个品种，大部分出口日本、欧美等，主要面向少数高消费阶层和国际市场。

（2）产业整体水平显著提高

① 食品卫生检测合格率大幅度上升：从1983年到现在，卫生部对食品安全积累了一些资料。1995年以前，监测的样本是90万个，1995年以后一般是120万～130万个。监测结果表明，中国食品卫生合格率1982年为61.5%，1994年上升到82.3%，2001年进一步提高到88.6%。其中，粮食、酒类、罐头、食糖、水产品、植物油、乳制品等13类产品抽样合格率均达到90%以上。2003年卫生部对全国21个省、自治区、直辖市的9大类239种销售食品进行了抽样检测，结果表明合格的种类有232种，合格率达到97.1%。卫生部还进行了食品中污染物、添加剂、重金属等的专项抽检行动，在检测的583件样品中，合格的有561件，常见污染物为13种，合格率达到96.23%。从食品卫生监督抽检情况来看，中国食品安全水平提高很快。卫生部门的食品污染监测网络2000—2002年监测结果表明，中国食品中的农药残留"六六六"、"滴滴涕"均呈明显下降趋势，中国居民每人每天从膳食摄入的"六六六"仅为3.11μg，"滴滴涕"总摄入量不足农药残留联席会议（JMPR）于2000年提出的ADI（每日允许摄入量）[0.01mg/（kg体重·d）]的1%，表明中国食品中有机氯农药的污染水平已降至安全的限量以下。

② 出口食品质量显著提高，市场份额逐年增大：据农业部门提供的数据，以"瘦肉精"（盐酸克伦特罗）为例，1998年中国内地运到香港的生猪"瘦肉精"严重超标，检出率达40%，到2001年下降到1.5%，2002年下降到0.05%。中国农业部、质检总局、原卫生部联合日本、韩国等国家有关部门进行考察，结果表明中国内地出口到这些地区的食品比国内更有保证。例如，日本横滨口岸进口了3000多批次的中国蔬菜，只有12个批次检出超标问题，超标率很低。中国内地出口到日本、韩国、中国香港的蔬菜超标率分别为0.4%、0.4%、0.3%。

此外，在世界各国日益高度重视可持续农业发展和食品安全性的情况下，全球有机农业发展迅速，市场份额在逐年扩大。据国际贸易中心的调查报告，美国、德国、法国、英国等11个国家有机食品销售总额为135亿美元，2000年全球有机食品的市场规模约200亿美元，近年来的年均销售增长为25%～30%。预计到2006年，欧洲有机食品市场销售额将增至580亿美元，美国增至470亿美元。在发达国家销售的有机食品大部分依赖进口，如德国、荷兰、英国每年进口的有机食品分别占销售总量的60%、60%和70%，价格比常规食品高20%～50%，有的甚至高出1倍以上。有机食品正成为发展中国家出口的主要产品之一。

从国内市场需求来看，中国经济的快速发展和城乡居民收入水平迅速提高，引发了农产品市场需求的变化，安全优质的绿色食品日益受到消费者的欢迎。近几年来，中国绿色食品开发以年均30%的速度增长。此外，中国西部地区开发战略的推进也将加快西部地区农业生态环境建设和绿色食品开发。目前，中国西部绿色食品开发数量已占全国的26%，发展潜力还很大。

③ 注重学习国外食品质量控制技术：中国在安全食品产业发展的过程中，采取技术引进和技术创新两条腿走路，推行"以技术标准为基础、质量认证为形式、商标管理为手段"的发展模式，注重学习国外食品质量控制技术，将 HACCP（危害分析与关键控制点，hazard analysis critical control point）和 GMP（良好生产工作规范，good manufacture practice）等质量安全体系引进到中国食品加工行业。

④ 中国食物中毒总体发生数量和中毒人数呈下降趋势：据卫生部门提供的数据，中国 1992 年食物中毒发生了 1405 次，2001 年为 696 次，8 年间下降了一半，中毒人数和中毒死亡人数也大幅度下降。

（3）食品质量安全市场准入制度与"QS"（quality safety）标志开始实施　"食品质量安全市场准入制度"既是国际上的通行做法，也符合消费者利益。它的主要内容包括：对食品生产企业实施生产许可证制度，未取得生产许可证的企业不准生产食品。从 2003 年 1 月 14 日起，对于米、面、油、酱油、醋这五大类老百姓最常接触的食品，国家质量监督检验检疫总局开始全面实施"食品质量安全市场准入制度"。对企业生产的食品实施强制检验制度，未检验或检验不合格的食品不准出厂销售；对检验合格的食品加贴市场准入标志"QS"，向社会做出"质量安全"承诺。

（4）食品质量与安全教育人才培养体系初步形成　中国食品安全方面专业人才的培养主要分为短期培训、本科教育和研究生教育。短期培训由政府和企业组织，主要面向生产一线的生产和经营者开展。江南大学、中国农业大学、西北农林科技大学、杭州工商大学、上海海洋大学和大连工业大学等一大批高校已开始招收食品质量与安全专业本科生。首批食品专业食品安全方向的研究生也已经毕业。至此中国食品质量与安全教育体系已初步形成。

五、展　望

人类食品的安全性正面临着严峻的挑战，解决目前十分复杂而又严重的食品问题需要全社会的共同努力。同时，这些问题解决将极大地丰富食品安全与卫生学的内容，并推动它向新的高度发展。

在今后一段时间内，我国在保证食品安全方面需要着重开展以下工作：加大人力和物力的投入力度，进行相关理论的研究和技术的开发；以现代食品安全控制的最新理论和技术，不断制定和修订各项食品安全与卫生技术规范，并加以落实；不断完善相应的法律法规，加强法制管理，明确执法机构人员的职责；对食品生产的环境开展有害物的背景值调查，对各种食品中的危害因子进行系统的检测与分析，为食品安全的有效控制提供基础数据和信息；研究食物中毒的新病原物质，提高食物中毒的科学评价水平和管理水平；进一步推广良好操作规范（GMP）和危害分析与关键控制点（HACCP）等有效的现代管理与控制体系；提高食品毒理学、食品微生物学、食品化学等学科的研究水平，并将这些研究领域的成果不失时机地应用于食品安全保障工作之中；对全体国民加强新知识、现代技术和食品安全基本常识的宣传与教育，加强相关法律法规的教育，提高广大民众自我保护意识；研究世界卫生组织（WHO）规则中有关食品安全的条例，充分应用和有效应对国际食品贸易中与食品安全相关的技术壁垒，以保护我国的经济利益和广大民众的生命安全；加强国际合作，同联合国粮农组织（FAO）、WHO 等国际专门机构或组织进行经常性的沟通与合作，不断就世界范围的食品污染物和添加剂的评价、制订 ADI 值、食品规格、监督管理措施等问题提出意见或建议，维护我国在处理有关食品安全国际事务中的权力和利益。

第一篇　食品安全危害因素及食物中毒

第一章　生物性危害

不安全的食品之所以会危害人体健康，是因为其中含有某种可能影响人体健康的危害因素。食品中的有害因素大多数并非食品的正常成分，而是通过一定的途径进入食品，因此又称为食品污染。食品污染（food contamination）是指食品被外来的、有害人体健康的物质所污染。食品污染的主要原因：一是由于人的生产或生活活动使人类赖以生存的环境介质，即水体、大气、土壤等受到不同程度和不同状况的污染，各种有害污染物被动物或植物吸收、富集、转移，造成食物或食品的污染；二是食物在种植、生产、包装、运输、贮存、销售和加工烹调过程中造成污染。

按照污染物的性质，可分为生物性污染、化学性污染及物理性污染三类。

生物性污染包括微生物、寄生虫、昆虫和生物制剂污染。其中以微生物污染范围最广，危害也最大，主要有细菌与细菌毒素、霉菌与霉菌毒素等。寄生虫和虫卵污染主要有囊虫、蛔虫、绦虫、中华支睾吸虫等。昆虫污染主要有甲虫类、螨类、谷蛾、蝇、蛆等。有害昆虫主要是损坏食品质量，使食品感官性状恶化，降低食品营养价值。战时生物武器的使用可造成生物制剂对食品的污染。

化学性污染种类繁多，来源复杂，主要是食品受到各种有害的无机或有机化合物或人工合成物的污染。如农药使用不当，残留于食物；工业三废（废气、废水、废渣）不合理排放，致使汞、镉、砷、铬、酚等有害物质对食物的污染；食品容器、包装材料质量低劣或使用不当，致使其中的有害金属或有害塑料单体等溶入食品；N-亚硝基化合物、多环芳烃化合物、二噁英等污染食品；滥用食品添加剂和化学试剂的污染。

物理性污染主要为各种异物，如玻璃、碎石、铁丝和头发等。还包括放射性污染，主要来自放射性物质的开采、冶炼、生产以及在生活中的应用与排放，及核爆炸、核废物的污染。

生物性危害是各类微生物导致的危害，其危害的主要特点：

（1）微生物是一类非常微小的生物体，一般肉眼不能够看到，但它们广泛存在于自然界。

（2）并非所有的微生物都会使人致病，只有部分种类才会导致食物中毒，这些微生物通常被称为致病微生物。

（3）有些细菌会使食品腐败变质（称为腐败菌），但很少使人得病；而一些致病微生物（如副溶血性弧菌、甲肝病毒、痢疾杆菌）并不会引起食品的感官变化。食品的感官没有变化不等于没有受到致病微生物的污染。

（4）污染了致病微生物的食品是导致食物中毒和食源性疾病的主要原因之一。

第一节　食品细菌危害与腐败变质

食品的周围环境中，到处都有微生物的活动，食品在生产、加工、贮藏、运输、销售及消费过程中，随时都有被微生物污染的可能。其中，细菌对食品的污染是最常见的生物性污染，是食品最主要的卫生问题。引起食品污染的细菌有多种，主要分为两类：一类为致病菌和条件致病菌，它们在一定条件下可以以食品为媒介引起人类感染性疾病或食物中毒；另一类虽为非致病菌，但它们可以在食品中生长繁殖，致使食品的色、香、味、形发生改变，甚至导致食品腐败变质。

一、常见细菌性污染的菌属及其危害

细菌是目前最受关注和人类对其了解较为深入的一类微生物。细菌可以在食品中存活和繁殖，通常将致病性细菌称为病原菌或致病菌，是导致大多数食物中毒的罪魁祸首。经过加工处理的直接入口食品中带有病原菌，可能是由于加工时未彻底去除，但更多的是由于受到污染所致。污染通常可来自于：生的食物，尤其是畜禽肉、禽蛋、水产和蔬菜；泥土、灰尘、废弃物及其他污物；受污染的操作环境，如台面、容器、设施等；人，如携带病原菌污染食品，或不清洁的手污染食品等；动物，如宠物、害虫等。

1. 致病菌

致病菌对食品的污染，一是动物生前感染，如乳、肉在禽畜生前即潜存着致病菌，主要有引起食物中毒的肠炎沙门菌（*Sallmonella enteritidis*）、猪霍乱沙门菌（*S. suipestifer*）等沙门菌能引起人畜共患结核病的结核杆菌（*Bacillus tuberculosis*）、布氏病（波状热）的布鲁杆菌（*Brucella*）、炭疽病的炭疽杆菌（*B. anthracis*）；二是外界污染，致病菌来自外环境，与畜体本身的生前感染无关，主要有痢疾杆菌（*B. dysenteriae*）、副溶血性弧菌（*Vibrio parahemolyticus*）、致病性大肠杆菌（Pathogenic *B. coli*）、伤寒杆菌（*S. enterica*）、肉毒梭菌（*Clostridium botulinum*）等。这些致病菌通过带菌者粪便、病灶分泌物、苍蝇、工（用）具、容器、水、工作人员的手等途径传播，造成食品的污染。

2. 条件致病菌

条件致病菌为在通常情况下不致病，但在一定的特殊条件下才有致病力的细菌。常见的有葡萄球菌（*Staphylococcus*）、链球菌（*Streptococcus*）、变形杆菌（*Proteus*）、韦氏梭菌（*Clostridium welchii*）、蜡样芽孢杆菌（*B. cereus*）等，能在一定条件下引起食物中毒。

3. 非致病菌

非致病菌在自然界分布极为广泛，在土壤、水体、食物中更为多见。食物中的细菌绝大多数都是非致病菌，这些非致病菌中，有许多都与食品腐败变质有关。能引起食品腐败变质的细菌，称为腐败菌，是非致病菌中最多的一类。

二、细菌生长繁殖的条件

了解细菌生长繁殖的规律及影响因素，将有助于控制致病菌引起的食物中毒。细菌生长繁殖的条件包括如下几点：

1. 营养

细菌的生长需要营养物质，大多数细菌喜欢蛋白质或糖类含量高的食物，如畜禽肉、水产、禽蛋、乳类、米饭、豆类等。

2. 温度

每种细菌都是在某一温度范围内生长最好。大多数细菌在 5～60℃（危险温度带，图 1－1）能够很好地生长繁殖。个别致病菌可在低于 5℃ 的条件下生长（如李斯特菌），但生长速度十分缓慢。

3. 时间

细菌在合适的条件下繁殖非常迅速。由于细菌使人致病需要有一定数量，因此控制时间以防止细菌繁殖，对于预防细菌性食物中毒具有重要意义。

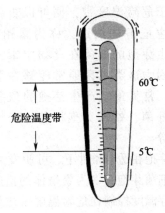

图 1－1 适合细菌生长的危险温度带

4. 湿度

水是细菌生长所需的基本物质之一，在潮湿的地方细菌容易存活。食物中的细菌能够利用的水分被称为水分活度（Aw），取值范围是 0～1，致病菌只能在 $Aw \geqslant 0.85$ 的食品中生长。

5. 酸度

细菌在 pH≤4.6（如柠檬、醋）或 pH≥9.0（如苏打饼干）的食品中较难繁殖，在 pH4.6～7.0 的弱酸性或中性食品中则容易生长繁殖，大部分食品的 pH 都在此范围内，如乳类、畜禽肉、水产、禽蛋、大部分果蔬等。

6. 氧气

有些细菌需要氧气才能生长繁殖（需氧菌），有些则不需要（厌氧菌），还有一些在有氧和无氧条件下都能生长（兼性厌氧菌），大部分食物中毒致病菌属兼性厌氧菌。厌氧菌在罐头等真空包装的食品中生长良好，大块食品（如大块烤肉、烤土豆）及一些发酵酱类的中间部分也存在缺氧条件，适合厌氧菌生长繁殖。

细菌通过 1 个分裂成 2 个的方式快速增殖，这个过程被称为二分裂。由于在适合的条件下，细菌只需要 10～20min 就可以分裂一次，因此一个细菌经过 4～5h 就能繁殖到数以百万计的数量，足以使人发生食物中毒（图 1－2）。

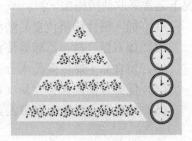

图 1－2 细菌分裂增殖方式

三、细菌的芽孢和毒素

1. 芽孢

某些细菌在缺乏营养物质和不利的环境条件下，可形成芽孢。芽孢对高温、紫外线、干燥、电离辐射和很多有毒的化学物质都有很强的抵抗力。

芽孢不能生长繁殖，没有明显的代谢作用，通常不会对人体产生危害，但一旦环境条件适合，如经热触发后在营养充分的条件下，长时间处于危险温度带，便可以重新萌发成可对人体产生危害的细菌，称为繁殖体（图1-3）。可产生芽孢的细菌在食物中毒方面具有特殊意义，因为这类细菌通常能够在烹饪温度中存活下来。常见的能产生芽孢的致病菌有肉毒梭状芽孢杆菌、蜡样芽孢杆菌、产气荚膜梭状芽孢杆菌等。

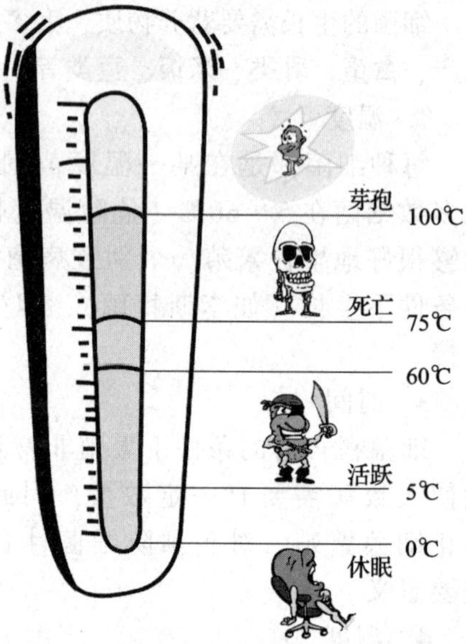

芽孢在适合条件下，可萌发为致病的繁殖体。防止细菌芽孢转变为繁殖体的措施包括：① 将食品保存温度控制在危险温度带之外；② 食品加热或冷却时以最短的时间通过危险温度带。

图1-3 芽孢在不同温度下的活性

2. 毒素

许多病原菌可产生使人致病的毒素，大多数毒素在通常的烹饪温度条件下即被分解，但有些毒素（如金黄色葡萄球菌产生的肠毒素）具有耐热性，一般的烹饪方法不能将其破坏，因此污染了此类毒素的食品危险性极大。细菌产生毒素需要一定的温度条件，温度越适宜，毒素产生的速度就越快。

四、控制细菌的生长繁殖

上述提到的营养、温度、时间、湿度、酸度、氧气等都是细菌生长繁殖的要素，其中的任一项得到控制，细菌就不再生长。由于改变食品中的营养成分是不现实的，在实际情况下通常采取的措施如下：

(1) 加入酸性物质使食品酸度增加。

(2) 加入糖、盐、乙醇等使食品的水分活度降低。

(3) 使食品干燥以降低水分活度。

(4) 低温或高温保存食品（在危险温度带之外）。

(5) 使食品在危险温度带滞留的时间尽可能短。

五、食品腐败变质

食品的腐败变质（food spoilage）是指食品在一定环境因素影响下，由微生物的作用而引起食品成分和感官性状发生改变，并失去食用价值的一种变化。

（一）食品腐败变质的原因

1．食品本身的组成和性质

动植物食品本身含有各种酶类。在适宜温度下酶类活动增强，使食品发生各种改变，如新鲜的肉和鱼的后熟，粮食、蔬菜、水果的呼吸作用，这些作用可引起食品组成成分分解，加速食品的腐败变质。

2．环境因素

主要有气温、气湿、紫外线和氧等。环境温度不仅可加速食品内的一切化学反应过程，而且有利于微生物的生长繁殖。水分含量高的食品易于腐败变质。紫外线和空气中的氧均有加速食品组成物质氧化分解的作用，特别是对油脂作用尤为显著。

3．微生物的作用

在食品腐败变质中起主要作用的是微生物，除一般食品细菌外还包括酵母与霉菌，但在一般情况下细菌常比酵母占优势。微生物本身能分解食品中特定成分的酶，一种是细胞外酶，可将食物中的多糖、蛋白质水解为简单的物质；另一种是细胞内酶，能将已吸收到细胞内的简单物质进行分解，产生的代谢产物使食品具有不良的气味和味道。

（二）食品腐败变质的化学过程与鉴定指标

食品腐败变质实质上是食品中营养成分的分解过程，其程度常因食品种类、微生物的种类和数量以及其他条件的影响而异。

1．食品中蛋白质的分解

肉、鱼、禽、蛋和大豆制品等富含蛋白质的食品，主要是以蛋白质分解为其腐败变质的特征。蛋白质在微生物酶的作用下，分解为氨基酸，氨基酸再在细菌酶的作用下通过脱羧基、脱氨基、脱硫作用，形成多种腐败产物。在细菌脱羧酶的作用下，组氨酸、酪氨酸、赖氨酸、鸟氨酸脱羧分别生成组胺、酪胺、尸胺和腐胺，后两者均具有恶臭。在细菌脱氨基酶的作用下，氨基酸脱去氨基而生成氨，脱下的氨基与甲基构成一甲胺、二甲胺和三甲胺。色氨酸可同时脱羧基、脱氨基形成吲哚及甲基吲哚，两者均具有粪臭。含硫氨基酸在脱硫酶的作用下脱硫产生恶臭的硫化氢。氨与一甲胺、二甲胺、三甲胺均具有挥发性和碱性，因此称为挥发性碱基总氮（total volatile basic nitrogen，TVBN），所谓挥发性碱基总氮是指食品水浸液在碱性条件下能与水蒸气一起蒸馏出来的总氮量。据研究，挥发性碱基总氮与食品腐败变质程度之间有明确的对应关系。此项指标也适用于大豆制品的腐败鉴定。

食品腐败变质的鉴定，一般是从感官、物理、化学和微生物四个方面进行评价。由于蛋白质分解，食品的硬度和弹性下降，组织失去原有的坚韧度，以致产生外形和结构的特有变化或发生颜色异常，而蛋白质分解产物所特有的气味更明显。对蛋白质含量丰富食品的鉴定，目前仍以感官指标最为敏感可靠，特别是通过嗅觉可以判定食品是否有极轻微的腐败变质。人的嗅觉刺激阈，在空气中的浓度（mol/L）为：氨 2.14×10^{-8}、三甲胺 5.01×10^{-9}、硫化氢 1.91×10^{-10}、粪臭素 1.29×10^{-11}。有关物理指标，主要是根据蛋白质分解时低分子物质增多的现象，可采用食品浸出物量、浸出液电导度、折射率、冰点下降、黏度上升及 pH 等指标。化学指标通常有三项，一是挥发性盐基总氮，目前已列入我国食品卫生标准；二是二甲胺与三甲胺，主要用于鱼虾等水产品；三是 K 值（K Value），指 ATP 分解的低级产物肌苷（HxR）和次黄嘌呤（Hx）占 ATP 系列分解产物 ATP +

ADP + AMP + IMP + HxR + Hx 的百分比，主要适用于鉴定鱼类早期腐败。若 $K \leqslant 20\%$，说明鱼体绝对新鲜，$K \geqslant 40\%$ 则鱼体开始有腐败迹象。微生物学常用的指标是细菌总数和大肠菌群值。

2. 食品中脂肪的酸败

食用油脂与食品脂肪的酸败受脂肪酸饱和程度、紫外线、氧、水分、天然抗氧化物质以及食品中微生物的解脂酶等多种因素的影响。食品中的中性脂肪分解为甘油和脂肪酸，脂肪酸可进一步断链形成酮和酮酸，多不饱和脂肪酸可形成过氧化物，进一步分解为醛和酮酸，这些产物都有特殊的臭味。

过氧化值和酸价是脂肪酸败的常用指标。脂肪分解早期酸败时，首先是过氧化值上升，其后由于生成各种脂酸，以致油脂酸度（酸价）增高。脂肪分解时，其固有碘价（值）、凝固点（熔点）、相对密度、折射率、皂化价等也发生明显改变。醛、酮等羧基化合物能使酸败油脂带有"哈喇味"。这些都是油脂酸败较为敏感和实用的指标。

3. 食品中糖类的分解

含糖类较多的食品主要是粮食、蔬菜、水果、糖及其制品。这类食品在细菌、霉菌和酵母所产生的相应酶作用下发酵或酵解，生成双糖、单糖、有机酸、醇、羧酸、醛、酮、二氧化碳和水。当食品发生以上变化时，食品的酸度升高，并带有甜味、醇类气味等。

（三）食品腐败变质的卫生学意义

食品腐败变质时，首先使感官性状发生改变，如刺激气味、异常颜色、酸臭味以及组织溃烂、黏液污染等。其次食品成分分解，营养价值严重降低，不仅蛋白质、脂肪、糖类，而且维生素、无机盐等也有大量破坏和流失。再者，腐败变质的食品一般都有微生物的严重污染，菌相复杂、菌量增多，因而增加了致病菌和产毒霉菌存在的机会，极易造成肠源性疾病和食物中毒。

至于食品腐败后的分解产物对人体的直接毒害，迄今仍不够明确。但食用腐败食品后中毒的报告却越来越多，如某些鱼类腐败产物的组胺与酪胺引起的过敏反应、血压升高，脂质过氧化分解产物刺激胃肠道而引起胃肠炎，食用酸败的油脂引起食物中毒等。腐败的食品还可为亚硝胺类化合物的形成提供大量的胺类（如二甲胺）。有机酸类和硫化氢等一些产物虽然在体内可以进行代谢转化，但如果在短时间内大量摄入，也会对机体产生不良影响。

（四）食品腐败变质的控制措施

1. 低温

低温可以抑制微生物的繁殖，降低酶的活性和食品内化学反应的速度，使组织自溶和营养素的分解变慢，但并不能杀灭微生物，也不能将酶破坏，食品质量变化并未完全停止，因此保藏时间应有一定的期限。一般情况下，肉类在4℃可存放数日，0℃可存放7～10d，−10℃以下可存放数月，−20℃可长期保存。但鱼类如需长期保存，则需在−25～−30℃为宜。

2. 高温灭菌

食品经高温处理，可杀灭其中绝大部分微生物，并可破坏食品中的酶类。如结合密闭、真空、迅速冷却等处理，可明显地控制食品腐败变质，延长保存时间。高温灭菌防腐主要有高温灭菌法和巴氏消毒法两类。高温灭菌法的目的在于杀灭微生物，如将食品温度在 115℃ 左右，大约 20min，可杀灭繁殖型和芽孢型细菌，同时可破坏酶类，获得接近无菌的食品，如罐头的高温灭菌常用 100～120℃。巴氏消毒法是将食品在 60～65℃ 加热 30min，可杀灭一般致病性微生物，亦有用 80～90℃ 加热 30s 或 1min 的巴氏消毒法。巴氏消毒法多用于牛乳和酱油、果汁、啤酒及其他饮料，其优点是能最大限度地保持食品原有的性质。

3. 脱水与干燥

将食品的水分含量降至一定限度以下（如细菌为 10% 以下，霉菌为 13%～16% 以下，酵母为 20% 以下），微生物则不易生长繁殖，酶的活性也受抑制，从而可以防止食品腐败变质。这是一种保藏食品较常用的方法。脱水是指借助各种技术手段减少食品水分，如日晒、加热蒸发、减压蒸发、冰冻干燥等。日晒法虽然简单方便，但会使食品中的维生素几乎全部损失。冰冻干燥（又称真空冷冻干燥、冷冻升华干燥、分子干燥）是将食物先低温速冻，使水分变为固态，然后在较高的真空度下使固态变为气态而挥发。冰冻干燥可使大多数食品在既保持原有的物理、化学、生物学性质不变，又保持食品原有的感官性状的情况下长期保藏。食用时，加水复原后即可使经冰冻干燥处理的食品恢复原有的形状和结构。

4. 提高渗透压

常用的有盐腌法和糖渍法。盐腌法可提高渗透压，使微生物处于高渗状态的介质中，令菌体原生质脱水收缩并与细胞膜脱离而死亡。食盐浓度为 8%～10% 时，可停止大部分微生物的繁殖，但不能杀灭微生物。杀灭微生物需要的食盐浓度应达到 15%～20%。糖渍食品是利用高浓度（60%～65%）糖液，作为高渗溶液来抑制微生物繁殖。不过此类食品还应在密封和防湿条件下保存，否则容易吸水，降低防腐作用。糖渍食品常见的有甜炼乳、果脯、蜜饯、果酱等。

5. 提高氢离子浓度

大多数细菌一般不能在 pH4.5 以下正常发育，故可利用提高氢离子浓度的办法进行防腐。提高氢离子浓度的方法有醋渍和酸发酵等，多用于各种蔬菜。醋渍法是向食品内加醋酸，酸发酵法是利用乳酸菌和醋酸菌等发酵产酸来防止食品腐败。

6. 添加化学防腐剂

化学防腐剂属于食品添加剂，其作用是抑制或杀灭食品中引起腐败变质的微生物。由于化学防腐剂中某些成分对人体有害，因此在使用过程中应限于我国规定允许使用的几种防腐剂，例如苯甲酸及其钠盐、山梨酸及其钠盐、亚硫酸及其盐类以及对羟基苯甲酸酯类等。

7. 辐照保藏

食品辐照（food irradiation）保藏是 20 世纪 40 年代开始发展起来的一种新的保藏技术，主要利用 ^{60}Co、^{137}Cs 产生的 γ 射线及电子加速器产生的电子束作用于食品进行灭菌、杀虫、抑制发芽，从而达到食品保鲜并延长食品保存期限的目的。

六、食品细菌污染指标及其卫生学意义

评价食品卫生质量的细菌污染指标常用菌落总数、大肠菌群和致病菌。

1. 菌落总数

菌落总数是指被检测样品单位质量（g）、单位容积（mL）或单位表面积（cm²）内，

所含能在严格规定的条件下（培养基、pH、培养温度与时间、计数方法等）培养所生长的细菌菌落总数。

食品中的细菌主要来自食品生产、运输、贮存、销售各环节的外界污染，它反映食品卫生质量的优劣以及食品卫生措施和管理情况。测定食品中菌落总数的意义在于判断食品的清洁状态和预测食品的耐保藏性，我国和许多国家的食品卫生标准中规定各类食品的菌落总数最高允许限量，以提高食品的清洁状态。食品中的细菌在繁殖过程中可分解食物成分，所以，食品中细菌数量越多，食品腐败变质的速度就越快。例如，菌落总数在牛肉中达到 $10^5/cm^2$ 时，牛肉在 $0℃$ 可保存 7d，而当菌落总数在 $10^3/cm^2$ 时，则在同样条件下可保存 18d；鱼中菌落总数在 $10^5/cm^2$ 时，在 $0℃$ 可保存 6d，而在 $10^3/cm^2$ 时可保存 12d。

2. 大肠菌群

大肠菌群现已被多数国家，包括我国在内用作食品卫生质量鉴定指标。大肠菌群包括肠杆菌科的埃希菌属、柠檬酸杆菌属和克雷伯菌属。这些细菌属革兰阴性杆菌，系直接或间接来自人和温血动物肠道；需氧与兼性厌氧；不形成芽孢；在 $35 \sim 37℃$ 下能发酵乳糖并产酸产气。仅极个别菌种例外。食品中检出大肠菌群，表明食品曾受到人和动物粪便的污染。但大肠菌群是嗜中温菌，$5℃$ 以下基本不能生长，所以对低温菌占优势的水产品，特别是冷冻食品未必适用，因而近年来有人开始研究以肠球菌（链球菌科）作为粪便污染指示菌。

3. 致病菌

在我国的标准中，致病菌一般指"肠道致病菌和致病性球菌"，主要包括沙门菌、志贺菌、金黄色葡萄球菌、致病性链球菌四种，致病菌不允许在食品中检出。

但是对不同的食品和不同的场合，应选择一定的参考菌群进行检验。如海产品以副溶血性弧菌作为参考菌群，蛋及蛋制品以沙门菌、金黄色葡萄球菌、变形杆菌等作为参考菌群，米、面类食品以霉菌作为参考菌群。

第二节　食源性疾病与食物中毒

一、食源性疾病的概念

根据 WHO 的定义，食源性疾病（foodborne disease）是指由摄食进入人体内的各种致病因子引起的、通常具有感染性质或中毒性质的一类疾病。食源性疾病包括三个基本要素，即传播疾病的媒介——食物；食源性疾病的致病因子——食物中的病原体；临床特征——急性中毒性或感染性表现。食源性疾病源于传统的食物中毒，但随人们对疾病认识的深入和发展，其范畴在不断扩大，它既包括传统的食物中毒（food poisioning），还包括经食物而感染的肠道传染病、食源性寄生虫病以及由食物中有毒、有害污染物所引起的中毒性疾病。此外，由食物营养不平衡所造成的某些慢性退行性疾病（心脑血管疾病、肿瘤、糖尿病等）、食源性变态反应性疾病、食物中某些污染物引起的慢性中毒性疾病等也属此范畴。

食源性疾病是一个备受人们关注的公共卫生问题。即使在发达的工业化国家，每年亦有多达 30% 的人口感染食源性疾病，如美国每年约有 7600 万例食源性疾病发生，造成

3.25 万人住院和 5000 人死亡。然而据估计，被报告的食源性疾病病例只代表 10%，甚至低于 1% 的真实病例。全球食源性疾病不断增长，其原因一方面是自然选择造成微生物的变异，产生了新的病原体，如在人和动物的疾病治疗中使用抗生素药物以后，选择性存活的病原菌株产生了抗药性，对人类造成新的威胁；另一方面是由于知识水平的提高和新分析鉴定技术的建立，对已广泛分布多年的疾病及其病原体获得了新的认识。由于社会经济与技术的发展，更新生产系统或环境变化使得食物链变得更长更复杂，增加了食物污染的机会，如饮食的社会化消费，个体或群体饮食习惯的改变，预包装方便食品、街头食品和食品餐饮连锁服务的增加等。数亿人口的跨国界行为也是食源性疾病的高危因素，而大量植物性和动物性食品的贸易全球化给食源性疾病的控制和预防也带来新的挑战。

二、食物中毒

食物中毒系指摄入含有生物性、化学性有毒有害物质的食品或把有毒有害物质当作食品摄入后所出现的非传染性（不同于传染病）的急性、亚急性疾病。食物中毒属食源性疾病的范畴，是食源性疾病中最为常见的疾病。食物中毒既不包括因暴饮暴食而引起的急性胃肠炎、食源性肠道传染病（如伤寒）和寄生虫病（如旋毛虫），也不包括因一次大量或长期少量多次摄入某些有毒、有害物质而引起的以慢性毒害为主要特征（如致癌、致畸、致突变）的疾病。

（一）引起食物中毒的食品

（1）被致病菌和/或毒素污染的食品。

（2）被有毒化学品污染的食品。

（3）外观与食物相似而本身含有有毒成分的物质，如毒蕈。

（4）本身含有有毒物质，而加工、烹调不当未能将毒物去除的食品，如河豚鱼。

（5）由于贮存条件不当，在贮存过程中产生有毒物质的食品，如发芽的马铃薯、霉变粮食等。

（二）食物中毒的发病特点

食物中毒发生的原因各不相同，但发病具有如下共同特点：

（1）发病潜伏期短，来势急剧，呈暴发性，短时间内可能有多数人发病，发病曲线呈突然上升趋势。

（2）发病与食物有关，患者有食用同一污染食物史；流行波及范围与污染食物供应范围相一致；停止污染食物供应后，流行即告终止。

（3）中毒患者临床表现基本相似，以恶心、呕吐、腹痛、腹泻等胃肠道症状为主。

（4）人与人之间无直接传染。

这些特点对诊断食物中毒有重要意义。

（三）食物中毒的流行病学特点

1. 季节性特点

食物中毒发生的季节性与食物中毒的种类有关，细菌性食物中毒主要发生在 5—10 月，化学性食物中毒全年均可发生。

2. 地区性特点

绝大多数食物中毒的发生有明显的地区性，如我国东南沿海省区多发生副溶血性弧菌食物中毒，肉毒中毒主要发生在新疆等地区，霉变甘蔗中毒多见于北方地区等。

3. 食物中毒发生场所分布特点

根据原卫生部通过网络直报系统收到的全国食物中毒类突发公共卫生事件（以下简称食物中毒事件）的数据，从食物中毒事件发生的场所看，2009—2012 年的食物中毒事件报告中，发生在家庭的食物中毒事件报告起数、中毒人数和死亡人数最多，分别占总数的 50.70% 和 81.17%；发生在集体食堂的食物中毒事件中毒人数最多，占总数的 32.71%（表 1-1）。家庭食物中毒多发生在农村，与部分农村群众缺乏基本的食品安全知识和良好的饮食卫生习惯有关。同时，由于基层医疗机构的救治水平和条件有限，而且部分偏远地区交通不便，不能及时就医和转诊，容易发生死亡。集体食堂食物中毒事件主要是由于食品贮存、加工不当导致食品变质或受到污染。饮食服务单位发生食物中毒的主要原因在于食品安全措施落实不到位，在食品采购、餐具消毒、加工贮存等关键环节存在问题。

表 1-1　　　　　　2009—2012 年全国食物中毒事件食物中毒场所分类

中毒场所	报告起数	中毒人数	死亡人数
集体食堂	173	10924	14
家庭	433	9590	526
饮食服务单位	118	6282	19
其他场所	130	6603	89
合计	854	33399	648

4. 食物中毒原因分布特点

从中毒原因来看，2009—2012 年的食物中毒事件报告中，微生物性食物中毒事件的报告起数和中毒人数最多，分别占总数的 38.99% 和 63.92%（表 1-2）。微生物性食物中毒主要是由于食品贮存、加工不当导致食品变质或受污染，与食品加工、销售环节卫生条件差、公众的食品安全意识薄弱、食品安全知识缺乏等密切相关。有毒动植物及毒蘑菇食物中毒事件的死亡人数最多，占总数的 54.78%，中毒因素包括毒蘑菇、河豚毒素、未煮熟四季豆和草药，其中以毒蘑菇为主。毒蘑菇中毒多为农村群众自行采摘野蘑菇食用，又缺乏鉴别毒蘑菇的知识和能力，从而误食引起食物中毒。化学性食物中毒事件的死亡人数也较多，占总数的 29.32%，中毒因素包括亚硝酸盐、有机磷农药、剧毒鼠药及甲醇等，其中以亚硝酸盐为主。

表 1-2　　　　　　2009—2012 年全国食物中毒事件食物中毒原因分类

中毒原因	报告起数	中毒人数	死亡人数
微生物性	333	21349	66
化学性	146	2910	190
有毒动植物及毒蘑菇	283	4953	355
不明原因	92	4187	37
合计	854	33399	648

另外，食物中毒漏报现象普遍存在，据 WHO 有关专家估计，发展中国家报告的食物中毒仅占实际发生的食物中毒的 5% 或更低，而在漏报的食物中毒中以细菌性食物中毒多

见，这也可能是近年来化学性食物中毒发生的起数和中毒人数超过细菌性食物中毒的一个原因。不断完善现有的食物中毒报告体系和制度，建立食物中毒监控体系和利用行政干预减少漏报，使政府部门准确地掌握食物中毒发生的实际情况，有助于食物中毒的预防和控制。

针对上述食物中毒季节、地区、发生场所分布、中毒原因分布等特点，安排食品卫生管理工作计划和制定针对性预防措施，对控制食物中毒有重要意义。

（四）食物中毒的分类

食物中毒按病原物分为以下五类。

（1）细菌性食物中毒 指摄入含有细菌或细菌毒素的食品而引起的食物中毒。细菌性食物中毒是食物中毒中最多见的一类，发病率通常较高，但病死率较低。发病有明显的季节性，5—10月最多。

（2）真菌及其毒素食物中毒 指食用被真菌及其毒素污染的食物而引起的食物中毒。中毒发生主要由被真菌污染的食品引起，用一般烹调方法加热处理不能破坏食品中的真菌毒素，发病率较高，死亡率也较高，发病的季节性及地区性均较明显，如霉变甘蔗中毒常见于初春的北方。

（3）动物性食物中毒 指食用动物性有毒食品而引起的食物中毒。发病率及病死率较高。引起动物性食物中毒的食品主要有两种：① 将天然含有有毒成分的动物当作食品；② 在一定条件下产生大量有毒成分的动物性食品。我国发生的动物性食物中毒主要是河豚鱼中毒，近年来其发病有上升趋势。

（4）有毒植物中毒 指食用植物性有毒食品引起的食物中毒，如含氰苷果仁、木薯、菜豆、毒蕈等引起的食物中毒。发病特点因引起中毒的食品种类而异，如毒蕈中毒多见于春、秋暖湿季节及丘陵地区，多数病死率较高。

（5）化学性食物中毒 指食用化学性有毒食品引起的食物中毒。发病的季节性、地区性均不明显，但发病率和病死率均较高，如有机磷农药、鼠药、某些金属或类金属化合物、亚硝酸盐等引起的食物中毒。

第三节 细菌性食物中毒

一、概 述

细菌性食物中毒是最常见的食物中毒。近几年来统计资料表明，我国发生的细菌性食物中毒以沙门菌、变形杆菌和金黄色葡萄球菌食物中毒较为常见，其次为副溶血性弧菌、蜡样芽孢杆菌等食物中毒。

（一）流行病学特点

1. 发病率及病死率

细菌性食物中毒在国内外都是最常见的一类食物中毒。常见的细菌性食物中毒（如沙门菌、变形杆菌、金黄色葡萄球菌等细菌性食物中毒）的发病特点是病程短、恢复快、预后好、病死率低，但李斯特菌、小肠结肠炎耶尔森菌、肉毒梭菌、椰毒假单胞菌食物中毒的病死率分别为20%～50%、34%～50%、60%和50%～100%，且病程长、病情重、恢复慢。

2. 发病季节性明显

细菌性食物中毒虽全年皆可发生，但以5—10月较多，7—9月尤易发生，这与夏季气温高、细菌易大量繁殖密切相关。常因食物采购疏忽（食物不新鲜或病死牲畜、禽肉）、保存不好（各类食品混杂存放或贮藏条件差）、烹调不当（肉块过大、加热不够或凉拌菜）、交叉污染或剩余食物处理不当而引起。节日会餐或食品卫生监督不严时尤易发生食物中毒。此外，也与机体防御功能降低、易感性增高有关。

3. 引起细菌性食物中毒的主要食品

动物性食品为引起细菌性食物中毒的主要食品，其中畜肉类及其制品居首位，禽肉、鱼、乳、蛋类也占一定比例。植物性食物，如剩饭、米糕、米粉等易出现由金黄色葡萄球菌、蜡样芽孢杆菌等引起的食物中毒。

（二）细菌性食物中毒发生的原因及条件

一般来讲，细菌性食物中毒的发生都是由以下3个条件作用而引起的。

1. 食物被细菌污染

即食品在生产、加工、贮存、运输及销售过程中受到细菌污染。污染的主要途径如下。

（1）用具等污染　各种工具、容器及包装材料等不符合卫生要求，带有各种微生物，从而造成食品的细菌污染（图1-4）。

（2）生熟食品的交叉污染　① 加工食品用的刀案、揩布、盛器、容器等生熟不分，如加工或盛放生食品后未彻底清洗消毒即用做加工或盛放直接入口的熟食品，致使工具、容器上的细菌污染直接入口的食品，引起中毒；② 生熟食品混放或混装造成二者之间的交叉污染（图1-5）。

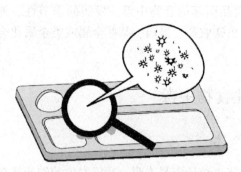

图1-4　餐具、容器、用具不洁

图1-5　生熟盛器混用

（3）从业人员卫生习惯差或本身带菌　从业人员卫生习惯差，接触食品时不注意操作卫生，会使食品重新受到污染，引起食品的变质而引起食物中毒（图1-6）。如果从业人员本身是病原携带者，则危害性更大，它随时都有可能污染食品，引起消费者食物中毒或传染病的传播、流行。从业人员带菌污染食品往往有多种情况：① 从业者患有某种传染病（呼吸道及消化道传染病等），通过自然腔道向体外排菌污染食品；② 从业者为健康携带者；③ 从业者患有各种皮肤病，如皮肤渗出性、化脓性疾病及各种体癣等。

（4）食品生产及贮存环境不卫生　该情况下使食品容易受苍蝇、老鼠、蟑螂等害虫叮爬和尘埃污染，从而造成食品的细菌污染。

2. 食品水分含量高且贮存方式不当

水分是微生物生长繁殖的必要条件。一般含水量高的食品受细菌污染后易发生腐败变质。被细菌污染的食品，若在较高的温度下存放，尤其放置时间过长，则为细菌的大量繁殖及产毒创造了良好的条件。通常情况下，熟食被污染后，在室温下放置 3~4h，有的细菌就繁殖到中毒量。

3. 食品在食用前未被彻底加热

被细菌污染的食品，食用前未经加热或加热时间短或加热温度不够，则不能将食品中的细菌全部杀灭及将毒素破坏，导致食物中毒发生（图 1-7）。

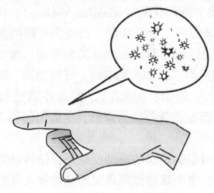
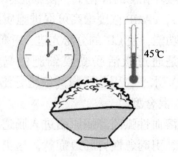

45℃

图 1-6 加工人员带菌污染 　　　　图 1-7 食品贮存温度、时间控制不当

（三）细菌性食物中毒的发病机制

病原菌致病的强弱程度称为毒力，构成细菌毒力的要素是侵袭力和毒素。侵袭力是指病原菌突破宿主机体的某些防御功能并在体内定居、繁殖和扩散的能力。决定病原菌侵袭力的因子主要有菌体的表面结构（如纤毛、荚膜、黏液等）和侵袭性酶类（如透明质酸酶、DNA 酶等）。细菌毒素是病原菌致病的重要物质基础，按其来源、性质和作用等方面的不同，可将其分为外毒素和内毒素两种。

产生外毒素的细菌主要是革兰阳性菌，大多数外毒素在菌体细胞内合成后分泌于胞外；也有少数外毒素存在于菌体细胞内，只有当菌体细胞破裂后才释放至胞外。外毒素的毒性作用强，以纯化的肉毒毒素最强。不同种类细菌产生的外毒素对机体的组织器官有选择性作用，引起的病症也各不相同。例如，肉毒毒素能阻碍神经末梢释放乙酰胆碱，使眼及咽肌等麻痹，引起复视、斜视、吞咽困难等，严重者可因呼吸麻痹而致死。

内毒素是革兰阴性菌细胞壁中的脂多糖成分，只有当菌体死亡或用人工方法裂解细菌后才释放。内毒素耐热，加热 100℃、1h 不被破坏，必须加热 160℃、2~4h，或用强碱、强酸或强氧化剂加温煮沸 30min 才能灭活。内毒素具有多种生物学活性，如发热反应、白细胞反应、内毒素毒血症、休克等。

细菌性食物中毒发病机制可分为感染型、毒素型和混合型三种。不同中毒机制的食物中毒其临床表现通常不同：感染型食物中毒通常伴有发热，中毒潜伏期较长；而毒素型食物中毒很少有发热，以恶心、呕吐为突出症状，中毒潜伏期的长短与毒素类型有关，如金黄色葡萄球菌等多数细菌毒素引起的食物中毒潜伏期较短，而肉毒梭菌、椰毒假单胞菌酵米面亚种等毒素引起的食物中毒潜伏期相对较长。

1. 感染型

病原菌随食物进入肠道，在肠道内继续生长繁殖，靠其侵袭力附着肠黏膜或侵入黏膜及黏膜下层，引起肠黏膜的充血、白细胞浸润、水肿、渗出等炎性病理变化。某些病原菌，如沙门菌进入黏膜固有层后可被吞噬细胞吞噬或杀灭，病原菌菌体裂解后释放出内毒素，内毒素可作为致热源刺激体温调节中枢，引起体温升高，亦可协同致病菌作用于肠黏膜而引起腹泻等胃肠道症状。

2. 毒素型

大多数细菌能产生外毒素，尽管其分子质量、结构和生物学性状不尽相同，但致病作用基本相似。由于外毒素刺激肠壁上皮细胞，激活其腺苷酸环化酶（adenylate cyclase），在活性腺苷酸环化酶的催化下，使细胞浆中的三磷酸腺苷脱去二分子磷酸，而成为环磷酸腺苷（cAMP），cAMP 浓度增高可促进胞质内蛋白质磷酸化过程并激活细胞有关酶系统，改变细胞分泌功能，使 Cl^- 的分泌亢进，并抑制肠壁上皮细胞对 Na^+ 和水的吸收，导致腹泻。耐热肠毒素是通过激活肠黏膜细胞的鸟苷酸环化酶（guanylate cyclase），提高环磷酸鸟苷（cGMP）水平，引起肠隐窝细胞分泌增强和绒毛顶部细胞吸收能力降低，从而引起腹泻。

3. 混合型

副溶血性弧菌等病原菌进入肠道，除侵入黏膜引起肠黏膜的炎性反应外，还可以产生肠毒素，引起急性胃肠道症状。这类病原菌引起的食物中毒是致病菌对肠道的侵入及其产生的肠毒素的协同作用，因此，其发病机制为混合型。

（四）细菌性食物中毒的临床表现

潜伏期的长短与食物中毒的类型有关。金黄色葡萄球菌食物中毒由积蓄在食物中的肠毒素引起，潜伏期 1～6h。产气荚膜杆菌进入人体后产生不耐热肠毒素，潜伏期 8～16h。侵袭性细菌，如沙门菌、副溶血弧菌、变形杆菌等引起的食物中毒，潜伏期一般为16～48h。

临床表现以急性胃肠炎为主，如恶心、呕吐、腹痛、腹泻等。葡萄球菌食物中毒呕吐较明显，呕吐物含胆汁，有时带血和黏液，腹痛以上腹部及脐周多见，腹泻频繁，多为黄色稀便和水样便。侵袭性细菌引起的食物中毒可有发热、腹部阵发性绞痛和黏液脓血便。副溶血弧菌食物中毒的部分病例粪便呈血水样。产气荚膜杆菌 A 型菌食物中毒病情较轻，少数 C 型和 F 型可引起出血性坏死性肠炎。莫根变形杆菌食物中毒还可发生颜面潮红、头痛、荨麻疹等过敏症状。腹泻严重者可导致脱水、酸中毒，甚至休克。

（五）细菌性食物中毒的诊断

细菌性食物中毒的诊断标准、原则及主要依据包括如下几方面：

（1）流行病学调查资料 根据中毒者发病急、短时间内同时发病及发病范围局限在食用同一种有毒食物的人等特点，确定引起中毒的食品并查明引起中毒的具体病原体。

（2）患者的潜伏期和特有的中毒表现符合食物中毒的临床特征。

（3）实验室诊断资料 实验室诊断资料是指对中毒食品或与中毒食品有关的物品或患者的样品进行检验的资料。细菌学及血清学检查包括对可疑食物、患者呕吐物及粪便进行细菌学培养、分离鉴定菌型、做血清凝集试验。有条件时，应取患者吐泻物及可疑的残存食物进行细菌培养，对重症患者进行血液培养等。留取中毒患者早期及病后二周的双份血清与培养分离所得可疑细菌进行血清凝集试验，双份血清凝集效价递增者有诊断价值。可疑时，尤其是怀疑细菌毒素中毒者，可做动物试验检测细菌毒素的存在。

（六）细菌性食物中毒的鉴别诊断

1. 非细菌性食物中毒

食用发芽马铃薯、苍耳子、苦杏仁、河豚鱼或毒蕈等中毒者，潜伏期仅数分钟至数小时，一般不发热，以多次呕吐为主，腹痛、腹泻较少，但神经症状较明显，病死率较高。汞、砷中毒者有咽痛、充血，吐泻物中含血，经化学分析可确定病因。

2. 霍乱及副霍乱性食物中毒

为无痛性泻吐，先泻后吐为多，且不发热，粪便呈米泔水样。因潜伏期可长达 6h，故罕见短期内大批患者。粪便涂片荧光素标记抗体染色镜检及培养找到霍乱弧菌或爱尔托弧菌可确定诊断。

3. 急性菌痢性食物中毒

偶见食物中毒型暴发，一般呕吐较少，常有发热、里急后重，粪便多混有脓血，下腹部及左下腹明显压痛，粪便镜检有红细胞、脓细胞及巨噬细胞，粪便培养约半数有痢疾杆菌生长。

4. 病毒性胃肠炎性食物中毒

病毒性肠胃炎性食物中毒由多种病毒引起，以急性小肠炎为特征，潜伏期 24～72h，主要表现有发热、恶心、呕吐、腹胀、腹痛及腹泻，排水样便或稀便，吐泻严重者可发生水、电解质平衡及酸碱平衡紊乱。

（七）细菌性食物中毒的预防和处理原则

1. 预防原则

（1）加强食品卫生质量检查和监督管理，严格遵守牲畜屠宰前、屠宰中和屠宰后的卫生要求，防止污染。

（2）食品加工、贮存和销售过程要严格遵守卫生制度，做好食具、容器和工具的消毒，避免生熟交叉污染；食品食用前充分加热以杀灭病原体和破坏毒素；在低温或通风阴凉处存放食品以控制细菌繁殖和毒素的形成。

（3）食品加工人员、医院、托幼机构人员和炊事员应认真执行就业前体检和录用后定期体检制度，应经常接受食品卫生教育，养成良好的个人卫生习惯。

2. 处理原则

迅速排出毒物，常用催吐、洗胃法。对肉毒毒素中毒，早期可用 1∶4000 高锰酸钾溶液洗胃。

（1）暴发流行时的处理 应做好思想工作和组织工作，将患者进行分类，轻者在原单位集中治疗，重症患者送往医院或卫生队治疗，即时收集资料，进行流行病学调查及细菌学的检验工作，以明确病因。

（2）对症治疗 治疗腹痛、腹泻；纠正酸中毒和电解质紊乱；抢救呼吸衰竭。

（3）特殊治疗 对细菌性食物中毒通常无须应用抗菌药物，可以经对症疗法治愈。症状较重考虑为感染性食物中毒或侵袭性腹泻者，应及时选用抗菌药物，但对金黄色葡萄球菌肠毒素引起的中毒一般不用抗生素，以补液、调节饮食为主。对肉毒毒素中毒应及早使用多价抗毒素血清。

二、沙门菌属食物中毒

沙门菌主要存在于动物肠道，如禽类、牲畜、鸟类、昆虫的肠道中，也存在于人类的肠道中。在自然界存在于水、土壤、昆虫、工厂表面、厨房表面、动物粪便、生肉、生海产品等环境中。沙门菌有两个种，分别是肠道沙门菌和邦戈沙门菌，有 2000 多个血清型。常见引起食物中毒的有鼠伤寒沙门菌、肠炎沙门菌、猪霍乱沙门菌、婴儿沙门菌等。

（一）生物学特性

沙门菌呈杆状，多数具运动性，不产生芽孢，革兰染色阴性，需氧或兼性厌氧，最适生长温度为 37℃，但在 18～20℃ 也能繁殖。

沙门菌在外界的生活力较强，在水中可生存 2～3 周，在患者的粪便中可生存 1～2 月，在土壤中可过冬，在咸肉、鸡和鸭蛋及蛋粉中也可存活很久。水经氯处理或煮沸 5min 可将其杀灭，乳及乳制品中的沙门菌经巴氏消毒或煮沸后迅速死亡。沙门菌不能耐受较高的盐浓度，在 9% 盐浓度以上可被杀死。对电离辐射相当敏感，在多数食品和饲料中，5～7.5kGy 剂量可有效杀死它们。

（二）食物中毒机制和症状

沙门菌食物中毒属于感染性食物中毒，是由于摄入了含有大量非寄主专一性沙门菌的食品而引起的。主要临床症状为急性胃肠炎，如恶心、呕吐、腹痛、腹泻，腹泻一天数次，多至 10 余次。这些症状一般还伴有乏力、肌肉酸痛、视觉模糊、中等程度发热、躁动不安和嗜睡。

进食大量沙门菌才会引起食物中毒，食品中细菌数一般需要 $10^7 \sim 10^9$ 个/g 才会引起发病。本病潜伏期较短，一般为 12～48h，病程 3～7d。中毒严重者可造成死亡，病死率 0.5%～1%，从病死者病理研究中可发现小肠广泛性的炎症病变和肝脏中毒性病变。

沙门菌具有侵袭力，从肠腔进入小肠上皮细胞，引起炎症。沙门菌死后释放内毒素，可引起宿主体温升高、白细胞数下降，大剂量时导致出现中毒症状和休克。个别沙门菌如鼠伤寒沙门菌产生肠毒素，也是中毒发生的原因。所有年龄段的人群都易感染沙门菌，但老年人、儿童、体弱者发生沙门菌病的频率更高，比一般人群高 20 倍，并容易复发。

（三）相关食品

生肉、禽、蛋、乳和乳制品、鱼、虾、青蛙、酵母、椰子、酱油和色拉调味品、糕点、花生、可可粉、巧克力等食品都可受到污染。对人类来说，鸡蛋、禽肉、肉类和肉制品是传播沙门菌的最常见食物载体。

（四）控制措施

根据沙门菌污染食品的方式不同可以采取不同的措施，减少沙门菌对食品的污染。因为食品的沙门菌污染主要来源于动物，所以采取减少动物携带沙门菌是最根本的措施。有报道称，对产蛋鸡使用疫苗可以减少蛋中肠炎沙门菌的出现（Woodward 等，2002）。使用已知有益微生物定居到鸡肠道可以竞争性排出沙门菌，如在饲料中加入酵母可成功地减少鸡群沙门菌的带菌阳性率（Line 等，1998）。

1996 年 7 月，美国农业部食品安全和检验局（Food Safety and Inspection Service, FSIS）发布减少沙门菌病原操作标准，该标准要求公司必须使用 HACCP 和其他措施确保他们的产品沙门菌阳性率降到该标准以下。该标准已被应用到养牛、养猪业和其他相关产业的产品。由于从禽类根除沙门菌比较困难，1999 年美国核准将辐照的方法作为 HACCP 体系中控制微生物的方法（USDA，1999）。

消除食品中沙门菌最常用的方法是热加工，沙门菌对热敏感，普通的巴氏消毒和烹饪条件就足以杀死沙门菌。像其他微生物一样，随着水分活度（A_w）的降低，沙门菌的热耐受性明显提高。在热处理产品中沙门菌的出现通常是由于加工后的污染造成的。

除了热以外，多数工厂采用酸化或降低水分活度的方法消除食品中的沙门菌。香肠发酵过程中酸和氯化钠是造成其中沙门菌死亡的主要原因。在蛋黄酱和色拉调味料中造成沙门菌死亡的主要因素是酸，其次是水分活度的降低。这些因素对控制发酵乳、肉和蔬菜中沙门菌非常有效。

沙门菌在脱水食品中可以存活相当长时间，然而有一些在保存中会死亡，这与相对湿度、保存的环境有关。

高水分、易腐食品通常置于冷藏或冷冻条件下，尽管冷藏和冷冻对沙门菌有一定致死作用，但沙门菌在冷冻食品中长时间存活。

当购买的食品可能受沙门菌污染时，可采取预防沙门菌病发生的措施，这些食品安全措施包括避免交叉污染、彻底烹饪食品、将食品保藏在正确的温度等。

三、副溶血性弧菌食物中毒

副溶血性弧菌存在于近海的海水、海底沉积物和鱼类、贝类等海产品中。在沿海地区的夏秋季节，食用大量被此菌污染的海产品可引起暴发性食物中毒。在非沿海地区，食用此菌污染的腌菜、腌鱼、腌肉等也常引起中毒事件发生。

（一）生物学特性

副溶血性弧菌是革兰阴性无芽孢、兼性厌氧菌，菌体偏端有单生鞭毛。生长繁殖最适条件为 37℃、pH 8.0 ~ 8.5、食盐浓度 2.5% ~ 3%。食盐浓度 0.5% ~ 0.7% 时也可生长，若盐浓度再低，则不能生长，对盐浓度的耐受量一般约为 7%。对酸敏感，在 1% 醋酸和 50% 食醋中 1min 即可死亡。不耐热，50℃ 20min 或 65℃ 5min 或 80℃ 1min 即可被杀死。

（二）食物中毒机制和症状

副溶血性弧菌引起食物中毒的症状有腹泻、腹痛、恶心、呕吐、头痛、发热和寒战等。症状通常比较轻微，平均病程为 2.5d，潜伏期为 4 ~ 96h，平均为 15h。副溶血性弧菌引起食物中毒的机制尚待阐明。

（三）相关食品

在引起海产品中毒的食物中以各种海鱼和贝蛤类为多见，受到污染的海产品如保藏不当，细菌就会繁殖，增加感染的危险。食用生的或烹饪欠熟的或再污染的海鱼、贝类和甲壳类动物都会导致感染。

（四）控制措施

副溶血性弧菌在海产品中自然存在，因此预防这些产品的污染是不可能的。预防人感染的最重要的措施是加强饮食卫生，预防细菌在未烹饪食品中繁殖，以及预防烹饪食品的重污染。患有糖尿病、肝硬化以及免疫力低下的个体应避免生食海产品。对可疑污染食品应迅速冷藏或冷冻，这样可以减少食品中副溶血性弧菌的数量，加热可以有效杀死该细菌。避免生食或食用未熟透的食品，适当的烹饪及避免再污染可以有效保证海产品的安全。

四、单核细胞李斯特菌食物中毒

单核细胞李斯特菌属于李斯特菌属，该属中只有单核细胞李斯特菌对人致病，引起李斯特菌病。李斯特菌病为突发性中毒症状，是一种特殊形式的食物中毒。除人之外，许多动物也常患此病。单核细胞李斯特菌在自然界分布广泛，可以在腐烂的植物、土壤、动物粪便、污水、青贮饲料中发现。

（一）生物学特性

单核细胞李斯特菌为球杆状，常成双排列。革兰染色阳性，有鞭毛、无芽孢、产生荚膜。需氧或兼性厌氧，营养要求不高。适宜生长 pH 范围为 6~8，有些菌株可以在 pH 4.1~9.6 范围内生长。生长温度范围为 1~45℃。单核细胞李斯特菌仅次于葡萄球菌，能在 Aw<0.93 的环境中生长。对外界的抵抗力较强，在土壤、牛乳、青贮饲料和人畜粪便中存活数年，在含 10% 食盐培养基中能生长，65℃ 30~40min 能将其杀死。

（二）食物中毒机制和症状

健康人对单核细胞李斯特菌有强的抵抗力，而免疫力低下的人则容易患病，且死亡率高。单核细胞李斯特菌主要经消化道感染，成年人和新生儿都可引起脑膜炎、败血症和心内膜炎等；由于皮肤接触感染也可发生局部皮肤化脓症状。

单核细胞李斯特菌经消化道侵入体内后，在肠道中繁殖，进入血液循环，到达敏感组织细胞，在其中繁殖。细菌被吞噬后，溶血素在细胞内释放，这是细菌在巨噬细胞和上皮细胞内生长和在它们之间传播的原因。

（三）相关食品

李斯特菌在自然界到处存在，常见于土壤、蔬菜和水，因而人和动物也常携带此菌。李斯特菌在土壤和植物中可以存活很长时间，可以通过饲料进入乳等动物产品。其生存与温度有关，低温有利于生存，这在食物链中非常重要。干酪、凉拌卷心菜、热狗、禽肉等是引起李斯特菌病的常见食品。

（四）控制措施

由于李斯特菌病的严重危害及单核细胞李斯特菌可以在冷藏温度下生长的特点，美国 FDA 和 USDA 规定在即食（ready-to-eat, RTE）食品中不容许存在单核细胞李斯特菌。为控制李斯特菌病的发生，应特别注意所谓的高危食品，即熟食，特别是熟肉制品。由于单核细胞李斯特菌常出现于乳和乳制品，应重视乳的巴氏消毒，更应防止发生消毒后的再污染。

应从食品加工的原料开始控制李斯特菌在食品中的出现，怀疑有李斯特菌污染的水、污水处理厂排出的水不应用于浇灌农作物，特别不应浇灌那些用于生食的作物。用于运输食品原材料和食品的车辆等应经常清洗消毒。在加工厂，原材料本身会变成环境污染的来源，生产流程的设计应考虑将无李斯特菌污染的食品和可能受到污染的环境分开，即分开清洁区和污染区，限制人员、工具、水、空气、管道在两个区之间的交叉流动。即使采取了严厉的措施，暴露的生产加工过程也会成为可能的污染环节，应进行包括微生物学检查在内的卫生状况的检查和评估，这是控制产品质量的重要步骤。还应注意产品贮藏和流通过程中可能造成的污染。单核细胞李斯特菌具有耐受苛刻环境条件的能力，如极端 pH 和冷冻，这些特点在贮藏和流通过程中应特别引起注意。

五、大肠杆菌食物中毒

大肠杆菌即大肠埃希菌，属于肠杆菌科的埃希菌属，是人和大多数温血动物肠道中的正常寄居菌。大肠杆菌在婴儿及初生动物出生后几小时或数天便进入其消化道，最终定居于大肠并大量繁殖，以后便终生存在，成为肠道正常菌群的一部分，并具有重要的生理功能。但有些菌株可以引起人的腹泻等疾病，而且大肠杆菌在环境卫生和食品卫生学中作为受粪便污染的重要指标。

（一）概述

1. 生物学特性

为革兰染色阴性的直杆菌，兼性厌氧。生长温度为 15 ~ 45℃，最适生长温度为 37℃。有的菌株对热有抵抗力，可抵抗 60℃ 15min 或 55℃ 60min。

2. 食物中毒症状

大肠杆菌可以引起婴幼儿甚至所有年龄段人的急性肠炎，引起腹泻、痢疾、出血性结肠炎等。

3. 相关食品

任何受粪便污染的食品都可能引起食物中毒。烹饪欠熟的或生的汉堡包（碎牛肉）几乎与所有大肠杆菌 O_{157} 暴发及散发病例的发生有关，生乳也是重要的传播载体，果汁、发酵香肠、酸乳、蔬菜等也可以是传播途径。

4. 控制措施

预防和控制大肠杆菌食物中毒的措施可以参考沙门菌，但因为大肠杆菌比较容易侵袭少年儿童，所以要采取一些特殊的措施。大肠杆菌对热比较敏感，在正常的食物烹饪过程中会被杀死，因此即使污染也不会引起食物中毒。在使用绞碎的牛肉泥制作馅饼时，推荐的加热度至少要使饼中心的温度达到 68.3℃，维持时间至少要 15s；在烹调之后，汉堡包和其他肉类食品在 4.4 ~ 60℃下不能存放 3 ~ 4h 以上。

（二）O_{157}：H_7 大肠杆菌食物中毒

O_{157}：H_7 大肠杆菌是致泻性大肠埃希菌中肠出血性大肠杆菌一种最常见的血清型，可寄宿于牛、猪、羊、鸡等家畜家禽的肠内，一旦侵入人的肠内，便依附肠壁，产生类志贺样毒素和肠溶血毒素，导致人类发生出血性结肠炎和溶血性尿毒综合征。我国早在 1987 年就从腹泻患者粪中分离出 O_{157}：H_7 菌株，但一直未发生暴发流行。美国于 1982 年以后频频出现由 O_{157}：H_7 菌株引发的食物中毒，至今已记载了 60 多起。

1996 年 5—8 月日本发生了迄今为止世界上最大规模的 O_{157}：H_7 暴发流行，9000 多名儿童感染，11 名死亡。O_{157}：H_7 毒力极强，很少量的病菌即可使人致病，一般大肠杆菌致病要达 100 万个，而 O_{157}：H_7 只需 100 个。其对细胞破坏力极大，主要侵犯小肠远端和结肠，引起肠黏膜水肿出血，同时可引起肾脏、脾脏和大脑的病变。该菌耐低温怕高温，60℃ 20min 可灭活；耐酸不耐碱；对氯敏感。

1. 流行病学特点

（1）常见中毒食品和饮品是肉及肉制品、汉堡包、生牛乳、乳制品、蔬菜、鲜榨果汁、饮水等，传播途径以通过污染食物经粪 – 口途径感染较为多见，直接传播较罕见。

（2）流行地区以欧美日等发达国家和地区多见，北方较南方多见，提示感染流行与饮食习惯有关。病菌基本上是通过食品和饮品传播，且多以暴发形式流行，尤以食源性暴发更多见。

（3）中毒多发生在夏秋季，尤以 6 ~ 9 月更多见。人类对此菌普遍易感，其中小儿和老人最易感。

2．食物中毒症状

（1）起病急骤，潜伏期为 2 ~ 9d，最快仅 5h。

（2）中毒表现主要为突发性的腹部痉挛，有时为类似于阑尾炎的疼痛。有些患者仅为轻度腹泻；有些有水样便，继而转为血性腹泻，腹泻次数有时可达每天 10 余次，低热或不发热；许多患者同时有呼吸道症状。

（3）严重者可造成溶血性尿毒综合征、血栓性血小板减少性紫癜、脑神经障碍等多器官损害，危及生命，尤其是老人和儿童患者病死率很高。

3．控制措施

（1）停止食用可疑中毒食品。

（2）不吃生的或加热不彻底的牛乳、肉等动物性食品。不吃不干净的水果、蔬菜。剩余饭菜食用前要彻底加热。防止食品生熟交叉污染。

（3）养成良好的个人卫生习惯，饭前便后洗手。避免与患者密切接触，或者在接触时应特别注意个人卫生。

（4）食品加工、生产企业尤其是餐饮业应严格保证食品加工、运输及销售的安全性。

（5）提倡体育锻炼，提高身体素质，增强机体免疫力，以抵御细菌的侵袭。特别要注意保护年老体弱等免疫力低下的人群。

六、空肠弯曲菌食物中毒

空肠弯曲菌属于弯曲菌属，该属有 13 个种，广泛分布于动物界，可引起动物和人的腹泻、胃肠炎和肠道外感染。对人致病的有空肠弯曲菌、大肠弯曲菌和胎儿弯曲菌，以空肠弯曲菌最重要。

（一）生物学特性

形态细长，呈弧形、螺旋形或 S 形。一端或两端有鞭毛，运动活泼。无芽孢，无荚膜，革兰染色阴性。

微需氧，需在 5% O_2、10% CO_2 和 85% N_2 的环境中生长。在 36 ~ 37℃ 生长良好，但在 42℃ 选择性好，此温度抑制粪便中其他细菌的生长。营养要求高，生化反应不活泼。

抵抗力较弱，培养物放置冰箱中很快死亡，56℃ 5min 即被杀死，干燥环境中仅存活 3h，培养物在室温可存活 2 ~ 24 周。

（二）食物中毒机制和症状

常通过污染牛乳、水源等被食入，也可与动物直接接触被感染。食物中毒症状为痉挛性腹痛、腹泻，血便或果酱样便量多，头痛、不适、发热。病程 5 ~ 8d。

空肠弯曲菌对胃酸敏感，经口食入至少 10^4 个细菌才有可能致病。该菌在小肠内繁殖，侵入上皮细胞引起炎症。发病与该菌产生的细胞毒素和不耐热肠毒素有关。

（三）相关食品

弯曲菌是许多野生动物和家畜胃肠道中的无害细菌，研究表明 30% ~100% 的禽、40% ~68% 的牛、76% 的猪的肠道中携带此菌（Beach 等，2002）。因为如此，弯曲菌常出现于未加工的动物源性食品。美国的一项调查显示，12% ~35% 的火鸡肉、64% 的鸡肉、2% ~5% 的猪肉、0 ~5% 的牛肉、8% 的羊肉和 9% 生乳含空肠弯曲菌和大肠弯曲菌（Jayarao 和 Henning，2001；Logue 等，2003）。据估计，半数弯曲菌肠炎患者与烹饪欠熟的鸡肉或受到鸡肉交叉污染的其他食品的消费有关。

弯曲菌肠炎暴发的规模一般较小，然而，曾出现过饮用未经处理的地表水作为自来水引起大规模暴发的报道。空肠弯曲菌污染食品的主要途径是弯曲菌感染者的粪便，屠宰加工时不慎操作可导致生肉和鸡的污染，生乳可受到牛粪的污染，乳牛患乳房炎时也导致生乳的污染。用粪水灌溉可导致农产品的污染。

空肠弯曲菌和其他弯曲菌在食品中不能生长，而且对环境的抵抗力差，对干燥、正常的大气氧浓度、室温、酸、消毒剂和热敏感，即在宿主的消化道以外的环境下非常敏感，因此对经过巴氏消毒处理或脱水加工的食品弯曲菌不是一个问题，然而，它却经常经生的冷冻的动物性食品传播疾病。

（四）控制措施

有效的控制措施主要是适当的巴氏消毒和烹饪处理（特别对动物源性食品），巴氏消毒可以消除乳中的弯曲菌。接触过生肉或其他可能受到污染的食品的用具、设备、案板，如不经适当的清洗和消毒，易造成食品交叉污染，应予以避免。

尽管空肠弯曲菌在食品中不能很好地生存，但冷藏可以延长其存活时间，冷冻可以减少弯曲菌的数量，只是一少部分可以存活数月之久。检测食品中的弯曲菌比较困难，因为必须在含抗生素的培养基中才能增菌，而且生长条件要求苛刻。

七、金黄色葡萄球菌食物中毒

金黄色葡萄球菌广泛分布于自然界，如空气、水、土壤、饲料和一些物品上，还常见于人和动物的皮肤及与外界相通的腔道中。根据色素、生化反应等不同表型可分为 3 种，腐生葡萄球菌一般不致病，表皮葡萄球菌有时可致病，金黄色葡萄球菌多为致病菌。

（一）生物学特性

金黄色葡萄球菌为革兰阳性球菌，呈葡萄串状排列，无芽孢，无鞭毛，不能运动，兼性厌氧或需氧，最适生长温度 37℃，但在 0 ~47℃ 都可以生长。在普通培养基上可产生金黄色色素。对外界因素的抵抗强于其他无芽孢菌，60℃ 1h 或 80℃ 30min 才被杀死。耐盐性较强，在含 7.5% ~15% NaCl 的培养基中仍能生长。在冷藏环境中不易死亡。

（二）食物中毒机制和症状

金黄色葡萄球菌引起毒素型食物中毒，进食含葡萄球菌肠毒素的食物后 1 ~6h，先出现恶心、呕吐、上腹痛，继而腹泻。大多数患者于 1 ~2d 内恢复。

金黄色葡萄球菌产生肠毒素，同一菌株能产生两型或两型以上的肠毒素，但常以一种类型的毒素为主。肠毒素对热稳定，100℃ 30min 保持毒力，耐受胰蛋白酶的水解作用。因此，当其污染食品后，用普通的烹调方法不能避免中毒。

葡萄球菌肠毒素对人的中毒剂量约为 $1\mu g/kg$ 体重，作用机制是到达中枢神经系统后刺激呕吐中枢，导致以呕吐为主要症状的食物中毒。

（三）相关食品

金黄色葡萄球菌通常存在于鼻孔、咽喉、头发、皮肤（手指）和食品加工人员创伤感染部位等。该菌也常出现于动物的皮肤和毛皮，可通过屠宰时的交叉污染使食品污染。乳牛的乳房炎也由该菌引起，如乳液中的菌数多而处理不当，就会使病菌扩散，污染其他食品。

金黄色葡萄球菌可以在许多食品中生长，主要是蛋白质丰富的食品，如肉和肉制品、乳和乳制品、禽肉、鱼及其制品、奶油沙司、色拉酱（火腿、禽、土豆等）、布丁、奶油面包等。金黄色葡萄球菌通常没有污染食品的其他细菌生长迅速，因此生的食品引起的食物中毒一般不是金黄色葡萄球菌。在烹饪过的食品，消除了生的食品中的正常的竞争性细菌，污染的金黄色葡萄球菌便会生长。

金黄色葡萄球菌食物中毒常见于公共食堂，从业者卫生差和食品保藏时间及温度不恰当导致污染和细菌的生长并产生毒素。酸性食品如蛋黄酱可抑制金黄色葡萄球菌的生长；但食品中的盐和糖为金黄色葡萄球菌的生长创造了有利的环境，因为其他细菌受到抑制，而金黄色葡萄球菌则不被抑制。金黄色葡萄球菌可以耐受 10% ~ 20% 的盐浓度和 50% ~ 60% 的蔗糖浓度。

该菌对亚硝酸盐产生耐受，因此在腌制液和腌肉中可繁殖。金黄色葡萄球菌为兼性厌氧菌，在有氧的环境下生长良好，在氧浓度低的条件下也能生长，然而毒素的产生必须有一定的氧的存在。

金黄色葡萄球菌在有氧条件下可以在水分活度低至 0.86 的食品中生长，在厌氧条件下于水分活度 0.90 的食品中生长。尽管金黄色葡萄球菌有发酵和蛋白质分解作用，但通常不产生异味，食品仍保持正常的现象，因此细菌或其毒素在食品中的出现不能被感官方法检测出来。

（四）控制措施

由于金黄色葡萄球菌在人和动物中广泛存在，因此，加工操作中的食品卫生是十分重要的，要采取严格的措施预防细菌的生长和毒素的产生。金黄色葡萄球菌食物中毒，需要满足 4 个条件：① 食品受到产生肠毒素金黄色葡萄球菌的污染；② 食品提供金黄色葡萄球菌生长的条件；③ 食品保持在足够高的温度下和足够长的时间条件下，细菌产生肠毒素；④ 食品被消费。

对前二者能做的很少，大部分食品因各种各样的原因受金黄色葡萄球菌的污染，可以满足其生长的要求。因此，控制温度是控制金黄色葡萄球菌食物中毒的最有效的途径，事实上大部分的金黄色葡萄球菌食物中毒暴发的原因是烹饪不当或冷藏不当。适当的热加工和烹饪，以及适当的冷藏和冷冻是最重要的控制措施。

八、肉毒梭菌食物中毒

肉毒梭状芽孢杆菌简称肉毒梭菌，在自然界广泛分布，可引起严重的毒素型食物中毒。

（一）生物学特性

肉毒梭菌是革兰阳性粗短杆菌，有鞭毛、无荚膜。产生芽孢，芽孢为卵圆形，位于菌体的次极端或中央，芽孢大于菌体的横径，所以产生芽孢的细菌呈现梭状。适宜的生长温度为35℃左右，严格厌氧。在中性或弱碱性的基质中生长良好。其繁殖体对热的抵抗力与其他不产生芽孢的细菌相似，易于杀灭。但其芽孢耐热，一般煮沸需经 1～6h，或 121℃高压蒸汽4～10min 才能杀死。它是引起食物中毒病原菌中对热抵抗力最强的菌种之一。所以，罐头的杀菌效果一般以肉毒梭菌为指示细菌。

(二) 食物中毒机制和症状

肉毒梭菌引起的食物中毒为单纯的毒素型中毒，称为肉毒中毒，而非细菌引起的感染。症状主要是神经末梢麻痹。潜伏期可短至数小时，通常24h 以内发生中毒症状，也有二三天后才发病的。先有一般不典型的乏力、头痛等症状，接着出现斜视、眼睑下垂等眼肌麻痹症状；再是吞咽和咀嚼困难、口干、口齿不清等咽部肌肉麻痹症状；进而膈肌麻痹、呼吸困难，直至呼吸停止导致死亡。很少见肢体麻痹，不发热，神志清楚。死亡率较高，可达 30%～50%。存活患者恢复十分缓慢，从几个月到几年。

肉毒中毒发生的机制是肉毒梭菌产生剧烈的神经外毒素，称为肉毒毒素。肉毒毒素对热的抵抗力较低，80℃ 20min 或 100℃ 5min，即可破坏其毒性。但就目前已知的毒素中，肉毒毒素是毒性最强的一种，对人的致死量为 0.1μg，其毒力比氰化钾大10000 倍。毒素与神经有较强亲和力，毒素能阻止乙酰胆碱的释放，导致肌肉麻痹和神经功能不全。

(三) 相关食品

引起中毒的食物种类与不同地区的食品保藏和食用习惯有关，加工后芽孢仍然存活于任何食品中，而且肉毒梭菌几乎在任何 pH 大于4.6 的食品中都生长并产生毒素。

肉毒中毒在中国十几个省区均有报道，新疆较多。引起中毒的食物国外以罐头、香肠为主；国内据新疆统计，由发酵豆制品（臭豆腐、豆瓣酱等）引起的占 80%，发酵面制品占10%。蔬菜、鱼类、虾类、禽肉、豆类和乳类等食品也引起肉毒中毒。

(四) 控制措施

有利于肉毒梭菌生长和产毒的条件包括高湿度、低盐、低酸（pH>4.6）的食品，而且缺氧，没有做低温保藏。食品工业采用了很多物理和化学方法杀灭肉毒梭菌芽孢，控制生长及随后的毒素产生。

典型的预防肉毒中毒的方法是通过热处理减少食品中肉毒梭菌繁殖体和芽孢的数量，如罐装食品采用的高压蒸汽灭菌，目的是获得"商业无菌"的食品，也可使用较低的处理温度（巴氏消毒）结合其他控制措施。将亚硝酸盐和食盐加到低酸性食品也是有效的控制措施，在腌制肉品时使用亚硝酸盐有非常好的效果。但在肉品腌制过程中起作用的不单单是亚硝酸盐，许多因素以及它们和亚硝酸盐的相互反应抑制了肉毒梭菌的生长和毒素的产生。

除此之外，冷藏是易腐烂的真空包装肉品重要的控制措施。产酸的方法可以用于腌制食品、蛋黄酱和罐装水果食品。将湿度降低到 A_w（水分活度）值为 0.93 就可以抑制一些食品中肉毒梭菌的生长。冷冻贮藏是至今控制肉毒梭菌生长和毒素产生的重要措施。

九、志贺菌属食物中毒

志贺菌属是人类细菌性痢疾最常见的病原菌，俗称痢疾杆菌。引起志贺杆菌病或细菌性痢疾。包括痢疾志贺菌、福氏志贺菌、鲍氏志贺菌和宋内志贺菌。栖息环境是人类和其他灵长类的肠道。

（一）生物学特性

志贺菌为革兰阴性短小杆菌，无芽孢、无鞭毛。志贺菌属细菌有 O 和 K 两种抗原，O 抗原是分类的依据。营养要求不高，适宜生长温度 10~48℃，最适生长 pH6~8，有的菌株可在 pH5.0 条件下生长。耐热性与大肠杆菌类似。

（二）食物中毒机制和症状

引起细菌性痢疾，潜伏期 1~3d。痢疾志贺菌感染患者病情较重，宋内志贺菌多引起轻型感染，福氏志贺菌感染易转为慢性。

志贺菌感染有急性和慢性两种类型，病程在 2 个月以上者为慢性。急性患者出现发热、腹痛，若及时治疗，预后良好，治疗不彻底可转为慢性。急性感染中有一种中毒性痢疾，以少儿多见，无明显消化道症状，主要为全身中毒症状，死亡率高。

人类对志贺菌易感，少至 200 个菌就可发病，痢疾志贺菌 10 个细菌就可导致发病。致病因子有 3 种。

（1）侵袭力　志贺菌有菌毛，能黏附于回肠末端和结肠黏膜的上皮细胞。继而侵入上皮细胞内生长繁殖，引起炎症反应。

（2）内毒素　志贺菌都有强烈的内毒素，作用于肠黏膜使其通透性增高，进一步促进内毒素的吸收，引起发热、神志障碍甚至中毒性休克等症状。内毒素破坏肠黏膜，引起炎症、溃疡，呈现典型的脓血黏液便。内毒素也作用于肠壁植物性神经，使肠功能紊乱，引起腹痛等症状。

（3）外毒素　Ⅰ型和Ⅱ型志贺菌产生志贺毒素，有肠毒性、细胞毒性和神经毒性作用。

（三）相关食品

约有 20% 的志贺菌病患者是经食品传播而感染的（Mead 等，1999），相关的食品有色拉、海产品、水果、蔬菜、禽肉等。污染食品冷藏不当时易引发疾病，在因污染食品发生最初的感染后，疾病可以在人和人之间传播。志贺菌在环境中的生存能力差，在宿主之外不能很好生存。和大部分肠杆菌科的细菌一样，它们易被食品加工和制造时的热处理杀死，在 pH4.5 以下不能生存。然而，在一些特定条件下有的可以在食品中存在很长时间，如宋内志贺菌和福氏志贺菌于 25℃ 在面粉及巴氏消毒全乳中可以存活 170d，在蛋、蛤和虾中存活 50d，在牡蛎中 30d。在低温下可存活更长的时间。然而，在实践中很难从加工的食品中分离出志贺菌，大部分暴发是由于食用未加工食品或再污染的加工食品，通常污染源来自于个人卫生较差的病原携带者。从受粪便污染的水中捕捞的海产品及在食品加工中使用不卫生的水是引起疾病暴发的主要原因。

（四）控制措施

志贺菌可以引起严重的食源性疾病，因此应加强食品中志贺菌的检测，应开展进一步的研究确定毒素和毒性因子的致病作用。预防和控制志贺菌病首先要求患者不得从事食品处理，食品从业人员必须有良好的个人卫生，但没有必要对从业人员进行志贺菌的检验。控制志贺菌病经常应该做的就是提高卫生水平和加强废弃物的处理，其他控制食源性疾病病原的原则也适用于志贺菌。

十、小肠结肠耶尔森菌食物中毒

耶尔森菌属属于肠杆菌科，有11个种，对人致病的有鼠疫耶尔森菌、小肠结肠耶尔森菌和假结核耶尔森菌，与食物中毒有关的主要是小肠结肠耶尔森菌。本属细菌通常先引起啮齿动物、家畜和鸟类等动物感染，人类通过接触动物、被节肢动物叮咬或食入被污染的食品等途径发生感染。

(一) 生物学特性

小肠结肠耶尔森菌为革兰染色阴性球杆菌，无芽孢，无荚膜，25℃培养时有周身鞭毛，但37℃时则很少有鞭毛或无鞭毛。生长温度范围 -2 ~ 45℃，最适生长温度 22 ~ 29℃，是一种独特的嗜冷病原菌。最适生长 pH 为 7.6，在普通琼脂培养基上生长良好。

(二) 食物中毒机制和症状

小肠结肠耶尔森菌引起胃肠炎，春季发生率低，10月和11月发生率最高，幼儿和老年人发病率高。潜伏期 3 ~ 7d，症状有发热、腹泻、剧烈腹痛、呕吐，个别有咽喉炎和头痛症状。

除胃肠炎之外，还引起人的假结核病、阑尾炎、反应型关节炎、腹膜炎、结肠和颈部脓肿、胆囊炎，有的引起败血症。

小肠结肠耶尔森菌具有侵袭性，对组织的侵袭性与它产生的外膜蛋白有关；产生菌体表面抗原，诱发抗细胞外杀伤作用，但不增强对吞噬细胞的抵抗力，从而协助病原菌的扩散；产生一种耐热肠毒素，该毒素在100℃20min不被灭活，与腹泻的发生有关。

(三) 相关食品

许多动物携带小肠结肠耶尔森菌，然而除从猪分离的菌株外，大部分动物菌株不引起人致病。因此猪是最重要和主要的毒性菌株的携带者，经常从健康猪的扁桃腺和舌头分离出这些菌株，也从真空包装肉类、海产品、蔬菜、乳类分离出了该细菌。有食用猪肉、牛乳、巧克力、豆腐引起耶尔森菌病的报道，传播的途径仍不清楚，但主要原因是在食品制造过程中卫生较差，间接的证据表明食品受到猪的排泄物的污染。

(四) 控制措施

耶尔森菌对热 (71.8℃，18s)、氯化钠 (5%)、高酸 (pH4.0) 敏感。杀死沙门菌的环境条件均可杀死耶尔森菌。但小肠结肠耶尔森菌可以在冷藏环境下生长，一项研究表明，7℃下10d生猪肉中的菌可以从每克数百个增加到每克数百万个，因此，冷藏对控制耶尔森菌没有效果。避免受到猪排泄物、人或其他动物排泄物对食品的交叉污染是控制耶尔森菌病的重要措施。

十一、其他细菌引起的食物中毒

(一) 产气荚膜梭菌食物中毒

产气荚膜梭菌广泛存在于土壤、人和动物肠道中，其芽孢在土壤、淤泥和其他受到人和动物粪便污染的环境中长期存活，为厌氧菌。在摄入了大量含产气荚膜梭菌的食物后引起中毒，表现为腹痛、腹胀和腹泻。污染的食物主要是肉类。

（二）蜡样芽孢杆菌食物中毒

蜡样芽孢杆菌为需氧产芽孢杆菌，正常存在于土壤、水、尘埃、淀粉制品、乳和乳制品等，食入大量细菌后才能引起中毒，中毒有呕吐和腹泻两种类型。

第四节　食品真菌危害与食物中毒

一、真菌及其毒素

真菌广泛分布于自然界，种类繁多、数量庞大，与人类关系十分密切，有许多真菌对人类有益，而有些真菌对人类有害。真菌毒素是真菌产生的次级代谢产物。早在20世纪20年代，人们已注意到真菌毒素中毒的现象。麦角中毒是发现最早的真菌中毒症，曾广泛发生于欧洲和远东地区，在9世纪就有文字记载。1942—1945年第二次世界大战中，苏联奥它堡地区小麦因来不及收获而在田间雪下越冬，感染了镰刀菌及枝孢菌而产生剧毒物质，食用者普遍患有致命的白细胞缺乏症。1952年，日本因大米受到真菌的有毒代谢物的严重污染，大批人因此而中毒生病，造成了轰动一时的日本黄变米事件。1960年英国发生10万只火鸡中毒死亡事件，事后证明这种疾病是因饲料中含有从巴西进口的发霉花生饼引起。1961年从这批发霉花生饼粉中分离出黄曲霉，并发现其产生发荧光的毒素，命名为黄曲霉毒素（alfatoxin，AFT）。这些事件引起人们对真菌毒素研究工作的高度重视。经过40多年的努力，随着检测手段和分析技术手段的提高，人们发现真菌毒素几乎存在于各种食品和饲料中，所污染的食品十分广泛，诸如粮食、水果、蔬菜、肉类、乳制品以及各种发酵食品。但由真菌的生物学特性所决定，它所污染的对象主要是潮湿的或半干燥的贮藏食品，因此粮食的污染尤为严重。据联合国粮食与农业组织（FAO）报告，全球每年约有25%的农作物遭受真菌及其毒素污染，约有2%的农作物因污染严重而失去营养和经济价值。另据美国食品及药物管理局（FDA）统计，仅1981年美国即查获价值215亿美元的食品因AFT超标而被拒绝进口或被销毁。由此估算，全球每年因真菌毒素污染而造成的直接及间接损失将可能达到数百亿美元。

目前已知有300多种不同的真菌毒素。对人类危害严重的真菌毒素主要有十几种，其中包括黄曲霉毒素、赭曲霉毒素A（OA）、展青霉素（PAT）、玉米赤霉烯酮（ZEN）、橘霉素（citrinin）和脱氧雪腐镰刀菌烯（DON）等。

（一）真菌毒素中毒的特点

食品被产毒菌株污染，但不一定能检测出真菌毒素的现象比较常见，因为产毒菌株必须在适宜产毒的环境条件下才能产毒；但有时也能从食品中检测出某种毒素存在，而分离不出产毒菌株，这往往是食品在贮藏和加工过程中产毒菌株已死亡，而毒素不易破坏所致。真菌毒素是小分子有机化合物，不是复杂的蛋白质分子，所以它在机体中不能产生抗体。人和畜一次性摄入含有大量真菌毒素的食物，往往会发生急性中毒，长期少量摄入会发生慢性中毒。

一般来说，产毒真菌菌株主要在谷物、发酵食品及饲料上生长并产生毒素，直接在动物性食品如肉、蛋、乳上产毒的较为少见。而食入大量含毒饲料的动物同样可引起各种中毒症状，致使动物性食品带毒，被人食入后会造成真菌毒素中毒。真菌毒素中毒与人群的饮食习惯、食物种类和生活环境条件有关，所以真菌毒素中毒常常表现出明显的地方性和季节性，甚至有些还具有地方疾病的特征。

真菌污染食品，特别是真菌毒素污染食品对人类危害极大，就全世界范围而言，不仅造成很大的经济损失，而且造成人类的严重疾病甚至大批的死亡。

(二) 产毒菌株及产毒条件

可以产生毒素的真菌种类繁多，其代谢产物也多种多样。可以产毒的真菌有黄曲霉、赭曲霉等。真菌是否产毒，受很多因素影响，通常有以下几种。

1. 产毒真菌种类

真菌种类繁多，其代谢产物也多种多样。不同真菌可以产生相同的毒素，如黄曲霉、寄生曲霉都产生 AFT，荨麻青霉和棒形青霉等都产生展青霉素。但同一菌株由于客观条件的变化，培养基的不同，其产毒能力也有很大差别。在同一份样品中，有些黄曲霉菌株产毒，有些菌株不产毒，新分离的菌株产毒能力强，经过累代培养，常常由于培养基不适而丧失产毒能力。

2. 基质的影响

真菌的营养来源，主要是糖和少量的氮及矿物质，因此极易在含糖的饼干、面包等类食品上生长，不同的基质对真菌的生长和产毒有一定的影响。就同一菌株而言，在同样培养条件下以富含糖类的小麦、米为基质的比以油料为基质的 AFT 收获量高。

3. 相对湿度及基质水分对产毒的影响

影响真菌繁殖和产毒的重要因素是天然基质中的水分和所放置环境的相对湿度。食品在贮存过程中，其水分含量随周围环境的湿度而变化，最终达到平衡水分。一般将食品放在 70% 相对湿度的情况下所达到的平衡水分，细菌和真菌都不能生长繁殖。A_w 值在 0.7 以下，可以完全阻止产毒的真菌繁殖。在室温 24～30℃ 情况下，含水量越高，则测出黄曲霉和 AFT 的数值也越高。

4. 温度

基质含水量是最重要的，其次才是温度。一般常见的贮藏真菌，生长最适宜的温度为 25℃，小于 0℃ 生长几乎停止。黄曲霉生长与产毒适宜的温度范围是 12～42℃，最适产毒温度是 33℃，适应的最低 A_w 为 0.93～0.98。

(三) 真菌毒素的毒性

真菌毒素可分为肝脏毒、肾脏毒、心脏毒、造血器官毒等。人或动物摄入被真菌毒素污染的农、畜产品，或通过吸入及皮肤接触真菌毒素可引发多种中毒症状，如致幻、催吐、出血症、皮炎、中枢神经受损，甚至死亡。动物试验和流行病学的调查结果还证实，许多真菌毒素在体内积累后可导致癌变、畸变、突变、类激素中毒和白细胞缺乏症等，对机体造成永久性损害。某些癌症以及克山病、大骨节病和地方性乳腺增生症等都与真菌毒素中毒有关。

几种真菌毒素共同污染粮谷类的现象非常普遍。研究表明，当几种真菌毒素进入机体后，可能会相互影响，即可能具有协同作用、拮抗作用或增效作用。

二、黄曲霉毒素

(一) 结构及物理化学性质

黄曲霉毒素（aflatoxin，AFT）是结构相近的一群衍生物，均为二呋喃香豆素的衍生物。目前，已鉴定出的 AFT 有 20 多种（主要黄曲霉毒素的化学结构如图 1 - 8 所示），AFB_1 和 AFB_2 为甲氧基、二呋喃环、香豆素、环戊烯酮的结合物，在紫外线下发紫色荧光。AFG_1 和 AFG_2 为甲氧基、二呋喃环、香豆素、环内酯的结合物，在紫外线下发黄绿色荧光。AFM_1 和 AFM_2 是 AFB_1 和 AFB_2 的羟基化衍生物，家畜摄食被 AFB_1 和 AFB_2 污染的饲料后，在乳汁和尿中可检出其代谢产物 AFM_1 和 AFM_2。在所有真菌毒素中，AFB_1 是已知毒性最强的天然物质，比氰化钾的毒性高 10 倍。AFT 含有大环共轭体系，稳定性非常好，它的分解温度为 237~299℃，故烹调中一般加热不能破坏其毒性。在有氧条件下，紫外线照射可去毒。

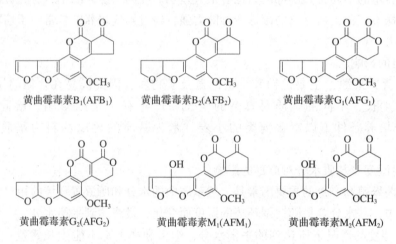

图 1 - 8　主要黄曲霉毒素的化学结构

(二) 产毒菌株及自然分布

1. 黄曲霉毒素产毒菌株

AFT 是由黄曲霉、寄生曲霉、集蜂曲霉和溜曲霉产生的具有生物活性的二次代谢产物。几乎所有的寄生曲霉均可产生 B 组和 G 组 AFT，而黄曲霉则只有 50% 的菌株产生 AFT，且只能产生 B 组 AFT。

黄曲霉是全世界分布最广的菌种之一，中国各省均有分布。研究表明，两株强产毒的黄曲霉在产毒培养基中 AFT 迅速增长，在培养第 5d 后到达高峰（7.5g/kg，3.33g/kg），之后毒素含量逐渐降低。

2. 黄曲霉毒素的自然分布

AFT 的生成有两种途径：一是由于收获后贮存条件不当造成的，如贮藏温度高、湿度大、通风透气条件不良等；二是由于自然环境恶劣，在收获前田间感染的，如病虫危害、土壤贫瘠、早霜、倒伏以及生长后期气候高温、潮湿多雨等所有一切对作物生长不利的条件。作物的生长胁迫可以提高产 AFT 的真菌的田间感染率和 AFT 的生产量，其中害虫对果穗的穗部损伤是多个感染源中最严重的一个。田间感染后的谷物在贮藏条件不当时引发菌丝体室内生长蔓延。一般来说，室内感染可以通过贮藏条件的改善进行控制，如室内温度、湿度和通风透气性的调节等，是人力可为的；而田间感染常受变化无常的气候条件所影响，很难做到人为控制，往往是人力所不可为的。

AFT 感染遍布世界各地，但严重发生的地区主要在热带和亚热带地区，因为这些地区虫害严重，降雨常带来生长季节湿度过大，高温、高湿及虫害等造成黄曲霉感染几乎年年发生。美国佐治亚州从 1977 年至 2001 年的 25 年玉米黄曲霉感染情况调查结果显示：只有 1994 年、1997 年和 2001 年低于 10ng/g，1977 年、1980 年、1990 年、1998 年为严重感染年份，与减产率相吻合，即高产年往往是 AFT 低发年；反之，低产年是 AFT 高发年。

稻谷是人类和畜禽的重要食物来源以及重要的工业原料，其产量约占全国粮食总产量的 38.3%，大部分用于食用（约占总产量的 80%）。付鹏程等（2004）采用免疫亲和柱检测体系作为调查真菌毒素的检测方法，调查了中国部分粮库中正常贮藏的稻谷中的 AFT。31 个样品真菌毒素检测结果显示，AFT 阳性率为 90.32%。调查的结果说明：AFT 是稻谷真菌毒素污染的优势真菌毒素。原因可能是产生这种真菌毒素的真菌在稻谷真菌区系中是优势菌群。AFT 广泛分布于热带、亚热带和温带地区，但在热带地区的毒素污染水平明显高于温带地区。

莫雪梅等（2002）对广州地区 12 所高校的 35 个食堂、餐厅、饮食店随机抽样收集的 50 个酱油样品进行检测，AFT 阳性率为 24%。对广州地区市售的 30 个有正规品牌的酱油样品进行检测，AFT 阳性率为 33%。

广西属亚热带湿润季风气候，霉菌种类繁多，菌相复杂。经对全区粮食霉菌的分离鉴定证实，广西粮食霉菌分布以曲霉菌为主，曲霉菌中又以黄曲霉菌的污染较为普遍。玉米的黄曲霉菌检出率为 71.66%，谷子为 71.40%，花生为 70.08%，大米为 62.30%，小麦为 50%，豆类为 31%。广西兽医研究所（1999）对在玉米产区曾流行的一种以肝脏病变、皮下脂肪染黄为主要病理特征（民间俗称"猪黄膘病"）的患猪进行了系统的调查和研究，确诊"猪黄膘病"是猪 AFT 中毒症。据全区疫病普查统计，广西每年有 AFT 中毒症病猪 2 万头，死亡率高达 50%，约占生猪年死亡总数的 2%。采集发病地区的玉米和以玉米为主要原料的饲料检测，结果黄曲霉毒素 B_1 含量在 0.100mg/kg 以上的占 86.62%（149/172），0.501mg/kg 以上的占 74.05%（112/172）。

1970 年、1977 年、1998 年、2001 年在江苏、广西、广东、江西、四川等省先后有猪中毒报道，1960 年、1992 年、1994 年和 2001 年在广西、云南、上海等地有鸭中毒报道，1991 年内蒙古有奶牛中毒的报道，都已被研究证明是由于饲喂黄曲霉感染的饲料所致。广西粮油研究所 1980—1986 年对广西壮族自治区 32 个县来自国家粮库、农场和农户的玉米口粮和饲料用粮进行抽检，结果在 212 份送检样品中 AFT 阳性率占 94%，500mg/kg 以上占 28%，最高含毒量达到 10000mg/kg。

（三）毒性

AFT 是一种强烈的肝脏毒，对肝脏有特殊亲和性并有致癌作用。它主要强烈抑制肝脏细胞中 RNA 的合成，破坏 DNA 的模板作用，阻止和影响蛋白质、脂肪、线粒体、酶等的合成与代谢，干扰动物的肝功能，导致突变、癌症及肝细胞坏死（图 1-9）。同时，饲料中的毒素可以蓄积在动物的肝脏、肾脏和肌肉组织中，人食入后可引起慢性中毒。

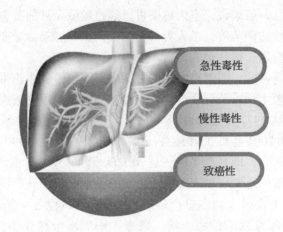

图 1-9 AFT 的主要靶器官

1．急性和亚急性中毒

各种动物对 AFT 的敏感性不同，其敏感性依动物的种类、年龄、性别、营养状况等而有很大的差别。短时间摄入 AFT 量较大时，表现为食欲不振、体重下降、生长迟缓、繁殖能力降低，产蛋或产乳量减少。中毒病变主要在肝脏，迅速造成肝细胞变性、坏死、出血以及胆管增生等。关于 AFT 的中毒机制有待进一步的研究。

2．慢性中毒

持续摄入一定量的 AFT，AFT 与核酸结合可引起突变而表现为慢性中毒，使肝脏出现慢性损伤，生长缓慢、体重减轻，肝功能降低，出现肝硬化。

3．致癌性

实验证明许多动物小剂量反复摄入或大剂量一次摄入都能引起癌症，主要是肝癌。有足够的证据表明，AFT 是人类的致癌物质之一。根据计算，黄曲霉毒素 B_1 致癌力为二甲基偶氮苯的 900 倍，比二甲基亚硝胺诱发肝癌的能力大 75 倍。一项对少数暴露于含有 AFT 灰尘的荷兰榨油工人的研究表明，工人患癌症的死亡率有所增加，但没有发现因肝癌而死亡的。然而，在乌干达、瑞士、泰国和肯尼亚的早期研究中发现，AFT 的估计摄入量或市场食品样品及烹制食品的 AFT 污染水平与肝癌的发病率呈正相关。

近 30 年来，人们一直在探讨 AFT 暴露与人类肝癌的关系。以往由于缺乏能反映人体对 AFT 暴露、代谢、解毒及 DNA 修复的分子标志物，使 AFT 暴露与肝癌关系长期难以定论。经过 30 多年的努力，才确定了 AFT 暴露与人肝癌的关系，确立了 AFT 是人类致癌物。

三、赭曲霉毒素 A

（一）结构及物理化学性质

赭曲霉毒素是 $L-\beta-$苯基丙氨酸与异香豆素的联合，有 A、B、C、D 4 种化合物，此外还有赭曲霉毒素 A 的甲酯、赭曲霉毒素 B 的甲酯或乙酯化合物。赭曲霉毒素 A （ochratoxin A，OA）的化学结构式如图 1-10 所示，其在谷物中的污染率和污染水平最高。它是无色结晶的化学物，从苯中结晶的熔点为 90℃，大约含 1 分子苯，于 60℃ 干燥 1h 后熔点范围为 168～170℃。OA 溶于水、稀碳酸氢钠溶液。在极性有机溶剂中 OA 是稳定的，其乙醇溶液可置冰箱中贮存 1 年以上不被破坏；但在谷物中会随时间的延长而降解。OA 的水解产物是苯基丙氨酸和异香豆素部分。OA 溶于苯—冰乙酸（99:1，体积）混合溶剂中的最大吸收峰波长为 333nm，分子质量为 403u，摩尔吸收系数值为 5550。

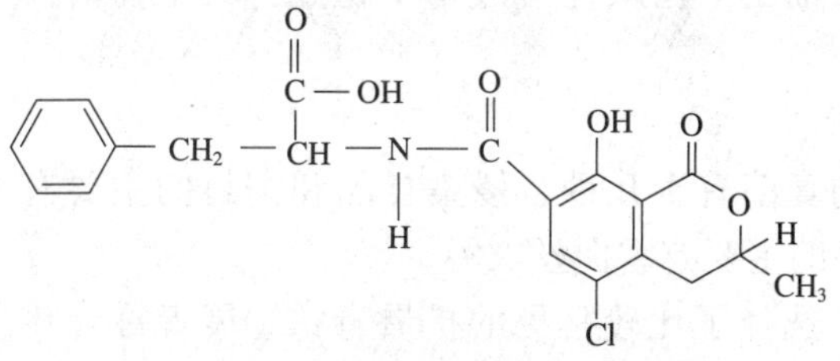

图 1-10 赭曲霉毒素 A 的化学结构

（二）产毒菌株及自然分布

1. 赭曲霉毒素 A 的产毒菌

自然界中产生 OA 的真菌种类繁多，但以纯绿青霉、赭曲霉和炭黑曲霉 3 种菌为主。

2. 赭曲霉毒素 A 的自然分布

由于 OA 产生菌广泛分布于自然界，因此包括粮谷类、干果、葡萄及葡萄酒、咖啡、可可、巧克力、中草药、调味料、罐头食品、油、橄榄、豆制品、啤酒、茶叶等多种农作物和食品以及动物内脏均可被 OA 污染。动物饲料中 OA 的污染也非常严重，在以粮食为动物饲料主要成分的地区如欧洲，动物进食被 OA 污染的饲料后导致体内 OA 的蓄积，由于 OA 在动物体内非常稳定，不易被代谢降解，因此动物性食品，尤其是猪的肾脏、肝脏、肌肉、血液、乳和乳制品等中常有 OA 检出。世界范围内对 OA 污染基质调查研究最多的是谷物（小麦、大麦、玉米、大米等）、咖啡、葡萄酒和啤酒、调味料等。人们在玉米的天然污染物中发现 OA，以后又相继从谷物和大豆中检出。虽然世界各国均有从粮食中检出 OA 的报道，但其污染分布很不均匀，以欧洲国家如丹麦、比利时、芬兰等最重。

（三）毒性

OA 对动物的毒性主要为肾脏毒和肝脏毒，由 OA 导致的人和动物的急性中毒目前还没有报道。OA 对实验动物的半数致死剂量（LD_{50}）依给药途径、实验动物种类和品系不同而异，狗和猪是所有受试动物中对 OA 毒性最敏感的动物，大、小鼠最不敏感。短期试验结果显示，OA 对所有单胃哺乳动物的肾脏均有毒性，可引起实验动物肾萎缩或肿大、颜色变灰白、皮质表面不平等；显微镜下可见肾小管萎缩、间质纤维化、肾小球透明变性、肾小管坏死等，并伴有尿量减少、尿频、尿蛋白和尿糖增加等肾功能受损导致的生化指标的改变。

由于 OA 对肾脏的毒害作用，给养殖业和家禽业造成了巨大的经济损失，但它对反刍动物的毒害作用报道很少。

四、展青霉素

展青霉素（patulin，PAT）是由真菌产生的一种有毒代谢产物，Glister 在 1941 年首次发现并分离纯化。

(一) 结构及物理化学性质

展青霉素是一种内酯类化合物，其结构式如图 1 – 11 所示。是一种中性物质，溶于水、乙醇、丙酮、乙酸乙酯和氯仿，微溶于乙醚和苯，不溶于石油醚。在碱性溶液中不稳定，其生物活性被破坏。

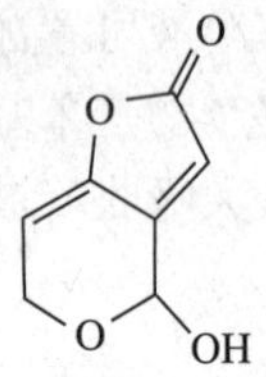

图 1 – 11　展青霉素的化学结构

(二) 产毒菌株

可产生展青霉素的真菌有十几种，侵染食品和饲料的主要有青霉、曲霉，侵染水果的主要有雪白丝衣霉。

贺玉梅等 (2001) 选择了比较常见的扩展青霉、展青霉、圆弧青霉、产黄青霉、娄地青霉、棒曲霉、巨大曲霉、土曲霉共 8 种 49 株进行了产展青霉素的测定，以了解它们的产毒性能。这 8 种菌的产毒能力由强到弱依次为棒曲霉 > 展青霉 > 娄地青霉 > 圆弧青霉 > 扩展青霉 > 土曲霉 > 产黄青霉 > 巨大曲霉，特别是前 5 种菌的产毒阳性率均在 50% 以上，产毒量也较大，棒曲霉、展青霉、娄地青霉、扩展青霉均有产毒量大于 10mg/L 的菌株。本次所测得 8 种菌其产毒能力和其分离基质有关，从土壤中分离的菌较从其他基质上分离的菌产毒阳性率和产毒量均高，特别是从土壤中分离的扩展青霉、展青霉、棒曲霉其产毒量均大于 10mg/L，而从食品中分离的菌则产毒阳性率和产毒量均较弱。国外有关文献也曾报道从自然基质上特别是从土壤中分离出来的菌较从食品中分离出来的菌产毒能力强。

(三) 毒性

展青霉素是一种有毒内酯，雄性大鼠经口 LD_{50} 为 30.5 ~ 55mg/kg (以体重计)，雌性大鼠为 27.8mg/kg (以体重计)。自从在水果中发现展青霉素起，关于其毒性的研究已引起人们的高度重视。英国食品、消费品和环境中化学物质致突变委员会已将展青霉素划为致突变物质。FAO/WHO 食品添加剂专家联合委员会 (JECFA) 的一份研究报告表明，展青霉素没有可再生作用或致畸作用，但是对胚胎有毒性，同时伴随有母本毒性。虽然最近对大鼠的研究不能说明它有免疫毒性，但是相对高剂量的展青霉素有免疫抑制作用。为了建立人类对展青霉素的安全指南，JECFA 最近将其最大日可食入量从 1μg/kg (以体重计) 降为 0.4μg/kg (以体重计)。

五、脱氧雪腐镰刀菌烯醇

脱氧雪腐镰刀菌烯醇 (deoxynivalenol，DON) 又名致呕毒素 (vomitoxin，VT)，是一种单端孢霉烯族毒素，主要由某些镰刀菌产生。

(一) 结构及物理化学性质

脱氧雪腐镰刀菌烯醇是雪腐镰刀菌烯醇的脱氧衍生物 (化学结构如图 1 – 12 所示)，为无色针状结晶，熔点为 151 ~ 153℃。它可溶于水和极性溶剂，在乙酸乙酯中可长期保存，120℃时稳定，具有较强的热抵抗力，在酸性条件下不被破坏，但是加碱或高压处理可破坏部分毒素。脱氧雪腐镰刀菌烯醇可长时间保留其毒性。

(二) 产毒菌株

脱氧雪腐镰刀菌烯醇主要由某些镰刀菌产生，包括禾谷镰刀菌、尖孢镰刀菌、串珠镰刀菌、拟枝孢镰刀菌、粉红镰刀菌、雪腐镰刀菌等。

许多谷物都可以受到污染，如小麦、大麦、燕麦、玉米等。DON 对于谷物的污染状况与产毒菌株、温度、湿度、通风、日照等因素有关。DON 污染谷物的情况非常普遍，中国、日本、美国、前苏联、南非等均有报道。

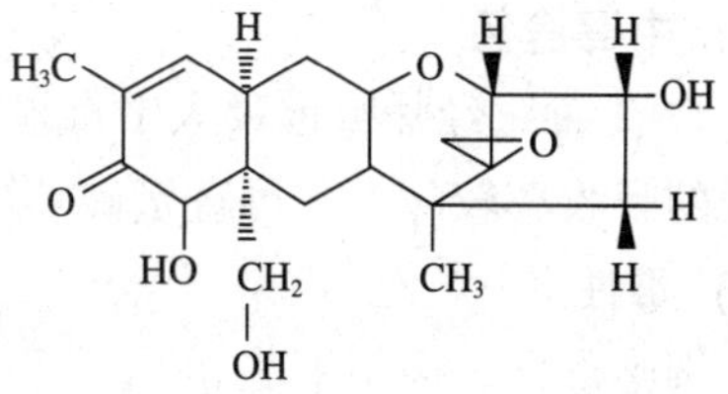

图 1 - 12　脱氧雪腐镰刀菌烯醇的化学结构

（三）毒性

1. 急性毒性

DON 的急性毒性与动物的种属、年龄、性别、染毒途径有关，雄性动物对毒素比较敏感。DON 急性中毒的动物主要表现为站立不稳、反应迟钝、竖毛、食欲下降、呕吐等，严重者可造成死亡。DON 可引起雏鸭、猪、猫、狗、鸽子等动物的呕吐反应，其中猪对 DON 最为敏感。DON 还可引起动物的拒食反应。

2. 慢性、亚慢性毒性

对于 DON 的慢性毒性国内外研究都比较少。Irerson 等用 B6C3Fl 大鼠进行了为期两年的染毒试验，DON 的浓度为 0、1mg/kg、5mg/kg、10mg/kg，雄性、雌性大鼠各分为 4 组，试验结束后发现，各组动物均未见死亡，动物体重增加与染毒剂量呈负相关。雌性大鼠的血浆中 IgA、IgG 浓度较对照组增高，生化指标、血液学指标也可见明显异常，病理学检查还发现有肝脏肿瘤、肝脏损害。Perlusky 等以 DON 纯毒素和毒素污染的谷物喂养处于生长发育阶段的幼猪 32d，DON 含量分别为 0、1mg/kg、3mg/kg。在最高剂量组，动物的体重在进食后很快下降，但是喂饲纯毒素组的动物在几天后体重可以恢复，而喂饲毒素污染的谷物组的动物在整个试验中体重一直下降，这可能与谷物中存在着未被发现的其他有毒物质有关。Rotter 等对幼猪进行了为期 28d 的喂养观察，DON 的含量为 0、0.75mg/kg、1.50mg/kg 、3.00mg/kg，结果发现实验动物皮肤温度随 DON 的浓度增高而呈直线下降，同时还观察到拒食反应、甲状腺体积缩小、血管黏膜改变、白蛋白升高、球蛋白降低、白蛋白/球蛋白比值增高。Perlusky 等已研究发现 DON 可以改变动物脑脊液中的神经介质，如 5 - 羟色胺、儿茶酚胺等，这可能与动物的拒食反应有很大关系。

六、T - 2 毒素

T - 2 毒素为白色针状结晶，在室温条件下相当稳定，放置 6 ~ 7 年或加热至 200℃ 1 ~ 2h 毒性不减；对碱敏感；酯基水解成相应的醇；接触氢化还原双键；四氢钾铝或氢硼化钠可使环氧基还原成醇，是自然界发现最早、毒性最强的单端孢霉烯族毒素。其化学结构如图 1 - 13 所示。

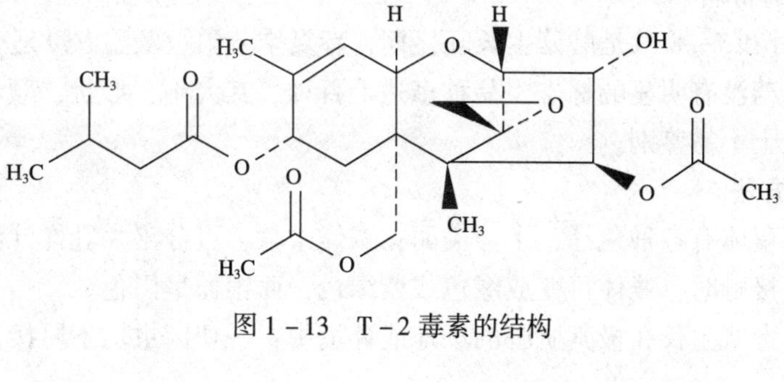

图 1 - 13　T - 2 毒素的结构

（一）中毒途径

T-2 毒素经呼吸道吸入中毒报道很少（军事上多见）。主要是经口中毒 T-2 毒素经黏膜的吸收率较高，并可直接破坏黏膜的毛细血管，使其通透性增加。

（二）毒性

细胞毒性，抑制细胞蛋白质和 DNA 合成；过氧化损伤；急性毒性、慢性毒性、致癌性。

（三）长期摄入小剂量 T-2 毒素症状

主要是因摄入镰刀菌污染的有毒谷物引起中毒。

典型临床经过分四期：

第一期：食入有毒谷物之后数分钟到数小时，出现原发病变口腔和胃肠道局部症状，可能有发热和出汗，但体温不升高，持续 3~9d。

第二期：潜伏期（白细胞减少期），骨髓和造血系统发生障碍，进行性白细胞减少，粒细胞减少，淋巴细胞相对性增多；中枢神经系统和植物神经系统障碍；持续 3~4 周；突然转入第三期，症状发展很快。

第三期：瘀点期，躯干、两臂、两腿、面和头的皮肤上出现瘀点。瘀点从 1mm 到数厘米大小不等；凝血因子减少；淋巴结常常肿大；患者可能由于出血而死亡，由于肿胀而窒息，或者发生继发感染。

第四期：恢复期，坏死区和出血的治疗需要 3 或 4 周；骨髓造血功能恢复正常需要 2 个月或更长时间。

（四）T-2 毒素中毒的预防和治疗

迄今还没有对 T-2 毒素中毒的特异性防治办法。目前唯一有效的预防办法是避免接触或减少接触。唯一的治疗是对症和支持疗法。

（五）T-2 毒素对关节软骨和心肌毒性研究进展

据调查，大骨节病和克山病的高发地区粮食中 T-2 毒素含量偏高 20% 左右。所以，大骨节病和克山病可能和 T-2 毒素中毒有关。

七、毒蕈中毒

在我国目前已鉴定蕈类中，可食用蕈近 300 种，毒蘑菇（毒蕈）约有 100 种，常见的可致人死亡的至少有 10 种，如白毒鹅膏菌（白毒伞）、半卵形斑褶菇、大青褶伞、毒蝇蕈、牛肝蕈、假芝麻蕈等。

（一）野生蘑菇的特点

每年 3—4 月和 7—8 月是蘑菇生长旺盛期，春夏季节雨量及温湿度适合各类野生毒蘑菇的生长。毒蘑菇没有明显的标志，品种多达上百种，其大小、形状、颜色、花纹等变化多端，非专业人士不易鉴别。

（二）毒蕈识别方法

外观：毒蕈蕈体有各种色泽，十分美丽；蕈体柔软，可分泌牛乳样汁液，采集后易变色；蕈体与银器接触时，蕈体可变成绿色或紫绿色，而银器呈黑色。

生长环境：毒蕈生长在极其肮脏的场地或环境中；一切昆虫均不愿接近。

（三）毒蕈中毒症状类型

1. 胃肠炎型

潜伏期 10min ~ 6h。剧烈恶心、呕吐、腹痛、腹泻等。适当对症处理迅速恢复，病程 2 ~ 3d，预后较好。

2. 神经、精神型

除有胃肠炎外，主要为副交感神经兴奋症状，引起多汗、流涎、流泪、瞳孔缩小、缓脉等。重者有神经兴奋、精神错乱和精神抑制等。用阿托品类药物及时治疗，可迅速缓解症状。病程短，1 ~ 2d 可恢复，无后遗症。

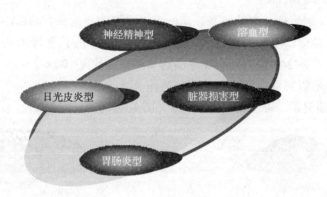

图 1 – 14　毒蕈中毒症状类型

3. 溶血型

潜伏期 6 ~ 12h，先为胃肠症状，发病 3 ~ 4d 后出现溶血型黄疸。血尿、肝脾肿大等，重者可死亡。

4. 脏器损害型

中毒最严重，可分为 6 期：

① 潜伏期：在食用 10 ~ 24h 后发病。

② 胃肠炎期：恶心、呕吐、腹泻。

③ 假愈期：胃肠道症状减轻，肝脏损害开始，轻症可进入恢复期。

④ 内脏损害期：肝肾损害，肝肿大、肝坏死、肝昏迷；少尿，无尿，肾衰竭。

⑤ 精神症状期：烦躁、昏迷。

⑥ 恢复期：2 ~ 3 周后。

临床上可用二巯基丁二酸钠或二巯基丙碳酸钠解毒，并用保肝疗法。

5. 光过敏性皮炎型

因误食胶陀螺（猪嘴蘑）引起，河北、吉林等有报道。中毒时颜面出现肿胀、疼痛。一般用抗组织胺药物扑尔敏、苯海拉明等脱敏药物效果良好。

6. 呼吸衰竭型

呼吸、循环衰竭。

（四）毒蕈中毒的预防

目前对毒蘑菇中毒尚无特效疗法。预防毒蘑菇中毒最好的方法是不采食野蘑菇。

（五）常见毒蘑菇介绍

1. 致命白毒伞

致命白毒伞（图1-15）喜在黧蒴树下群生，与树根相连。

图1-15　致命白毒伞

毒素：毒伞肽类和毒肽类，新鲜毒菇中毒素含量很高，50g左右的白毒伞菌体所含毒素足以毒死一个成年人。

毒性：对人体肝、肾、中枢神经系统等重要脏器造成的危害极严重，中毒者病死率>90%，是历年广州地区毒菇致死事件的罪魁祸首。

2. 毒鹅膏菌（绿帽菌、鬼笔鹅膏、蒜叶菌、高把菌、毒伞）（图1-16）

毒性：极毒，菌体幼小的毒性更大。含毒肽（hallotoxing）和毒伞肽（anatoxins）。

症状：潜伏期长达24h左右。病死率高达>50%，甚至100%。

治疗：及时采取以解毒保肝为主的治疗措施。

3. 蛤蟆菌（捕蝇菌、毒蝇菌、毒蝇伞）（图1-17）

图1-16　毒鹅膏菌

图1-17　蛤蟆菌

毒素：毒蝇碱、毒蝇母、基斯卡松以及豹斑毒伞素等。

症状：误食6h内发病，剧烈恶心、呕吐、腹痛、腹泻及精神错乱，出汗、发冷、肌肉抽搐、脉搏减慢、呼吸困难或牙关紧闭，头晕眼花、神志不清等症状。

治疗：用阿托品疗效良好。

此菌还产生甜菜碱、胆碱和腐胺等生物碱。

八、霉变甘蔗中毒

霉变甘蔗中毒是指食用了保存不当而霉变的甘蔗引起的急性食物中毒。发生于我国北方地区的初春季节，多见于儿童，病情常较严重甚至危及生命。霉变甘蔗质地较软，囊部外观色泽比正常甘蔗深，一般呈浅棕色，闻之有霉味，切成薄片在显微镜下可见有真菌菌丝侵染，从霉变甘蔗中分离出的产毒真菌为甘蔗节菱孢霉。新鲜甘蔗中甘蔗节菱孢霉的侵染率极低，仅为0.7%~1.5%，但经过3个月贮藏后，其污染率可达34%~56%。长期贮藏的甘蔗是节菱孢霉发育、繁殖、产毒的良好培养基。

（一）毒素

甘蔗节菱孢霉产生的毒素为 3 – 硝基丙酸，是一种神经毒，主要损害中枢神经系统。

（二）对人体危害

中毒潜伏期短，最短仅十几分钟，中毒症状最初表现为一时性消化道功能紊乱，恶心、呕吐、腹痛、腹泻、黑便，随后出现神经系统症状，如头昏、头痛和复视。重者可出现阵发性抽搐；抽搐时四肢强直，屈曲内旋，手呈鸡爪状，眼球向上偏向凝视，瞳孔散大，继而进入昏迷。患者可死于呼吸衰竭，幸存者则留下严重的神经系统后遗症，导致终生残废。

（三）预防

目前尚无特殊治疗，在发生中毒后尽快洗胃、灌肠以排除毒物，并对症治疗。主要在于预防，不吃霉变甘蔗。

甘蔗必须于成熟后收割，收割后注意防冻，防霉菌污染繁殖。贮存期不可过长，并定期对甘蔗进行感官检查，严禁变质的霉变甘蔗出售。

第五节　致病性病毒及其危害

病毒是非常小的微生物，大小为 15 ~ 400nm，引起植物、动物和人类的许多疾病，这些感染不是随机发生的，每类病毒有它自己典型的宿主范围。病毒有不同的传播途径，包括呼吸、血液、食品、接触动物等。在食源性感染中，最相关的是那些感染肠道细胞，并经粪便或呕吐物排泄出来的病毒。

食源性病毒感染的特点：

（1）只需较少的病毒即可引起感染。

（2）从病毒感染者的粪便中可以排出大量病毒粒子。

（3）需要特异活细胞才能繁殖，因此在食品和水中不进行繁殖。

（4）食源性病毒在环境中相当稳定，对酸普遍有耐受性。

在人类胃肠道中有许多病毒，引起食源性疾病的只有数种，根据引起疾病性质的不同可分为 3 类：

（1）引起胃肠炎的病毒。

（2）肠道传播的肝炎病毒。

（3）在人的肠道中繁殖但转移到其他器官引起疾病的病毒，如中枢神经系统和肝脏。

一、急性胃肠炎病毒

（一）轮状病毒

轮状病毒是人类、哺乳动物和鸟类腹泻的重要病原体，是病毒性胃肠炎的主要病原，也是导致婴幼儿死亡的主要原因之一。

1. 生物学特性

轮状病毒呈大小不等的球形，为立体对称的二十面体，直径 60 ~ 80nm，双层衣壳，无包膜，复染后在电镜下观察，病毒外形呈车轮状（图 1 – 18）。

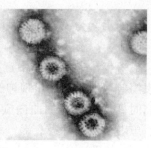

图 1 – 18　轮状病毒

轮状病毒为双链 RNA 病毒，约 18550 个碱基（bp），由 11 个基因节段组成。每一个片段含一个开放读框（ORF），分别编码 6 个结构蛋白（VPl、VP2、VP3、VP4、VP6、VP7）和 5 个非结构蛋白（NSP1 ~ NSP5）。VP6 位于内衣壳，为组和亚组特异性抗原；VP4 和 VP7 位于外衣壳，VP7 为糖蛋白，是中和抗原，决定病毒血清型，VP4 为病毒的血凝素，亦为重要的中和抗原。VPl ~ VP3 位于核心。非结构蛋白为病毒酶或调节蛋白，在病毒复制中起主要作用。

根据轮状病毒基因结构和抗原性的差别，通过免疫电镜等多种方法将轮状病毒分为 A、B、C、D、E、F、G 7 组，其中主要感染人类的是 A、B、C 3 组；在人类和动物中广泛流行且具有很强致病作用的主要是 A 组。

轮状病毒在粪便中存活数天到数周。耐乙醚、酸、碱和反复冻融，pH 适应范围广（pH3.5 ~ 10），室温下相对稳定，55℃30min 可被灭活。

2. 流行病学

由轮状病毒感染而引起的疾病在世界范围内普遍存在。对 50 多个国家进行的调查研究表明，轮状病毒感染的发病率和病死率都很高，因急性腹泻住院的儿童，其粪便标本中有 20% ~ 70% 可检出轮状病毒。在发展中国家，由于轮状病毒感染每年有 90 万人死亡。即使在美国这样发达的国家，5 岁以下儿童住院病例中也有 3% 与轮状病毒感染有关，每年由此而耗费的开支逾 10 亿美元。

轮状病毒感染的传染源为患者、隐性感染者及病毒携带者。由于后两者不易被发现，因而是更重要的传染源。尼日利亚的一项研究显示，成人及儿童轮状病毒无症状感染率达 30.8%。墨西哥的一项研究则表明，50% 的轮状病毒感染是无症状的。轮状病毒可通过密切接触和粪 – 口途径传播或流行。任何年龄的人和动物均可感染轮状病毒，但有症状感染一般发生在 6 月龄至 2 岁的婴幼儿和幼小动物，2 岁以上的感染者较少发生严重疾病。新德里的一项研究发现，出生后 4d 的新生儿 67% 已被轮状病毒感染；到 5 岁时，几乎所有的儿童都感染过轮状病毒。轮状病毒感染具有明显的季节性，高峰期出现在晚秋及冬季，少数地区季节性不明显而呈常年流行。美国的流行病学监测发现，轮状病毒感染的高峰季节随着地域的不同而有所差异，如美国西南部流行高峰出现在 11 月，东北部则在 3—4 月。

轮状病毒分子流行病学研究证实，在世界范围内广泛流行的 A 组轮状病毒主要是由 G、P 血清型组合而成的四个血清亚型，即 G1P8、G2P4、G3P8 以及 G4P8。然而，在某些地区也有例外，如印度和孟加拉国新生儿的轮状病毒感染是以 G9P6、G9P11 为主。

相关食品：轮状病毒存在于肠道内，通过粪便排到外界环境，污染土壤、食品和水源，经消化道途径传染给其他人群。在人群生活密集的地方，轮状病毒主要是通过带毒者的手造成食品污染而传播，在儿童及老年人病房、幼儿园和家庭中均可暴发。感染轮状病毒的食品从业人员在食品加工、运输、销售时可以污染食品。

3. 发病机制和临床表现

A 型轮状病毒最为常见，是引起 6 个月 ~ 2 岁婴幼儿严重胃肠炎的主要病原，年长儿童和成年人常呈无症状感染。传染源是患者和无症状带毒者从粪便排出的病毒，经粪 – 口途径传播。

病毒侵入人体后在小肠黏膜绒毛细胞内增殖，造成细胞溶解死亡，微绒毛萎缩、变短和脱落，腺窝细胞增生、分泌增多，导致严重腹泻。潜伏期为 24 ~ 48h，突然发病，出现发热、腹泻、呕吐和脱水等症状，一般为自限性，可完全恢复。但当婴儿营养不良或已有脱水，若治疗不及时，会导致婴儿的死亡。

B 型轮状病毒可在年长儿童和成年人中暴发流行，C 型病毒对人的致病性与 A 型类似，但发病率很低。

由于该病毒具有抵抗蛋白分解酶和胃酸的作用，所以能通过胃到达小肠，引起急性胃肠炎。感染剂量为 10 ~ 100 个感染性病毒颗粒，而患者在每毫升粪便中可排出 10^8 ~ 10^{10} 个病毒颗粒，因此，通过病毒污染的手、用品和餐具完全可以使食品中的轮状病毒达到感染剂量。

4. 预防和控制措施

（1）一般性预防　提倡母乳喂养；重视水源卫生，防止水源污染；婴儿室严格消毒，提倡母婴同室，防止医源性传播；幼儿园玩具定期消毒；早发现、早隔离、早诊断、早治疗等。

（2）疫苗预防　预防轮状病毒性感染的理想措施是服用轮状病毒疫苗，刺激机体在局部和血清中产生抗体。WHO 已将轮状病毒感染纳入全球腹泻病控制和免疫规划，并建议将轮状病毒疫苗列入各国儿童计划免疫。

目前还没有一个世界公认最理想的轮状病毒疫苗。1998 年 8 月 31 日，美国 FDA 批准使用由美国生产的四价恒河猴 – 人重组疫苗（RRV – TV），该疫苗在美国、芬兰、委内瑞拉的临床试验中取得良好的效果，对轮状病毒腹泻的保护率达到 48% ~ 68%，对重症轮状病毒腹泻的保护率达到 75% ~ 100%，效果可持续 2 年，而在发展中国家秘鲁、中非等地的试验效果都不理想，这种差异与各地流行病毒株的血清型不同有关。并且，另外的研究结论为，由于接种四价恒河猴 – 人重组疫苗之后肠套叠的发病率明显升高，因此，美国免疫咨询委员会（ACIP）于 1999 年 10 月建议美国儿童不再使用四价恒河猴 – 人重组疫苗，疫苗经销商同时从市场上收回该疫苗。

另外，由我国卫生部兰州生物制品研究所开发研制的口服轮状病毒疫苗 G1 ~ 4 型和 G10 型，经过 Ⅰ ~ Ⅳ期临床观察，对婴幼儿轮状病毒腹泻及重症腹泻均有保护性，保护期在 1.5 年以上，2000 年已获国家正式生产批号，目前在北京等地建议儿童使用。目前，全世界都正在研制新一代疫苗，包括病毒样颗粒（VLPs）亚单位疫苗、DNA 疫苗等。

（二）肠道腺病毒

目前，肠道腺病毒（*Enteric adenovirus*，*EAd*）是引起婴幼儿胃肠炎及腹泻的极为重要的病原，并日益受到医学界的广泛注意和重视。早在 20 世纪 60 年代就已揭示了腺病毒与胃肠炎密切相关；1975 年，Flewett 等首次从急性胃肠炎婴幼儿患者粪便中发现了肠道腺病毒，并证明它可引起腹泻暴发流行。

1. 生物学特性

腺病毒科分为哺乳动物腺病毒属和禽类腺病毒属，迄今至少有 93 个型别。原有的人类腺病毒按血清型可分为 A、B、C、D、E 5 组。经中和试验、分子杂交以及限制性核酸内切酶酶切分析发现，肠道腺病毒的结构和化学组成与原有的 5 组均不同，将它归属于 F 组。F 组的肠道腺病毒含有 3 个病毒型别，定名为肠道腺病毒 40、肠道腺病毒 41 和肠道腺病毒 42。它们一般难以在常规细胞系中生长，但却能在张氏结膜细胞（Chang's conjunctiva cell）和 Graham293 细胞第 3 代食蟹猴肾细胞（TCMK cell）中生长。腺病毒 40 和腺病毒 41 两者抗原性极为相关，中和试验也有相当的交叉反应。但 van Loon 等根据两者的同源性将它们分为两个不同的血清型。腺病毒 40 和腺病毒 41 不仅有交叉中和反应，而且又有关系很近的抗原，对新生仓鼠具有极高的致病性，对猴、人和大鼠红细胞缺乏亲和性和（G + C）含量较低等相似点。

电镜下肠道腺病毒（EAd）与其他腺病毒形状完全相同，即病毒颗粒无包被，二十面体对称，直径 70 ~ 80nm。衣壳含 252 个壳粒，其中二十面体的顶角壳粒由 12 个五邻体（penton）组成，每个五邻体有一条纤维突起，长度 10 ~ 37nm。纤维上携带有主要的种特异性抗原决定簇和次要的组特异抗原决定簇。除五邻体外，有 240 个非顶角壳粒，为六邻体（hexon），后者的氨基酸序列与腺病毒 2 末端的 100 个氨基酸序列完全相同，而腺病毒 40 和腺病毒 41 六邻体的多肽同源性高达 88%，其主要不同点位于氨基酸序列的 131 ~ 287 和 397 ~ 425 两处，它们可能为型特异性抗原决定簇所在部位。病毒核心为线状双链 DNA，长约为 34kb。腺病毒 40 纤维突基因位于 DNA 图谱单位 87 ~ 92 之间，编码 59 000 个氨基酸组成的多肽。该多肽中的 547 个氨基酸序列与腺病毒 2、腺病毒 3、腺病毒 5 相比同源性较低，而与腺病毒 41 的同源性则高达 95.6%。近来发现，腺病毒 41 纤维突基因含有 2 个开放读码框架（ORFs），分别编码 1 个 61 000 氨基酸组成的长型纤维突蛋白和 1 个 42000 氨基酸组成的短型纤维突蛋白。最近还发现，腺病毒 40 同样也有 1 个开放读码框架，编码 1 个 42 000 的短纤维突蛋白。完整的肠道腺病毒在 CsCl 密度梯度离心时，浮密度为 $1.34g/cm^3$，而缺损的病毒粒子的浮密度则为 $1.30g/cm^3$。

2. 流行病学

（1）地区分布　在发展中国家和发达国家的流行病学调查研究已成功证实肠道腺病毒是婴幼儿腹泻的重要病原。目前，世界各地均有小儿腺病毒胃肠炎的报道，但以区域性流行为主，大面积暴发流行少见。在发达国家，0.9% ~ 33.3% 的腹泻患儿粪便中可检测到肠道腺病毒，在发展中国家的检出率稍低，为 0.9% ~ 13.9%。

（2）季节分布　婴幼儿全年均可发病，但以夏、秋两季较为常见，在此期间均可分离出肠道腺病毒。

（3）年龄、性别分布　本病主要侵犯 5 岁以下儿童，其中 85% 以上病例发生在 3 岁以下婴幼儿。其中男性占 48%，女性占 52%，性别间患病率无显著差异。

3. 发病机制和临床表现

早在 1983 年就有研究表明六邻体蛋白承担着型特异性抗原决定簇，是中和抗原的靶目标，是病毒体对免疫选择压力最敏感的部位。事实上，病毒的六邻体包膜在最初的感染阶段起着很大的作用，受酸碱度的影响，在 pH 降低的情况下，六邻体蛋白发生构象的改变，暴露出分子的 N 端，是一个 15ku 的多肽。pH 为 5 时所分离的抗 15ku 抗体是 pH 为 7 时所分离出的抗体的 5 倍。因此，六邻体的 N 端部分在病毒与细胞的相互作用阶段起着很关键的作用。pH 诱导的六邻体构象的改变，对于以后五邻体基底的暴露，或是参与病毒体脱去包膜是很必要的。

腺病毒感染细胞后可以关闭宿主细胞某些基因的表达，大量合成病毒蛋白质，从而使细胞的功能失常，引起腹泻。

由肠道腺病毒感染而引起的胃肠炎通常较缓和，属自限性疾病。临床主要表现为腹泻，一般持续 2 ~ 11d，其中腺病毒 41 感染者腹泻持续时间较长，而腺病毒 40 感染者在发病初期腹泻症状严重。患儿常伴发热和呕吐，偶伴有咳嗽、鼻炎、气喘和肺炎等呼吸道表现，严重者常可引起患儿脱水死亡。不同亚群腺病毒感染所出现的症状不同。

4. 预防和控制措施

腺病毒胃肠炎主要经粪 – 口途径传播，也有可能通过呼吸道传播，而水源污染仍是暴发性流行的主要原因。因此，控制腺病毒胃肠炎的主要措施应是防止水源、食物污染，合理处理粪便和污水，建立良好的卫生环境和个人卫生习惯。

疫苗预防是降低发病率和减少病死率的又一项重要措施。目前，减毒活疫苗、多肽疫苗和基因工程疫苗正在加速研制和开发，食品疫苗则是科学家们最近瞄准的新研究方向，将为控制肠道腺病毒开辟新的途径。此外，应提倡母乳喂养，并且给孕妇诱导免疫接种，从而增加乳汁中 IgA（sIgA）的分泌，这对防治婴幼儿腹泻可起到一定的作用。

（三）杯状病毒

引起人类胃肠炎的杯状病毒（*Calicivirus*）包括小圆形结构化病毒（small round structured virus，SRSV）和"典型"杯状病毒（"classic" *calicivirus*）。SRSV 的原型病毒为 1972 年在美国 Norwalk 一所小学流行性胃肠炎暴发中发现的直径为 27 ~ 32nm 的球状病毒颗粒，定名为诺沃克病毒（*Norwalk virus*，NV）。"典型"杯状病毒于 1976 年从小儿粪便中发现，属人杯状病毒（*human caliciviruses*，*HuCV*）。SRSV 是世界上引起非细菌性胃肠炎暴发流行最重要的病原体，血清学研究也证实了这一点。*HuCV* 主要引起 5 岁以下小儿腹泻，但发病率很低。

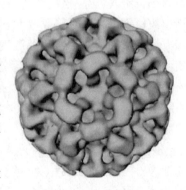

图 1 – 19　杯状病毒

1. 生物学特性

NV 为一种细小病毒颗粒，立方对称，无包膜，在电镜下成堆出现，很少单独分散，与肠道细小病毒及甲型肝炎病毒在形态上极为相似（图 1 – 19）。在氯化铯中的浮力密度为 $1.37 ~ 1.41g/cm^3$。目前，对 NV 的体外培养尚未成功。已知这类病原体不能感染小鼠、豚鼠、兔、牛、猴及狨猴等动物，只有猩猩可作为实验动物研究。

HuCV 的形态特点是表面有杯状凹陷，棱高低不平，沿三重对称轴观察时可见中间 1 个、四周 6 个杯状凹陷。无包膜，含单链 RNA 基因，结构蛋白相对分子质量大约为 $6 × 10^4 u$。HuCV 难以在组织及细胞培养基中生长，故对其生化特性了解不多。

2. 流行病学

（1）对 NV 已进行广泛的血清流行病学研究，明确其在世界各地分布广泛，在发达国家为成人及儿童流行性非细菌性腹泻的主要病原体。抗体发生率在 5 岁以后增加，至青年期可达 50% 以上。在发展中国家，婴儿发病也多。NV 感染的流行病学特点是引起暴发流行性胃肠炎。Greenberg 等报道，在 70 次胃肠炎暴发流行中有 24 次与 NV 有关。在各年龄组人群、任何季节和不同地点均可暴发流行，包括部队、学校、野营地区、游览地点、休养所、医院、社团及家庭内。家庭内续发病例于初发病例发病后 5 ~ 7d 发生，以大年龄组及成人为多。流行传播方式为水型、食物型或人 – 人传播。暴发流行持续时间短至数天，长至 3 个月。各次暴发病例数不等，在社团中最多，可续发至数千。NV 的传播途径主要是通过粪 – 口传播，特别是污染的水源及食物。用免疫电镜检测志愿者，观察到在出现症状前粪便中不排出病原体，发病后 24 ~ 48h 内粪便排出病毒量最多，病后 72h 粪便排出病原体 <20%。感染 NV 后产生的免疫期较短。对志愿者研究发现，初次口服病原体后存在 6 周 ~ 2 个月的免疫期，少数有长期免疫性，可达 2 年。血清存在抗体者有时仍能发病，推测血清抗体阳性不能起到有效保护作用。

（2）HuCV 引起的胃肠炎呈暴发或散发性发病，在世界各地均有发生，近年来以东南亚地区为多。婴幼儿发病较多，年长儿童和成人发病较少，但可有不显性感染。20 世纪 80 年代中期，在日本及英国人群中检测抗杯状病毒抗体时观察到在幼儿已能测得，阳性率随年龄增长而增高，儿童及成人中可达 90%。

3. 发病机制和临床表现

由于缺乏合适、有效的动物模型，故只能自志愿者口服 NV 后进行肠道活组织检查。观察到口服 NV 后，约 50% 发病。临床和亚临床型感染均可引起胃肠道病变。进行胃肠道活组织检查见胃及直肠黏膜明显充血，病变主要在空肠。肠绒毛变钝，黏膜尚完整，肠壁固有层内圆细胞及中性粒细胞浸润。电镜下上皮细胞外形完整，内有空泡，微绒毛变短、扭曲，细胞间隙变宽。上述病变在感染 24h 内即产生，病程高峰时，病变更明显，持续至疾病恢复后 1 ~ 2 周，少数在发病 6 周后才恢复。NV 腹泻者肠道蔗糖酶、AKP、海藻酶活力减低，D – 木糖、乳糖及脂肪吸收障碍，导致渗透压改变，使体液进入肠腔的量增加，但肠道环磷酸腺苷酶正常。

HuCV 经粪 – 口传播，进入胃肠道，主要在小肠黏膜繁殖并引起病变，在肠腔内有炎症性渗出。动物感染后，小肠黏膜有炎症，表现为充血、水肿、液体渗出，严重者小肠黏膜萎缩，固有层中有少数炎症细胞浸润。不论显性还是不显性感染，粪便均排病毒，且可成为无症状带毒及排毒者，血清特异性抗体效价升高。

NV 感染后潜伏期为 24 ~ 48h，可短至 18h，长至 72h。起病急或逐渐发病，先有急性腹绞痛及恶心，继而出现呕吐及腹泻，也可单独出现腹泻。半数患者有低热。其他症状，如全身不适、肌痛及头痛均为常见。大便每天 4 ~ 8 次，中等量水样便，可带少量黏液，无血。病程一般 2 ~ 3d，乏力可持续数日。

人感染 HuCV 后，病情轻重不一，轻者无任何症状，或仅有腹泻数次，自愈。潜伏期短，一般为 24 ~ 72h。有呕吐及腹泻，部分患者有低热及腹痛。病程 3 ~ 9d，呕吐及腹泻严重者出现不同程度脱水及电解质紊乱。少数患者出现腹部绞痛，与感染病毒的数量有关。Cubilt 等报道一所小学暴发 HuCV 胃肠炎 14 例，为 4 ~ 11 岁儿童，1 例成人。其中呕吐 71.4%、腹痛 42.9%、腹泻 35.7%。症状持续 24～72h 后恢复。有报道年龄＜20 个月婴儿发病后 100% 出现腹泻，病程较幼儿为长，可持续 8～9d。在该病暴发过程中有 29%～88% 为不显性感染，粪便排病毒，在流行病学中有一定的传播作用。

相关食品：诺瓦克病毒主要是通过污染水和食物经粪－口途径而传播，也有人和人之间相互传播的，水是引起疾病暴发的最常见的传染源，自来水、井水、游泳池水等都可以引起病毒的传播。

4. 预防和控制措施

加强饮食卫生教育，避免摄入可能被该病毒污染的食物和饮品；加强排泄物和废弃物的管理；防止环境污染。

对非细菌性胃肠炎暴发事件的调查表明，许多急性胃肠炎暴发都与被污染的食物和（或）水有关。由于导致感染所需病毒量很少（＜100 病毒颗粒），因此，通过空气中的细小粒子、人与人之间的直接接触及被污染的环境均有可能引起感染，家庭成员或朋友之间的互相传播亦很常见。另外，由于无症状的隐性感染可持续排毒超过 1 周时间，被感染的食物加工者和销售员可能成为重要的传染源。带毒的排泄物又可污染食品，若 NV 或 HuCV 存活在水中，用氯（浓度为 10mg/L）消毒或加热至 60℃ 均不能将其杀死，所以，NV 或 HuCV 能通过娱乐用水、饮用水以及未经煮过的牡蛎而传播。

（四）星状病毒

星状病毒（Astrovirus，AstV）于 1975 年首次由 Appleton 等在急性胃肠炎患儿的粪便中用电镜观察到。现已证明，星状病毒是引起婴幼儿、老年人及免疫功能低下者腹泻的重要病原之一，是既可引起散发腹泻又可引起暴发流行急性胃肠炎的病原体，随着对星状病毒研究的不断深入，其流行病学意义日益受到重视。

1. 生物学特性

星状病毒属于星状病毒科（astroviridae）。人类星状病毒在用磷钨酸钾染色后大约有 10% 的病毒粒子呈五角或六角星形结构，而用钼酸铵染色后则几乎全部的病毒粒子都呈典型的星状结构，故而得名。病毒颗粒直径为 28nm，氯化铯浮密度为 $1.35～1.40g/cm^3$，是单股正链 RNA 病毒，现可在体外培养。从婴儿及幼畜粪便中发现的星状病毒在形态上都相似。

已知该病毒基因组全长约 6.8kb，有三个开放阅读框架（ORFs），ORFla、ORFlb 和 ORF2。ORFla 和 ORFlb 为高度保守区，编码蛋白酶和 RNA 多聚酶，ORF2 为编码结构蛋白（衣壳蛋白），在星状病毒感染的细胞中还能检测到一个 2.7kb 的亚基因组 RNA，包含有 ORF2。通过对 ORF2 5′端的基因序列分析，目前已将星状病毒分为 8 个血清型。运用酶联免疫法、反转录聚合酶链反应（RT－PCR）等方法可对星状病毒进行血清型鉴定，但关于每种血清型感染的年龄分布情况及部分型别的基因图谱还不甚清楚。

2. 流行病学特点

星状病毒感染多发生在 2 岁以下婴幼儿，此年龄段以散发性发病为主，但也可发生暴发流行。1982 年，Konno 等首次报道一起发生在幼儿园内由星状病毒引起的暴发流行性胃肠炎，在之后的 3 年间，日本又有数次与星状病毒相关的急性胃肠炎暴发流行，发病场所有饭店、学校、餐厅等，发病人员涉及成人、中学生及不同年龄段的儿童。与轮状病毒一样，星状病毒感染具有明显的季节性，在温带地区流行季节一般为冬季，而在热带地区流行季节为雨季。日本的星状病毒感染多发生于轮状病毒流行之后的冬末和初春。星状病毒感染常伴随着轮状病毒感染。法国一项有关婴幼儿急性胃肠炎的研究显示，在星状病毒阳性（6.3%）粪样中，单纯星状病毒感染约为43%，与轮状病毒并发感染为49%，与杯状病毒并发感染为8%。在年龄分布上，星状病毒、轮状病毒和杯状病毒的平均感染年龄分别为34月龄、11月龄和14.8月龄。

关于星状病毒的传播途径及感染方式报道较少，消化道传播是其主要的传播途径。杯状病毒的主要传播媒介牡蛎等海生食物及公共娱乐水域也可能是传播星状病毒的媒介。

星状病毒分子流行病学研究显示，世界范围内广泛流行的星状病毒血清型主要是1型，同时与其他血清型并发感染，如1993—1994年在美国弗吉尼亚州一家幼儿园流行的血清型主要是1型，并与2型并发感染；1995—1998年在日本发生的疾病主要是1型、3型和4型一起引起的并发感染；在埃及则主要以1型为主（43.4%），依次分别为5型（15.7%）、8型（12%）、3型（12%）、6型（7.2%）、4型（4.8%）和2型（2.4%）。各血清型流行情况因地区和年份不同而各有差异。Walter等报道，墨西哥城在1988—1991年星状病毒的流行以2型为主，占42%，其后依次为4型（23%）、3型（13%）、1型（10%）、5型（6%）和7型（6%）。星状病毒的血清流行病学研究相对较少。

3. 发病机制和临床表现

研究表明，星状病毒一般感染十二指肠绒毛较低部分的黏膜上皮。病毒在黏膜上皮细胞中的复制可能会导致细胞裂解和星状病毒颗粒释放到肠腔，但粪便样品中无法检测出病毒。随着腹泻的延续，细胞分泌物出现，有时为水样的，腹泻常持续2~3d，但也可能持续1周或更长时间，而且当症状持续时，细胞分泌物也会持续产生。在疾病的高峰期，可在粪便样品中检测到10^{10}个病毒/g排泄物。

星状病毒感染后，经过1~3d的潜伏期后即出现腹泻症状，表现为水样便并伴有呕吐、腹痛、发热等症状。单纯星状病毒感染者症状多较轻，一般不发生脱水等严重并发症。Bon等对粪样的检测结果表明，星状病毒感染的117例患者出现腹泻、呕吐、腹痛和发热症状的发生率分别为75%、62.5%、50%和25%，而且与轮状病毒、杯状病毒感染相比，发生腹泻和发热的机会有所差异，但其他症状在三者之间无明显差异。星状病毒与轮状病毒或杯状病毒感染相比，症状可能较重。Unioomb等还观察到，星状病毒感染可能与迁延性腹泻有关。

4. 预防和控制措施

尚未见星状病毒疫苗研制成功的报道。现阶段应加强水源、食物及环境卫生的管理，尽可能地防止星状病毒的传播和流行。

二、肝　炎　病　毒

肝炎病毒引起传染性肝炎。引起病毒性肝炎的病毒有7种，即甲、乙、丙、丁、戊、己、庚型肝炎病毒。经食品传播的有甲型和戊型肝炎病毒。

（一）甲型肝炎病毒

甲型病毒性肝炎（hepatitis A virus，HAV）简称甲型肝炎，是由嗜肝病毒属甲型肝炎病毒污染食物或水源，经粪－口即消化道途径传播引起的急性肝脏损害。

1. 生物学特性

1973 年，美国科学家 Feinstore 等从患者的粪便中证实颗粒样的甲型肝炎病毒。该病毒颗粒可与恢复期患者血清发生免疫沉淀，并指出这种抗体的出现可抗这些病毒颗粒，才明确甲型肝炎的病毒病原。电镜下该病毒的直径为 27~32nm，呈 20 面体的球形颗粒，浮力密度以氯化铯浓度为 1.32~1.34g/cm^3，以中性蔗糖溶液的沉降系数为 150~160S。甲型肝炎病毒有一线性单股长度为 7.48kb 的 RNA 基因组，由 5′末端非编码区、编码区和 3′末端非编码区组成，属于正股 RNA 的小 RNA 病毒科，肠道病毒 72 型，鸟嘌呤和胞嘧啶的含量占 38%，病毒衣壳蛋白包括 3~4 种蛋白体。经分析，甲型肝炎病毒 RNA 沉淀在 33S，浮力密度为 1.64g/cm^3，Mr 为 2.25×10^6。聚丙烯酰胺凝胶电泳分析证实 3 种主要甲型肝炎病毒衣壳体蛋白：病毒蛋白$_1$（VP$_1$）是主要表面蛋白，Mr 为（3~3.3）×10^4；病毒蛋白$_2$（VP$_2$）Mr 为（2.4~2.5）×10^4；病毒蛋白$_3$（VP$_3$）Mr 为（2.1~2.7）×10^4；第 4 种蛋白（VP4）还没有确定其 Mr。

这些衣壳蛋白包围并保护核酸。编码区还编码病毒复制所需要的 RNA 多聚酶、蛋白酶等。病毒的衣壳蛋白有抗原性，可诱生抗体。迄今，在世界各地分离的 HAV 均只有一个血清型。甲型肝炎病毒在 25℃、pH3.0，3h 内保持稳定，并且耐氯仿、二氯二氟甲烷（冷冻剂）。甲型肝炎病毒比其他细小 RNA 病毒相对耐热，该病毒在 60℃可存活 1h，储存在 25℃干燥和湿度 <42% 条件下至少可存活 1 个月，在 -20℃可存活数年。甲型肝炎病毒在 98~100℃ 1min 即可被破坏。

2. 流行病学

甲型肝炎是世界性分布的疾病，可呈现流行或散发。甲型肝炎病毒在感染病人的粪便中，经粪-口途径迅速传播，通常是由于粪便污染食物或水源所致。由于不存在病毒的长期感染和储存在动物和其他宿主内，甲型肝炎病毒在人群中连续传播是由急性患者传给易感人群的。经常发生流行是甲型肝炎的显著特征，在发展中国家的大多数儿童中，出生后 10 年内逐渐受亚临床无黄疸型甲型肝炎病毒的感染，使之接近成人期才具有的血清抗体浓度，而发达国家中儿童和青少年抗体水平明显低，只有到老年期才有较高的血清抗体水平。

（1）粪-口传播途径通过人与人密切接触　实验性传播研究显示甲型肝炎病毒可经口感染人体，这是主要的传播途径。在家庭人员、某些机构及从原发患者通过饮水或食物传播的流行病学资料发现，多数继发病例大约发生在原发病例症状出现后的一段潜伏期之后，提示患者传染性是在潜伏期后期或症状开始时。综合志愿者人体实验和动物实验，在粪便中排出甲型肝炎病毒是在症状出现前 2~3 周至症状出现后 8d 内，当黄疸出现后 19d~4 周内不再有传染性。这个结论能估计甲型肝炎病毒传给一个易感宿主后，从有传染性到粪便中不再排病毒的期限。

（2）粪便污染食物和水源传播　污染水引起甲型肝炎暴发屡有发生，私人水源或公共的供水系统被污水污染能导致甲型肝炎水源性暴发流行，但其发生率并不高。不少甲型肝炎的流行呈地区性的发病与食用贝类、鱼类有关。污水污染生蚶、蚝、淡菜和不适当的蒸煮蚶同样是感染的原因。不仅与污染水中病毒的浓度，更与在贝类体内病毒繁殖的数量有关。

（3）非粪便原因受甲型肝炎病毒污染　有报告指出甲型肝炎病毒可通过体液传播，

甲型肝炎患者的唾液使 2 只黑猩猩感染甲型肝炎病毒。还有人提示呼吸道分泌物可带有少量甲型肝炎病毒，导致接触或气雾途径传播。在一些患者出现黄疸前或开始出现黄疸时收取的尿液中含有低水平的感染性甲型肝炎病毒，尿污染食物有导致发病的可能。但上述途径传播的可能性极小。

（4）病毒血症和经皮传播　在甲型肝炎病毒感染后短暂的病毒血症已经被证实，经皮注射是一种常见的传播途径，几项研究已证实血液暴发甲型肝炎。大多数病例的病毒血症先于临床症状出现 10d，常常在出现 ALT 高峰水平前，即少数病毒血症可以存在至黄疸早期。病毒血症仅存在于有限的时期，最常在甲型肝炎潜伏期的后期。

（5）相关食品　甲型肝炎患者通过粪便排出病毒，摄入了受其污染的水和食品后引起发病，水果和果汁、乳和乳制品、蔬菜、贝甲壳类动物等都可传播疾病，其中水、贝甲壳类动物是最常见的传染源。

3. 致病机制和临床表现

甲型肝炎病毒主要经口侵入，在肝细胞内复制引发病毒血症，从粪中排出。甲型肝炎病毒通过与细胞膜上的受体结合后进入细胞，脱去衣壳，其 RNA 与宿主核糖体结合，形成多核糖体。甲型肝炎病毒 RNA 翻译产生多聚蛋白，后者裂解成衣壳蛋白和非结构蛋白。病毒 RNA 多聚酶复制正股 RNA，形成含正、负股 RNA 的中间复合体，负股 RNA 作模板产生子代正链 RNA，用于翻译蛋白质并组装成熟的病毒体。甲型肝炎病毒颗粒可感染邻近的肝细胞，含甲型肝炎病毒的囊泡也可从肝细胞内释放入胆小管。当囊泡与胆小管内胆酸结合后，甲型肝炎病毒可从中释放。

甲型肝炎潜伏期为 10～50d，平均为 1 个月。当感染病毒量大，则潜伏期可较短，暴发型甚至少于 14d，初发病例较续发病例短。

发热常常是患者最早的临床症状，体温达 38～39℃，伴有全身不适、疲乏、肌痛、头痛、食欲不振、恶心和呕吐。这些症状通常突然发生，由于纳差和食欲丧失使体重下降，常伴有上腹或右上腹疼痛。儿童多数有成人不常见的腹泻。少数患者有咳嗽、感冒和咽痛症状。在急性起病前，14% 以上的患者有关节痛和一过性皮疹，仅极少数患者有关节炎。甲型肝炎患者中发现肾小球肾炎，脑膜炎极少。肝脏和脾脏的肿大常常先于黄疸出现。黄疸前 1～12d 出现暗的棕黄色尿，在黄疸期可以呈现皮肤瘙痒和大便不成形，不伴有全身淋巴结肿大。

甲型肝炎是急性自限性黄疸或无黄疸性疾病，只有少数患者可发展为肝性脑病（肝昏迷）或暴发型肝炎。多数患者有相关的淋巴细胞增多症，偶尔发生溶血性贫血，罕见急性甲型肝炎患者伴有粒细胞减少症、血小板减少性紫癜、各类血细胞减少或再生障碍性贫血。

4. 诊断与治疗

甲型肝炎的诊断除依据临床症状、体征、各种实验室检查及流行病学资料外，也可用血清学方法及病原学方法对其进行诊断。另外，分子生物学的发展也提供了新的检测病原方法。

（1）病毒快速诊断　过去一般采用抗原和抗体免疫学试验、补体结合试验和血凝试验来检测甲型肝炎病毒。然而，近年来具有高度敏感性和特异性的第三代免疫学方法，如放射免疫试验（RIA）和酶免疫试验（EIA）已取代了上述方法。这些技术可用来检测临床标本中的甲型肝炎病毒抗原。

（2）血清学诊断　采用检测发病急性期血清中抗甲型肝炎病毒的 IgM 可诊断急性甲型肝炎病毒感染，该抗体在发病后几周内达到峰值，然后急剧下降。发病后 5 个月，50% 的患者抗甲型肝炎病毒的 IgM 暂为阴性。

（3）分子生物学检测技术　甲型肝炎病毒基因组的部分基因已被克隆，由这些基因组制备的 cDNA 探针可通过 cDNA－RNA 杂交方法用于测定甲型肝炎病毒的 RNA。用放射免疫试验和分子杂交方法可从实验性感染绢毛猴和恢复期粪便标本中检出甲型肝炎病毒和抗甲型肝炎病毒的 IgA。另外，用 RT－PCR 方法可检测甲型肝炎病毒的核酸。

甲型肝炎病毒主要通过粪便污染饮食和水源经口传播。加强卫生宣教工作和饮食业卫生管理，管好粪便，保护水源，是预防甲型肝炎的主要环节。对患者排泄物、食具、物品和床单衣物等必须严格消毒处理。丙种球蛋白注射对甲型肝炎有被动免疫预防作用。在潜伏期，肌内注射丙种球蛋白 [（0.02～0.12）mL/（kg·bw）]，能预防或减轻临床症状。现在我国使用的减毒甲型肝炎病毒活疫苗是由患者粪便中分离、经人胚肺二倍体细胞株连续传代减毒而制成，在两万余名儿童中试用效果很好。国外已发展了灭活疫苗，系将 HM175 毒株在人胚肺二倍体细胞（MRC5 或 KMBl7）中传代，通过反复冻融以释放细胞内的病毒，纯化后用甲醛在 37℃灭活 15d 制成。该疫苗在数个国家试用有效，但价格昂贵。目前，已在研制基因工程疫苗，初步结果显示单独用 VPl 等对动物免疫效果差，只有当表达的病毒衣壳形成颗粒状，才具有良好的免疫原性。

5. 预防和控制措施

甲型肝炎病毒主要通过粪便污染食品和水源，并经口传染，因此加强饮食卫生、保护水源是预防的主要环节。对食品生产人员要定期进行体检，做到早发现、早诊断和早隔离，对患者的排泄物、血液、食具、用品等须进行严格消毒。严防饮用水被粪便污染，有条件时可对饮用水进行消毒处理。对餐饮业来说，工作人员要保持手的清洁卫生，养成良好的卫生习惯，对使用的餐具要进行严格的消毒。对输血人员要进行严格体检，对医院所使用的各种器械进行严格消毒。接种甲肝疫苗有良好的预防效果，向患者注射丙种球蛋白有减轻症状的作用。

（二）戊型肝炎病毒

戊型肝炎病毒（hepatitis E virus，HEV）曾经称为经消化道传播的非甲非乙型肝炎病毒。1955 年，首次在印度暴发流行，当时认为是甲型肝炎病毒所致。20 世纪 70 年代初建立了 HAV 的检测方法，重新对当时肝炎患者的血清进行检测，结果未发现患者血清中抗 HAV－IgM 或 IgG 效价升高，因此确定为消化道传播的非甲非乙型肝炎病毒所致。1986 年，我国新疆南部地区发生戊型肝炎流行，约 12 万人发病，病死 700 余人，是迄今世界上最大的一次流行。1989 年，Reyes 等应用基因克隆技术获得了该病毒基因组 cDNA 克隆，并正式命名为戊型肝炎病毒。

1. 生物学特性

HEV 病毒体呈球形，无包膜，平均直径为 32～34nm，表面有锯齿状刻缺和突起，形似杯状，故将其归类于杯状病毒科（caliciviridae）。本病毒对高盐、氯化铯、氯仿等敏感，在 -70～80℃中易裂解，但在液氮中保存稳定。细胞培养未获得成功，多种非人灵长类动物可感染 HEV。HEV 基因组为单正链 RNA，全长约 7.5kb，具有 polyA 尾，共有 3 个

ORF，最长的第一个 ORF 约 5kb，编码病毒复制所需的依赖 RNA 的 RNA 多聚酶等非结构蛋白。第二个 ORF 长约 2kb，含有编码病毒核衣壳的基因。第三个 ORF 只有 300 余个核苷酸，与第一、第二个 ORF 有部分重叠。

已知 HEV 有两个基因型，其代表株为缅甸株（B）和墨西哥株（M）。中国株与缅甸株属于同一型，两者的核苷酸和氨基酸序列的同源性分别为 93% 和 98%；墨西哥株属于另一型，其核苷酸和氨基酸序列与缅甸株序列的同源性分别为 77% 和 89%。

2. 流行病学

戊型肝炎流行地域广泛，东南亚及非洲发病最高，常见于印度次大陆、缅甸、中国、阿富汗、印度尼西亚、泰国、北非及西非、中亚、日本、美国、英国、法国，前苏联及墨西哥也有小规模流行和散发。该病常因水源污染而发生大流行。戊型肝炎在发展中国家以流行为主，在发达国家以散发为主。

（1）传染源 传染源为患者及隐形感染者。用免疫电镜检测患者发病前后的粪便，发现发病前 1~4d，戊型肝炎病毒检出率为 100%，发病 1~3d 为 70%，4~6d 为 40%，7~9d 为 25%，10~12d 为 14.5%。于发病 2 周后未能检测出戊型肝炎病毒，说明潜伏期和急性期初传染性最强。该病无慢性患者及慢性病毒携带者，故戊型肝炎病毒以何种方式生存以及如何使感染持续进行尚不清楚。

（2）传播途径 HEV 主要经粪－口途径传播，也有报告经口－口途径传播，但较少见。流行模式有 4 种：① 水源污染：是引起大规模流行的主要模式，我国报道的 9 次流行中有 5 次系水源污染所致。② 食物性戊型肝炎暴发：我国报道的几组食物性戊型肝炎暴发均经血清学检查排除甲型肝炎病毒、乙型肝炎病毒、巨细胞病毒和 EB 病毒感染。③ 日常生活密切接触传播：在水源或食物污染引起暴发流行时，有部分病例系日常生活接触传播。④ 迁移、输入使该地区发病：有由于旅游、探亲、移民使戊型肝炎病例由巴基斯坦、尼泊尔、印度输入美国的报道，大多数于病前不久到达该地，故发生戊型肝炎病毒感染的时间在他们迁入或移居之前。

（3）人群易感性 人类对该病毒易感，以青壮年及孕妇易感性较高，小儿少见。该病的易感性无种族差异性。儿童发病率低，可能与其亚临床感染多见有关，而老年病例少也可能与其已获得免疫有关。

（4）季节分布 戊型肝炎水源性流行多发生于雨季及洪水季节，如新疆的流行多见于秋季，以 10—12 月为高峰，食物性流行则不受季节影响。

3. 致病机制和临床表现

HEV 主要经粪－口途径传播，潜伏期为 10~60d，平均为 40d。经胃肠道进入血液，在肝内复制，经肝细胞释放到血液和胆汁中，然后经粪便排出体外。人感染后可表现为临床型和亚临床型（成人中多见临床型），病毒随粪便排出，污染水源、食物和周围环境而发生传播。潜伏期末和急性期初的病人粪便排毒量最大，传染性最强，是本病的主要传染源。HEV 通过对肝细胞的直接损伤和免疫病理作用，引起肝细胞的炎症或坏死。

戊型肝炎的症状和体征酷似甲型肝炎，绝大部分患者呈急性起病，包括急性黄疸型和急性无黄疸型肝炎。临床上表现为急性戊型肝炎（包括急性黄疸型和无黄疸型）、重症肝炎以及胆汁淤滞性肝炎。约半数病例有发热，关节痛约占 1/3。胆汁淤积症状，如灰色便、全身瘙痒等较为常见。临床症状及肝功能改变一般较轻，黄疸常于 1 周内消退。多数患者于发病后 6 周即好转并痊愈，不发展为慢性肝炎。孕妇感染 HEV 后病情常较重，尤以妊娠 6 ~ 9 个月最为严重，常发生流产或死胎，病死率达 10% ~ 20%。

4. 诊断与治疗

戊型肝炎的诊断必须综合流行病学资料、症状、体征及实验室检查等加以分析。对 HEV 的感染最好做病原学诊断，否则很难与甲型肝炎相区别，可用电镜或免疫电镜技术检测患者粪便中的 HEV 颗粒，也可用 RT、PCR 法检测粪便或胆汁中 HEV 的 RNA。目前，临床诊断常用的方法是检查血清中的抗 – HEV IgM 或 Igc，如抗 – HEV IgM 阳性，则可确诊患者受 HEV 感染；如血清中存在抗 – HEV IgG，则不能排除是继往感染，因为抗 HEV IgG 在血液中持续的时间可达数月至数年。

5. 预防和控制措施

戊型肝炎的预防关键是切断粪 – 口传播途径，包括粪便消毒处理、水源管理、注意个人和集体饮食卫生等。几乎所有的暴发型戊型肝炎都由食用水污染所致，只有极少数是由食品污染引起，故煮沸饮用水是有效的预防方法。用戊型肝炎流行国家健康献血员的血液制备的免疫球蛋白进行被动免疫，能够保护特殊人群，特别是妊娠妇女。

三、疯牛病病毒（朊病毒）

疯牛病学名为牛海绵状脑病（BSE），有报道认为疯牛病和人的传染性病毒性痴呆或克 – 雅病（CJD）有密切的关系，许多学者都倾向于认为人的这种病是经发病的牛传播到人的。

1. 生物学特性

疯牛病的病原还没有完全确定，称为朊粒（prion），具有传染性，故称为传染性蛋白质颗粒。prion 的特点是可以变形，当将 prion 与正常细胞的蛋白质放在同一试管里时，正常蛋白质也会变为病变的蛋白质，此时的氨基酸组成也发生改变，原为脯氨酸的蛋白质变为亮氨酸，这种蛋白质可导致细胞死亡。

2. 发病机制和临床症状

疯牛病可以通过受孕母牛经胎盘传染给犊牛，也可经患病动物的骨肉粉加工的饲料传播到其他的牛。疯牛病多发生于 4 岁左右的成年牛，大多表现为烦躁不安、行为反常，对声音和触摸极度敏感，常由于恐惧、狂躁而表现出攻击性。少数病牛出现头部和肩部肌肉震颤和抽搐。

患克 – 雅病的人都是因与患病牛接触或食用病牛肉及其制品有关。特别是一些国家的牛饲料加工工艺中允许使用牛等动物的骨、内脏和肉作饲料，致使此病迅速蔓延，并传染给人类的概率增多。人患克 – 雅病后，长期昏睡或变成痴呆，解剖死者大脑发现进行性淀粉样病变，脑内的灰质和白质逐渐消失，脑子变成海绵状，因而脑功能消失，所以此病又称"海绵状脑病"。此病具有很大的危险性，潜伏期长，从两年到几十年，因无自觉症状难于早期诊断，待发生痴呆时脑内已发生不可逆转病变，病死率几乎为 100%。

3. 控制措施

本病尚无有效治疗方法，控制措施以预防为主。目前采取的主要措施为：禁止将患病动物骨肉粉等产品作为饲料，以防通过饲料造成疾病在牛群中的流行；发现患畜立即按有关规定捕杀，禁止将病牛的脑、脊髓、牛肉等加工成任何种类的食品；

禁止进口和销售以来自发生疯牛病国家的牛肉、牛组织、脏器等为原料生产制成的食品和饲料产品。

四、SARS 冠状病毒

2002 年 11 月，中国广东出现 SARS（server acute respiratory syndrome，严重急性呼吸综合征，也称非典型肺炎）病例。2003 年 1 月，SARS 的传播引起国家卫生部及世界卫生组织的关注，并开始了寻找病原体的工作。2003 年 4 月 16 日，WHO 正式确认一种新型冠状病毒（SARS－CoV）是引起 SARS 的病原体。至 2003 年 6 月 24 日，新型冠状病毒引起的 SARS 全球报告病例涉及 32 个国家和地区，总病例数 8460 人，病死数为 809 人。迄今，对于 SARS 冠状病毒的基因组测序后，科学家们根据种系发育研究结果推测这种冠状病毒来源于动物。已有的试验证实，从果子狸标本中分离到的 SARS 样冠状病毒序列分析结果与人类 SARS 冠状病毒有 99% 以上的同源性，相继也有从其他哺乳动物中分离到 SARS 样冠状病毒的报道；同时，在饲养果子狸的人员中检测到 SARS 冠状病毒抗体呈阳性。现在非常肯定，SARS 冠状病毒可以随粪便、呼吸道分泌物和尿液排出。

SARS 病毒主要经过紧密接触传播，以近距离飞沫传播为主，也可通过手接触呼吸道分泌物，经口鼻眼传播，另有研究发现存在粪－口传播的可能。是否还有其他传播途径尚不清楚。SARS 起病急、传播快，病死率高，暂无特效药。与其他传染病一样，SARS 的流行必须具备三个条件，即传染源、传播途径和易感人群，统称流行过程三环节。只有三个环节共同存在，而且在一定的自然因素和社会因素联合作用下，才能形成流行过程。如采取有效措施，切断其中任一环节，其流行过程即告终止。隔离与防护是目前最好的防护措施。

五、禽流感病毒

禽流感病毒引起禽流感，也称为高致病性禽流感（HPAI）。禽流感是多种禽类的病毒性疾病，疾病包括无症状的感染、轻微感染和急性感染，可以传播给人引起发病。

1. 生物学特性

禽流感病毒可分为甲型和乙型病毒，仅甲型病毒引起大的流行，对热的耐受力较低，60℃ 10min、70℃ 2min 即可致弱，普通消毒剂能很快将其杀死。

2. 发病机制和临床症状

家禽及其尸体是该病毒的主要传染源。病毒存在于病禽的所有组织、体液、分泌物和排泄物中，常通过消化道、呼吸道、皮肤损伤和眼结膜传染。吸血昆虫也可传播病毒。病禽肉和蛋也可带毒。

禽流感病毒通常不感染除禽类和猪以外的动物，但人偶尔可以被感染。人感染后，潜伏期 3~5d，表现为感冒症状，呼吸不畅，呼吸道分泌物增加。病毒可通过血液进入全身组织器官，严重者可引起内脏出血、坏死，造成机体功能降低，甚至引起死亡。

3. 预防和控制措施

禽流感被认为是职业病，多发生于从事禽的饲养、屠宰、加工和相关实验室工作人员。控制禽类发生禽流感的具体措施主要是做好禽流感疫苗预防接种，防止禽类感染禽流感病毒。一旦发生疫情，应将病禽及时捕杀，对疫区采取封锁和消毒等措施。

感染禽类的分泌物、野生禽类、污染的饲料、设备和人都是禽流感病毒的携带者，应采取适当措施切断这些传染源。

饲养人员和与病禽接触的人员应采取相应防护措施，以防发生感染。注意饮食卫生，食用可疑的禽类食品时，要加热煮透。对可疑餐具要彻底消毒，加工生肉的用具要与熟食分开，避免交叉污染。

第六节 食源性寄生虫及其危害

寄生虫指不能独立生存或不能完全独立生存，只在另一生物的体表或体内才能生存，并使后者受到危害，受到危害的生物称为宿主。成虫和有性繁殖阶段的宿主称为终宿主，幼虫和无性繁殖阶段的宿主称为中间宿主。寄生物从宿主获得营养，生长繁殖并引起宿主发病，甚至死亡。寄生虫及其虫卵可直接污染食品，也可经含寄生虫的粪便污染水体和土壤等环境，再污染食品，人经口食入这种食品后发生食源性寄生虫病。

一、囊尾蚴

囊尾蚴是寄生在人的小肠中的猪有钩绦虫和牛无钩绦虫的幼虫。引起猪、牛的囊虫病，猪囊尾蚴也引起人的囊虫病。

1. 病原体

病原体的成虫是有钩绦虫或猪肉绦虫、无钩绦虫或牛肉绦虫。幼虫阶段是囊尾蚴，也称为囊虫。囊虫呈椭圆形，乳白色，半透明，大小为（6~10）mm×5mm，位于肌纤维的结缔组织内，长径与肌纤维平行。

2. 发病机制和临床症状

猪囊尾蚴主要寄生在骨骼肌，其次是心肌和大脑。人如果食用含有囊尾蚴的猪肉，由于肠液及胆汁的刺激，囊尾蚴头节即从包囊中引颈而出，以带钩的吸盘吸附在人的肠壁上，从中吸取营养并发育为成虫（绦虫），使人患绦虫病。在人体内寄生的绦虫可生存很多年。除猪是主要的中间寄主外，犬、猫、人也可作为中间寄主。即人除了是终寄主外，也可以是中间宿主。人患囊尾蚴病是由于患绦虫病的人可能食用了被虫卵污染的食物，也可能由于胃肠逆蠕动把自己小肠中寄生的绦虫孕卵节片逆行入胃，虫卵就如同进入猪体一样，经过消化道，进入人体各组织，特别在横纹肌中发育成囊尾蚴，使人患猪囊尾蚴病。

无钩绦虫的终宿主也是人，感染过程与上述有钩绦虫相似，但中间宿主只有牛，且囊尾蚴只寄生在横纹肌中。

人患绦虫病时出现食欲减退、体重减轻、慢性消化不良、腹痛、腹泻、贫血、消瘦等症状。患有钩绦虫病时，肠黏膜的损伤较重，少数发生虫体穿破肠壁而引发腹膜炎。患囊尾蚴时，如侵害皮肤，表现为皮下有囊尾蚴结节；侵入肌肉引起肌肉酸痛、僵硬；侵入眼中影响视力，严重的导致失明；侵入脑内出现精神错乱、幻听、幻视、语言障碍、头痛、呕吐、抽搐、癫痫、瘫痪等神经症状，甚至突然死亡。

3. 控制措施

控制的原则是切断虫体从一个宿主转移到另一个宿主。因此，应加强肉品卫生检验，防止患囊尾蚴的猪肉或牛肉进入消费市场。消费者不应食用生肉，或半生不熟的肉，对切肉的刀具、案板、抹布等及时清洗，坚持生熟分开的原则，防止发生交叉污染。注意饮食卫生，生食的水果和蔬菜要清洗干净。加强人类粪便的处理和厕所管理，杜绝猪或牛吞食人粪便中可能存在的绦虫的节片或虫卵。

二、旋 毛 虫

旋毛虫引起旋毛虫病，人和几乎所有哺乳动物均能感染，在食品卫生上有重要的影响，特别是肉品检验不严格的地区。

1. 病原体

旋毛虫为线虫，肉眼不易看出，雌雄异体。成虫寄生在寄主的小肠内，长 $1 \sim 4mm$，幼虫寄生在寄主的横纹肌内，卷曲呈螺旋形，外面有一层包囊呈柠檬状，包囊大小为 $(0.25 \sim 0.66)$ mm $\times$ $(0.21 \sim 0.42)$ mm。

2. 发病机制和临床症状

当含有旋毛虫幼虫的肉被食用后，幼虫由囊内逸出进入十二指肠及空肠，迅速生长发育为成虫，并在此交配繁殖，每条雌虫可产 1500 条以上幼虫，这些幼虫穿过肠壁，随血液循环被带到寄主全身横纹肌内，生长发育到一定阶段卷曲呈螺旋形，周围逐渐形成包囊。当包囊大小达到 $1mm \times 0.5mm$ 时，状似卵圆形结节。幼虫喜好寄生在舌肌、横膈膜、咬肌、肋间肌。在肌肉中，幼虫可以存活很长时间，有的可能死亡并被钙化。猪、食肉动物和人吃了感染的猪肉、马肉和其他肉类而发生感染。在消化液的作用下，幼虫从包囊中释放出来，发育为成虫，开始新的生活周期。由此可见，旋毛虫的幼虫和成虫阶段都是在同一个寄主内完成的。

人感染后的典型症状是高热、无力、关节痛、腹痛、腹泻、面部和眼睑水肿，甚至出现神经症状，包括头昏眼花、局部麻痹。

3. 控制措施

控制旋毛虫病流行的关键是避免食用含旋毛虫幼虫的肉类或被其污染的动物组织，也要避免将肉类下脚料饲喂动物，造成疾病在动物之间传播。本病在野生食肉动物和啮齿动物之间传播，由于幼虫可以在腐败的肉中存活很长时间，即使肉已腐败也保持感染力，这也是本病难以控制的原因之一。

应贯彻执行肉品检验规程，不漏检任何进入市场的猪肉和犬肉等，食用野生动物肉之前也要检验旋毛虫。采用高温的方法可以杀死肉中的旋毛虫幼虫，加热温度达 76.7℃ 可灭活肉中的虫体。冷冻对肉中的旋毛虫幼虫有致死作用，当冷冻温度为 -17.8℃，$6 \sim 10d$ 后死亡。

应加强猪的饲养管理，特别是不以屠宰下脚料和泔水喂猪。消灭鼠类也是控制旋毛虫的重要措施之一。

三、龚地弓形虫

龚地弓形虫引起弓形虫病，又称弓形体病或弓浆虫病。龚地弓形虫是一种原虫，宿主十分广泛，可寄生于人及多种动物中，是重要的人兽共患病。

1. 病原体

龚地弓形虫存在有性繁殖和无性繁殖两个阶段，猫为终宿主，人、猪和其他动物

（啮齿动物及家畜等）为中间寄主。龚地弓形虫的不同发育阶段，其形态不同。

滋养体对温度较敏感，所以不是主要传染源。包囊对低温的抵抗力强，冰冻状态下可存活35 d，在寄主体内可长期生存，在猪、犬体内可达7~10个月。卵囊在自然界可较长期生存。

2. 发病机制和临床症状

病畜的肉、乳含有虫体，泪、唾液、尿液中均含有虫体，可造成食品污染，人食用含虫体的食品而感染。除消化道感染外，也可经接触发生感染，孕妇感染后可经胎盘传染给胎儿。

人的先天性感染，多在孕妇妊娠初期感染弓形体时发病。后天获得性感染，其临床症状有发热、不适、夜间出汗、肌肉疼痛、咽部疼痛、皮疹，部分病人出现淋巴结肿大、心肌炎、肝炎、关节炎、肾炎和脑病。

3. 控制措施

应对畜牧业和肉类食品加工企业从业人员定期做检查，饲养宠物的人员也应经常做健康检查；做好粪便无害化处理工作和灭鼠工作；不食生蛋、生乳和生肉，生熟食品用具严格分开。

四、并殖吸虫病（肺吸虫病）

1. 病原

我国常见为卫氏并殖吸虫（Paragonimus westermani）和斯氏狸殖吸虫。

2. 病原学特点

终宿主：人及多种肉食类哺乳动物；第一中间宿主：川卷螺；第二中间宿主：淡水蟹和蝲蛄。

3. 传播途径

肺吸虫的虫卵随患者、病畜、病兽的痰液或粪便排出，入水后孵化出毛蚴。毛蚴在水中侵入淡水螺，发育成尾蚴逸出，尾蚴在水中侵入淡水蟹或蝲蛄体内，形成囊蚴（幼虫像蚕一样作茧把自己包裹在内）。人生吃或半生吃含活囊蚴的淡水蟹或蝲蛄而感染。

4. 易感性

人对本病普遍易感。患者多见于青少年，尤其是学龄儿童。

5. 发病机制

肺吸虫病是由寄生在肺部的吸虫所引起的，主要是幼虫或成虫在人体组织与器官内移行、寄居造成的机械性损伤，及其代谢物等引起的免疫病理反应。

6. 临床表现

本病的潜伏期3~6个月，肺吸虫成虫在人体内寿命一般为5~6年。由于肺吸虫寄生的部位不同，所以临床表现多样化，主要有以下几种。

（1）呼吸道症状 咳嗽和咳痰最为常见。卫氏肺吸虫病患者咳嗽较重，痰黏稠，带腥味铁锈色。四川肺吸虫病患者咳嗽较轻，痰量少，偶带血丝。患者多诉胸痛，常伴胸腔积液。

（2）腹部症状 腹痛、腹泻在疾病早期比较多见，有时也出现恶心呕吐。四川肺吸虫幼虫常侵入肝脏，所以肝肿大、肝功能异常较为常见。

（3）神经系统症状　多见于严重感染。成虫寄生于脑内时可出现癫痫、瘫痪、麻木、失语、头痛、呕吐、视力减退等；成虫侵入脊髓时可产生下肢感觉减退、瘫痪、腰痛、坐骨神经痛等。

（4）皮下结节或包块　卫氏肺吸虫病可有皮下结节，多在下腹部至大腿之间的皮下深部肌肉内，外观不易看到，但能用手触及。游走性皮下包块为四川肺吸虫病特殊表现，最多见于腹部，也可见于胸部、腰背部等处。其边缘不清，有隐痛或微痒，常此起彼伏，反复出现；最后包块逐渐缩小、变硬。包块内可找到鱼虫虫体，但从无虫卵发现。

（5）其他　如睾丸炎、淋巴结肿大、心包积液等皆可发生，但均少见。四川肺吸虫病可有眼球突出等眼部症状。

7. 控制和预防措施

（1）及时发现并彻底治疗患者，对病畜、病兽加强调查和捕杀。

（2）防止患者的痰液和粪便污染水源，用生石灰杀死痰液和粪便中的虫卵。

（3）饲养鲶鱼和家鸭吞食淡水螺和蝲蛄，以切断传播途径。

（4）不吃生的或半熟的溪蟹、淡水螺和蝲蛄，不喝生溪水。

五、其他寄生虫

1. 兰氏贾地鞭毛虫

兰氏贾地鞭毛虫是单细胞原生动物，借助鞭毛运动，引起贾地鞭毛虫病。兰氏贾地鞭毛虫存在于水域环境中，其细胞可形成包囊，包囊是兰氏贾地鞭毛虫存在于水和食品中的主要形式，也是其感染形式。人摄入包囊后一周发病，症状有腹泻、腹绞痛、恶心、体重下降，疾病可以持续 1~2 周，但有的慢性病例可以持续数月到数年，该病患者都难以治愈。感染剂量低，摄入 1 个以上包囊就可发病。流行主要与污染的水及进而造成的食品的污染有关。各种人群都发生感染，但儿童比成年人发病率更高，而成年人慢性病例多于儿童。

2. 小型隐孢子虫

小型隐孢子虫是单细胞原生动物，是细胞内寄生虫。小型隐孢子虫感染多种动物，包括牛、羊、鹿等，具有感染力的卵囊大小为 $3\mu m$，对大多数化学消毒剂不敏感，但对干燥和紫外线敏感。对人的感染剂量少于 10 个虫体。

人可通过污染的水、食品发生感染，通过患者、患病动物排泄物接触也会导致感染。感染后引起肠道、气管和肺隐孢子虫病。肠道隐孢子虫病的特征是严重的腹泻，肺和气管隐孢子虫病出现咳嗽、低热，并伴有肠道疾病。临床症状与机体的免疫状态有关，免疫缺陷者比较严重。

3. 溶组织内阿米巴虫

溶组织内阿米巴虫为单细胞寄生动物，即原生动物，主要感染人类和灵长类。一些哺乳动物如狗和猫也可感染，但通常不经粪便向外排出包囊，因此在疾病传播上意义不大。有活力的滋养体只存在于宿主和新鲜粪便中，而包囊在水、土壤和食品中生存数周。理论上一个活的包囊就可引起感染，当包囊被食用后在消化道中破囊，引起阿米巴病。感染有时可持续数年，表现为无症状感染、胃肠道紊乱、痢疾（粪便中有血和黏液）。并发症有肠道溃疡和肠道外脓肿。

阿米巴病经粪便污染的饮水和食品传播，与患者的手和污染的物体接触或性接触也引起感染。所有人群均可感染，但皮肤上有损伤和免疫力低下的人症状严重。

4. 肝片吸虫

肝片吸虫寄生于牛、羊、鹿、骆驼等反刍动物的肝脏、胆管中，在人、马及一些野生动物中也可寄生。

肝片吸虫外观呈叶片状，灰褐色，虫体一般长 20 ~ 25mm，宽 5 ~ 13mm。成虫寄生在终寄主（人和动物）的肝脏、胆管中，中间寄主为椎实螺。椎实螺在中国分布甚广，在气候温和、雨量充足地区，春夏季大量繁殖。随同终寄主粪便排出的虫卵进入螺体内发育为尾蚴。尾蚴逸出后游进水中，脱尾成为囊蚴，附着在水稻、水草等植物的茎叶上。动物或人吃进囊蚴后，在小肠内蜕皮，在向肝组织钻孔的同时，继续生长发育为成虫，最后进入胆管内。可生存 2 ~ 5 年之久。

当幼虫穿过肝组织时，可引起肝组织损伤和坏死。成虫在寄主胆管里生长，能使胆管堵塞，由于胆汁停滞而引起黄疸，刺激胆管可使胆管发炎，并导致肝硬化等症状。

5. 十二指肠钩虫

十二指肠钩虫细小、半透明、淡红色，长约 1cm。钩虫为多寄主寄生虫，除人体感染外，十二指肠钩虫还可感染犬、猪、猫、狮、虎、猴等。钩虫的发育温度为 22 ~ 34.5℃，在 15℃ 以下和 37℃ 以上停止发育。中国南方几乎全年都可感染，北方地区感染季节较短。

成虫寄生在寄主的小肠，虫卵随粪便排出，在温暖、潮湿、疏松的土壤中且有荫蔽的条件下于 1 ~ 2d 孵出第一期杆状蚴，蜕皮发育为第二期杆状蚴，再经 5 ~ 6d，第二次蜕皮后发育为丝状蚴，具有感染能力，又称感染期幼虫。它具有向湿性，当接触人体时可侵入并进入血管或淋巴管，随血流经心至肺，穿破肺微血管进入肺泡，沿支气管上行至会咽部，随吞咽活动经食管进入小肠，经第三次蜕皮，形成口囊，吸附肠壁，摄取营养。3 ~ 4 周后再蜕皮即为成虫。成虫的寿命可达 5 ~ 7 年，但大部分于 1 ~ 2 年内被排出体外。

人身体外露部分接触含感染幼虫的土壤时，丝状蚴可经皮肤入侵。生食蔬菜时幼虫可经口腔和食道黏膜侵入体内。幼虫可引起钩蚴性皮炎，成虫可引起腹痛、持续性黑便、贫血。

6. 似蚓蛔虫

似蚓蛔虫引起蛔虫病。虫卵为椭圆形，棕黄色。

蛔虫的发育不需要中间寄主，各种蛔虫的生活史基本相同。成虫寄生于寄主的小肠内，虫卵随粪便排出体外，在适宜的环境中单细胞卵发育为多细胞卵，再发育为第一期幼虫，经一定时间的生长和蜕皮，变为第二期幼虫（幼虫仍在卵壳内），再经 3 ~ 5 周才能达到感染性虫卵阶段。感染性虫卵被寄主吞食后，在小肠内孵出第二期幼虫，侵入小肠黏膜及黏膜下层，进入静脉，随血液到达肝、肺，后经支气管、气管、咽返回小肠内寄生，在此过程中，其幼虫逐渐长大为成虫。成虫在小肠里能生存 1 ~ 2 年，甚至有的可达 4 年以上。

蛔虫病的感染源主要是虫卵污染土壤、饮水、食物。虫卵对外界环境的抵抗力较强，可生存 5 年或更长时间。但虫卵不耐热，在阳光下数日可死亡。

蛔虫病分为两个阶段，早期症状与幼虫在肺内移行有关，表现为发热、咳嗽、肺炎；后期为小肠内成虫阶段，轻者不表现症状，严重感染时可致消瘦、贫血、腹痛等症状，虫的数量大还可引起肠梗阻，另外还可引起肠穿孔、阑尾炎。钻入气管可引起窒息，钻入胆管可引起胆道蛔虫病。

思 考 题

1. 什么是食源性疾病，包括哪几类？

2. 什么是食物中毒，食物中毒有什么特点，有哪些类型？

3. 简述食品腐败变质的常用预防控制方法。

4. 简述菌落总数和大肠菌群的食品卫生学意义。

5. 简述细菌性食物中毒的预防措施。

6. 控制沙门菌食物中毒的要点有哪些？

7. 引起副溶血性弧菌食物中毒的主要食品有哪些？如何据此制订相应的控制措施？

8. 什么是真菌毒素？简述真菌性食物中毒的预防方法。

9. 叙述黄曲霉毒素的来源、毒性作用、易受污染的食品、预防控制措施等。

10. 黄变米毒素有哪些？

11. 简述轮状病毒感染的流行病学特点及预防措施。

12. 通过查阅文献了解禽流感的研究进展，请从感染源、微生物学特性、传播途径、致病性以及防治等方面谈谈对其的认识。

13. 如何预防蛔虫感染？

14. 某年夏季，某工地 20 余名工人晚餐吃炒米饭后 1~3h，20 余名工人中有 10 多名出现恶心、上腹痛、剧烈呕吐、腹泻等，不发烧。首先应考虑的诊断和处理是什么？如何预防类似的中毒发生？

第二章　化学性危害

第一节　动植物中的天然有毒物质

由于人口不断增长，为了扩大食物来源，人们不断开发利用丰富的生物资源，以增加食物的种类。长期以来，人们对化学物质引起的食品安全性问题有不同程度的了解，却忽视了人们赖以生存的动植物本身所具有的天然毒素，于是在生产中不添加任何化学物质的天然食品颇受青睐，身价倍增，一些媒体也将其描述为有百利而无一害的食品。事实并非如此，动植物中的天然有毒物质引起的食物中毒屡有发生，由此而带来的经济损失触目惊心。

一、动植物天然有毒物质的定义及种类

（一）动植物天然有毒物质的定义

人类的生存离不开动植物，在这些众多的动植物中，有些含有天然有毒物质。动植物天然有毒物质就是指有些动植物中存在的某种对人体健康有害的非营养性天然物质成分，或因贮存方法不当在一定条件下产生的某种有毒成分。由于含有毒物质的动植物外形、色泽与无毒的品种相似，因此，在食品加工和日常生活中应引起人们的足够重视。

（二）动植物天然有毒物质的种类

动植物中含有的天然有毒物质结构复杂，种类繁多，与人类关系密切的主要有以下几种。

1. 苷类

在植物中，由糖分子中的半缩醛羟基和非糖化合物中的羟基缩合而成的具有环状缩醛结构的化合物称为苷，又称配糖体或糖苷（图2-1）。苷类一般味苦，可溶于水和醇，易被酸或酶水解，水解的最终产物为糖及苷元。苷元是苷中的非糖部分。由于苷元的化学结构不同，苷的种类也有多种，主要有氰苷、皂苷等。

（1）氰苷　氰苷是结构中含有氰基的苷类。其水解后产生氢氰酸，从而对人体造成危害，因此有人将氰苷称为生氰糖苷。生氰糖苷由糖和含氮物质（主要为氨基酸）缩合而成，能够合成生氰糖苷的植物体内含有特殊的糖苷水解酶，将生氰糖苷水解产生氢氰酸。

氰苷在植物中分布广泛，它能麻痹咳嗽中枢，因此有镇咳作用，但过量可引起中毒。氰苷对人的致死量以体重计为18mg/kg。氰苷的毒性主要来自氢氰酸和醛类化合物的毒性。氰苷所形成的氢氰酸被吸收后，随血液循环进入组织细胞，并透过细胞膜进入线粒体，与线粒体中细胞色素氧化酶的铁离子结合，导致细胞的呼吸链中断，造成组织缺氧，体内的二氧化碳和乳酸量增高，机体陷入内窒息状态。氢氰酸的口服最小剂量以体重计为$0.5 \sim 3.5mg/kg$。

氰苷引起的慢性氰化物中毒现象也比较常见。在一些以木薯为主食的非洲和南美地

区，就存在慢性氰化物中毒引起的疾病。虽然含氰苷植物的毒性决定于氰苷含量的高低，但还与摄食速度、植物中催化氰苷水解酶的活力以及人体对氢氰酸的解毒能力大小有关。

预防措施：首先，不直接食用各种生果仁，对杏仁、桃仁等果仁及豆类在食用前要反复用清水浸泡、充分加热，以去除或破坏其中的氰苷。其次，在习惯食用木薯的地方，要注意饮食卫生，严格禁止生食木薯，食用前去掉木薯表皮，用清水浸泡薯肉，使氰苷溶解出来。最后，发生氰苷类食品中毒时，应立刻给中毒者口服亚硝酸盐或亚硝酸酯，使血液中的血红蛋白转变为高铁血红蛋白，高铁血红蛋白

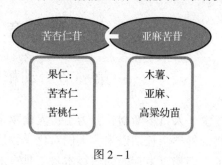

图 2 - 1

的加速循环可将氰化物从细胞色素氧化酶中脱离出来，使细胞继续进行呼吸作用；再给中毒者服用一定量的硫代硫酸钠进行解毒，被吸收的氰化物可转化成硫氰化物而随尿排出。

（2）皂苷　皂苷是类固醇或三萜系化合物低聚配糖体的总称。由于其水溶液振摇时能产生大量泡沫，与肥皂相似，所以称皂苷，又称皂素。皂苷对黏膜，尤其对鼻黏膜的刺激性较大，内服量过大可引起食物中毒。含有皂苷的植物有豆科、蔷薇科、葫芦科、苋科等，动物有海参和海星等。

2. 生物碱

生物碱是一类具有复杂环状结构的含氮有机化合物，主要存在于植物中，少数存在于动物中，有类似碱的性质，可与酸结合成盐，在植物体内多以有机酸盐的形式存在。其分子中具有含氮的杂环，如吡啶、吲哚、嘌呤等。

生物碱的种类很多，已发现的就有 2000 种以上，分布于 100 多个科的植物中。其生理作用差异很大，引起的中毒症状各不相同。有毒生物碱主要有烟碱、茄碱、颠茄碱等。生物碱多数为无色味苦的固体，游离的生物碱一般不溶或难溶于水，易溶于醚、醇、氯仿等有机溶剂，但其无机酸盐或小分子有机酸易溶于水。

3. 酚类及其衍生物

主要包括简单酚类、黄酮、异黄酮、香豆素、鞣酸等多种类型化合物，是植物中最常见的成分。

4. 毒蛋白和肽

蛋白质是生物体中最复杂的物质之一。当异体蛋白质注入人体组织时可引起过敏反应，内服某些蛋白质也可产生各种毒性。植物中的胰蛋白抑制剂、红血球凝集素、蓖麻毒素等均属有毒蛋白，动物中鲇鱼、鳇鱼等鱼类的卵中含有的鱼卵毒素也属于有毒蛋白。此外，毒蘑菇中的毒伞菌、白毒伞菌等含有毒肽和毒伞肽。

5. 酶类

某些植物中含有对人体健康有害的酶类。它们通过分解维生素等人体必需成分释放出有毒化合物。如蕨类中的硫胺素酶可破坏动植物体内的硫胺素，引起人的硫胺素缺乏症；豆类中的脂肪氧化酶可氧化降解豆类中的亚油酸、亚麻酸，产生众多的降解产物。现已鉴定出近百种氧化产物，其中许多成分可能与大豆的腥味有关，不仅产生了有害物质，且降低了大豆的营养价值。

6. 非蛋白类神经毒素

这类毒素主要指河豚毒素、肉毒鱼毒素、螺类毒素、海兔毒素等，多数分布于河豚、蛤类、螺类、海兔等水生动物中，它们本身没有毒，却因摄取了海洋浮游生物中的有毒藻类（如甲藻、蓝藻等），或通过食物链间接摄取将毒素积累和浓缩于体内。

7. 植物中的其他有毒物质

（1）硝酸盐和亚硝酸盐　叶菜类蔬菜中含有较多的硝酸盐和极少量的亚硝酸盐。因为蔬菜能主动从土壤中富集硝酸盐，其硝酸盐的含量高于粮谷类，尤其叶菜类的蔬菜含量更高。人体摄入的 NO_3^- 中80%以上来自所吃的蔬菜，蔬菜中的硝酸盐在一定条件下可还原成亚硝酸盐，当其蓄积到较高浓度时，食用后就能引起中毒。

（2）草酸和草酸盐　草酸在人体内可与钙结合形成不溶性的草酸钙，不溶性的草酸钙可在不同的组织中沉积，尤其在肾脏，人食用过多的草酸也有一定的毒性。常见的含草酸多的植物主要有菠菜等。

8. 动物中的其他有毒物质

畜禽是人类动物性食品的主要来源，但其体内的腺体、脏器和分泌物，如摄食过量或误食，可干扰人体正常代谢，引起食物中毒。

（1）肾上腺皮质激素　在家畜中由肾上腺皮质激素分泌的激素为脂溶性类固醇激素。如果人误食了家畜肾上腺，那么会因该类激素浓度增高而干扰人体正常的肾上腺皮质激素的分泌活动，从而引起系列中毒症状。

预防措施：要加强兽医监督，屠宰家畜时将肾上腺除净，以防误食。

（2）甲状腺激素　甲状腺激素是由甲状腺分泌的一种含碘酪氨酸衍生物。若人误食了甲状腺，则体内的甲状腺突然增高，扰乱人体正常的内分泌活动，从而表现出一系列中毒症状。甲状腺激素的理化性质非常稳定，在600℃以上的高温才可以破坏，一般烹调方法难以去毒。

预防措施：屠宰家畜时将甲状腺除净，且不得与"碎肉"混在一起出售，以防误食。一旦发生甲状腺中毒，可用抗甲状腺素药及促肾上腺皮质激素急救，并对症治疗。

（3）动物肝脏中的有毒物质　在狗、羊、鲨鱼等动物性肝脏中含有大量的维生素A，若大量食用其肝脏，则因维生素A食用过多而发生急性中毒。

此外，肝脏是动物最大的解毒器官，动物体内各种毒素大都经过肝脏处理、转化、排泄或结合，所以，肝脏中暗藏许多毒素。此外，进入动物体内的细菌、寄生虫往往在肝脏中生长、繁殖，其中肝吸虫病较为常见，而且动物也可能患肝炎、肝硬化、肝癌等疾病，因而动物肝脏存在许多潜在不安全因素。

预防措施：首先，要选择健康肝脏。肝脏淤血、异常肿大、流出污染的胆汁或见有虫体等，均视为病态肝脏，不可食用。其次，对可食肝脏，吃前必须彻底清除肝内毒物。

二、动植物天然有毒物质的中毒条件

动植物中的天然有毒物质引起食物中毒有以下几种原因。

1. 食物过敏

食物过敏是食物引起机体对免疫系统的异常反应。如果一个人喝了一杯牛乳或吃了鱼、虾出现呕吐、呼吸急促、接触性荨麻疹等，即发生食物过敏。中国目前缺乏食物过敏的系统资料。在北美，整个人群中食物过敏的发生率为 10%（儿童为 13%，成人为 7%）；在欧洲，儿童时期食物过敏的发病率为 0.3% ~ 7.5%，成人为 2%。某些食物可以引起过敏反应，严重者甚至死亡。如菠萝是许多人喜欢吃的水果，但有人对菠萝中含有的一种蛋白酶过敏，当食用菠萝后出现腹痛、恶心、呕吐、腹泻等症状，严重者可引起呼吸困难、休克、昏迷等。

在日常生活中，并不是每个人都对致敏性食物过敏，相反的是，大多数人并不过敏。即使是食物过敏的人，也是有时过敏，有时又不过敏。

2. 食品成分不正常

食品成分不正常，食后引起相应的症状。有很多含天然有毒物质的动物和植物，如河豚、发芽的马铃薯等，食用少量即可引起食物中毒。

3. 遗传因素

食品成分和食用量都正常，却由于个别人体遗传因素的特殊性而引起的症状。如牛乳，对大多数人来说是营养丰富的食品，但有些人由于先天缺乏乳糖酶，因而不能吸收利用，而且饮用牛乳后还会发生腹胀、腹泻等症状。

4. 食用量过大

食品成分正常，但因食用量过大引起各种症状。如荔枝含维生素 C 较多，如果连日大量食用，可引起"荔枝病"，出现头晕、心悸，严重者甚至死亡。

三、含天然有毒物质的植物

植物是许多动物赖以生存的饲料来源，也是人类粮食、蔬菜、水果的来源。世界上有 30 多万种植物，可是用作人类主要食品的不过数百种，这是由于植物体内的毒素限制了它们的应用。因此，研究含天然有毒物质的植物，防止植物性食物中毒，具有重要的现实意义。

目前，中国有毒植物约有 1300 种，分别属于 140 个科。植物的毒性主要取决于其所含的有害化学成分，如毒素或致癌的化学物质，它们虽然量少，却严重影响了食品的安全性。下面介绍一些比较常见的有毒植物。

(一) 含苷类物质

1. 苦杏仁

苦杏仁中的苦杏仁苷是有毒的化学成分。苦杏仁苷口服后易在胃肠道中分解出氢氰酸，故毒性要比静脉注射大 40 倍左右。人静脉注射约 5g（相当于每千克体重 0.07g）即可致死。苦杏仁中的苦杏仁苷在人咀嚼时和在胃肠道中经酶水解后可产生有毒的化学成分氢氰酸，该物质可抑制细胞内氧化酶活性，使人的细胞发生内窒息，同时氢氰酸可反射性刺激呼吸中枢，使之麻痹，造成人的死亡。

苦杏仁中毒多发生于杏子成熟收获季节，常见于儿童因不了解苦杏仁毒性，生吃苦杏仁，或不经医生处方自用苦杏仁煎汤治疗咳嗽而引发中毒。

苦杏仁中毒潜伏期一般为 1 ~ 2h。先有口中苦涩、头晕、恶心、呕吐、脉搏加快以及四肢无力等症状，继而出现不同程度的呼吸困难、胸闷，严重者昏迷甚至死亡。

预防措施：宣传苦杏仁中毒的知识，尽量不吃苦杏仁。当用苦杏仁做成菜时，应反复用水浸泡，充分加热，使氢氰酸挥发掉后再食用。

2. 木薯

木薯中含有一种亚麻配糖体，遇水时，经过其所含的亚麻配糖体酶作用，可以析出游离的氢氰酸而致中毒。氢氰酸被吸入或内服达每千克体重 1mg 时，即可导致迅速死亡。木薯内的配糖体不能在酸性的胃液中水解，其水解过程多在小肠中进行，或因亚麻糖体在烹煮过程中受到破坏而影响水解速度，故其中毒的潜伏期比无机氰化物长。

本品水解以后产生糖和氢氰酸等物质，氰离子进入人体后迅速与细胞色素氧化酶的三价铁结合，并阻碍其细胞色素的氧化作用，抑制细胞呼吸，导致细胞内窒息、组织缺氧。中枢神经系统对缺氧最为敏感，故脑神经首先受到损害。氢氰酸本身还可损害延脑的呼吸中枢及血管运动中枢，由于中枢神经系统的损害，所以中毒开始时，延脑的呕吐中枢和呼吸中枢、迷走神经、扩瞳肌及血管运动神经等均见兴奋，其后转为抑制、麻痹。如有极微量的氢氰酸在胃内放出，可以有腐蚀作用，引起胃炎症状。

预防措施：应该加强宣传，千万不能生吃木薯；木薯加工首先必须去皮，然后洗涤薯肉，用水煮熟，煮木薯时一定要敞开锅盖，再将熟木薯用水浸泡 16h，煮薯的汤及浸泡木薯的水应弃去；不能空腹吃木薯，一次也不能吃得太多，儿童、老人、孕妇及体弱的人均不宜吃。

3. 芦荟

全株或叶汁及其干燥品均有毒。研究证明，芦荟全株液汁中含芦荟素约 25%，树脂约 12.6%，还含少量芦荟大黄素。主要有毒成分是芦荟素及芦荟大黄素。芦荟素中主要含芦荟苷（羟基蒽醌衍生物）及少量的异芦荟苷、卢一芦荟苷（可能非芦荟中原有，而是在提取过程中由芦荟苷转变而成）。其主要的毒作用是对肠黏膜有较强的刺激作用，可引起明显的腹痛及盆腔充血，严重时造成肾脏损害。芦荟的泻下作用很强，其液汁干燥品服 0.1~0.2g 即可引起轻泻，0.25~0.5g 可引起剧烈腹泻。在所有含蒽苷类的泻药中，芦荟对肠的刺激作用最强。

4. 皂荚

皂荚的有毒成分是皂角皂苷。皂苷具有溶血作用，它不被胃肠吸收，一般不发生吸收性中毒，但对胃肠有刺激作用，大量服用时可引起中枢神经系统紊乱，也可引起急性溶血性贫血。

5. 桔梗

桔梗中的有毒成分为皂苷。桔梗皂苷具有强烈的黏膜刺激性，具有一般皂苷所具有的溶血作用，但口服溶血现象较少发生。

（二）含生物碱类植物

1. 烟草

烟草的茎、叶中含有多种生物碱，已分离出的生物碱就有 14 种之多，生物碱的含量占 1%~9%，其中主要有毒成分为烟碱，烟碱占生物碱总量的 93%，尤以叶中含量最高。一支纸烟含烟碱 20~30mg。烟碱为脂溶性物质，可经口腔、胃肠道、呼吸道黏膜及皮肤吸收。进入人体后，一部分暂时蓄积在肝脏内，另一部分可氧化为无毒烟酸，而未被破坏的部分则可经肾脏排出体外；同时也可由肺、唾液腺和汗腺排出一小部分；还有很少量可由乳汁排出，此举会减弱乳腺的分泌功能。

烟碱的毒性与氢氰酸相当，急性中毒时的死亡速度也几乎与之相同（5~30min 即可死亡）。在吸烟时，虽大部分烟碱被燃烧破坏，但可产生一些致癌物。研究证明，吸烟会降低脑力及体力劳动者的精确反应能力。吸烟过多可产生各种毒性反应，由于刺激作用，可致慢性咽炎及其他呼吸道症状，肺癌与吸烟有一定的相关性。此外，吸烟还可引起头痛、失眠等神经症状。

2. 颠茄

颠茄常用作药物，因毒性较大，一般只作外用，不可内服，如果不慎误服将导致中毒。颠茄中含有的生物碱——茄碱是有毒成分，以未成熟的果实中含量最多。

3. 茄碱

存在于发芽马铃薯幼芽与芽基部分，食用未成熟的绿色马铃薯或发芽马铃薯，会导致茄碱（龙葵素）中毒，出现胃肠道症状、中枢神经临床症状。

预防茄碱中毒，首先应防止马铃薯变质，保藏于阴凉通风、干燥处或辐照处理。不食用发芽较多或皮肉变黑绿色的。发芽少的，可剔除芽与芽基部，去皮后水浸 30~60min，烹调时加少许醋煮透。如果中毒，应立即用 4% 鞣酸或浓茶水洗胃。

4. 秋水仙碱

主要存在于黄花菜中，食用未经处理的鲜黄花菜即可引起中毒。秋水仙碱、二秋水仙碱对胃肠道、泌尿系统刺激。预防措施是不吃鲜黄花菜，食用时科学烹调，控制摄入量。

5. 雷公藤碱

正常蜂蜜对人有益无害。但是在每年初夏和入秋，一般蜜源植物很少，雷公藤属植物正值开花期，由此酿成蜂蜜就含有雷公藤碱及其他生物碱，食后会中毒。

（三）含酚类植物

1. 棉花

棉花全株有毒，所含棉酚有游离和结合两种。游离棉酚是一种含酚毒苷，或为血浆毒和细胞原浆毒，对神经、血管、实质性脏器细胞等都有毒性，中毒者表现为中枢神经、心、肝、肾等损害。

预防措施：在产棉区要宣传棉籽油的毒性，不要食用粗制生棉籽油。榨油前，必须将棉籽粉碎，经蒸炒加热脱毒后再榨油。榨出的毛油再加碱精炼，可使棉酚逐渐分解破坏。棉籽油中游离棉酚不得超过 0.02%，棉酚超标的棉籽油严禁食用。

2. 大麻

大麻的有毒成分主要是大麻酚，大麻酚可引起胃肠道及神经系统紊乱。食用未经处理或处理不当的大麻仁或采食大麻嫩苗，或以大麻叶代替烟叶吸用，可产生中毒症状。

（四）含毒蛋白类植物

蓖麻中毒主要是由蓖麻籽中所含的蓖麻毒素和蓖麻碱所致。蓖麻毒素是一种很强的毒性蛋白质，可使肾、肝等实质性细胞发生损害，并对红细胞具有凝集和溶解作用，可麻痹呼吸中枢、血管运动中枢。这种毒素较砒霜的毒性还要大，能使胃肠血管中的红细胞淤血、变性等。

（五）含内酯类和萜类植物

1. 莽草

莽草含一种惊厥毒素——莽草亭，是一种苦味内酯类化合物，可以兴奋延脑、间脑及神经末梢，作用于呼吸及血管运动中枢，大剂量时也能作用于大脑及脊髓，先是兴奋而后麻痹。生吃 5~8 个莽草籽即能使人中毒。

2. 苦楝

苦楝全株有毒，以果实毒性最烈，叶子最弱，有毒成分主要是苦楝素、苦楝萜酮内酯等物质。其所含毒素能使大脑皮质麻痹，而致皮质下中枢的抑制解除，因而出现迷走中枢神经兴奋，继而麻痹。苦楝皮及其果实对胃肠道有刺激作用，对心肌、肝、肾有不同程度的毒害作用，可引起中毒性肝病等。其所引起的肝、肾、肠道等内脏出血，可能是药物中某种毒素的作用，或与机体的敏感性增高有关。食入果实 6~8 个便可发生中毒。口服大剂量苦楝素后，引起急性中毒的主要致死原因为急性循环衰竭，这是血管壁通透性增加引起内脏出血、血压显著降低所致。

（六）其他植物

1. 柿子

柿子是柿科植物柿的果实，又名猴枣、米果等。它不仅含有丰富的维生素 C，还有润肺、清肠、止咳等作用。但是，一次食用量不能过大，尤其是未成熟的柿子，否则容易形成"胃柿石症"，中毒患者表现为恶心、呕吐、心口痛等。如果小块柿石不能排出，会随着胃蠕动而积聚成大的团块，把胃的出口堵住，升高胃内压，引起胃部腹痛，如原来有胃溃疡病可引起出血，甚至穿孔。

"胃柿石症"的形成有多种原因。一是由于柿子中的柿胶酚遇到胃液内的酸液后，产生凝固而沉淀；二是柿子中含有一种可溶性收敛剂红鞣质，红鞣质与胃酸结合也可凝成小块，并逐渐凝聚成大块；三是柿子中含有 14% 的胶质和 7% 的果胶，这些物质在胃酸的作用下也可以发生凝固，最终形成胃柿石。

当空腹、多量食用柿子或与酸性食物（或药物）同时食用，或是胃酸过多者都容易发生"胃柿石症"。因上述几种情况胃内的酸度都很高，有利于胃柿石的形成。因此，为避免胃柿石的形成，不要空腹或多量或与酸性食物同时食用柿子，还要注意不要吃生柿子和柿皮。

2. 荔枝

荔枝甘甜味美，营养丰富，每 100g 鲜荔枝中含蛋白质 0.8g、脂肪 0.6g、糖类 13.3g、粗纤维 0.3g、钙 6mg、磷 34mg、铁 1mg、维生素 B_1 0.1mg、维生素 C30mg，还含有柠檬酸、苹果酸、果胶、氨基酸等物质和多量游离的精氨酸和色氨酸。因此，荔枝是一种人们喜爱的水果。荔枝也可作药用。

荔枝不宜吃得过多。荔枝中含有丰富的果糖，果糖不能直接被人体所利用，它需要在肝脏中经酶的作用转化成为葡萄糖才能被人体所利用。过多食用荔枝影响食欲，使其他食物的摄食量减少。

3. 蚕豆

蚕豆对大多数人来说，是一种可以享用的富有营养的豆类食品，但对某些具有红细胞 6-磷酸葡萄糖脱氢酶（G-6-PD）遗传性缺乏的人而言，是有害物质，食后会引起一种变态反应性疾病，即红细胞凝集及急性溶血性贫血症，称为"蚕豆病"，俗称胡豆黄。红细胞 G-6-PD 遗传性缺陷者在中国并不少见，南方各省如广东、广西、四川、江西、安徽、福建等地屡见不鲜。一般多发生在春、夏蚕豆成熟季节，吃蚕豆或吸入蚕豆花粉，甚至接触其嫩枝、嫩叶也可发病。

4. 瓜蒂

瓜蒂又名甜瓜蒂、瓜丁、苦丁香、甜瓜把、甜瓜秧，为葫芦科植物甜瓜的果蒂，全国各地均有栽培，其种子（甜瓜子）可作药用。瓜蒂的主要化学成分为甜瓜素、葫芦素 B、葫芦素 E 等结晶性苦叶质，其中以葫芦素 B 的含量最高（1.4%）。

瓜蒂的有毒成分为甜瓜蒂毒素，内服能刺激胃黏膜，反射性引起呕吐中枢兴奋，导致剧烈呕吐，最后可使呼吸中枢完全麻痹而致死。内服常用量煎汤每日不超过 5g。有报道用瓜蒂 9g 煎水内服中毒致死者。中毒潜伏期有未超过 2h 的报道，多为 0.5～1.5h。

5. 花粉

在各式各样的花粉中，有一部分是属于有毒花粉，如雷公藤、油茶、钩吻、乌头、狼毒、搜山虎、杜鹃花、南烛花等植物的花粉，主要是由于这些花粉本身含有毒性生物碱或其他有毒成分，故而显示出其毒作用。另一类花粉自身不一定含有某些生物碱等有毒物质，这种致敏性花粉作为变应原（即抗原）可使个体致敏而引发花粉症。实质上，这是一种异常的免疫反应，称为变态反应。中国北方地区的致敏性花粉主要是蒿类植物（黄花蒿、茵陈蒿、艾蒿等）的花粉，另外还有榆、杨、柳、松、蓖麻、藜科、苋科及禾本科等植物的花粉。在南方地区，则主要有松树、构树、桑树、元宝枫、菠菜、羊蹄、蓖麻、车前草、椰榆、梧桐、野苋、木麻黄等植物的花粉。

6. 菠萝

菠萝中含有一种致敏物质蛋白酶，有过敏体质的人吃后会引发过敏症，俗称"菠萝病"。此外，菠萝中含糖量较高，不利于糖尿病患者食用，否则会加重糖尿病症状。

7. 灰菜

灰菜又称灰苋菜、粉菜、沙苋菜、灰条菜、回回菜、野灰草等。灰菜中的含毒成分还不十分明确。根据临床观察只见于暴露部位的皮肤病损，全身症状很少。因此，中毒的原因可能是由于灰菜中的卟啉类感光物质进入人体内，在日光照射后，产生光毒性反应，引起水肿、潮红、皮下出血等，其发生可能与卟啉代谢异常有关。食用或接触灰菜均有中毒的可能。

8. 苦味中毒

苦菜花、苦黄瓜、苦丝瓜的苦味成分是苦质苷素、生物碱和毒蛋白等，对人体有一定的毒性，吃得稍多，会出现头痛、恶心、呕吐、稍重腹泻等中毒症状。

9. 烂生姜

鲜生姜很容易腐烂，烂的生姜不像其他蔬菜、水果那样会失去原有的口味，仍保持有固有的辣味和气味，因此曾被认为是烂姜仍可吃。其实，生姜中特有的成分是姜辣素、姜油醇、姜油酮、姜油酚、姜烯等，一旦腐烂，其中的一些成分就会发生变化，转变成黄樟素，黄樟素对肝脏有强烈的毒性，还是致癌物。

四、含天然有毒物质的动物

动物是人类膳食的重要来源之一，由于其味道鲜美、营养丰富，深受消费者的喜爱。但是某些动物体内含有天然有毒物质，人食用后可引起食物中毒。下面介绍几种常见的含天然有毒物质的动物。

（一）有毒鱼类

1. 河豚

河豚是无鳞鱼的一种，全球有 200 多种，中国有 70 多种。它主要生活于海水中，但在每年清明节前后多由海中逆游至入海口的河中产卵。河豚鱼肉鲜美诱人，但含有剧毒物质，可引起世界上最严重的动物性食物中毒。

河豚的内脏含毒素，毒量的多少因部位及季节而异。河豚的卵巢和肝脏有剧毒，其次为肾脏、血液、眼睛、鳃和皮肤。一般精巢和肉无毒，但个别种类河豚的肠、精巢和肌肉也有毒性。每年 2—5 月是河豚的卵巢发育期，毒性较强，6—7 月产卵后，卵巢退化，毒性减弱。引起人们中毒的河豚毒素有河豚素、河豚酸、河豚卵巢毒素及河豚肝毒素等。

河豚素为无色针状结晶体，是一种毒性强烈的非蛋白类神经毒素。河豚毒素的理化性质比较稳定，加热和用盐腌制均不能破坏其毒性。河豚毒素的毒理作用现已证明主要是阻碍神经和肌肉的传导，使骨骼肌、横膈肌及呼吸神经中枢麻痹，引起呼吸停止。其毒性比氰化钠大 1000 倍，0.5mg 即可使人中毒死亡。

河豚中毒的临床表现分为 4 个阶段。中毒的初期阶段，首先感到发热，接着便是嘴唇和舌间发麻，头痛、腹痛、步态不稳，同时出现呕吐。第二阶段，出现不完全运动麻痹，运动麻痹是河豚鱼中毒的一个重要特征之一。呕吐后病情的严重程度和发展速度加快，不能运动，知觉麻痹，语言障碍，出现呼吸困难和血压下降。第三阶段，运动中枢完全受到抑制，运动完全麻痹，生理反射降低。由于缺氧，出现发绀，呼吸困难加剧，各项反射渐渐消失。第四阶段，意识消失。河豚鱼中毒的另一个特征是患者死亡前意识清楚，当意识消失后，呼吸停止，心脏也很快停止跳动。

防止河豚毒素中毒的措施：

（1）掌握河豚鱼的特征，学会识别河豚鱼的方法，不食用河豚鱼。

（2）发现中毒者，以催吐、洗胃和导泻为主，尽快使食入的有毒食物及时排出体外。

2. 肉毒鱼类

肉毒鱼类的主要有毒成分是一种称作"雪卡"的毒素，它常存在于鱼体肌肉、内脏和生殖腺等组织或器官中，是不溶于水的脂溶性物质，对热十分稳定，是一种外因性和累积性的神经毒素，具有胆碱酯酶阻碍作用，类同于有机磷农药中毒的性质。

主要中毒症状：初期感觉口渴，唇舌和手指发麻，并伴有恶心、呕吐、头痛、腹痛、肌肉无力等症状，几周后可恢复。很少出现死亡，其死亡原因较复杂，患者大多死于心脏衰竭。

由于这种毒素不能在日常烹调、蒸煮或日晒干燥中去除，所以在食用前应以小鼠试验检查是否为毒鱼，确认无毒后才可以食用。

3. 鱼类引起的组胺中毒

引起此类中毒的鱼大多是含组氨酸高的鱼类，主要是海产鱼中的青皮红肉鱼类，如金枪鱼、秋刀鱼、竹荚鱼、沙丁鱼、青鳞鱼、金线鱼、鲐鱼等。当鱼不新鲜或腐败时，鱼体中游离组氨酸经脱羧酶作用产生组胺。当组胺积蓄至一定量时，食后便可引起中毒。

主要中毒表现：潜伏期一般为 0.5～1h，最短为 5min，最长达 4h。以局部或全身毛细血管扩张、通透性增强、支气管收缩为主，主要症状有脸红、头晕、头痛、心慌、脉快、胸闷和呼吸窘迫等，部分患者出现眼结膜充血、瞳孔散大、视物模糊、脸发胀、唇水肿、口和舌及四肢发麻、恶心、呕吐、腹痛、荨麻疹（包括出血性荨麻疹）、全身潮红、血压下降等。中毒特点是发病快、症状轻、恢复迅速，发病率可达 50% 左右，偶有死亡病例报道。

预防鱼类引起的组胺中毒的措施：

（1）不吃腐败变质及不新鲜的鱼，特别是青皮红肉的鱼类。市售鲜鲐鱼等青皮红肉鱼类应冷藏或冷冻，要有较高的鲜度。根据 GB 2733—2005《鲜、冻动物性水产品卫生标准》的规定，鲐鱼的组胺含量应≤100mg/L，其他鱼类≤30mg/L。

（2）选购鲜鲐鱼等要特别注意其鲜度，如发现鱼眼变红、色泽不新鲜、鱼体无弹力，不应选购，亦不得食用。购后应及时烹调，如盐腌，应劈开鱼背并加 25% 以上的食盐腌制。

（3）食用鲜、咸鲐鱼时，烹调前应去内脏、洗净，切成二寸段，用水浸泡 4~6h，可使组胺量下降 44%，烹调时加入适量雪里蕻或红果，组胺可下降 65%。

（4）注意烹调方法，以红烧或清蒸、焖酥为宜，不宜油煎或油炸。

（5）有过敏性疾患者，以不吃青皮红肉鱼为宜。

（二）有毒贝类

贝类是动物性蛋白食品的来源之一，它的种类很多，至今有记载的有十几万种。世界沿海国家常有贝类中毒的报告。世界上可作为食品的贝类约有几十种，已知的大多数贝类都含有一定数量的有毒物质，通常认为贝类食物中毒与贝类吸食浮游藻类有关。毒物在贝类体内蓄积和代谢，人们食用这些贝类后可造成食物中毒。常见的食品有鲍类、蛤类、海兔类等。

1. 蛤类

蛤的种类很多，全世界有 15000 多种，多为无毒，有少数种类有毒。如果食量过多或吃法不当会引起中毒。中国蛤类资源丰富，常见的毒蛤有文蛤、四角蛤蜊等。在蛤的肝脏和消化腺内有一种麻痹性贝类毒素，这种毒素来源于某些海藻。海水中有毒甲藻的浓度和贝类的毒化有直接联系，海洋春夏季节出现的赤潮可以造成贝类的毒化。人摄食了被毒化的贝类可以引起麻痹性贝类中毒。麻痹性贝类毒素也称麻痹性海藻毒素。这类毒素中有一种毒素叫 3，4，6-三烷基四氢嘌呤，易溶于水，热处理不被破坏，它对蛤本身无毒，但对人体有害。毒素具有河豚毒素的作用，可造成中枢神经组织麻痹、骨骼肌无力、瘫软，但降压作用较弱。

由于蛤类中毒一般是在特定的地区和季节出现，所以，有效的防止方法是加强卫生防疫部门的监督。许多国家规定，每年 5 月到 10 月进行定期检查，如有毒藻类大量存在，说明有发生中毒的危险，并对蛤类作毒素含量测定，若超过规定标准，应做出禁止食用的决定和采取相应的措施。

2. 鲍类

鲍鱼的肝、内脏中含有一种有毒化合物，称为鲍鱼毒素。鲍鱼毒素是一种有感光力的有毒色素，这种毒素来源于鲍鱼食饵海藻所含的外源性毒物。皱纹盘鲍毒素很耐热，煮沸 30min 不被破坏，冰冻（-20~-15℃）保存 10 个月不失去活性。这种毒素的提取物呈暗褐色，在紫外线和阳光下呈很强的荧光红色。人和动物食用鲍肝和内脏后不在阳光下暴露是不会致病的，如在阳光下暴露，就会得一种特殊的光过敏症。

3. 海兔类

海兔又名海珠，是生活在浅海中的贝类。它的种类很多，其卵含有丰富的营养，是中国东南沿海地区人们喜爱的食品，并可入药。

海兔主要生活在浅海潮流较流畅、海水清澈的海湾，以各种海藻为食，其体色和花纹与栖息环境中的海藻相似。当它们食用某些海藻之后，身体能很快地变为这种海藻的颜色，并以此来保护自己。

海兔体内的毒腺又称蛋白腺，能分泌一种酸性乳状液体，气味难闻。海兔的皮肤组织中含一种有毒性的挥发油，对神经系统有麻痹作用，大量食用会引起头痛，误食或接触海兔将发生中毒。

防止贝类毒素中毒的措施：

（1）食用贝类食品时，要反复清洗、浸泡，并采取适当的烹饪方法，以清除或减少食品中的毒素。

（2）制定该类毒素在食品中的限量标准。

（3）发现中毒者，以催吐、洗胃和导泻为主，尽快使食入的有毒食物及时排出体外。

（三）有毒昆虫

1. 蚂蚁

世界上的蚂蚁有 6000 种，蚂蚁的毒素主要是其用于防御和杀昆虫的分泌物，毒素因蚂蚁种类的不同而异。有刺的蚂蚁都具有毒素，它们的毒器是为杀死猎物而用的。对人畜来说，大多数蚂蚁的毒素是没有危险的，况且它们并不能刺透人畜的皮肤。目前发现能引起人畜中毒的蚂蚁主要有火蚁、南美螯蚁、金色火蚁等。

2. 蜘蛛

蜘蛛大多有毒螯及毒腺，用以捕食和自卫，一般对人类无重大危害，人及动物中毒，原因多是由于雌蛛在受到惊动时蜇伤人或动物，此时蜘蛛体内的毒腺所分泌的毒液从螯肢经被蜇者皮肤的蜇伤处进入体内。在中国生存的对脊椎动物毒性较大的毒蜘蛛主要有以下几种：红斑蛛，又名黑寡妇蜘蛛，是世界上毒性最强的蜘蛛之一，在中国主要分布于海南、广东、广西等地；虎纹捕鸟蛛，分布于中国南方，为近年新鉴定的蜘蛛新种，该种蜘蛛穴居于地下，个体大，毒性强；台湾毒蛛，又名台湾毒蜘蛛，分布于中国台湾，一般居于石缝中，人被蜇伤后，局部疼痛，昏迷，有致死危险；红蜘蛛，又名蜇人红蜘蛛，主要分布于上海、南京、北京、东北等地，人被蜇伤后，局部灼痛，毒素扩散范围很大，疼痛可达两周左右，但一般无致死危险。蜘蛛的毒液中含有蜘蛛毒素，根据其化学结构上的特点可分为两大类，一类是分子质量较大的蛋白质与多肽类神经毒素，另一类是分子质量较小的非肽类神经毒素。

3. 毒蜂

蜂蜜浓甜可口，营养丰富，除含有葡萄糖、果糖之外，还含有多种人体必需氨基酸、维生素、酶类、有机酸、微量元素等营养物质，具有延年益寿、润肺、止咳、通便等作用。然而，有些毒蜂如大黄蜂所酿的蜜中含有乙酰胆碱、组胺、磷脂酶 A 等，可使人平滑肌收缩、运动麻痹、血压下降、呼吸困难、局部疼痛、淤血及水肿等。

一般来说，蜂蜜应该是无毒的，但有的蜂蜜却是有毒的，这是一种特殊情况，毒源不是来自蜜蜂本身，而是蜜源有毒。有毒蜂蜜实际上是由于蜜蜂采集了有毒的花粉酿蜜所致。这种蜂蜜称为"毒蜜"或"醉蜜"。通常，蜜蜂采集花粉时，对毒性特强的花是有鉴别能力的，会望而避开，但对一些有毒却无特殊异味的花，常被蜜蜂误采而酿成有毒的蜂蜜。据目前所知，雷公藤、荞麦、毛地黄、断肠草等植物花粉都有一定毒性，被蜜蜂误采酿成蜂蜜可致人中毒。

4. 蜈蚣

蜈蚣又名百足虫、金头蜈蚣，为雌雄异体，卵生，并有孵卵和育幼的习性。蜈蚣作为药用时用量过大可引起中毒。另外，人畜被其螫伤时，毒液注入人畜体内，也会产生毒害作用。蜈蚣体内的有毒成分主要有组胺、5 - 羟色胺和溶血蛋白；此外还含有酪氨酸、亮氨酸、蚁酸、游离脂肪酸、胆固醇、甘油酯等。体内含有的酶主要有蛋白酶、酯酶、羧肽酶、碱性磷酸单酯酶、磷酸二酯酶等。

5. 蝎子

蝎毒由蛋白质和一些非蛋白质小分子物质及水分组成。其中主要成分是多种碱性小蛋白质，非蛋白质的小分子物质主要是一些脂类、有机酸、游离氨基酸等，有的还含有一些生物碱以及一些多糖类。蝎毒中的蛋白质以水溶性蛋白质含量最高，种类也最多。通常一种蝎毒中含有 3 ~ 5 种蛋白质。蝎毒中的这些蛋白质都具有不同程度的毒性和生理功能。这些内含碳、氧、氢、氮及硫等有毒的蛋白质构成了蝎毒的主要成分，是引起死亡和麻痹效应的活性物质，因而称蝎毒为蝎神经毒素或蝎毒蛋白。

由于蝎毒含蛋白质较多，因此较为黏稠，大多数新鲜的毒液呈中性或碱性。蝎毒素与蛇毒成分中的神经毒素化学性质类似，但其含量较高。有人认为这可能就是蝎毒较蛇毒剧烈的缘故之一。蝎毒素中除了蛋白质之外，还含有一些酶类和抑制剂。如透明质酸酶可以水解细胞壁多糖，促进毒素迅速扩散进入有机体。据悉，印度红蝎中还发现了一种胰蛋白酶抑制剂，它能抑制高级动物胰脏所分泌的蛋白质水解酶的活力，使蝎毒素的毒性作用受到保护。

(四) 其他动物

1. 蟾蜍

蟾蜍又称癞蛤蟆，主要用作药材。它的形态与青蛙相似，但其背部为黑色，全身有点状突起。蟾蜍的耳后腺及皮肤腺能分泌一种具有毒性的白色浆液。

蟾蜍分泌的毒液成分复杂，有 30 多种，主要的毒性成分是蟾蜍毒素，超剂量使用时将损害心肌。蟾蜍为剧毒药，服用过量可导致死亡。蟾蜍中毒的死亡率较高，而且无特效的治疗方法。

预防中毒的措施：不食用蟾蜍；如因治疗需要，应在医生的指导下食用，且食用量不宜过大。

2. 海龟

人食海龟的中毒机制还不清楚，中毒后胃肠黏膜及其他组织充血坏死，脂肪变性。

3. 海参

海参属于棘皮动物门的海参纲，生活在海水中的岩礁底、沙泥底、珊瑚礁底。它们活动缓慢，在饵料丰富的地方，其活动范围很小，主要食物为混在泥沙或珊瑚泥沙里的有机质和微小的动植物。

海参是珍贵的滋补食品，有的还具有药用价值。但少数海参含有毒物质，食用后可引起中毒。全世界的海参有1100种，分布在各个海洋，其中有30多个品种有毒。在中国沿海有60多种海参，有18种是有毒的。

多数具毒海参的内脏和体液中都存在有海参毒素。当海参受到刺激或侵犯时，从肛门射出毒液或从表皮腺分泌大量黏液状毒液抵抗侵犯或捕获小动物。海参毒素是一类皂苷化合物，具有类似配糖体变态的羊毛固醇；具有强溶血作用，这可能是脊椎动物中毒致死的主要原因；此外，海参毒素还具有细胞毒性和神经肌肉毒性。人除了误食海参发生中毒外，还可因接触由海参排出的毒黏液引起中毒。

在一般的海参体内，海参毒素很少，即使食用少量的海参毒素，也能被胃酸水解为无毒的产物，所以，常吃的食用海参是安全的。

4. 海星

海星种类很多，全世界有1200多种，广泛分布于各个海洋。有毒海星在中国有10种。海星毒素是一种皂角苷，可以使细胞表面发生改变，破坏细胞膜和组织膜的完整性，具有很强的溶血性，溶于水和含水乙醇，不溶于脂肪性溶剂。这种毒素的水解产物与海参毒素水解产物相类似，含有葡萄糖、木糖、甲基葡萄糖和$3-O-$甲基葡萄糖。

5. 海胆

全球有海胆600~700种，广泛分布于各海洋。已知的致毒海胆有28种，中国常见的有8种。摄食海胆的生殖腺或被棘刺伤可引起中毒。大多数海胆在春、夏繁殖季节都是有毒的，毒素在生殖腺中产生。海胆的生殖腺毒素和叉棘毒素可溶于水和盐水溶液。海胆叉棘内有一种黏性透明的毒液，这种毒素热稳定性很强，100℃煮沸15min不能破坏其毒性。白棘三列海胆中的球状叉棘毒素是不耐热蛋白质，45~47.5℃就可灭活，它可释放组胺或产生激肽，有溶血和降血压作用。

6. 海葵

海葵的毒液主要集中在刺丝胞囊中，刺丝胞的形状不一，毒液的质和量也不同。蜇伤取决于刺丝胞的穿透能力，穿透力因种类而异。进食有毒海葵，特别在未煮熟时，会发生中毒。

海葵的毒素复杂，由海葵素、海葵毒、催眠毒素等组成。这些物质具有神经毒、心脏毒、溶血毒和蛋白质酶抑制作用。海葵素经蒸发后呈红色油状物，它的有毒成分为羟基四甲胺，具有耐热性，在水溶液中毒性易被破坏。海葵毒的有毒成分是5-羟色胺，具有强烈的抗凝血作用，耐热性差。催眠毒素呈蓝色，受热凝结，加热至55℃左右失去毒性。一般具有致死作用的神经毒，对中枢神经系统、运动神经和感觉神经具有明显的麻痹作用。

7. 水母

水母的刺丝囊结构种类多达17种，毒性因种类而异。只要触及几个触须就能使几千个刺丝囊放出大量毒素。刺丝囊内含海蜇毒素，其化学成分为多种高分子毒蛋白、多肽、氨基酸和多种酶。这些毒素有心脏毒性的，有细胞毒性的，有皮肤坏死性的和溶血性的。因种类不同，其毒性作用和毒性大小均有差异。许多水母的毒蛋白可引起平滑肌、骨骼肌和心肌的持续性收缩，呈现肌肉痉挛。水母蜇伤引起中毒，其临床症状因水母的种类和个体敏感性不同而有差异。霞水母中毒反应较轻,方水母、方指水母和立方水母为剧毒性水母。方水母(或称细斑指水母、海黄蜂)是最毒的海洋生物之一,致伤后可在30~60s内引起死亡,其死亡率达15%~20%。海蜇离水后,很快失去毒性,加工后的海蜇无毒。

8. 螺类

螺类已知有8万多种,其中少数种类含有毒物质。其有毒部位分别在螺的肝脏或鳃下腺、唾液腺内,误食或过食可引起中毒。螺类毒素属于非蛋白类麻痹型神经毒素,易溶于水,耐热耐酸,且不被消化酶分解破坏。

(五)动物腺体的毒性

1. 甲状腺激素

甲状腺位于气管喉头的前下部,是一个椭圆形颗粒状肉质物,附着在气管上,如果食用未摘除甲状腺的家畜的血脖肉,即可引起中毒,以猪(牛、羊)的甲状腺中毒较常见。误食动物甲状腺中毒,扰乱正常内分泌活动,严重影响下丘脑功能,类似甲状腺功能亢进症状。潜伏期1~10d,病程短者3~5d,长者可达数月。食甲状腺一旦发生中毒,可用抗甲状腺素药及促肾上腺皮质激素急救,并对症治疗。

2. 肾上腺

肾上腺(小腰子)误食后多在15~30min发病,主要症状是心窝部疼痛、恶心、腹泻、手麻、舌麻、心动过速、颜面苍白、瞳孔散大、恶寒等。

3. 淋巴腺

淋巴腺兽医称其为花子肉。淋巴系统是机体免疫功能的重要部分,每个淋巴结管辖一定部位的淋巴管,当某一部位受病原体侵袭时,淋巴结会通过淋巴管把带来的微生物阻留下来。误食淋巴腺可引起感染性疾病。如吃了猪的淋巴结后出现头痛、腹痛、四肢疼痛等症状。

4. 预防措施

屠宰过程中要清除动物三腺;防止三腺混入肉糜中;不买、不吃无安全保障的肉糜、碎肉。

第二节 环境污染的危害物质

一、大气污染

根据国际标准化组织的定义,大气污染通常指人类活动和自然过程引起某些物质进入大气中,呈现出足够的浓度,达到了足够的时间,并因此而危害了人体的舒适、健康和福利或危害了环境。这里所说的舒适和健康包括了从人体正常的生活环境和生理功能的影响到引起慢性疾病、急性病以致死亡这样一个范围;而所谓福利则认为是指与人类协调共存的生物、自然环境、财产以及器物等。

(一)大气污染源

大气污染源是指向大气环境排放的有害物质或对大气环境造成有害影响的设备、装置和场所。按污染物的来源可分为天然污染源和人为污染源。

1. 天然污染源

自然界中某些自然现象向环境排放有害物质或造成有害影响的场所，是大气污染物的一个很重要的来源。尽管与人为污染源相比，由自然现象产生的大气污染物种类少，浓度低，仅在局部地区某一时段可能形成严重影响，但从全球角度看，天然污染源还是很重要的，尤其在清洁地区。

有些情况下天然污染源比人为污染源更重要，有人曾对全球的硫氧化物和氮氧化物的排放做了估计，认为全球氮氧化物排放中的93%、硫氧化物排放中的60%来自天然污染源。

2．人为污染源

主要包括以下几种。

（1）工业污染源　燃料的燃烧是一个重要的大气污染源。如火力发电厂、工业和民用炉窑的燃料燃烧等，主要污染物为一氧化碳、二氧化硫、氮氧化物等。其他如钢铁冶金、有色金属冶炼以及石油、化工、造船等工矿企业生产过程中产生的污染物，主要有粉尘、碳氢化合物、含硫化合物、含氮化合物以及卤素化合物等，约占总污染物的20%。

（2）生活污染源　生活污染源是指家庭炉灶、取暖设备等，一般是燃烧化石燃料。以燃煤为生活燃料的城市，由于居民密集，燃煤质量差、数量多、燃烧不完全，没有任何处理措施，排放烟囱低，在一定时期排放大量烟尘和一些有害气体。特别在冬季采暖期更加严重，危害有时超过工业污染。另外，城市垃圾的堆放和焚烧也向大气排放污染物。工业生产过程中产生的污染物特点是数量大、成分复杂、毒性强。

（3）交通污染源　交通运输过程中产生的污染主要有汽油（柴油）等燃料产生的尾气、油料泄漏扬尘和噪声等。汽车尾气中含有CO、CO_2、NO_x、漂尘、烷烃、烯烃和四乙基铅等。由于交通运输污染源是流动的，有时也称为流动污染源。

（4）农业污染源　农业污染源指农业机械运行时排放的尾气，以及农药、化肥、地膜等，这些污染对农村生态环境的破坏十分严重。

（二）大气中有害物质的存在状态

1．气体或蒸气

一些有害物质如氯气、一氧化碳等，在常温下是气体，逸散到大气中也呈气体状态；又如苯，在常温下是液体；酚在常温下是固体，因其挥发性较大或熔点较低，在空气中是以蒸气状态存在的。气体和蒸气是以分子状态分散于空气中，其扩散情况与其相对密度有关。相对密度小者（如矿井中甲烷气）向上漂浮，相对密度大者（如汞蒸气）就向下沉降。由于温度及气流的影响，随气流方向以相等速度扩散。

2．气溶胶

（1）雾　液态分散性气溶胶和凝集性气溶胶统称为雾，在常温下是液体的物质，因加热逸散到大气中的蒸气遇冷后以尘埃为核心凝集成液体小滴，为凝集性气溶胶，如过饱和水蒸气形成雾滴。

浓缩氢氧化钠母液时，因沸腾溅出的碱雾、金属处理车间产生的酸雾以及喷洒农药时的雾滴均为分散性气溶胶。

（2）烟　它是固态凝集性气溶胶，同时含有固体和液体两种粒子的凝集性气溶胶也称为烟。常温下是固体物质，因加热产生的蒸气逸散到空气中，遇冷以空气中原有分散性气溶胶为核心而凝集成烟，形成由液态向晶体过渡的一系列形态，如"敌百虫"的熔点为80℃，生产时逸入空气的蒸气形成由液体粒子向固体粒子过渡的烟。

（3）尘 它是固态分散气溶胶，是固体物质被粉碎时所产生的悬浮于空气中的固体颗粒，如碾碎石英石时可产生二氧化硅粉尘。

（三）大气污染对食品安全性的影响

1. 氟化物

氟能够通过作物叶片上的气孔进入植株体内，使叶尖和叶缘坏死，嫩叶、幼芽受害尤其严重；氟化氢对花粉粒发芽和花粉管伸长有抑制作用。氟具有在植物体内富集的特点，在受氟污染的环境中生产出来的茶叶、蔬菜和粮食一般含氟量较高。

受氟污染的农作物除会使污染区域的粮菜的食用安全性受到影响外，氟化物还会通过禽畜食用牧草后进入食物链，对人的食品造成污染。研究表明，饲料含氟量超过30～40mg/kg，牛吃了后会得氟中毒症。氟被吸收后，95%以上沉积在骨骼里。由氟在人体内的积累引起的最典型的疾病为氟斑牙（齿斑）和氟骨症（骨增大、骨质疏松、关节肿痛等）。

中国现行饮水、食品中含氟化物卫生标准为：饮水为1.0mg/L；大米、面粉、豆类、蔬菜、蛋类均为1.0mg/kg；水果为0.5mg/kg；肉类为2.0mg/kg。

2. 沥青烟雾

沥青烟雾中含有3，4－苯并芘等致癌物质。受沥青烟雾污染过的作物，一般不能直接食用，同时也不应在沥青制品如油毡上铺晒食品，以防止食品受到污染。

3. 酸雨

酸雨使淡水湖泊和河流酸化，土壤和底泥中的有毒物质（如铝、镉、镍）溶解到水中，毒害鱼类，如铝可使鱼鳃堵塞而窒息死亡，还可抑制生殖腺的正常发育，降低产卵率，杀死鱼苗。

酸雨下降到地面，可改变土壤的化学成分，发生淋溶，使土壤贫瘠。土壤 pH 降低可使锰、铜、铅、汞、镉、锌等元素转化为可溶性化合物，使土壤溶液中重金属浓度增高，通过淋溶转入江、河、湖、海和地下水，引起水体重金属元素浓度增高，通过食物链在水生生物以及粮食、蔬菜中积累，给食品安全性带来影响。

二、水 体 污 染

（一）水体污染源

水体受到人类或自然因素或因子的影响，使水的感官性状、物理化学性能、化学成分、生物组成等产生了恶化，污染指标超过地面水环境质量标准，称为水体污染。

1. 工业废水

工业废水包括矿山废水，是工业生产过程或矿山开采、矿石洗选等过程产生的废水。由于工厂性质、原料、工艺和管理水平的差异，工业废水的成分和性质也各不相同。即使同一工厂，不同车间、不同工段和岗位所排废水性质也可能完全不同。但总地来说，排放量大、成分复杂、有毒物质含量高、污染严重并难以处理是其主要特征。

2. 生活污水

生活污水是人们日常生活中产生的污水，包括厕所排水、厨房洗涤排水以及沐浴、洗衣排水等。其来源除一般家庭生活污水外，还包括集体单位和公用事业单位排出的污水。

污水含糖类、淀粉、纤维素、油脂、蛋白质以及尿素等，其中含氮、磷、硫等植物营养元素较高，还有大量细菌、病毒和寄生虫卵。此外，还伴有各种合成洗涤剂，它们对人体有一定危害。主要特征是性质比较稳定、浑浊、深色，具恶臭，呈微碱性。城市污水则是排入城市污水管网的各种污水的总和，除生活污水外，还包括部分工业废水、医院污水、地面水、雪水等。

3．农业废水

农业废水主要指农作物栽培、牲畜饲养、食品加工等过程排出的废水。农业生产中使用的化肥、农药等，只有极少部分发挥了作用，多数残留在土壤或漂浮在大气中，通过降雨沉降和径流的冲刷进入地表水或地下水。主要污染物质除农药外，含大量的植物营养元素是其主要特征，是造成地表水富营养化的重要原因。

(二) 水体主要污染物

1．物理性污染

(1) 悬浮物污染 废水中的细小固体或胶体物质使水体混浊，透光性下降，降低了藻类的光合作用，限制了水生生物的正常活动。

(2) 热污染 这是由工矿企业如火力发电厂、食品酿造厂等排放的高温冷却水或温泉溢流所造成的。热污染水体不仅改变水生生物群落组成，也降低溶解氧，影响水生动物如鱼类的生长和繁殖。

(3) 放射性污染 水体中的放射性物质主要来源于铀矿开采、选矿、冶炼、核电站及核试验，以及放射性同位素的应用等。

2．化学性污染

(1) 酸碱污染 酸主要来源于矿山排水及许多工业废水，如化肥、农药、石油、酸法造纸等工业的废水。碱性废水主要来自碱性造纸、化学纤维制造、制碱、制革等工业的废水。酸性废水和碱性废水可相互中和产生各种盐类；酸性、碱性废水也可与地表物质相互作用，生成无机盐类。所以，酸性或碱性污水造成的水体污染必然伴随着无机盐的污染。

酸性和碱性废水的污染破坏了水体的自然缓冲作用，抑制细菌及微生物的生长，妨碍水体自净。同时，还因其改变了水体的pH，增加了水中的一般无机盐和水的硬度等。

(2) 重金属污染 重金属元素很多，在环境污染研究中最引人注意的是汞、镉、铬、铅、砷等，也包括具有一定毒性的一般金属，如锌、铜、钴、镍、锡等。

(3) 需氧性有机物污染 生活污水和某些工业废水中含有大量的糖类、蛋白质、脂肪、木质素等有机化合物，在需氧微生物作用下可最终分解为简单的无机物质，即二氧化碳和水等。因这些有机物质在分解过程中需要消耗大量的氧气，故又被称为需氧污染物。大量的有机物进入水体，势必导致水体中溶解氧浓度急剧下降，因而影响鱼类和其他水生生物的正常生活。严重的还会引起水体发臭，鱼类大量死亡。

(4) 富营养化污染 富营养化污染主要是指水流缓慢、更新期长的地表水接纳大量的氮、磷、有机碳等植物营养素引起的藻类等浮游生物急剧增殖的水体污染。一般将海洋水面上发生富营养化现象称为"赤潮"，将陆地水体中发生富营养化现象称为"水华"。当总磷和无机氮含量分别在 $20mg/m^3$ 和 $300mg/m^3$ 以上，就有可能出现水体富营养化过程。

（5）有机毒物污染　有机有毒物质种类繁多，作用各不相同。"中国环境优先污染物黑名单"包括的 12 类 68 种有毒化学物质中，有机物占了 58 种，主要包括卤代烃类、苯系物、氯代苯、多氯联苯、酚类、硝基苯类、苯胺类、多环芳烃、丙烯腈、亚硝胺类、有机农药等。这些有毒物质有的排放量很大，如酚类；有的具有强致癌作用，如多环芳烃。而且这些物质在自然界一般难以降解，可以在生物体内高度富集，对人体健康极为有害。

3. 致病性微生物污染

致病性微生物包括致病性细菌和病毒。致病性微生物污染大多来自于未经消毒处理的养殖场、肉类加工厂、生物制品厂和医院排放的污水等。

（三）水体污染对食品安全性的影响

1. 酚类污染物

酚对植物的影响是，低浓度酚促进庄稼生长，而高浓度酚抑制庄稼生长；各种作物对酚忍耐能力不同。

一般含酚废水灌溉浓度如控制在 50mg/L 以下时，对作物的生长没有什么毒害作用，但使农产品具有异味，萝卜、马铃薯在收获后易腐烂，不易保藏，并在产品中大量积累。

酚在植物体内的分布是不同的，一般茎叶较高，种子较低；不同植物对酚的积累能力也有差别。研究表明，蔬菜中以叶菜类较高，其排列顺序是：叶菜类＞茄果类＞豆类＞瓜类＞根菜类。

污水中酚对鱼类的影响是，低浓度时能影响鱼类的洄游繁殖，高浓度时能引起鱼类的大量死亡。水体中酚的浓度达 0.1～0.2mg/L 时，鱼肉会有酚味。

2. 氰化物

氰化物浓度低时，可刺激植物生长（＜30mg/L），反之，则抑制生长（＞50mg/L）。

污水中的氰化物可被作物吸收，其中一部分自身解毒，贮藏在细胞里，一部分在体内分解成无毒物质，其吸收量随污水浓度的增大而增大，但一般累积量不高。用含氰 30mg/L 的污水灌溉水稻、油菜时，产品的氰残留很少；用含氰 50mg/L 的污水灌溉时，米、菜中氰化物的含量比清水增加 1～2 倍；当污水中氰的浓度为 100mg/L 时，作物出现死亡现象或氰的含量迅速增加。

用含氰污水灌溉时，蔬菜中的氰残留量随灌溉水浓度的增大而增大，但其残留率一般不足万分之一，而且氰在蔬菜体内消失明显。根据中国规定，灌溉水中含氰 0.5mg/L 以下对作物、人畜安全。世界卫生组织规定鱼的中毒限量为游离氰 0.03mg/L。

3. 石油

石油废水不仅对作物的生长产生危害，还会影响食品的品质。用高浓度石油废水灌溉土地，生产的稻米煮成的米饭有汽油味，花生榨出的油有油臭味，生长的蔬菜（如萝卜）也有浓厚的油味，人食用这种受到石油废水污染而生产的食品会感到恶心。

石油废水中还含有致癌物 3,4-苯并芘，这种物质能在灌溉的农田土壤中积累，并能通过植物的根系吸收进入植物，引起积累。研究表明，用未处理的含石油 5mg/L 的炼油废水灌溉农田，土壤中 3,4-苯并芘含量比一般农田土壤高出 5 倍，最高可达 20 倍。

石油污染对幼鱼和鱼卵危害极大，油膜和油块黏附在幼鱼和鱼卵上，使鱼卵不能成活或致幼鱼死亡。石油使鱼虾类产生石油臭味，降低海产品的食用价值。

4．苯及其同系物

苯影响人的神经系统，剧烈中毒能麻醉人体，使人失去知觉，甚至死亡；轻则引起头晕、无力和呕吐等症状。

含苯废水浇灌作物对食品安全性的影响是，能使粮食、蔬菜的品质下降，且在粮食蔬菜中残留，不过其残留量较小。用含苯 25mg/L 的污水灌溉庄稼，小麦中的残留量在 0.10～0.11mg/kg，扁豆、白菜、西红柿、萝卜等蔬菜中苯残留量在 0.05mg/kg 左右。尽管蔬菜中苯的残留率较低，但蔬菜的品质下降，如用含苯 25mg/L 的污水灌溉的黄瓜淡而无味，涩味增加，含糖量下降 8%，并随着废水的浓度增加，其涩味加重。

研究表明，污水含苯量在 5mg/L 以下浇灌作物和清水浇灌无差异，不引起粮食、蔬菜污染。中国规定，灌溉水中苯的含量不得超过 2.5mg/L。

5．污灌中的重金属

矿山、冶炼、电镀、化工等工业废水中含有大量重金属物质，如汞、镉、铜、铅、砷等。未经过处理的或处理不达标的污水灌入农田，会造成土壤和农作物的污染。日本富山县神通川流域的镉中毒就是明显的例证。部分污灌区也出现了汞、镉、砷等重金属的累积问题。随污水进入农田的有害物质能被农作物吸收和累积，以致使其含量过高，甚至超过人、畜食物标准，造成对人体的危害。

灌溉水中含 2.5mg/L 的汞时，水稻就可发生明显的抑制生长的作用，表现为生长矮小、根系发育生长不良、叶片失绿、穗小空粒、产量降低等。籽粒含汞量超出食用标准（≤0.2mg/kg，以 Hg 计），如汞浓度达到 25mg/kg 时，产量可减少一半。一般灌溉水含汞量还未使作物发生危害时，汞已在作物体内累积。当土壤中含汞量达到 0.1mg/kg 时，稻米含汞量就可超过食品卫生标准。汞通过食物链的富集在鱼体内的浓度比原来污水中浓度高出 1～10 倍，居住在这里的人们长期食用高汞的鱼类和贝类，导致汞在人体大量积累，引发破坏中枢神经的水俣病。

灌溉水中的重金属在农作物中的残留情况见表 2－1。不同的重金属在植物中各有其残留特征，总地说来，随污水中重金属浓度的增大，作物中重金属累积量增大。

表 2－1　　　　　　　　　　灌溉水中的重金属在农作物中的残留情况

重金属	灌溉水浓度 / （mg/L）	作物残留量 / （mg/kg）	残留特征	中国灌溉水限制标准 / （mg/L）
汞	水稻：0.005	水稻糙米：>0.01	植物各器官残留分布不均　水稻：根>茎叶>谷壳>糙米	0.001
镉	小麦：2.5　水稻：0.1	籽粒：0.89　籽粒：0.54	植物不同生长期吸收量不同　水稻：根>茎秆>稻米>糙米	—
铅	水稻：1.0	根：120　茎叶、穗：痕量	在植物体内迁移较低，多积累在根部	0.1
铬	水稻：0.1	根：12.00　茎叶：3.36　糙米：0.096	主要积累于作物的根、茎、叶，在籽粒中累积较少	
砷	水稻：1.0	大米：1.77	植物不同生长期敏感性有差异	0.05

注：引自杨洁彬等，1999 年。

6. 病原微生物

许多人类和动物疾病是通过水体或水生生物传播病原的，如肝炎病毒、霍乱、细菌性痢疾等。这些病原微生物往往由于医院废弃物未做处理或患者排泄物直接进入水系水体，或由于洪涝灾害造成动植物和人死亡、腐烂并大规模扩散。如20世纪80年代上海、江浙一带暴发的甲肝大流行即是由于甲肝病毒污染了水体及其水生毛蚶引起的。

三、土壤污染

土壤是人类赖以生存和生活的重要自然环境，它与人类健康有着密切的关系。土壤污染所产生的影响大都是间接的。土壤污染通过土壤—农作物—人体或土壤—地下水（地表水）—人体这两个最基本的环节对人体产生影响。因此，研究土壤污染的危害时，通常检查农作物对地下水、地面水的影响来判断土壤污染的情况。此外，污染物进入土壤后，受土壤物理、化学和生物学的作用，可能产生一定的转化。同时有些污染物，例如有机氯农药和重金属毒物，它们残存的时间长，所以影响也是长期的。

（一）土壤环境污染过程

从外界进入到土壤的物质，除肥料外，大量而广泛的是农药。此外，"工业三废"也带来大量的各种有害物质。这些污染物质在土壤中有3条转化途径：① 被转化为无害物质，甚至为营养物质；② 停留在土壤中，引起土壤污染；③ 转移到生物体中，引起食物污染。

土壤是连接自然环境中无机界和有机界、生物界和非生物界的中心环节。环境中的物质和能量不断地输入土壤体系，并在土壤中转化、迁移和积累，从而影响土壤的组成、结构、性质和功能。同时，土壤也向环境输出物质和能量，不断影响环境的状态、性质和功能，在正常情况下，两者处于一定的动态平衡状态。在这种平衡状态下，土壤环境是不会发生污染的。但是，如果人类的各种活动产生的污染物质通过各种途径输入土壤（包括施入土壤的肥料、农药），其数量和速度超过了土壤环境自净作用的速度，打破了污染物在土壤环境中的自然动态平衡，使污染物的积累过程占据优势，即可导致土壤环境正常功能的失调和土壤质量的下降；或者土壤生态发生明显变异，导致土壤微生物区系（种类、数量和活性）的变化，土壤酶活性减少；同时，由于土壤环境中积累的污染物质可以向大气、水体、生物体内迁移，从而降低农副产品的生物学质量，直接或间接地危害人类的健康。因此，当土壤环境中所含污染物的数量超过土壤自净能力或当污染物在土壤环境中的积累超过土壤环境基准或土壤环境标准时，就称为土壤环境污染。

（二）土壤污染的类型

1. 重金属的污染

重金属中的镉、铜、锌和铅是污染土壤的主要物质。这些重金属有的是来自工厂废气的微粒，随废气扩散降落到土壤中；有的是来自工矿的废水，这些重金属进入河流，再通过灌溉进入土壤并在土壤中蓄积起来。此外，一些工业废渣经雨冲淋，也可污染土壤和水体。近年来引起世界各国重视的"酸雨"也可以严重污染土壤，影响植物的正常生长。

2. 农药的污染

化学农药的应用对于增加农业的产量、减少劳动量等都有很重要的作用，但长期滥用剧毒和残留期长的农药，不仅污染生物环境，而且通过食物和水进入人体，当达到一定的剂量时，也可以引起慢性中毒。

在农田使用农药后，除一部分附着于作物上以外，有相当一部分落入到土壤中，附着在作物上的那一部分农药也可以因雨淋而进入土壤。

农药在土壤中的分解过程与农药性质和环境条件有关。一般有机磷农药可以在短时间内被分解，而有机氯农药在土壤内的分解则很慢，据调查认为农药"滴滴涕"在旱地土壤内大约10年才能消失95%。

3. 放射性污染

核爆炸后，大气散落物和原子能工业以及科研部门排出的放射性废物均可造成放射性元素对土壤的污染。

4. 病原微生物的污染

人畜粪便处理不当、垃圾堆放不妥、污水灌溉农田不合卫生要求都可使土壤受到污染，特别是受到肠道病原微生物的污染。人可以通过与土壤直接接触和食用被土壤污染的瓜果、蔬菜而被污染。

(三) 土壤污染对食品安全性的影响

土壤一旦被污染，除部分有害物质可以通过土壤中的生化过程减轻，或通过挥发逸失外，还有不少有害物质能较长时期存留在土壤中，难以消除。

(1) 土壤污染物在土壤中的大量积累，尽管大部分残留于土壤耕作层，但相当数量的污染物，尤其是重金属污染物，残留时间长，在种植作物时，可转移到植物或其他生物体内并在其中积累，从而引起食物污染。

(2) 积累于土壤的污染物随地表径流进入附近水域，引发水体污染。

(3) 积累于土壤的污染物随灌溉、淋洗、渗滤进入地下水，造成地下水污染。

进入土壤的污染物，如果浓度不大，农作物有一定的忍耐和抵抗能力。当污染物浓度增加到一定浓度时，农作物就会产生一定的反应。危害可分为急性和慢性，或可见伤害与不可见伤害。急性伤害是当污染物浓度较高时在短时间内肉眼可发现的伤害症状；慢性伤害是在污染物浓度较低、作用时间较长时引起的内部伤害，到一定时间后才能发现症状。在症状出现之前，农作物的各种代谢过程已发生紊乱，生理功能受到影响，因而影响到光合、呼吸、水分吸收、营养代谢等作用，导致生长发育受阻，产量、品质下降，同时本身含有的污染物质通过食物链进入人畜体内。

土壤污染危害分为两种状况：一是当有毒物质在可食部分的积累量还在食品卫生标准允许限量以下时，农作物的主要表现是明显减产或品质明显降低；二是当可食部分有毒物质积累量已超过允许限量，农作物的产量却没有明显下降或不受影响。因此，当污染物进入土壤后其浓度超过了作物需要和可忍受程度，而表现出受害症状或作物生长并未受害，但产品中某种污染物含量超过标准，都会造成对人畜的危害。

1. 农药

杀虫剂不仅杀死目标害虫，而且也会杀死很多非目标生物。一种是直接杀死，即在施用农药后，蟾蜍、青蛙、泥鳅、蚯蚓等都可因受农药毒害而迅速大量死亡。另一种是间接死亡，即青蛙、蟾蜍等吃了农药杀死的昆虫，在体内积累到致死农药量而死亡。农药的大量施用在杀灭害虫的同时，也会造成以害虫为食的天敌的死亡，食虫的鸟类也受到毒害，有些益鸟已濒临灭绝。农药还导致害虫的抗药性增强。据报道，已有400多种昆虫对60

多种不同的农药产生了抗性。结果是天敌日益减少，害虫的耐药性和繁殖力却相对增加了，于是主要害虫再次猖獗，次要害虫上升为主要害虫。

除草剂是使非目的作物的植物萎蔫、死亡的化学物质。施用后，绝大多数非目的植物即杂草死亡。

杀菌剂有杀细菌剂、杀真菌剂之分，是以杀灭致病菌为目标的化学物。使用杀虫剂、杀菌剂或除草剂后会改变环境中的生态结构。超量施用情况下它们对于植物的影响可使植物枯萎、卷叶、落果、矮化、畸形、种子发芽率低等。对于人和动物，有机氯农药具有神经毒性，诱发肝酶系变异，代谢受到影响，使人贫血，肝、肾受损，致癌；影响鸟类繁殖，甚至导致死亡；抑制鱼卵黄形成。有机磷农药多为剧毒物，可致畸、致癌、致死。农药还具有环境残留持久性。

2. 重金属

一些人体需要量极少或不需要的元素如 Pb、Cd、Al、As、Sn、Hg、Be 等，人体摄取量达到一定数量时就会发生毒害作用，特别是 Hg、Pb、Cd、As 等毒性较强的元素。这些有害重金属物质污染土壤后，对于植物、动物和人具有明显的毒害。而且土壤遭受重金属污染后，这些重金属可以迁移、积累于植物中。人们通过饮水和食物链不断摄取有害物质，在体内累积，当达到一定剂量后即逐渐产生毒害症状。

3. 酚、氰

与含酚废水对作物的影响不同的是，土壤中残留酚能维持植物中较高水平的含酚积累，并且植物中的酚残留一般随土壤酚的增大而增大。含酚类物质可破坏植物细胞渗透，使植物变形，抑制植物生长。

含氰土壤与作物氰积累的关系，一般在土壤含氰量低时表现不明显，只有当土壤中的含氰量相当高时，作物的含氰量才明显升高。较高浓度氰化物可使植株干枯、死亡等，可致人、畜死亡；较低浓度氰化物可引起头痛、心悸、失眠。

尽管土壤中的酚、氰对植物的酚、氰积累有其特殊性，但由于酚、氰的挥发性，其在土壤中的净化率高，在土壤中残留很少。

4. 化肥

化肥对提高农作物产量起到了巨大的作用，但施用后其负面影响也在增加，过量施用化肥不仅会造成很大的浪费，如磷肥的利用率美国仅为 30% ~ 50%，日本 50% ~ 60%，前苏联 30% ~ 40%，而且未被吸收的化肥会随水土流失进入水体。

农业化学肥料一般包含一种或多种植物所需要的主要营养元素——氮、磷、钾。氮肥的绝大部分是氨的衍生物，如硝酸铵（NH_4NO_3）、硫酸铵〔$(NH_4)_2SO_4$〕及尿素〔$CO(NH_2)_2$〕等。磷肥大部分为磷酸盐，主要成分是氟磷灰石〔$Ca_3(PO_4)_2 \cdot CaF_2$〕。

氮肥施入土壤后，作物通过根系吸收土壤中的硝酸盐，硝酸根离子进入作物体内后，经作物体内硝酸酶的作用还原成亚硝态氮，再转化为氨基酸类化合物，以维持作物的正常生理代谢。同时还有相当数量的硝酸盐蓄积于作物的叶、茎和根中，这种积累对作物本身无害，却对人畜产生危害。在新鲜蔬菜中，亚硝酸盐的含量通常低于 1mg/kg，而硝酸盐的含量却可达每千克数千毫克。

施氮过多的蔬菜中硝酸盐含量是正常情况的 20 ~ 40 倍。人畜食用含硝酸盐的植物后，极易引起高铁血红素白血症，主要表现为行为反应障碍、工作能力下降、头晕目眩、意识丧失等，严重的会危及生命。过多施用化肥，会影响农作物产品品质，如禾本科作物过量施用氮肥，虽然籽粒蛋白质总量增加，但氨基酸比例会发生变化，从而导致产品品质下降。

过量的磷肥会对果蔬中有机酸、维生素 C 等成分的合成以及果实形状、大小、色泽、香味等带来不良影响；同时，磷肥中常含砷、镉等化合物，有可能导致重金属污染。如磷石灰中除含铜、锰、硼、钼、锌等植物营养成分外，还含有砷、镉、铬、氟、汞、铅、铈和钒等对植物有害的成分。据日本调查，一些磷肥中砷的含量很高，平均达 24mg/kg，过磷酸钙中砷的含量达 104mg/kg，重磷酸钙中砷的含量高达 273mg/kg。

此外，磷肥含镉量 10～20mg/kg，含铅约 10mg/kg。因此，长期施用磷肥会引起土壤中镉、铅积累，从而使作物中镉、铅的含量较高。

化肥中的氟和钒也值得注意，如磷矿石或过磷酸钙中含氟达 2%～4%，长期施用会导致土壤中氟的积累；茶树具有积累氟的特性，大量施用过磷酸钙肥料，会使茶叶中含氟量增高。钒在过磷酸钙中的含量也较高，每千克可达数十至数千毫克，造成土壤和作物中的含钒量增高。

5. 污泥

污泥中既含有丰富的氮、磷、钾等植物营养元素、有机质及水分等，也含有大量的有毒有害物质，如寄生虫卵、病原微生物、合成有机物及重金属离子，因此常利用污泥作肥料。但由于污泥易于腐化发臭，颗粒较细，密度高且不易脱水，若处理不当、任意排放，就会污染水体、土壤和空气，危害环境，影响人类健康。

未脱水的污泥，含水量在 95% 以上；脱水污泥中含有机质一般在 45%～80%。污泥中 90% 以上的镉、铅、铜、镍等会残留在施用层中，即使在停施污泥 20 年后，污泥施用区土壤重金属较之对照土壤仍保持相当高的活性。

污泥中重金属的可溶部分易被农作物吸收，造成对作物的不利影响，使作物的产量和质量下降。以美国的威斯康星州为例，每公顷施入污泥 502t，在温室中进行玉米和黑麦种植试验。结果表明，植物中镉、铬、铜、锰、镍和锌的含量都有明显的增加，其中镉从 0.4mg/kg 增加到 4.8mg/kg。当每公顷施用量减少到 63t 时，其镉的平均含量也达到 1.6mg/kg。以胡萝卜、莴笋、豌豆、萝卜、甜玉米和西红柿做试验，其结果是，当每公顷施以 450t 污泥时，莴笋的积累能力最强，吸收的铜、镉和锌分别增加 4 倍、7 倍和 10 倍；而胡萝卜和马铃薯的吸收量较低。

6. 垃圾

城市生活垃圾是指在城市居民日常生活中或为城市日常生活提供服务的活动中产生的固体废弃物。随着工业的发展和人民生活水平的提高，城市垃圾在数量和种类上日益增加且日趋复杂化。垃圾污染影响食品安全，表现在两个方面：其一为垃圾本身对食品的污染；其二为垃圾的利用，如垃圾堆肥对农作物产品带来的不利影响。

城市垃圾含有大量的有害物质，如其中的有机质会腐败、发臭，易滋生蚊蝇、蟑螂、老鼠，来自医院、屠宰场、生物制品厂的垃圾常含有各种病原菌，处理不当会污染土壤。土壤生物污染不仅可能危害人体健康，而且有些长期在土壤中存活的植物病原体还能危害植物，造成减产。

此外，垃圾堆肥中含有一部分重金属，施用于农田后会造成土壤污染，使生长在土壤中的农作物籽粒中重金属含量超过食品卫生标准。

四、环境激素

(一) 环境激素的概念和种类

20 世纪后期，野生动物和人类的内分泌系统、免疫系统、神经系统出现了各种各样的异常现象。最早是发现一些鱼类的生殖器官始终不能发育成熟，雌雄同体率增多，雄性退化，种群退化。1998 年，研究人员发现有多只北极熊生殖器官变异；1999 年 4 月，日本建设省公布一项调查结果，日本 7 条河流中的雄鲤鱼有 1/4 雌性化。

类似的现象也在人类身上出现。在世界范围内出现了人类男性生殖系统功能下降，女性乳腺癌、子宫内膜异位症的发病率急剧上升，很多研究报告认为，造成这种现象的主要原因是环境污染。

经过大量实际调查研究发现，重要原因是环境中存在一些能够像激素一样影响人体和动物体内分泌功能的物质。早在 1977 年，日本学者就提出 "环境激素" 这个名词，但是没有引起广泛注意。1996 年，美国环境记者戴安·达玛诺斯在西方首先提出 "环境激素" 这个名词。她认为 "环境激素" 并不直接作为有毒物质给生物体带来异常影响，而是以激素的面貌对生物体起作用，即使数量极少，也能让生物体的内分泌失衡，出现种种异常现象。"环境激素"（Environmental hormone）也译作 "环境荷尔蒙"。学术上命名为 "内分泌干扰物"（Endocrine disrupter 或 Endocrine disrupting chemicals）。人们原来知道人体内有 8 类激素，所以也有人把 "环境激素" 称为 "第九类激素"。尽管它们在环境中浓度极小，但是一旦进入人体和动物体内，就可以与特定的激素受体结合，进而诱导产生雌激素，或者进一步与生物体 DNA 特定的片段结合，使 DNA 序列或构象发生变化，干扰内分泌系统的正常功能。"环境激素" 是影响和扰乱生物体内分泌系统的化学物质的总称，可以是自然界已经存在的化合物，也可以是人工合成的化合物。

已知和怀疑环境激素主要是人工合成的化学物质。1996 年，美国环保局列出 60 种；1996 年，美国疾病控制与预防中心列出 48 种；1997 年，世界自然基金会（WWF）把上述 50 种扩展为 68 种。目前世界上大多数文献都以 WWF 的研究结果为基础。它们主要是用来制造农药、除草剂、染料、香料、涂料、洗涤剂、去污剂、表面活性剂、塑料制品的原料或添加剂、药品、食品添加剂、化妆品等。

环境激素也包括天然或合成的激素药物，如雌三醇、雌酮、己烯雌酚、雌二醇等，被用作药物及饲料添加剂；还包括来自豆科植物及白菜、芹菜等植物的植物性激素。

(二) 环境激素进入人体的途径

环境激素有多种渠道进入人体，其中通过污染食物进入人体是一个最主要的途径，因此环境激素也就成为食物新的不安全因素。

(1) 目前所发现的环境激素当中有 43 种是农药的成分，如使用较为广泛的拟除虫菊酯类、氰戊菊酯、甲草胺、杀草强、阿特拉津等农药。它们残留在农产品上，被人类直接食用；含有环境激素的牧草和添加激素的配合饲料被畜、禽食用，向人类提供含有环境激素的肉、蛋、奶。

(2) 含有环境激素的生物体死亡以后，经腐败分解，再次进入土壤、水体，通过食物链进入人体。

(3) 人们在日常生活中大量使用洗涤剂、消毒剂，以及口服避孕药，污染水体，这些物质附着在食物上进入人体。

（4）人类食用豆科植物和某些蔬菜，摄入植物雌激素，改变了人体的激素平衡。

（5）环境激素一般脂溶性好，微溶于水，在食物链中进行生物浓缩，再进入人体，在脂肪中存留，浓度进一步增大。母亲可以通过胎盘或乳汁把环境激素传给子女。

（6）塑料制品。双酚 A 是聚碳酸酯、环氧树脂、聚酚氧的原料，婴幼儿用品很多是塑料制品，有人在聚碳酸酯的塑料奶瓶里倒进开水，水里双酚 A 的含量为 $3.1 \sim 5.5 \mu g/L$。聚苯乙烯主要用于一次性餐具，发泡方便面碗和一次性塑料杯都能溶解出苯乙烯的单体和低聚物。

（三）环境激素的危害

环境激素是一类新的食物环境污染物。目前，对于环境激素的研究尚处于起步阶段，但是环境激素对人类健康的危害已经逐渐显现出来。因此，环境激素对食物安全性的影响将是今后食物安全研究领域的一项重要内容。

五、放射性污染物

关于放射性物质对环境的污染，随着核能的发展，已越来越引起人们的注意。放射性污染，主要来源是现代核动力工业有了较大程度的发展，加之人工裂变核素的广泛应用，使人类环境中放射性物质的污染增加；其次，一些国家的核试验也成为放射性污染的另一来源；环境中放射性物质的存在，最终将通过食物链进入人体。

（一）食品中放射性物质的来源

1. 食品中的天然放射性物质

天然放射性物质在自然界中的分布很广，存在于矿石、土壤、天然水、大气和动植物的组织中。由于核素可参与环境与生物体间的转移和吸收过程，所以可通过土壤转移到植物而进入生物圈，成为动植物组织的成分之一。从天然放射性物质的含量来看，动植物组织中天然放射性物质含量很低，一般认为基本不会影响食品的安全。

2. 食品中的人工放射性物质

核试验、核动力工业中，如核电站的建立和运转，可产生放射性裂变产物。另外，放射性核素在工农业、医学和科研上的应用也会向外界环境排放一定量的放射性物质。这些物质在环境中积累并通过食物链进入人体，影响食品的安全性。

（二）放射性物质对食品的污染及危害

一般来说，放射性物质主要经消化道进入人体（其中食物占 94% ~95%，饮用水占 4% ~5%），而通过呼吸道和皮肤进入的较少。

环境中的放射性物质，大部分会沉降或直接排放到地面，导致地面土壤和水源的污染，然后通过作物、水产品、饲料、牧草等进入食品，最终进入人体。而各种放射性物质经食物链进入人体的转移过程，会受到诸如放射性物质的性质、环境条件、动植物的代谢情况和人的膳食习惯等因素的影响。

（三）关于辐照食品的安全性

辐照食品即杀灭对食品保藏或卫生方面有害的微生物和病虫害，以便保藏，并提供不经高温处理而保持新鲜状态的效果，也能为饮食生活的合理化、为搞好食品卫生创造有利条件。目前对辐照食品安全性的研究结果基本上是肯定的。然而，辐照食品逐渐进入实用阶段时，食品在加工过程中的安全性和有关辐照食品安全性的进一步研究，是食品安全和公共卫生方面不可忽视的问题。

剂量过大的放射线照射食品所产生的变化，因食物的种类、品种及照射的条件不同，在食品中所生成的有害成分和微生物变性所带来的种种危害是不同。关于辐照食品的安全性，有以下几方面的问题值得考虑。

1. 有害物质的生成

经过照射处理的食品是否生成有害成分或带来有害作用的问题，特别是慢性病害和致畸的问题。

2. 营养成分的破坏

经照射处理的食品，食品中的大量营养素和微量营养素都受到影响，蛋白质、脂肪、糖类和纤维素被破坏或变性，存在营养价值降低的问题，特别是对维生素 A、维生素 E、维生素 K 及维生素 C 的破坏，同时也涉及感官的变化。

3. 致癌物质的生成

关于多脂肪食品经照射后生成过氧化物和放射线引起化学反应产生的游离基等，是否有生成致癌性或致癌诱因性物质的问题。到目前为止，实验研究的结果使研究者对辐照食品的致癌性有了一致的看法，食品在推荐和批准的条件下辐射时，不会产生危害水平的致癌物。

4. 食品中的诱导放射性

经过照射处理的食品，由于处理过程中不与放射源直接接触，所以，一般不会沾染放射性物质，但是否带有放射能，即感生放射性的危险性问题，曾引起很大的关注。事实上，被人食用的食品都具有一定的放射性，且放射性水平的变化相差很大。对照射食品使用的放射线要求穿透能力大，以便使食品深处均能受到辐照处理，同时又要求放射能诱导性小，以免被冲击的元素变成放射性。目前主要使用的食品放射线有 γ – 射线、X 线或电子束。不能排除照射在某一能级时，放射能有被诱导的可能性。从食品辐射采用的射线和实用的放射剂量看，现在认为诱导放射不会引起健康危害。

5. 伤残微生物的危害

已有实验证实，在完全杀菌剂量以下，微生物出现耐放射性，而且反复照射后其耐性成倍增长。这种伤残微生物菌群的变化，生成与原来微生物不同的有害生成物有可能造成新的危害，这方面的安全性也有待研究确认。

第三节　化学物质应用的安全性

食品是人类生存的基本要素，但食品中却可能含有或被污染有危害人体健康的物质。"危害"是指可能对人体健康产生不良后果的因素或状态，食品中具有的危害通常称为食源性危害。

当今，农药、兽药、饲料添加剂对食品安全性产生的影响，已成为近年来人们关注的焦点。在美国，由于消费者的强烈反应，35 种有潜在致癌性的农药已列入禁用的行列。中国有机氯农药虽于 1983 年已停止生产和使用，但由于有机氯农药化学性质稳定、不易降解，在食物链、环境和人体中可长期残留，目前在许多食品中仍有较高的检出量。随之代替的有机磷类、氨基甲酸酯类、拟除虫菊酯类等农药，虽然残留期短、用量少、易于降解，但由于农业生产中滥用农药，导致害虫耐药性的增强，这又使人们加大了农药的用量，并采用多种农药交替使用的方式进行农业生产。这样的恶性循环，对食品安全性以及人类健康构成了很大的威胁。

为预防和治疗家畜、家禽、鱼类等的疾病，促进生长，大量投入抗生素、磺胺类和激素等药物造成了动物性食品中的药物残留，尤其在饲养后期、宰杀前施用，药物残留更为严重。一些研究者认为，动物性食品中的某些致病菌如大肠杆菌等，可能由于滥用抗生素造成该菌耐药性提高从而形成新的耐药菌株。将抗生素作为饲料添加剂，虽有显著的增产防病作用，但却导致这些抗生素对人类的医疗效果越来越差。尽管世界卫生组织呼吁减少用于农业的抗生素种类和数量，但由于兽药产品可给畜牧业和医药工业带来丰厚的经济效益，要把兽药纳入合理使用轨道远非易事，因此兽药残留是目前及未来影响食品安全性的重要因素。

除此之外，为了有助于加工、包装、运输、贮藏过程中保持食品的营养成分，增强食品的感官性状，适当使用一些食品添加剂是必要的。但要求使用量控制在最低有效量的水平，否则会给食品带来毒性，影响食品的安全性，危害人体健康。食品添加剂对人体的毒性概括起来有致癌性、致畸性和致突变性。这些毒性的共同特点是要经历较长时间才能显现出来，即可对人体产生潜在的毒害。如动物试验表明糖精（邻苯甲酰磺酰亚胺）能引起肝癌、肝肿瘤、尿道结石等；大量摄入苯甲酸能导致肝、胃严重病变，甚至死亡。目前在食品加工中广泛存在着滥用食品添加剂的现象，如使用量过多、使用不当或使用禁用添加剂等。此外，食品添加剂还具有积累和叠加毒性，其本身含有的杂质和在体内进行代谢转化后形成的产物等也带来了很大的安全性问题。

一、农 药 残 留

(一) 农药的概念

农药是指用于防治农林牧业生产中的有害生物和调节植物生长的人工合成或者天然物质。根据《中华人民共和国农药管理条例》（2001）的定义，农药是指用于预防、消灭或者控制危害农业、林业的病、虫、草和其他有害生物以及有目的地调节植物、昆虫生长的化学合成的或者来源于生物、其他天然物质的一种物质或者几种物质的混合物及其制剂。

(二) 农药的分类

目前在世界各国注册的农药有 1500 余种，其中常用的有 500 多种。中国有农药原药250 种和 800 多种制剂，居世界第二位。为使用和研究方便，人们常从不同角度对农药进行分类。

1. 按来源分类

（1）有机合成农药 由人工研制合成，并由有机化学工业生产的一类农药。按其化学结构可分为有机氯、有机磷、氨基甲酸酯、拟除虫菊酯等。有机农药应用最广，但毒性较大。

（2）生物源农药 指直接用生物活体或生物代谢过程中产生的具有生物活性的物质或从生物体提取的物质作为防治病虫草害的农药，包括微生物农药、动物源农药和植物源农药三类。

（3）矿物源农药　有效成分起源于矿物的无机化合物和石油类农药，包括硫制剂、铜制剂和矿物油乳剂等。

2. 按用途分类

杀虫剂（insecticide）、杀螨剂（mitecide）、杀真菌剂（fungicide）、杀细菌剂（bactericide）、杀线虫剂（nematicide）、杀鼠剂（rodenticide）、除草剂（hebicide）、杀螺剂（mo11uscides）、熏蒸剂（furnigants）和植物生长调节剂（plant growth regtllators）等。

（三）环境中农药的残留

1. 环境中农药的来源

（1）工业生产　农药生产企业和包装厂排放的"三废"，尤其是未经处理或处理不达标的废水，对环境污染很严重。

（2）农业生产　为了防治病虫害，被喷施到农田、草原、森林和水域时直接落到害虫上的农药不到施药量的1%，喷洒到植物上的占10%～20%，其余则散布于环境中。

2. 农药在环境中迁移和循环

农药可经大气、水体、土壤等媒体的携带而迁移，特别是化学性质稳定、难以转化和降解的农药更易通过大气漂移和沉降、水体流动在环境中不断迁移和循环，致使农药对环境的污染具有普遍性和全球性。

3. 农药残留

农药残留（pesticide residue）是农药使用后残存于环境、生物体和食品中的农药母体、衍生物、代谢物、降解物和杂质的总称；残留的数量称为残留量。

（四）食品中农药残留的来源

1. 施药后直接污染

在农业生产中，农药直接喷洒于农作物的茎、叶、花和果实等表面，造成农产品污染。部分农药被农作物吸收进入植株内部，经过生理作用运转到植物的根、茎、叶和果实，代谢后残留于农作物中，尤其以皮、壳和根茎部的农药残留最高。

在兽医临床上，使用广谱驱虫和杀螨药物（如有机磷、拟除虫菊酯、氨基甲酸酯类等制剂）杀灭动物体表寄生虫时，如果药物用量过大被动物吸收或舔食，在一定时间内可造成畜禽产品中农药残留。

在农产品贮藏中，为了防止其霉变、腐烂或植物发芽，施用农药造成食用农产品直接污染。如在粮食贮藏中使用熏蒸剂、柑橘和香蕉用杀菌剂，以及马铃薯、洋葱和大蒜用抑芽剂等均可导致这些食品中农药残留。

2. 从环境中吸收

农田、草场和森林施药后，有40%～60%的农药降落至土壤，5%～30%的药剂扩散于大气中，逐渐积累，通过多种途径进入生物体内，致使农产品、畜产品和水产品出现农药残留问题。

（1）从土壤中吸收　当农药落入土壤后，逐渐被土壤粒子吸附，植物通过根茎部从土壤中吸收农药，引起植物性食品中农药残留。

（2）从水体中吸收　水体被污染后，鱼、虾、贝和藻类等水生生物从水体中吸收农药，引起组织内农药残留。用含农药的工业废水灌溉农田或水田，可导致农产品中农药残留。甚至地下水也可能受到污染，畜禽可以从饮用水中吸收农药，引起畜产品中农药残留。

（3）从大气中吸收　虽然大气中农药含量甚微，但农药的微粒可以随风、大气漂浮、降雨等自然现象造成很远距离的土壤和水源污染，进而影响栖息在陆地和水体中的生物。

3．通过食物链污染

农药污染环境，经食物链（food chain）传递时可发生生物浓集（bioconcentration）、生物积累（bioaccumulation）和生物放大（biomagnification），致使农药的轻微污染而造成食品中农药的高浓度残留。

4．其他途径

（1）加工和贮运中污染　食品在加工、贮藏和运输中，使用被农药污染的容器、运输工具，或者与农药混放、混装均可造成污染。

（2）意外污染　拌过农药的种子常含大量农药，不能食用。

（3）非农用杀虫剂污染　各种驱虫剂、灭蚊剂和杀蟑螂剂逐渐进入食品厂、医院、家庭等，使人类食品受污染的机会增多，范围不断扩大。此外，高尔夫球场和城市绿化地带也经常大量使用农药，经雨水冲刷和农药挥发均可污染环境，进而污染人类的食物和饮水。

（五）食品中农药残留的危害

环境中的农药被生物摄取或通过其他方式进入生物体，蓄积于体内，通过食物链传递并富集，使进入食物链顶端——人体内的农药不断增加，严重威胁人类健康。大量流行病学调查和动物实验研究结果表明，农药对人体的危害可概括为以下三方面。

1．急性毒性

急性中毒主要是由于职业性（生产和使用）中毒、自杀或他杀以及误食、误服农药，或者食用刚喷洒高毒农药的蔬菜和瓜果，或者食用因农药中毒而死亡的畜禽肉和水产品而引起。中毒后常出现神经系统功能紊乱和胃肠道症状，严重时会危及生命。

2．慢性毒性

目前使用的绝大多数有机合成农药都是脂溶性的，易残留于食品原料中。若长期食用农药残留量较高的食品，农药会在人体内逐渐蓄积，可损害人体的神经系统、内分泌系统、生殖系统、肝脏和肾脏，引起结膜炎、皮肤病、不育、贫血等疾病。这种中毒过程较为缓慢，症状短时间内不很明显，容易被人们所忽视，其潜在的危害性很大。

3．特殊毒性

目前通过动物实验已证明，有些农药具有致癌、致畸和致突变作用，或者具有潜在"三致"作用。

（六）农药的允许限量

世界各国都非常重视食品中农药残留的研究和监测工作，制定了农药允许限量标准。FAO/WHO 农药残留联席会议（Joint FAO/WHO Meeting on Pesticide Residues，JMPR）规定了多种食品中农药的最高残留限量（maximum residt.1es limit，MRL）、人体每日允许摄入量（acceptable daily intake，ADI），到 1999 年底已制定农药残留限量 3274 项。美国食品与药物管理局（Food and Drug Administlration，FDA）和欧盟也有相应的标准。2000 年欧盟发布了新欧盟指令 2000/24/EC，对茶叶中的农药残留量作了修改，杀螟丹的 MRL 值由 20mg/kg 降至 0.1mg/kg，新增加的杀螨特、杀螨酯、燕麦灵、甲氧滴滴涕、枯草隆、乙滴涕、氯杀螨等农药的 MRL 值均为 0.1mg/kg。到 2001 年 7 月 1 日，欧盟仅对茶叶中规定执行的农药残留限量标准已达 108 项。2002 年欧盟发布了农药最大残留限量委员会指令 2002/66/EC，修订 76/395/EEC、86/362/EEC、86/363/EEC 和 90/642/EEC 委员会指令附录中水果、蔬菜、谷物、动物源食品及部分植物源食品包括水果、蔬菜及其表皮中的农药最大残留限量。

（七）控制食品中农药残留的措施

食品中的农药残留对人体健康的损害是不容忽视的。为了确保食品安全，必须采取正确的对策和综合防治措施，防止食品中农药的残留。

1. 加强农药管理

为了实施农药管理的法制化和规范化，加强农药生产和经营管理，许多国家设有专门的农药管理机构，并有严格的登记制度和相关法规。美国农药归属环保局（EPA）、食品与药物管理局（FDA）和农业部（USDA）管理。中国也很重视农药管理，颁布了《农药登记规定》，要求农药在投产之前或国外农药进口之前必须进行登记，凡需登记的农药必须提供农药的毒理学评价资料和产品的性质、药效、残留、对环境影响等资料。1997 年颁布了《农药管理条例》，规定农药的登记和监督管理工作主要归属农业行政主管部门，并实行农药登记制度、农药生产许可证制度、产品检验合格证制度和农药经营许可证制度，未经登记的农药不准用于生产、进口、销售和使用。《农药登记毒理学试验方法》（GB 15670—1995）和《食品安全性毒理学评价程序》（GB 15193—2003）规定了农药和食品中农药残留的毒理学试验方法。

2. 合理安全使用农药

为了合理安全使用农药，中国自 20 世纪 70 年代后相继禁止或限制使用了一些高毒、高残留、有"三致"作用的农药。1971 年农业部发布命令，禁止生产、销售和使用有机汞农药，1974 年禁止在茶叶生产中使用农药"六六六"和"DDT"（滴滴涕），1983 年全面禁止使用"六六六"、"DDT"和林丹。1982 年颁布了《农药安全使用规定》，将农药分为高、中、低毒三类，规定了各种农药的使用范围。《农药安全使用标准》（GB 4285—89）和《农药合理使用准则》（GB 8321.1—2009 ~ GB 8321.6—2009）规定了常用农药所适用的作物、防治对象、施药时间、最高使用剂量、稀释倍数、施药方法、最多使用次数和安全间隔期（safety interval，即最后一次使用后距农产品收获天数）、最大残留量等，以保证农产品中农药残留量不超过食品卫生标准中规定的最大残留限量标准。

3. 制定和完善农药残留限量标准

FAO/WHO 及世界各国对食品中农药的残留量都有相应规定，并进行广泛监督。中国政府也非常重视食品中农药残留，制定了食品中农药残留限量标准和相应的残留限量检测方法，确定了部分农药的 ADI 值，并对食品中农药进行监测。为了与国际标准接轨，增加中国食品出口量，还有待于进一步完善和修订农产品和食品中农药残留限量标准。应加强食品卫生监督管理工作，建立和健全各级食品卫生监督检验机构，加强执法力度，不断强化管理职能，建立先进的农药残留分析监测系统，加强食品中农药残留的风险分析。

4. 食品农药残留的消除

农产品中的农药，主要残留于粮食糠麸、蔬菜表面和水果表皮，可用机械或热处理方法予以消除或减少，尤其是化学性质不稳定、易溶于水的农药，在食品的洗涤、浸泡、去壳、去皮、加热等处理过程中均可大幅度消减。粮食中的"DDT"经加热处理后可减少13%～49%，大米、面粉、玉米面经过烹调制成熟食后，"六六六"残留量没有显著变化；水果去皮后"DDT"可全部除去，"六六六"有一部分还残存于果肉中。肉经过炖煮、烧烤或油炸后"DDT"可除去25%～47%。植物油经精炼后，残留的农药可减少70%～100%。

粮食中残留的有机磷农药，在碾磨、烹调加工及发酵后能不同程度地消减。马铃薯经洗涤后，马拉硫磷可消除95%，去皮后消除99%。食品中残留的克菌丹通过洗涤可以除去，经烹调加热或加工罐头后均能破坏。

为了逐步消除和从根本上解决农药对环境和食品的污染问题，减少农药残留对人体健康和生态环境的危害，除了采取上述措施外，还应积极研制和推广使用低毒、低残留、高效的农药新品种，尤其是开发和利用生物农药，逐步取代高毒、高残留的化学农药。在农业生产中，应采用病虫害综合防治措施，大力提倡生物防治。进一步加强环境中农药残留监测工作，健全农田环境监控体系，防止农药经环境或食物链污染食品和饮水。此外，还须加强农药在贮藏和运输中的管理工作，防止农药污染食品，或者被人畜误食而中毒。大力发展无公害食品、绿色食品和有机食品，开展食品卫生宣传教育，增强生产者、经营者和消费者的食品安全知识，严防食品农药残留及其对人体健康和生命的危害。

(八) 几类农药简介

1. 有机氯农药

（1）常用种类和性质 有机氯（organochlorines）农药是一类应用最早的高效广谱杀虫剂，大部分是含一个或几个苯环的氯衍生物，主要品种有"DDT"和"六六六"，其次是艾氏剂（aldrin）、异艾氏剂（isodrin）、狄氏剂（dieldrin）、异狄氏剂（endrin）、毒杀芬（toxaphene）、氯丹（chlordane）、七氯（heptachlor）、开蓬（kepone）等。

有机氯农药化学性质相当稳定，不溶或微溶于水，易溶于多种有机溶剂，在环境中残留时间长，不易分解，并不断地迁移和循环，从而波及全球的每个角落，是一类重要的环境污染物。有机氯农药具有高度选择性，多蓄积于动植物的脂肪或含脂肪多的组织，因此目前仍是食品中最重要的农药残留物质之一。

（2）有机氯农药对人体的危害 有机氯农药可影响机体酶的活性，引起代谢紊乱，干扰内分泌功能，降低白细胞的吞噬功能与抗体的形成，损害生殖系统，使胚胎发育受阻，导致孕妇流产、早产和死产。人中毒后有四肢无力、头痛、头晕、食欲不振、抽搐、麻痹等症状。

（3）有机氯农药的允许限量 食品法典委员会（Codex Alimentarius Commission，CAC）推荐的人体"六六六"的 ADI 值为每千克体重 0.008mg，"DDT"的 ADI 值为每千克体重 0.02mg。中国食品卫生标准规定原粮中艾氏剂、狄氏剂、七氯的 MRL≤0.02mg/kg。

2. 有机磷农药

（1）常用种类和性质 有机磷类（organophosphates）广泛用于农作物的杀虫、杀菌、除草，为中国使用量最大的一类农药。高毒类主要有对硫磷（1605，parathion）、内吸磷（1059，demeton）、甲拌磷（3911，phorate）、甲胺磷（methamidophos）等，中等毒类有敌敌畏（dichlorvos）、乐果（dimethoate）、甲基内吸磷（parathion - methyl）、倍硫磷（fenthion）、杀螟硫磷（fenitrothion）、二嗪磷（地亚农，diazinon）等，低毒类有马拉硫磷（4049，malathion）和敌百虫（trichlorfon）等。

有机磷农药大部分是磷酸酯类或酰胺类化合物，多为油状，具有挥发性和大蒜臭味，难溶于水，易溶于有机溶剂，在碱性溶液中易水解破坏。生物半衰期（biological half life）短，不易在农作物、动物和人体内蓄积。由于有机磷农药的使用量越来越大，而且反复多次用于农作物，因此这类农药对食品的污染比有机氯农药严重。

（2）有机磷农药对人体的危害　有机磷农药经皮肤、黏膜、呼吸道或随食物进入人体后，分布于全身组织，以肝脏最多，其次为肾脏、骨骼、肌肉和脑组织。人大量接触或摄入后可导致急性中毒，主要出现中枢神经系统功能紊乱症状。轻者有头痛、恶心、呕吐、胸闷、视力模糊等，中度中毒时有神经衰弱、失眠、肌肉震颤、运动障碍等症状，重者表现为肌肉抽搐、痉挛、昏迷、血压升高、呼吸困难，并能影响心脏功能，最后因呼吸麻痹而死亡。

（3）有机磷农药的允许限量　FAO/WHO 建议对硫磷的 ADI 值为每千克体重 0.005mg，甲胺磷、敌敌畏的 ADI 值为每千克体重 0.004mg，马拉硫磷、甲基对硫磷的 ADI 值为每千克体重 0.002mg，辛硫磷的 ADI 值为每千克体重 0.001mg。

3. 氨基甲酸酯农药

（1）常用种类和性质　氨基甲酸酯（carbmates）农药是针对有机磷农药的缺点而研制出的一类农药，具有高效、低毒、低残留的特点，广泛用于杀虫、杀螨、杀线虫、杀菌和除草等方面。杀虫剂主要有西维因（甲萘威，carbaryl）、涕灭威（aldicarb）、速灭威（MTMC）、克百威（carboillran）、抗蚜威（pirimicarb）、异丙威（叶蝉散，isopr' ocarb）、仲丁威（BPMC）等，除草剂有灭草灵（swep）、灭草猛（vernolate）等。氨基甲酸酯农药易溶于有机溶剂，在酸性条件下较稳定，遇碱易分解失效。在环境和生物体内易分解，土壤中半衰期 8～14d。大多数氨基甲酸酯农药对温血动物、鱼类和人的毒性较低。

（2）氨基甲酸酯农药对人体的危害　氨基甲酸酯农药的中毒机制和症状基本与有机磷农药类似，但它对胆碱酯酶的抑制作用是可逆的，水解后的酶活性可不同程度恢复，且无迟发性神经毒性，故中毒恢复较快。急性中毒时患者出现流泪、肌肉无力、震颤、痉挛、低血压、瞳孔缩小，甚至呼吸困难等胆碱酯酶抑制症状，重者心功能障碍，甚至死亡。

（3）氨基甲酸酯农药的允许限量　FAO/WHO 建议西维因和呋喃丹的 ADI 值为每千克体重 0.01mg，抗蚜威的 ADI 值为每千克体重 0.02mg，涕灭威的 ADI 值为每千克体重 0.05mg。

4. 拟除虫菊酯农药

（1）常用种类和性质　拟除虫菊酯（pyrethroids）农药是一类模拟天然除虫菊酯的化学结构而合成的杀虫剂和杀螨剂，具有高效、广谱、低毒、低残留的特点，广泛用于蔬菜、水果、粮食、棉花和烟草等农作物。目前常用 20 多个品种，主要有氯氰菊酯（cypermethrin）、溴氰菊酯（dcltamethrin，敌杀死）、氰戊菊酯（fenvalerate）、甲氰菊酯（fenpropathrin）、二氯苯醚菊酯（permethrin）等。

拟除虫菊酯农药不溶或微溶于水，易溶于有机溶剂，在酸性条件下稳定，遇碱易分解。在自然环境中降解快，不易在生物体内残留，在农作物中的残留期通常为 7～30d。农产品中的拟除虫菊酯农药主要来自喷施时直接污染，常残留于果皮。这类杀虫剂对水生生物毒性大，生产 A 级绿色食品时，禁止用于水稻和其他水生作物。

（2）拟除虫菊酯农药对人体的危害　拟除虫菊酯属中等或低毒类农药，在生物体内不产生蓄积效应，因其用量低，一般对人的毒性不强。这类农药主要作用于神经系统，使神经传导受阻，出现痉挛等症状，但对胆碱酯酶无抑制作用。严重时抽搐、昏迷、大小便失禁，甚至死亡。

（3）拟除虫菊酯农药的允许限量　FAO/WHO 建议溴氰菊酯的 ADI 值为每千克体重 0.01mg，氰戊菊酯的 ADI 值为每千克体重 0.02mg，二氯苯醚菊酯的 ADI 值为每千克体重 0.05mg。

二、兽 药 残 留

（一）兽药残留的概念

根据联合国粮食与农业组织和世界卫生组织（FAO/WHO）食品中兽药残留联合立法委员会的定义，兽药残留（animaldrug residue）是指动物产品的任何可食部分所含兽药的母体化合物及（或）其代谢物，以及与兽药有关的杂质。所以兽药残留既包括原药，也包括药物在动物体内的代谢产物和兽药生产中所伴生的杂质。

兽药在动物体内的残留量与兽药种类、给药方式及器官和组织的种类有很大关系。在一般情况下，对兽药有代谢作用的脏器，如肝脏、肾脏，其兽药残留量高。由于不断代谢和排出体外，进入动物体内的兽药的量随着时间推移而逐渐减少，动物种类不同则兽药代谢的速率也不同，比如通常所用的药物在鸡体内的半衰期大多数在 12h 以下，多数鸡用药物的休药期为 7d。

（二）兽药残留的来源

为了提高生产效率，满足人类对动物性食品的需求，畜、禽、鱼等动物的饲养多采用集约化生产，然而这种生产方式带来了严重的食品安全问题。在集约化饲养条件下，由于密度高，疾病极易蔓延，致使用药频率增加；同时，由于改善营养和防病的需要，必然要在天然饲料中添加一些化学控制物质来改善饲喂效果。这些饲料添加剂的主要作用包括完善饲料的营养特性、提高饲料的利用效率、促进动物生长和预防疾病、减少饲料在贮存期间的营养物质损失以及改进畜、禽、鱼等产品的某些品质。这样往往造成药物残留于动物组织中，对公众健康和环境具有直接或间接危害。

目前，中国动物性食品中兽药残留量超标的主要原因是由于使用违禁或淘汰药物；不按规定执行应有的休药期；随意加大药物用量或把治疗药物当成添加剂使用；滥用抗生素，大量使用医用药物；饲料加工过程受到兽药污染；用药方法错误，或未做用药记录；屠宰前使用兽药；厩舍粪池中含兽药等。

（三）影响食品安全的主要兽药

目前对人畜危害较大的兽药及药物饲料添加剂主要包括抗生素类、磺胺类、呋喃类、抗寄生虫类和激素类等药物。

1. 抗生素类

（1）抗生素药物的用途　按抗生素（antibiotics）在畜牧业上应用的目标和方法，可将它们分为两类：治疗动物临床疾病的抗生素；用于预防和治疗亚临床疾病的抗生素，即作为饲料添加剂低水平连续饲喂的抗生素。

尽管使用抗生素作为饲料添加剂有许多不良反应，但是由于抗生素饲料添加剂除防病治病外，还具有促进动物生长、提高饲料转化率、提高动物产品的品质、减轻动物的粪臭、改善饲养环境等功效，事实上抗生素作为饲料添加剂已很普遍。

（2）常用种类 治疗用抗生素主要品种有青霉素类、四环素类、杆菌肽、庆大霉素、链霉素、红霉素、新霉素和林可霉素等。常用饲料药物添加剂有盐霉素、马杜霉素、黄霉素、土霉素、金霉素、潮霉素、伊维菌素、庆大霉素和泰乐菌素等。

（3）最高残留限量 为控制动物食品药物残留，必须严格遵守休药期，控制用药剂量，选用残留低、毒性小的药物，并注意用药方法与用药目的一致。在中国农业部2001年颁发的《饲料药物添加剂使用规范》中规定有各种饲料添加剂的种类和休药期。

2. 磺胺类药物

（1）磺胺类药物的用途 磺胺类（sulfanilamides）药物是一类具有广谱抗菌活性的化学药物，广泛应用于兽医临床。磺胺类药物于20世纪30年代后期开始用于治疗人的细菌性疾病，并于1940年开始用于家畜，1950年起广泛应用于畜牧业生产，用以控制某些动物疾病的发生和促进动物生长。

（2）常见的种类与限量 磺胺类药物根据其应用情况可分为三类，即用于全身感染的磺胺药（如磺胺嘧啶、磺胺甲基嘧啶、磺胺二甲嘧啶）；用于肠道感染、内服难吸收的磺胺药物和用于局部的磺胺药（如磺胺醋酰）。中国农业部在1999年9月发布的《动物性食品中兽药最高残留限量》中规定：磺胺类总计在所有食用动物的肌肉、肝、肾和脂肪中 MRL 值为 $100\mu g/kg$，牛、羊乳中为 $100\mu g/kg$。

（3）磺胺类药物的残留 磺胺类药物残留问题的出现已有近30年时间了，并且在近15~20年内磺胺类药物残留超标现象很严重。很多研究表明猪肉及其制品中磺胺药物超标现象时有发生，如给猪内服1%推荐剂量的氨苯磺胺，在休药期后也可造成肝脏中药物残留超标。按治疗量给药，磺胺在体内残留时间一般为5~10d；肝、肾中的残留量通常大于肌肉和脂肪；进入乳中的浓度为血液中浓度的1/10~1/2。

3. 激素类药物

激素是由机体某一部分分泌的特种有机物，可影响机体的功能活动并协调机体各个部分的作用，促进畜禽生长。20世纪人们发现激素后，激素类生长促进剂在畜牧业得到广泛应用，但由于激素残留不利于人体健康，产生了许多负面影响，许多种类现已禁用。中国农业部规定，禁止所有激素类及有激素类作用的物质作为动物促生长剂使用，但在实际生产中违禁使用者还很多，给动物性食品安全带来很大威胁。

（1）常见的种类 激素的种类很多，按化学结构可分为固醇或类固醇（主要有肾上腺皮质激素、雄性激素、雌性激素等）和多肽或多肽衍生物（主要有垂体激素、甲状腺素、甲状旁腺素、胰岛素、肾上腺素等）两类。按来源可分为天然激素和人工激素，天然激素指动物体自身分泌的激素；人工激素是用化学方法或其他生物学方法人工合成的一类激素。

（2）激素的用途 在畜禽饲养上应用激素制剂有许多显著的生理效应，如加速催肥，还可提高胴体的瘦肉与脂肪的比例。

4. 其他兽药

除抗生素外，许多人工合成的药物有类似抗生素的作用。化学合成药物的抗菌驱虫作用强，而促生长效果差，且毒性较强，长期使用不但有不良作用，而且有些还存在残留与耐药性问题，甚至有致癌、致畸、致突变的作用。化学合成药物添加到饲料中主要用在防治疾病和驱虫等方面，也有少数毒性低、不良反应小、促生长效果较好的抗菌剂作为动物生长促进剂在饲料中加以应用。

（四）兽药残留的危害

兽药残留不仅对人体健康造成直接危害，而且对畜牧业和生态环境也造成很大威胁，最终将影响人类的生存安全。同时，兽药残留也影响经济的可持续发展和对外贸易。

1. 兽药残留对人体健康的危害

（1）毒性作用　人长期摄入含兽药残留的动物性食品后，药物不断在体内蓄积，当浓度达到一定量后，就会对人体产生毒性作用。

（2）过敏反应和变态反应　经常食用一些低剂量抗菌药物残留的食品能使易感的个体出现过敏反应，这些药物包括青霉素、四环素、磺胺类药物及某些氨基糖苷类抗生素等。

（3）细菌耐药性　动物经常反复接触某一种抗菌药物后，其体内敏感菌株将受到选择性的抑制，从而使耐药菌株大量繁殖。而抗生素饲料添加剂长期、低浓度的使用是耐药菌株增加的主要原因。

经常食用含药物残留的动物性食品，一方面可能引起耐药性的人畜共患病病原菌大量增加，另一方面带有药物抗性的耐药因子可传递给人类病原菌，当人体发生疾病时，就给临床治疗带来很大的困难，耐药菌株感染往往会延误正常的治疗过程。

（4）菌群失调　在正常条件下，人体肠道内的菌群由于在多年共同进化过程中与人体能相互适应，对人体健康产生有益的作用。但是，过多应用药物会使这种平衡发生紊乱，造成一些非致病菌的死亡，使菌群的平衡失调，从而导致长期的腹泻或引起维生素的缺乏等反应，造成对人体的危害。

（5）"三致"作用　"三致"是指致畸、致癌、致突变。苯并咪唑类药物是兽医临床上常用的广谱抗蠕虫病药物，可持久地残留于肝内并对动物具有潜在的致畸性和致突变性。另外，残留于食品中的丁苯咪唑、苯咪唑、丙硫咪唑和苯硫氨酯具有致畸作用，克球酚、雌激素则具有致癌作用。

（6）激素的不良反应　激素类物质虽有很强的作用效果，但也会带来很大的不良反应。人们长期食用含低剂量激素的动物性食品，由于积累效应，有可能干扰人体的激素分泌体系和身体正常功能，特别是类固醇类和 β – 兴奋剂类在体内不易代谢破坏，其残留对食品安全威胁很大。

2. 兽药残留对畜牧业生产和环境的影响

滥用药物对畜牧业本身也有很多负面影响，并最终影响食品安全。如长期使用抗生素会造成畜禽机体免疫力下降，影响疫苗的接种效果。长期使用抗生素还容易引起畜禽内源性感染和二重感染。耐药菌株的日益增加，使有效控制细菌疫病的流行显得越来越困难，不得不用更大剂量、更强不良反应的药物，反过来对食品安全造成了新的威胁。

3. 兽药残留超标对经济发展的影响

在国际贸易中，由于有关贸易条约的限制，政府已很难用行政手段保护本国产业，而技术贸易壁垒的保护作用将越来越强。化学物质残留是食品贸易中最主要的技术贸易壁垒，近年的欧美牛肉贸易战就有相当大的这种成分在内。中国加入 WTO 后，面临的技术贸易壁垒将更为突出。为了扩大国际贸易，控制化学物质残留，特别是兽药的残留，是一个必须解决的紧迫问题。

（五）动物性食品兽药残留的监测与管理

1. 兽药残留的控制

中国近年来对兽药残留问题也给予了很大重视，软硬件建设都取得了很大进步。1999年9月，中国农业部颁发了《动物性食品中兽药最高残留限量》的通知，规定了109种兽药在畜禽产品中的最高残留限量。农业部在2001年颁布了《饲料药物添加剂使用规范》（以下简称《规范》），并规定只有列入《规范》附录一中的药物才被视为具有预防动物疾病、促进动物生长的作用，可在饲料中长期添加使用；列入《规范》附录二中的药物用于防治动物疾病，须凭兽医处方购买使用，并有规定疗程，仅可通过混饲给药，而且所有商品饲料不得添加此类兽药成分；附录之外的任何其他兽药产品一律不得添加到饲料中使用。

为保证给予动物内服或注射药物后药物在动物组织中残留浓度能降至安全范围，必须严格规定药物休药期，并制定药物的最高残留限量（MRL）。

2. 兽药残留的监测

为控制兽药残留，严格落实休药期的实施，检测监督是关键。1984年在 FAO/WHO 共同组成的食品法典委员会（CAC）倡导下，成立了兽药残留法典委员会（CC/RVDF），负责筛选建立适用于全球兽药及其他化学药物残留的分析和取样方法，对兽药残留进行毒理学评价，制定最高兽药残留法规及休药期法规。美国从1998年1月开始实施危害分析与关键控制点（HACCP），明确规定了食品中兽药残留的临界值，超标的一律不许上市。欧盟公布多种兽药违禁品种，1998年还宣布禁止在养鸡过程中使用螺旋素杆菌肽锌和泰乐菌素等。20世纪80年代后期，中国畜产品中兽药残留的监控工作开始起步，1994年国务院办公厅在关于加强农药、兽药管理的通知中明确提出开展兽药残留监控工作。中国农业部也于1999年成立了全国兽药残留专家委员会，颁布了"动物性食品中兽药最高残留量"，并发布了《中华人民共和国动物及动物源食品中兽药残留监控计划》和《官方取样程序》的法规。其中 NY 438—2001《饲料中盐酸克仑特罗的测定》方法标准，作为农业部强制标准已于2001年5月1日实施。该标准采用 HPLC 和 GC/MS 检测技术，适用于各类饲料中盐酸克仑特罗的筛选检测与确证，具有灵敏度高、重现性好等技术优点，最低检出限为 0.01mg/kg，在最低检出限下平均回收率达 93.7%。

3. 兽药的审批

动物性食品生产过程中的用药和药物饲料添加剂使用，对食品安全有着非常重要的影响，加强这类药物的管理和审批，更加慎重地使用药物是非常重要的。

20世纪60年代后期，许多国家开始用"三致"实验来审定新药，复查并淘汰了一批老药。同时一些先进国家在饲料添加剂的管理中，也明确了要进行"三致"实验，以证实饲料添加剂的安全性。

美国对兽药有比较严谨的审批程序，由卫生和人类事务部公共卫生署下设的食品与药物管理局（FDA）负责管理审批药物，包括药物饲料添加剂。新兽药在获得 FDA 批准之前，必须在临床上进行有效性和安全性试验。

中国也建立了兽药的审批制度，但是在审批的规范程序中对食品安全性的考虑还有许多需要完善的地方，美国制定的兽药审批原则与程序具有一定的参考价值。

除了加强兽药的安全管理以外，加速开发并应用新型、绿色、安全的饲料添加剂，来逐渐替代现有的药物添加剂，减少致残留的药物和药物添加剂的使用，是解决目前动物性食品安全问题的一项重要举措，也是兽药发展的一大趋势。目前已开发的具有应用潜力的安全饲料添加剂主要有微生态制剂、酶制剂、酸化剂、中草药制剂、天然生理活性物质、糖萜素、甘露寡糖、大蒜素等。

三、食品添加剂的安全性

食品添加剂是食品工业发展的重要影响因素之一，随着国民经济的增长和人民生活水平的提高，食品的质量与品种的丰富就显得日益重要。如果要将丰富的农副产品作为原料，加工成营养平衡、安全可靠、食用简便、货架期长、便于携带的包装食品，食品添加剂的使用是必不可少的。现今，食品添加剂已进入所有的食品加工业和餐饮业。全世界批准使用的食品添加剂有 25000 种，中国允许使用的品种也有 1500 多种。从某种意义上说，没有食品添加剂，就没有现代食品加工业。

食品添加剂的使用对食品产业的发展起着重要的作用，它可以改善风味、调节营养成分、防止食品变质，从而提高质量，使加工食品丰富多彩，满足消费者的各种需求。但若不科学地使用也会带来很大的负面影响，近几年来食品添加剂使用的安全性引起了人们的关注。

(一) 食品添加剂的定义

国际上，对食品添加剂的定义目前尚无统一规范的表述，广义的食品添加剂是指食品本来成分以外的物质。

1983 年食品法典委员会（CAC）规定："食品添加剂是指其本身不作为食品消费，也不是食品特有成分的任何物质，而且不管其有无营养价值；在食品的制造、加工、调制、处理、装填、包装、运输或保藏过程中，由于技术上的需要有意向食品中加入的物质，但不包括污染物或者为提高食品营养价值而加入食品中的物质。"

《中华人民共和国食品安全法》规定：食品添加剂是指为改善食品品质和色、香、味以及防腐和加工工艺的需要加入食品中的化学合成物质或天然物质。

(二) 食品添加剂的分类

1. 根据制造方法分类

（1）化学合成的添加剂　利用各种有机物、无机物通过化学合成的方法而得到的添加剂。目前使用的添加剂大部分属于这一类添加剂。如防腐剂中的苯甲酸钠，漂白剂中的焦硫酸钠，色素中的胭脂红、日落黄等。

（2）生物合成的添加剂　一般以粮食等为原料，利用发酵的方法，通过微生物代谢生产的添加剂称为生物合成添加剂，若在生物合成后还需要化学合成的添加剂，则称之为半合成法生产的添加剂。如调味用的味精，色素中的红曲红，酸度调节剂中的柠檬酸、乳酸等。

（3）天然提取的添加剂　利用分离提取的方法，从天然的动、植物体等原料中分离纯化后得到的食品添加剂。如色素中的辣椒红，香料中的天然香精油、薄荷等。此类添加剂由于比较安全，并且其中一部分又具有一定的功能及营养，符合食品产业发展的趋势。目前在日本，天然添加剂的使用是发展的主流，虽然它的价格比合成添加剂要高许多，但是出于对安全的考虑，从天然产物中得到的添加剂产品却十分畅销。

2. 按使用目的分类

（1）满足消费者嗜好的添加剂

① 与味觉相关联的添加剂，如调味料、酸味料、甜味料等。调味料主要调整食品的味道，大多为氨基酸类、有机酸类、核酸类等，如谷氨酸钠（味精）；酸味料通常包括柠檬酸、酒石酸等有机酸，主要用于糕点、饮料等产品；甜味料主要有砂糖与人工甜味料。为了满足人们对低热量食品的需要，开发出的糖醇逐步在生产并使用。

② 与嗅觉相关联的添加剂，食品中广泛使用的这类添加剂有天然香料与合成香料。它们一般与其他添加剂一起使用，但使用剂量很小。天然香料是从天然物质中抽提的，一般认为比较安全。

③ 与色调相关联的添加剂，如天然着色剂与合成着色剂。主要在糕点、糖果、饮料等产品中应用。有些罐装食品自然褪色，所以一般使用先漂白、再着色的方法处理。在肉制品加工中，通常使用硝酸盐与亚硝酸盐作为护色剂。

（2）防止食品变质的添加剂　为了防止有害微生物对食品的侵蚀，延长其保质期，保证产品的质量，防腐剂的使用是较为普遍的。但是防腐剂大部分是毒性强的化学合成物质，因此并不提倡使用这些物质，即使在各种食品中使用也要严格限制在添加的最大限量以内，以确保食品的安全。

由于有些霉菌所产生的毒素有较强的致癌作用，所以防霉菌剂的使用是非常必要的。

食用油脂或含油脂的食品在保存过程中容易被空气氧化，这不仅影响食品的风味，而且可生成毒性较强的物质。为了避免氧化的发生，常采用添加抗氧化剂。

（3）作为食品制造介质的添加剂　作为食品制造介质的添加剂是指最终在产品成分中不含有，或只是在制造过程中使用的添加剂。比如浓缩或分离过程中使用的离子交换树脂、水解过程中使用的盐酸、中和酸使用的高纯度氢氧化钠等。

（4）改良食品质量的添加剂　增稠剂、乳化剂、面粉处理剂、水分保持剂等均对食品质量的改进起着重要的作用，它们在食品行业的快速发展与激烈竞争中起着至关重要的作用。

（5）食品营养强化剂　食品营养强化剂是以强化补给食品营养为目的的添加剂，在食品中通常添加的各种无机盐、微量元素和维生素都属于这一类，如钙、锌、铁、镁、锰、硒、维生素 A、维生素 D、维生素 E、维生素 K 等。

3. 按安全性划分

FAO/WHO 下设的食品添加剂专家联合委员会（JECFA）为了加强对食品添加剂安全性的审查与管理，制定出它们的 ADI（每人每日允许摄入量）值，并向各国政府建议。该委员会建议把食品添加剂分为如下四大类。

第一类为安全使用的添加剂（general recognized as safe），即一般认为是安全的添加剂，可以按正常需要使用，不需建立 ADI。

第二类为 A 类，是 JECFA 已经制定 ADI 和暂定 ADI 的添加剂，它又分为两类：A_1 类

和 A_2 类。

A_1 类：经过 JECFA 评价认为毒理学资料清楚、已经制定出 ADI 值的添加剂。

A_2 类：JECFA 已经制定出暂定 ADI 值，但毒理学资料不够完善，暂时允许用于食品。

第三类为 B 类，JECFA 曾经进行过安全评价，但毒理学资料不足，未建立 ADI，或者未进行安全评价者，它又分为两类：B_1 类和 B_2 类。

B_1 类：JECFA 曾经进行过安全评价，因毒理学资料不足，未建立 ADI。

B_2 类：JECFA 未进行安全评价。

第四类为 C 类，JECFA 进行过安全评价，根据毒理学资料认为应该禁止使用的食品添加剂或应该严格限制使用的食品添加剂，它分为两类：C_1 类和 C_2 类。

C_1 类：JECFA 根据毒理学资料认为，在食品中应该禁止使用的添加剂。

C_2 类：JECFA 认为应该严格限制，作为某种特殊用途使用的添加剂。

近几年来，由于一些食品加工企业滥用添加剂、分析检测手段落后及毒理学资料不断完善等因素，食品添加剂的安全性引起了社会各界的高度重视。JECFA 为了解决食品添加剂的安全性问题，在制定标准方面已经做了大量的工作，尽量使各国的使用标准接近。

（三）食品添加剂的生产与市场概况

随着全球工业食品总量的快速增加和化学合成技术的进步，全球食品添加剂品种不断增加，产量持续上升。据资料报道，目前国际上使用的种类达到 16000 余种，直接使用的约 4000 种，常用的有 1000 多种，我国目前食品添加剂的种类达 2000 种左右。我国食品添加剂在近十年发展尤其迅猛，2004 年产量达到 348 万吨，比 2000 年增长 80% 以上；2010 年增加到 710 万吨左右，产品销售额约 720 亿元，出口创汇约 32 亿美元。

（四）食品添加剂在食品加工中的使用规范

1. 剂量

食品添加剂通过食品安全评价的毒理学实验，确定长期使用对人体安全无害的最大限量。使用时，严格按照使用要求执行，使用量控制在限量内。众所周知，所有的化合物无论大小均有毒性作用，为了衡量其毒性的大小首先要掌握如下几个概念。

（1）无作用量（NL）或最大无作用量（MNL） 即使是毒性最强的化合物，若限制在微量的范围内给动物投予，动物的一生并没有中毒反应，这个量称为无作用量（NL）或最大无作用量（MNL）。

（2）每人每日允许摄入量（ADI） 由以上两个量可以推测出，即使人体终生持续食用也不会出现明显中毒现象的食品添加剂摄入量为每人每日允许摄入量（ADI），单位是 mg/kg（以体重计）。由于人体与动物的敏感性不同，不可将动物的无作用量（NL）或最大无作用量（MNL）直接用于人，一般安全系数为 100（特殊情况例外），所以人的 ADI 值可用动物的 MNL 除以安全系数 100 得到。

2. 使用方法

根据添加剂的特性，确定使用方法，并且应严格遵守质量标准。使用时，防止因使用方法不当而影响或破坏食品营养成分的现象出现。若使用复合添加剂，其中的各种成分必须符合单一添加剂的使用要求与规定。

3. 使用范围

因各种添加剂的使用对象不同，使用环境不同，所以要确定添加剂的使用范围。比如，专供婴儿的主辅食品，除按规定可以加入食品营养强化剂外，不得加入人工甜味剂、色素、香精、谷氨酸钠和不适宜的食品添加剂。

4. 不得滥用

不得使用食品添加剂掩盖食品的缺陷或作为伪造的手段。生产厂家不得使用非定点生产厂家或无生产安全许可证的食品添加剂。

（五）食品添加剂的毒性作用

WHO、FAO 在 20 世纪 50 年代起，开始关注食品添加剂的安全评价（毒理学评价）工作。随着食品工业的发展，特别是进入 21 世纪以来，食品添加剂的安全性问题引起了社会各界的高度重视。

对于食品添加剂的毒性研究是从色素致癌作用的研究开始的。早在 20 世纪初，发现猩红色素具有促进上皮细胞再生的作用，所以在外科手术后新的组织形成时可使用这种色素。但是在 1932 年，日本的科学家发现，与 O – 氨基偶氮甲苯有类似构造的猩红色素喂养动物时，肝癌的发病率几乎是 100%。这个实验是对色素安全性评价的最初探讨。

人工合成色素具备着色力强、色泽鲜艳、成本低等优点，但是它们多数是从煤焦油中制取，或以苯、甲苯、萘等芳香烃化合物为原料合成的，多属偶氮化合物，在体内转化为芳香胺，经 N – 羟化和酯化可变成易与大分子亲核中心结合而形成致癌物，因而具有致癌性。截至 2011 年年底，中国批准允许使用的合成色素有苋菜红、苋菜红铝色淀、胭脂红、胭脂红铝色淀、赤藓红、赤藓红铝色淀、新红、新红铝色淀、柠檬黄、柠檬黄铝色淀、日落黄、日落黄铝色淀、亮蓝、亮蓝铝色淀、靛蓝、靛蓝铝色淀、叶绿素铜钠盐、β – 胡萝卜素、二氧化钛、诱惑红、酸性红，共 21 种。这 21 种合成色素在最大使用限量范围内使用，都是安全的。

自 2005 年 2 月起，席卷世界的"苏丹红风波"就是一起由于在快餐食品中使用人工色素添加剂——苏丹红引发食品安全危机的典型案例。苏丹红为亲脂性偶氮化合物，主要包括 Ⅰ、Ⅱ、Ⅲ 和 Ⅳ 4 种类型，是一种人工合成的红色染料，常作为一种工业染料，被广泛用于如溶剂、油、蜡、汽油的增色以及鞋、地板等增光方面。2005 年 2 月 18 日，英国食品标准署发布通告，要求超市立即撤回 359 种含有"苏丹红一号"的食品；2 月 23 日，中国国家质量监督检验检疫总局发出通知，要求各地质检部门加强对含有苏丹红食品的检验监管。2005 年 4 月，中国卫生部发布《苏丹红危险性评估报告》，该报告通过对"苏丹红"染料系列亚型的致癌性、致敏性和遗传毒性等危险因素进行评估。同时报告指出，苏丹红是一种人工色素，在食品中以非天然形式存在，如果食品中的苏丹红含量较高，则苏丹红诱发动物肿瘤的机会就会大幅度增加，特别是由于苏丹红有些代谢产物是人类可能致癌物，目前对这些物质尚没有耐受摄入量，因此在食品中应禁用。

酱色是利用糖质在高温下加热使之焦糖化，再用碱中和制成膏状或固体状的酱色物质。为了加速焦糖化反应，在工业化生产中加入铵盐作催化剂，但是加入铵盐后酱色中会含有 4 – 甲基咪唑，这种物质可以引起动物惊厥。

此外，酶制剂一般比化学添加剂安全，但是由于其常混有杂质，如残存的原料、无机盐、稀释剂及安定剂等物质，因此，酶制剂也是不安全的因素。同时，由微生物生产的酶制剂可能产生微生物毒素和抗生素，故使一些酶制剂可能有致敏作用。

第四节 多种因素产生的危害物质

一、N-亚硝基化合物污染及其预防

N-亚硝基化合物（N-nitroso compounds）是一类对动物有较强致癌作用的化学物。迄今已研究过的 300 多种亚硝基化合物中，90% 以上对动物有不同程度的致癌性。

（一）分类、结构特点及理化性质

按其分子结构，N-亚硝基化合物可分成 N-亚硝胺和 N-亚硝酰胺两大类。

1. N-亚硝胺（N-nitrosamine）

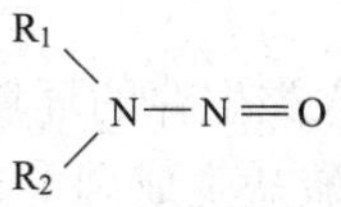

$$\begin{array}{c} R_1 \\ \diagdown \\ N{-}N{=}O \\ \diagup \\ R_2 \end{array}$$

图 2-2 N-亚硝胺的基本结构

如图 2-2 所示，式中 R_1、R_2 可以是烷基或环烷基，也可以是芳香环或杂环化合物。如 R_1 和 R_2 相同，称为对称性亚硝胺，而 R_1 与 R_2 不同时，则称为非对称性亚硝胺。

低分子质量的亚硝胺（如二甲基亚硝胺）在常温下为黄色油状液体，而高分子质量的亚硝胺多为固体。二甲基亚硝胺可溶于水及有机溶剂，而其它亚硝胺均不能溶于水，只能溶于有机溶剂。N-亚硝胺在中性和碱性环境中较稳定，在一般条件下不易发生水解，但在特殊条件下也可发生以下反应。

（1）水解 二甲基亚硝胺在盐酸溶液中加热，70~110℃ 即可分解，盐酸有较强的去亚硝基作用。另外，Br_2、H_2SO_4 加 $KMnO_4$、HB_4 加冰醋酸等都可作为去亚硝基化剂。

（2）形成氢键及加成反应 亚硝基上的 O 原子和与烷基相连的 N 原子能与甲酸、乙酸、三氯乙酸等形成氢键。某些亚硝胺还能与 BF_3、PC_5、$ZnBr_2$ 等发生加成反应。

（3）转亚硝基 二甲基亚硝胺和 N-甲基苯胺之间可进行转亚硝基反应。脂肪族胺之间的转亚硝基需在强酸条件下进行。

（4）氧化 亚硝胺可以被多种氧化剂氧化成硝胺。

（5）还原 亚硝胺在 pH 1~5 的酸性条件下可发生 4 电子还原，产生不对称肼；而在碱性条件下则发生 2 电子还原，产生二级胺和一氧化二氮。

（6）光化学反应 在紫外光照射下，亚硝胺的 NO 基可发生裂解。紫外光解反应在酸性水溶液或在有机溶媒中都能进行。

2. N-亚硝酰胺（N-nitrosamide）

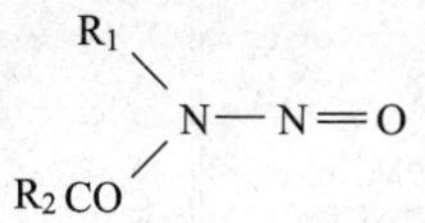

$$\begin{array}{c} R_1 \\ \diagdown \\ N{-}N{=}O \\ \diagup \\ R_2CO \end{array}$$

图 2-3 N-亚硝酰胺的基本结构

如图2-3所示，式中R_1和R_2可以是烷基或芳基，R_2也可以是NH_2、NHR、NR_2（称为N-亚硝基脲）或RO基团（即亚硝基氨基甲酸酯）。亚硝酰胺的化学性质活泼，在酸性或碱性条件下均不稳定。在酸性条件下可分解为相应的酰胺和亚硝酸，在弱酸条件下主要经重氮甲酸酯重排，放出N_2和羟酸酯。在碱性条件下亚硝酰胺可迅速分解为重氮烷。

（二）N-亚硝基化合物的前体物

环境和食品中的N-亚硝基化合物系由亚硝酸盐和胺类在一定的条件下合成。作为N-亚硝基化合物前体物的硝酸盐、亚硝酸盐和胺类物质广泛存在于环境和食品中，在适宜的条件下，这些前体物质可通过化学或生物学途径合成各种各样的N-亚硝基化合物。

1. 蔬菜中的硝酸盐和亚硝酸盐

硝酸盐和亚硝酸盐广泛地存在于人类生存的环境中，是自然界最普遍的含氮化合物。土壤和肥料中的氮在土壤微生物（硝酸盐生成菌）的作用下可转化为硝酸盐。而蔬菜等农作物在生长过程中，从土壤中吸收硝酸盐等营养成分，在植物体内酶的作用下将硝酸盐还原为氨，并进一步与光合作用合成的有机酸生成氨基酸和蛋白质。当光合作用不充分时，植物体内可积蓄较多的硝酸盐。新鲜蔬菜中硝酸盐含量差异很大，不同种类的蔬菜中硝酸盐含量可相差数十倍，同种类的蔬菜中硝酸盐含量亦有一定差异。新鲜蔬菜中硝酸盐的含量主要与作物种类、栽培条件（如土壤和肥料的种类）以及环境因素（如光照等）有关。蔬菜中亚硝酸盐的含量通常远远低于其硝酸盐含量。蔬菜的保存和处理过程对其硝酸盐和亚硝酸盐含量有很大影响，例如，在蔬菜的腌制过程中，亚硝酸盐含量明显增高，不新鲜的蔬菜中亚硝酸盐含量亦可明显增高。表2-2和表2-3分别列出了部分蔬菜和食物中硝酸盐和亚硝酸盐的含量水平。

表2-2　　　　　　　　部分蔬菜中硝酸盐的平均含量　　　　　　单位：mg/kg

蔬菜	含量	蔬菜	含量
菠菜	2464	生菜	2164
莴苣	1954	圆白菜	196
油菜	3466	小白菜	743
芹菜	3912	紫菜头	784
白菜	1530	茄子	275
黄瓜	125	扁豆	157
苦瓜	91	豌豆	99
南瓜	330	蛇豆	99
冬瓜	288	柿子椒	93
丝瓜	118	小辣椒	110
西葫芦	137	西红柿	88
藕	126	茭白	103

资料来源：《营养与食品卫生学》，第4版，第218页，2000年。

表 2 – 3　　　　　　　　　部分食物中亚硝酸盐的平均含量　　　　　单位：mg/kg

食物种类	含量	食物种类	含量
柿子椒	0.06	木耳菜	0.14
苦瓜	0.09	紫菜头	0.22
丝瓜	0.16	蛇豆	0.06
芥菜叶	3.9	卤黄瓜	9.0
白菜叶	0.05	腌菜叶	96.0
酸白菜	7.3	酸米汤	22.4
小麦粉	3.8	谷子	2.0
全麦粉	10.0	黄豆粉	10.0
红薯	0.13	苹果汁	0.7

资料来源：《营养与食品卫生学》，第 4 版，第 218 页，2000 年。

2. 动物性食物中的硝酸盐和亚硝酸盐

用硝酸盐腌制鱼、肉等动物性食品是许多国家和地区的一种古老和传统的方法，其作用机制是通过细菌将硝酸盐还原为亚硝酸盐，亚硝酸盐与肌肉中的乳酸作用生成游离的亚硝酸，亚硝酸能抑制许多腐败菌的生长，从而可达到防腐的目的。此外，亚硝酸分解产生的 NO 可与肌红蛋白结合，形成亚硝基肌红蛋白，可使腌肉、腌鱼等保持稳定的红色，从而改善此类食品的感官形状。之后，人们发现只需用很少量的亚硝酸盐处理食品，就能达到较大量硝酸盐的效果，于是亚硝酸盐逐步取代硝酸盐用作防腐剂和护色剂。虽然使用亚硝酸盐作为食品添加剂有产生 N – 亚硝基化合物的可能，但目前尚无更好的替代品，故仍允许限量使用。我国规定肉制品中亚硝酸盐残留量（以亚硝酸钠计）不得超过 30mg/kg，肉罐头不得超过 50mg/kg。

3. 环境和食品中的胺类

N – 亚硝基化合物的另一类前体物，即有机胺类化合物亦广泛存在于环境和食物中。胺类化合物是蛋白质、氨基酸、磷脂等生物大分子合成的必需原料，故也是各种天然动物性和植物性食品的成分。另外，大量的胺类物质也是药物、农药和许多化工产品的原料。

在有机胺类化合物中，以仲胺（即二级胺）合成 N – 亚硝基化合物的能力为最强。鱼和某些蔬菜中的胺类和二级胺类物质含量较高，鱼肉中二甲胺的含量多在 100mg/kg 以上。且鱼、肉及其产品中二级胺的含量随其新鲜程度、加工过程和贮藏条件的不同而有很大差异，晒干、烟熏、装罐等加工过程均可致二级胺含量明显增加。在蔬菜中，红萝卜的二级胺含量较高。此外，玉米、小麦、黄豆、红薯干、面包等食品中亦有较多的二级胺。

(三) 食品中的 N – 亚硝基化合物

1. 鱼、肉制品

肉、鱼等动物性食品中含有丰富的蛋白质、脂肪和少量的胺类物质。在其腌制、烘烤等加工处理过程中，尤其是在油煎、油炸等烹调过程中，可产生较多的胺类化合物。腐烂变质的鱼肉类，也可产生大量的胺类，包括二甲胺、三甲胺、腐胺、脂肪族聚胺、精胀、精胺、吡咯烷、氨基乙酰－L－甘氨酸和胶原蛋白等。这些胺类化合物能与亚硝酸盐反应生成亚硝胺。鱼、肉制品中的亚硝胺主要是吡咯烷亚硝胺和二甲基亚硝胺。由于腌制、保藏和烹调方法的不同，各类鱼肉制品中亚硝胺的含量有一定差异（表2-4）。

表 2 - 4　　　　　　　　　　部分鱼肉制品中亚硝胺的含量水平

鱼肉制品	国家或地区	亚硝胺	含量/（μg/kg）
干香肠	加拿大	二甲基亚硝胺	10 ~ 20
沙拉米香肠	加拿大	二甲基亚硝胺	20 ~ 80
咸肉	加拿大	吡咯烷亚硝胺	4 ~ 40
大红肠	加拿大	吡咯烷亚硝胺	20 ~ 105
油煎咸肉	美国	吡咯烷亚硝胺	1 ~ 40
牛肉香肠	美国	哌啶亚硝胺	50 ~ 60
咸鱼	英国	二甲基亚硝胺	1 ~ 9
鲱鱼罐头	前苏联	二甲基亚硝胺	2.2 ~ 2.3
炖猪肉	前苏联	二甲基亚硝胺	0.9 ~ 2.5
咸肉	中国	二甲基亚硝胺	0.4 ~ 7.6
熏肉	中国	二甲基亚硝胺	0.3 ~ 6.5
炸五香鱼罐头	中国	吡咯烷亚硝胺	33.4
咸鲱鱼	香港	二甲基亚硝胺	40 ~ 100
便餐鲱鱼	香港	二甲基亚硝胺	300
干鱿鱼	日本	二甲基亚硝胺	300
鱼干	日本	二甲基亚硝胺	15 ~ 84
压缩火腿	日本	二甲基亚硝胺	10 ~ 25
熏肉	荷兰	二甲基亚硝胺	3
熏火腿	荷兰	二甲基亚硝胺	0.4
熏生肉	德国	二甲基亚硝胺	2
油煎火腿	德国	吡咯烷亚硝胺	19
熏火腿	德国	二甲基亚硝胺	8

资料来源：《现代食品卫生学》，第1版，第327页，2001年。

　2. 乳制品

某些乳制品（如干酪、乳粉、乳酒等）含有微量的挥发性亚硝胺，其含量多在 0.5 ~ 5.0μg/kg 范围内。

　3. 蔬菜水果

蔬菜和水果中所含的硝酸盐、亚硝酸盐和胺类在长期贮藏和加工处理过程中可发生反应，生成微量的亚硝胺，其含量在 0.01 ~ 6.0μg/kg 范围内。

　4. 啤酒

以往啤酒中二甲基亚硝胺的含量水平多在 0.5 ~ 5.0μg/kg 范围内，其主要来源是在啤酒生产过程中，大麦芽在窑内加热干燥时，其所含大麦芽碱和仲胺等能与空气中的氮被氧化而产生的氮氧化物（NO_x）发生反应，生成二甲基亚硝胺。现因啤酒生产工艺有所改变

（大麦芽不再直接用火干燥），其亚硝胺含量也明显降低。

（四）亚硝胺的体内合成

除食品中含有的 N – 亚硝基化合物外，人体内也能合成一定量的 N – 亚硝基化合物。由于在 pH < 3 的酸性环境中合成亚硝胺的反应较强，因此胃可能是人体内合成亚硝胺的主要场所。此外，在唾液中及膀胱内（尤其是尿路感染时）也可能合成一定量的亚硝胺。

（五）N – 亚硝基化合物的毒性

早在 19 世纪人们对 N – 亚硝基化合物的毒性已有所认识，但真正对其深入进行研究则开始于 20 世纪 50 年代。1954 年 Barnes 和 Magee 较详细地报告了二甲基亚硝胺的急性毒性及其主要的病理损害，认为该化合物可导致肝小叶中心坏死及继发性肝硬化。1956年他们又报告了二甲基亚硝胺对大鼠的致癌作用，从而引起了人们对 N – 亚硝基化合物毒性的关注与研究。目前已有大量的研究结果表明，N – 亚硝基化合物对多种实验动物有很强的致癌作用，人类接触 N – 亚硝基化合物及其前体物，可能与某些肿瘤的发生有一定关系。

1. 急性毒性

各种 N – 亚硝基化合物的急性毒性有较大差异（表 2 – 5），对于对称性烷基亚硝胺而言，其碳链越长，急性毒性越低。

表 2 – 5　　　　　　　　N – 亚硝基化合物的急性毒性（雄性大鼠，经口）　　　　单位：mg/kg

N – 亚硝基化合物	LD_{50}	N – 亚硝基化合物	LD_{50}
甲基苄基亚硝胺	18	吡咯烷亚硝胺	900
二甲基亚硝胺	27 ~ 41	二丁基亚硝胺	1200
二乙基亚硝胺	216	二戊基亚硝胺	1750
二丙基亚硝胺	480	乙基二羟乙基亚硝胺	7500

2. 致癌作用

N – 亚硝基化合物对动物的致癌性已得到许多实验的证实，其致癌作用的特点如下。

（1）能诱发各种实验动物的肿瘤　已研究过的动物包括大鼠、小鼠、地鼠、豚鼠、兔、猪、狗、貂、蛙类、鱼类、鸟类及灵长类等，至今尚未发现有一种动物对 N – 亚硝基化合物的致癌作用有抵抗力。

（2）能诱发多种组织器官的肿瘤　N – 亚硝基化合物致癌的靶器官以肝、食管和胃为主，同种化合物对不同动物致癌的主要靶器官可有所不同，但总体来说，N – 亚硝基化合物可诱发动物几乎所有组织和器官的肿瘤。

（3）多种途径摄入均可诱发肿瘤　呼吸道吸入、消化道摄入、皮下肌内注射，甚至皮肤接触 N – 亚硝基化合物都可诱发肿瘤。

（4）一次大量给药或长期少量接触均有致癌作用：反复多次给药，或一次大剂量给药都能诱发肿瘤，且有明显的剂量 – 效应关系。

（5）可通过胎盘对仔代有致癌作用　大量研究表明，N – 亚硝基化合物可通过胎盘对仔代致癌，且动物在胚胎期对其致癌作用的敏感性明显高于出生后或成年期。动物在妊娠期间接触 N – 亚硝基化合物，不仅累及母代和第二代（F1），甚至可影响到第三代

（F2）和第四代（F3）。提示人类的某些肿瘤可能是胚胎期或生命早期接触此类致癌物的结果。

亚硝酰胺是直接致癌物，而亚硝胺为间接致癌物。亚硝酰胺类化合物能水解直接生成烷基偶氮羟基化物（R—N＝N—OH），对接触部位有直接致癌作用，这对于胃癌病因的研究有较大意义。亚硝胺在体内主要经肝微粒体细胞色素 P450 的代谢活化作用生成烷基偶氮羟基化合物，该化合物具有很强的致癌活性。因此，亚硝胺在注射动物后通常并不在注射部位引起肿瘤，而是经体内代谢活化后对肝脏等器官有致癌作用。

3. 致畸作用

亚硝酰胺对动物有一定的致畸性，如甲基（或乙基）亚硝基脲可诱发胎鼠的脑、眼、肋骨和脊柱等畸形，并存在剂量 – 效应关系，而亚硝胺的致畸作用很弱。

4. 致突变作用

1960 年发现亚硝基胍有致突变作用以后，对 N – 亚硝基化合物的致突变性已进行了广泛的研究。研究结果表明，亚硝酰胺也是直接致突变物，能引起细菌、真菌、果蝇和哺乳类动物细胞发生突变。Lijinsky 等采用 Ames 法测定了 34 种亚硝酰胺，发现多数具有直接致突变性。亚硝胺需经哺乳动物微粒体混合功能氧化酶系统代谢活化后才有致突变性。在脂肪族亚硝胺中，有些既有致癌性也有致突变作用，而有些有致癌作用，却无明显的致突变作用。同时，许多研究表明 N – 亚硝基化合物的致突变性强弱与致癌性强弱无明显的相关性。

5. N – 亚硝基化合物与人类健康的关系

食物中的挥发性亚硝胺是人类暴露于 N – 亚硝基化合物的一个重要方面，在啤酒、干酪等许多种类食品中都能检出亚硝胺。此外，人类还可通过化妆品、香烟烟雾、药物、农药、餐具清洗液和表面清洁剂等途径接触 N – 亚硝基化合物。

目前尚缺少 N – 亚硝基化合物对人类直接致癌的资料。尽管目前对此类化合物是否对人类有致癌性尚无定论，但许多国家和地区的流行病学调查资料表明，人类的某些癌症可能与接触 N – 亚硝基化合物有关。

胃癌是最常见的恶性肿瘤之一。一些研究表明，胃癌的病因可能与环境中硝酸盐和亚硝酸盐的含量，特别是饮水中的硝酸盐含量水平有关。日本人的胃癌高发可能与其爱吃咸鱼和咸菜有关，因咸鱼中胺类（特别是仲胺）含量较高，而咸菜中亚硝酸盐与硝酸盐含量较高，故有利于亚硝胺的合成。智利的研究认为，其人群中的胃癌高发可能与大量使用硝酸盐肥料，从而造成土壤和蔬菜中硝酸盐与亚硝酸盐含量过高有关。

在大多数发达国家和地区，食管癌的发病率很低，但在一些发展中国家和地区，食管癌的发病率很高，且有明显的地区性。食管癌的病因学研究结果表明，其发病率与环境因素有关。我国林县等地的食管癌高发，其原因之一可能是当地居民喜食腌菜，而腌菜中亚硝胺的检出率和检出量均较高。此外，对该县 495 口饮水井的检测结果表明，绝大多数井水中均可检出一定量的硝酸盐和亚硝酸盐。

引起肝癌的环境因素可能较多，除黄曲霉素的作用较为肯定外，N – 亚硝基化合物有可能也是致病因素之一。一些肝癌高发区的流行病学调查表明，喜食腌菜可能也是肝癌发生的危险性因素。对若干肝癌高发区的腌菜进行亚硝胺测定的结果显示，其亚硝胺的检出率可高达 60% 以上。

（六）预防亚硝基化合物危害的措施

自从发现维生素 C 有抑制亚硝胺合成的作用后，已进行了大量的亚硝基化阻断因素的研究。已发现除维生素 C 外，维生素 E、许多酚类及黄酮类化合物等均有较强的抑制亚硝基化过程的作用。某些物质如乙醇、甲醇、正丙醇、异丙醇、蔗糖等在高浓度时，尤其在 pH≤3 的条件下能抑制亚硝基化过程，而在 pH≥5 时反而能促进亚硝基化过程，其原因在于 pH≤3 时能使亚硝酸变成无活性的亚硝酸酯。也有研究证明鞣酸对吗啉和亚硝酸诱发的小鼠肺肿瘤有抑制作用。

防止亚硝基化合物危害的主要措施有以下几种。

1. 防止食物霉变或被其他微生物污染

由于某些细菌或霉菌等微生物可还原硝酸盐为亚硝基盐，而且许多微生物可分解蛋白质，生成胺类化合物，或有酶促亚硝基化作用，因此，防止食品霉变或被细菌污染对降低食物中亚硝基化合物的含量至为重要。在食品加工时，应保证食品新鲜，并注意防止微生物污染。

2. 控制食品加工中硝酸盐或亚硝酸盐用量

这可以减少亚硝基化前体的量，从而减少亚硝胺的合成。在加工工艺可行的情况下，尽可能使用亚硝酸盐的替代品。

3. 施用钼肥

农业用肥及用水与蔬菜中亚硝酸盐和硝酸盐的含量有密切关系。使用钼肥有利于降低蔬菜中硝酸盐含量，例如，白萝卜和大白菜等施用钼肥后，亚硝酸盐含量平均降低 1/4 以上。

4. 增加维生素 C 等亚硝基化阻断剂的摄入量

维生素 C 有较强的阻断亚硝基化的作用。许多流行病学调查也表明，在食管癌高发区，维生素 C 摄入量很低，故增加维生素 C 摄入量可能有重要意义。除维生素 C 外，许多食物成分也有较强的阻断亚硝基化的活性，故对防止亚硝基化合物的危害有一定作用。如我国学者发现大蒜和大蒜素可抑制胃内硝酸盐还原菌的活性，使胃内亚硝酸盐含量明显降低。茶叶和茶多酚、猕猴桃、沙棘果汁等对亚硝胺的生成也有较强的阻断作用。

5. 制定标准并加强监测

目前我国已制订出肉制品（肉类罐头除外）和水产制品（水产罐头除外）中 N – 二甲基亚硝胺的限量值（GB 2762—2012《食品安全国家标准　食品中污染物限量》），肉制品（肉类罐头除外）中 N – 二甲基亚硝胺≤3.0μg/kg，水产制品（水产罐头除外）中 N – 二甲基亚硝胺≤4.0μg/kg。在制定标准的基础上，还应加强对食品中 N – 亚硝基化合物含量的监测，严禁食用 N – 亚硝基化合物含量超过标准的食物。

二、多环芳烃化合物污染及其预防

多环芳烃（polycyclic aromatic hydrocarbons，PAH）化合物是一类具有较强致癌作用的食品化学污染物，目前已鉴定出数百种，其中苯并(a)芘［benzo（a）pyrene，B(a)P］系多环芳烃的典型代表，对其研究也最为充分，故在此仅以苯并(a)芘作为代表重点阐述。

（一）结构及理化性质

苯并（a）芘是由 5 个苯环构成的多环芳烃，分子式 $C_{20}H_{12}$，相对分子质量 252。在常温下为浅黄色的针状结晶，沸点 310～312℃，溶点 178℃，在水中溶解度仅为 0.5～6μg/L，稍溶于甲醇和乙醇，易溶于脂肪、丙酮、苯、甲苯、二甲苯及环己烷等有机溶剂，在苯溶液中呈蓝色或紫色荧光。苯并（a）芘性质较稳定，但阳光及荧光可使之发生光氧化反应，氧也可使其氧化，与 NO 或 NO_2 作用则可发生硝基化。

（二）毒性、致癌性与致突变性

大量研究资料表明，B（a）P 对多种动物有肯定的致癌性。小鼠一次灌胃 0.2mg B（a）P 可诱发前胃肿瘤，并有剂量反应关系。长期喂饲含 B（a）P 的饲料不仅可诱发前胃肿瘤，还可诱发肺肿瘤及白血病。大鼠每天经口给予 2.5mg B（a）P，可诱发食管及前胃乳头癌；一次经口给予 100mg B（a）P，9 只动物中有 8 只发生乳腺瘤。此外，B（a）P 还可致大鼠、地鼠、豚鼠、兔、鸭及猴等动物的多种肿瘤，并可经胎盘使子代发生肿瘤，可致胚胎死亡，或导致仔鼠免疫功能下降。

B（a）P 常用作短期致突变实验的阳性对照物，但由于它是间接致突变物，需要 S_9 的代谢活化。在 Ames 试验及其它细菌突变、噬菌体诱发果蝇突变、DNA 修复、姐妹染色单体交换、染色体畸变、哺乳类培养细胞基因突变以及哺乳类动物精子畸变等实验中皆呈阳性反应。此外，在人组织培养试验中也发现 B（a）P 有组织和细胞毒性作用，可导致上皮分化不良、细胞损伤、柱状上皮细胞变形等。

人群流行病学研究表明，食品中 B（a）P 含量与胃癌等多种肿瘤的发生有一定关系。如在匈牙利西部一个胃癌高发地区的调查表明，该地区居民经常食用家庭自制的含 B（a）P 较高的熏肉是胃癌发生的主要危险性因素之一。拉脱维亚某沿海地区的胃癌高发被认为与当地居民吃熏鱼较多有关。冰岛也是胃癌高发国家，其胃癌死亡率亦较高，据调查当地居民食用自己熏制的食品较多，其中所含多环芳烃或 B（a）P 明显高于市售同类制品。用当地农民自己熏制的羊肉喂大鼠，亦可诱发出胃癌等恶性肿瘤。

（三）体内代谢

通过食物或水进入机体的 B（a）P 在肠道被吸收入血后很快分布于全身，乳腺及脂肪组织中可蓄积较大量的 B（a）P。动物试验发现 B（a）P 可通过胎盘进入胎儿体内，产生毒性和致癌作用。B（a）P 主要经过肝脏代谢后，由胆道从粪便排出。

B（a）P 属于前致癌物，在体内主要通过动物混合功能氧化酶系中芳烃羟化酶（aryl hydro - carbon hydroxylase，AHH）的作用，代谢活化为多环芳烃环氧化物。此类环氧化物能与 DNA、RNA 和蛋白质等生物大分子结合而诱发肿瘤。环氧化物进一步代谢可形成带羟基的化合物，然后与葡萄糖醛酸、硫酸或谷胱甘肽结合，从尿中排出。

（四）对食品的污染

多环芳烃主要由各种有机物如煤、柴油、汽油及香烟的不完全燃烧产生。食品中多环芳烃和 B（a）P 的主要来源有：① 食品在用煤、炭和植物燃料烘烤或熏制时直接受到污染；② 食品成分在高温烹调加工时发生热解或热聚反应形成，这是食品中多环芳烃的主要来源；③ 植物性食品可吸收土壤、水和大气中污染的多环芳烃；④ 食品加工中受机油和食品包装材料等的污染，在柏油路上晒粮食使粮食受到污染；⑤ 污染的水可使水产品受到污染；⑥ 植物和微生物可合成微量多环芳烃。

由于食品种类、生产加工、烹调方法的差异以及距离污染源的远近等因素的不同，食品中 B(a)P 的含量相差很大。其中含量较多者主要是烘烤和熏制食品。烤肉、烤香肠中 B(a)P 的含量一般为 0.68～0.7μg/kg，炭火烤的肉可达 2.6～11.2μg/kg。广东的调查表明，用柴炉加工的叉烧肉和烧腊肠中 B(a)P 的含量很高。而新疆的调查表明，烤羊肉时如滴落油着火燃烧者，其烤肉中 B(a)P 的含量为 100μg/kg 左右。冰岛家庭自制熏肉中 B(a)P 的含量为 23μg/kg，但如果将肉熏制后挂于厨房，则可高达 107μg/kg。生红肠中 B(a)P 的含量为 1.5μg/kg，油煎后为 14μg/kg，而且松木熏者可高达 88.5μg/kg。工业区生产的小麦中 B(a)P 含量较高，而非工业区则很低，农村生产的蔬菜中 B(a)P 的含量较在城市附近生产者低。部分食品中 B(a)P 含量测定的结果表明，油脂为 0.2～62μg/kg，谷类 0.2～6.9μg/kg，熏鱼 0.2～78μg/kg，熏肉及制品为 0.05～95.5μg/kg，蔬菜水果 0.1～48.1μg/kg，咖啡 0.1～16.5μg/kg，茶叶 3.9～21.3μg/kg，酒 0.03～0.08μg/kg。由于 B(a)P 的水溶性很低，清洗蔬菜只能去除微量。

(五) 防止苯并(a)芘危害的措施

1. 防止污染，改进食品加工烹调方法

① 加强环境治理，减少环境 B(a)P 的污染从而减少其对食品的污染；② 熏制、烘烤食品及烘干粮食等加工应改进燃烧过程，避免使食品直接接触炭火，使用熏烟洗净器或冷熏液；③ 不在柏油路上晾晒粮食和油料种子等，以防沥青沾污；④ 食品生产加工过程中要防止润滑油污染食品，或改用食用油作润滑剂。

2. 吸附法可去除食品中的一部分 B(a)P

活性炭是从油脂中去除 B(a)P 的优良吸附剂，在浸出法生产的菜油中加入 0.3%～0.5% 活性炭，在 90℃ 下搅拌 30min，并在 140℃、93.1kpa 真空条件下处理 4h，其所含 B(a)P 即可去除 89%～95%。此外，用日光或紫外线照射食品也能降低其 B(a)P 含量。

3. 制定食品中允许含量标准

目前许多国家的科研机构都在探讨食物中多环芳烃和 B(a)P 的限量标准及人体允许摄入量问题，一般认为对机体无害的水中 B(a)P 的水平为 0.03μg/L；苏联提出水中 B(a)P 含量应限制在 0.01μg/L 以下，藻类及水生植物中含量应限制在 5μg/kg 以下，植物中含量应限制在 20μg/kg 以下，人体每日 B(a)P 摄入量不应超过 10μg/kg。GB 2762—2012《我国食品安全国家标准 食品中污染物限量》规定，烧烤或熏制的动物性食品，以及稻谷、小麦、大麦中 B(a)P 含量应 ≤5μg/kg，油脂及其制品中 B(a)P 含量应 ≤10μg/kg。

三、杂环胺类化合物污染及其预防

杂环胺 (heterocyclic amines) 类化合物包括氨基咪唑氮杂芳烃 (amino-imidazoaza-arenes, AIAs) 和氨基咔啉 (amino - carbolines) 两类。AIAs 包括喹啉类 (IQ)、喹噁啉类 (IQx) 和吡啶类。AIAs 咪唑环的 α 氨基在体内可转化为 N - 羟基化合物而具有致癌和致突变活性。AIAs 亦称为 IQ 型杂环胺，其胍基上的氨基不易被亚硝酸钠处理而脱去。氨基咔啉类包括 α 咔啉、γ 咔啉和 δ 咔啉，其吡啶环上的氨基易被亚硝酸钠脱去而丧失活性。杂环胺的分类和系统命名见表 2-6。

表 2-6　　　　　　　　　　　杂环胺的化学名称及最初鉴定时的食物来源

化学名称	最初鉴定时的食物来源
I. 氨基咪唑氮杂芳烃（AIAs）	
1. 喹啉类	
2-氨基-3-甲基咪唑并［4，5-f］喹啉	烤沙丁鱼
(2-amino-3-methylimidazo-［4，5-f］quinoline, IQ)	
2-氨基-3，4-二甲基咪唑并［4，5-f］喹啉	烤沙丁鱼
(2-amino-3，4-dimethylimidazo-［4，5-f］quinoline, 4-MeIQ)	
2. 喹噁啉类	
2-氨基-3-甲基咪唑并［4，5-f］喹噁啉	啐牛肉与肌酐混合热解
(2-amino-3-methylimidazo-［4，5-f］quinoxaline, IQx)	炸牛肉
2-氨基-8-甲基咪唑并［4，5-f］喹噁啉	苏氨酸、肌酐与葡萄糖混合热解
(2-amino-8-dimethylimidazo-［4.5-f］quinoxaline, 8-MeIQx)	
2-氨基-3，4，8-三甲基咪唑并［4，5-f］喹噁啉	甘氨酸、肌酐与葡萄糖混合热解
(2-amino-3，4，8-trimethylimidazo-［4，5-f］quinoxaline, 4，8-DiMeIQx)	
2-氨基-3，7，8-三甲基咪唑并［4，5-f］喹噁啉	
(2-amino-3，7，8-trimethylimidazo-［4，5-f］quinoxline, 7，8-DiMeIQx)	
3. 吡啶类	
2-氨基-1-甲基，6-苯基-咪唑并［4，5-6］吡啶	炸牛肉
(2-amino-1-methy-6-phenylimidazo-［4，5-6］hipyridin, PhIp)	
II. 氨基咔啉类	
1. α-咔啉（9H-吡啶并吲哚）类	
2-氨基-9H-吡啶并吲哚	大豆球蛋白热解
(2-amino-9H-pyrido-［2，3-b］indole, Aα（C）)	
2-氨基-3-甲基-9H-吡啶并吲哚	大豆球蛋白热解
(2-amino-3 methyl-9H-pyrido-［2，3-b］indole Me Aα（C）)	
2. γ-咔啉（5H 吡啶并［4，3-b］吲哚）类	
3-氨基-1，4-二甲基-5H-吡啶并［4，3-b］吲哚	色氨酸热解
(3-amino-1，4-dimethyl-5H-pyridio-［4，3-b］indole, Trp-P-1)	色氨酸热解
3-氨基-1-甲基-5H-吡啶并［4，3-b 吲哚］	
(3-amino-1-methyl-5H-pyridio-［4，3-b］indole, Trp-P-2)	
3. δ-咔啉（二吡啶并［1，2-a，3′，2′-b］咪唑）类	
2-氨基-6-甲基二吡啶并［1，2-a，3′，2′-d］咪唑	谷氨酸热解
(2-amino-6-methyldipyridio-［1，2-a，3′，2′-d］imidazole, Glu-p-1)	
2-氨基二吡啶并［1，2-a，3′，2′-d］咪唑	谷氨酸热解
(2-aminodipyridio［1，2-a，3′，2′-d］imidazole, Glu-P-2)	

资料来源：《营养与食品卫生学》，第 4 版，第 225 页，2000 年。

（一）杂环胺的致突变性

杂环胺需经过代谢活化后才具有致突变性。杂环胺的活性代谢物是 N-羟基化合物，杂环胺可在细胞色素 P450IA2 的作用下进行 N-氧化，其后再经 O-乙酰转移酶和硫转移酶的作用，将 N-羟基代谢物转变成终致突变物。在加 S_9 的 Ames 试验中，杂环胺对 TA98 菌株有很强的致突变性（表 2-7），提示杂环胺可能是移码突变物。除诱导细菌基因突变外，杂环胺经 S_9 活化后亦可诱导哺乳类细胞的基因突变、染色体畸变、姊妹染色单体交换、DNA 断裂及修复异常等遗传学损伤。但杂环胺对哺乳动物细胞的致突变性较对细菌的致突变性弱。Trp-P-2 和 PhIP 在存在 S_9 活化系统时对 CHO 细胞有较强的致突变性，而 IQ、MeIQ、8-MeIQx 的致突变性相对较弱。

表 2-7 杂环胺对鼠伤寒沙门菌 TA98 菌株的致突变活性

杂环胺	回变菌落数/μg	杂环胺	回变菌落数/μg
MeIQ	47000000	Trp-p-2	92700
IQ	898000	Trp-p-1	8990
MeIQ$_X$	417000	PhIP	1800
Glu-p-1	183000	Glu-p-2	930
DiMeIQx	126000		

资料来源：《现代食品卫生学》，第 1 版，第 352 页，2001 年。

（二）杂环胺的致癌性及其作用机制

杂环胺对啮齿动物有不同程度的致癌性，其主要靶器官为肝脏，其次是血管、肠道、前胃、乳腺、阴蒂腺、淋巴组织、皮肤和口腔等（表 2-8）。有研究表明某些杂环胺对灵长类也有致癌性。

表 2-8 杂环胺对大鼠和小鼠的致癌性

杂环胺	动物	饲料中浓度/%	TD_{50}/[mg/(kg·bw)]	靶器官
IQ	大鼠	0.03	0.7	肝、大小肠、皮肤、阴蒂腺、Zymbal 腺
	小鼠	0.03	14.7	肝、前胃、肺
MeIQ	大鼠	0.03	0.1	大肠、皮肤、口腔、乳腺、Zymbal 腺
	小鼠	0.04	8.4	肝、前胃
8-MeIQx	大鼠	0.04	0.7	肝、皮肤、阴蒂腺、Zymbal 腺
	小鼠	0.06	11.0	肝、肺、造血系统
Trp-p-1	大鼠	0.015	0.1	肝
	小鼠	0.02	8.8	肝
Trp-p-2	小鼠	0.02	2.7	肝
Glu-p-1	大鼠	0.05	0.8	肝、大小肠、阴蒂腺、Zymbal 腺
	小鼠	0.05	2.7	肝、血管
Glu-p-2	大鼠	0.05	5.7	肝、大小肠、阴蒂腺、Zymbal 腺
	小鼠	0.05	4.9	肝、血管
AαC	小鼠	0.08	15.8	肝、血管
MeAαC	小鼠	0.08	5.8	肝、血管
PhIP	大鼠	0.04	<1.0	结肠、乳腺
	小鼠	0.04	31.3	淋巴组织

杂环胺可诱导细胞色素 P450 酶系（cytochrome P450s，CYP），从而促进其自身的代谢活化。研究发现，Trp-p-1、Trp-p-2、Glu-p-1、Glu-p-2、AαC、MeAαC、IQ、MeIQx 和 PhIP 都能诱导大鼠肝脏的 CYPIA 酶，尤其是 CYPIA2。但是诱导作用显示出明显的种属、性别和器官差异。有人给大鼠喂饲煎牛肉可轻度诱导肠的 CYPIA 酶活性，此结果尤其值得注意，因为肠是多种杂环胺致癌的靶器官之一。杂环胺诱导 CYPIA 酶的机制尚有待深入研究。

杂环胺的 N-羟基代谢产物可直接与 DNA 结合，但活性较低。N-羟基衍生物与乙酸酐或乙烯酮反应生成 N-乙酰氧基酯，其与 DNA 的结合能力显著增加。攻击 DNA 的亲电子反应物可能是 N-O 键断裂后形成的芳基正氮离子。大多数杂环胺在肝内形成加合物的量最多，其次是肠、肾和肺等组织。杂环胺-DNA 加合物的形成具有剂量-反应和时间-反应关系，且研究表明极低剂量的杂环胺亦能形成 DNA 加合物，即可能不存在阈剂量。

DNA 加合物的形成可导致基因突变、癌基因活化和肿瘤抑制基因失活等遗传效应。这可能是杂环胺致癌作用的主要机制之一。Herzog 等观察了 IQ 诱发的小鼠肺和肝肿瘤中 ki-ras 基因和 Ha-ras 基因的突变频率，发现 54 个 IQ 诱发的肺肿瘤中有 47 个存在 Ki-ras 突变，34 个 IQ 诱发的肝肿瘤中有 7 个含有 Ha-ras 突变。IQ 诱发的 Zymbal 腺癌还发现有 p53 基因的突变，且突变均是涉及鸟嘌呤的改变。还有人报告 IQ 诱导的猴肝细胞癌也有 p53 基因突变。这些突变可能是 IQ 直接与 ras 或 p53 基因的鸟嘌呤共价结合而引起的。但在杂环胺诱发的动物结肠肿瘤中却几乎不能检测出 ras 基因和 p53 基因的突变。人类结肠癌在发生和发展过程中经常见到 ki-ras 和 p53 基因的改变，其他化学致癌物诱发的动物结肠肿瘤也常见有 ras 基因的突变。因此，杂环胺诱发结肠癌的机制可能不是通过对此类基因的影响。

（三）杂环胺的生成

食品中的杂环胺类化合物主要产生于高温烹调加工过程，尤其是蛋白质含量丰富的鱼、肉类食品在高温烹调过程中更易产生。影响食品中杂环胺形成的因素主要有以下两方面。

1. 烹调方式

杂环胺的前体物是水溶性的，加热反应主要产生 AIAs 类杂环胺。这是因为水溶性前体物向表面迁移并被加热干燥。加热温度是杂环胺形成的重要影响因素，当温度从 200℃ 升至 300℃ 时，杂环胺的生成量可增加 5 倍。烹调时间对杂环胺的生成亦有一定影响，在 200℃ 油炸温度时，杂环胺主要在前 5min 形成，在 5~10min 形成减慢，进一步延长烹调时间则杂环胺的生成量不再明显增加。而食品中的水分是杂环胺形成的抑制因素。因此，加热温度越高、时间越长、水分含量越少，产生的杂环胺越多。故烧、烤、煎、炸等直接与火接触或与灼热的金属表面接触的烹调方法，由于可使水分很快丧失且温度较高，产生杂环胺的数量远远大于炖、焖、煨、煮及微波炉烹调等温度较低、水分较多的烹调方法。

2. 食物成分

在烹调温度、时间和水分相同的情况下，营养成分不同的食物产生的杂环胺种类和数量有很大差异。一般而言，蛋白质含量较高的食物产生杂环胺较多，而蛋白质的氨基酸构成则直接影响所产生杂环胺的种类。肌酸或肌酐是杂环胺中 α-氨基-

3 - 甲基咪唑部分的主要来源，故含有肌肉组织的食品可大量产生 AIAs 类（IQ 型）杂环胺。

现在认为，美拉德反应与杂环胺的产生有很大关系，该反应可产生大量杂环物质（可多达 160 余种），其中一些可进一步反应生成杂环胺。如美拉德反应生成的吡嗪和醛类可缩合为喹噁啉；吡啶可直接产生于美拉德反应；而咪唑环可产生于肌苷。由于不同的氨基酸在美拉德反应中生成杂环物的种类和数量不同，故最终生成的杂环胺也有较大差异。在这方面国外学者已进行了许多研究，如加热肌苷、甘氨酸、苏氨酸和葡萄糖的混合物可分离出 MeIQx 和 DiMeIQx；果糖、肌苷和脯氨酸混合加热后可分离出 IQ；肌苷、苯丙氨酸和葡萄糖混合加热后可分离出 PhIP；在食品中添加色氨酸和谷氨酸后加热，生成的 Trp - p - 1 和 Trp - p - 2、Glu - p - 1 和 Glu - p - 2 等急剧增加，都证实了蛋白质的种类和数量对杂环胺的生成有较大影响。

正常烹调食品中多含有一定量的杂环胺，但不同食品中检出的各种杂环胺含量并不完全一致。在油炸牛肉（300℃、10min）中检出的杂环胺含量为 PhIP 15ng/g、IQ 0.02ng/g、8 - MeIQx10ng/g、4，8 - DiMeIQx 0.6ng/g，分别占其 AIAs 总量的 93%、0.12%、6.2% 和 0.37%。一些烹调食品中杂环胺的含量见表 2 - 9。

表 2 - 9　　　　　　　部分烹调食品中杂环胺的含量　　　　　　单位：μg/kg

食品	IQ	MeIQ	8 - MeIQx	4，8 - DiMeIQx	Trp - p - 1	Trp - p - 2	AαC	MeAαC	PhIP
烤牛肉	0.19	—	2.11	—	0.21	0.25	1.20		27.0
炸牛肉	—	—	0.64	0.12	0.19	0.21			—
煎牛肉饼	—	—	0.5	2.4	53.0	1.8	—		15.0
炸鸡	—	—	2.33	0.81	0.12	0.18	0.21		—
炸羊肉	—	—	1.01	0.67		0.15	2.50	0.19	—
牛肉膏	—	—	3.10	28.0					—
炸鱼	0.16	0.03	6.44	0.10	—	—			69.2
烤沙丁鱼	158.0	72.0							—
烤鸭	—	—			13.3	13.1			—
汉堡包	0.02	—		0.05	1.0		180.4	15.1	—

（四）防止杂环胺危害的措施

1. 改变不良烹调方式和饮食习惯

杂环胺的生成与不良烹调加工有关，特别是过高温度烹调食物。因此，应注意不要使烹调温度过高，不要烧焦食物，并应避免过多食用烧烤煎炸的食物。

2. 增加蔬菜水果的摄入量

膳食纤维有吸附杂环胺并降低其活性的作用，蔬菜、水果中的某些成分有抑制杂环胺的致突变性和致癌性的作用。因此，增加蔬菜水果的摄入量对于防止杂环胺的危害有积极作用。

3. 灭活处理

次氯酸、过氧化酶等处理可使杂环胺氧化失活，亚油酸可降低其诱变性。

4. 加强监测

建立和完善杂环胺的检测方法，加强食物中杂环胺含量监测，深入研究杂环胺的生成及其影响条件、体内代谢、毒性作用及阈剂量等，尽快制定食品中的允许限量标准。

四、二噁英污染及其预防

氯代二苯并－对－二噁英（polychlorodibenzo-p-dioxins，PCDDs）和氯代二苯并呋喃（polychloro－dibenzolurans，PCDFs）一般通称为二噁英（dioxins，PCDD/Fs），为氯代含氧三环芳烃类化合物，有 200 余种同系物异构体。其他一些卤代芳烃类化合物，如多氯联苯、氯代二苯醚等的理化性质和毒性与二噁英相似，亦称为二噁英类似物。2，3，7，8—四氯二苯并－对－二噁英（2，3，7，8—tetrachlorodibenzo－p－dioxins，TCDD）是目前已知此类化合物中毒性和致癌性最大的物质，其对豚鼠的经口 LD_{50} 仅为 $1\mu g/$（kg·bw），致大鼠肝癌剂量为 $10ng/$（kg·bw）。此类化合物不仅毒性和致癌性强，而且其化学性质极为稳定，在环境中难于降解，还可经食物链富集，故已日益受到人们的广泛重视。

（一）理化性质

1. 热稳定性

PCDD/Fs 对热十分稳定，在温度超过 800℃时才开始降解，而在 1000℃以上才会被大量破坏。

2. 脂溶性

PCDD/Fs 的水溶性很差而脂溶性很强，故可蓄积于动植物体内的脂肪组织中，并可经食物链富集。

3. 在环境中的半衰期长

PCDD/Fs 对理化因素和生物降解有较强的抵抗作用，且挥发性很低，故可长期存在于环境中，其平均半衰期约为 9 年。在紫外线的作用下，PCDD/Fs 可发生光降解。

（二）环境和食品中二噁英的来源

二噁英可由多种前体物经过 U11mann 反应和 Smiles 重排而形成，PCDD/Fs 的直接前体物有多氯联苯、2，4，5－三氯酚、2，4，5－三氯苯氧乙酸（2，4，5－trichlorophenoxy acetic acid，2，4，5－T）、五氯酚及其钠盐等。

曾大量用做除草剂和落叶剂的 2，4，5－T 和 2，4－二氯酚（2，4－dichlorophenoxy acetic acid，2，4－D）中可含有较大量的 PCDD/Fs，其他许多农药如氯酚、菌螨酚、六氯苯和氯代联苯醚除草剂等也不同程度地含有 PCDD/Fs。

垃圾焚烧可产生一定量的 PCDD/Fs，尤其是在燃烧不完全时以及含大量聚氯乙烯塑料的垃圾焚烧时可产生大量的 PCDD/Fs。此外，医院废弃物和污水、木材燃烧、汽车尾气、含多氯联苯的设备事故以及环境中的光化学反应和生物化学反应等均可产生 PCDD/Fs。

食品中的 PCDD/Fs 主要来自于环境的污染，尤其是经过生物链的富集作用，可在动物性食品中达到较高的浓度。如英国、德国、瑞士、瑞典、荷兰、新西兰、加拿大和美国等对奶、肉、鱼、蛋类食物的检测结果表明，多数样品中均可检出不同量的 PCDD/Fs。此外，食品包装材料中 PCDD/Fs 污染物的迁移以及意外事故等，也可造成食品的 PCDD/Fs 污染。

1999 年比利时一些养鸡场出现鸡不生蛋、肉鸡生长异常等现象，比利时农业部的专家为此专门进行了调查研究。结果发现，这是由于比利时九家饲料公司生产的饲料中含有二噁英所致。此次比利时的污染鸡中二噁英含量为 700～800ng/g 脂肪，而国际上一般规定每克动物脂肪中不得超过 5ng，每克鸡蛋脂肪中不得超过 20ng。比利时政府宣布收回在全国商店出售的所有蛋禽及其制品。据调查，该国 500 多家养猪场和 70 家养牛场也使用了含有二噁英的饲料，随后二噁英也被发现于比利时生产的肉、乳制品中。其后，比利时政府再次宣布，全国的屠宰场一律停止屠宰，等待对可疑饲养场进行甄别，并决定销毁生产的禽、蛋及其加工制品。此次事件不仅使比利时陷入了严重的市场混乱，而且殃及欧洲其他国家，使成千上万吨比利时生产的禽、蛋和猪、牛肉被收回或销毁。此事件发生后，欧盟委员会决定在欧盟 15 国停止出售并收回、销毁比利时生产的肉鸡、鸡蛋和蛋禽制品以及比利时生产的猪肉和牛肉。许多欧洲以外的国家也停止或限制从比利时和其他有关国家进口肉鸡和蛋禽制品。

（三）毒性和致癌性

1. 一般毒性

PCDD/Fs 大多具有较强的急性毒性，如 TCDD 对豚鼠的经口 LD_{50} 仅为 $1\mu g/(kg \cdot bw)$，但不同种属动物对其敏感性有较大差异。如对仓鼠和豚鼠的经口 LD_{50} 可相差 5000 倍。其急性中毒主要表现为体重极度减少，并伴有肌肉和脂肪组织的急剧减少（故称为废物综合征），作用机制可能是通过影响下丘脑和脑垂体而使进食量减少。此外，皮肤接触或全身染毒大量二噁英类物质可致氯痤疮，表现为皮肤过度角化和色素沉着。

2. 肝毒性

二噁英对动物有不同程度的肝损伤作用，主要表现为肝细胞变性坏死、胞质内脂滴和滑面内质网增多、微粒体酶及转氨酶活性增强、单核细胞浸润等。不同种属动物对其肝毒性的敏感性亦有较大差异，仓鼠和豚鼠较不敏感，而对大鼠和兔的肝损伤极其严重，可导致死亡。

3. 免疫毒性

二噁英类对体液免疫和细胞免疫均有较强的抑制作用，在非致死剂量时即可致实验动物胸腺的严重萎缩，并可抑制抗体的生成，降低机体的抵抗力。

4. 生殖毒性

二噁英类物质属于环境内分泌干扰物，具有明显的抗雌激素作用，其机制可能是此类物质诱导雌二醇代谢酶的活性，从而可使其分解代谢增加而致血中雌二醇的浓度降低，进而引起性周期的改变和生殖功能异常。大量研究表明，TCDD 可降低大、小鼠的子宫质量和雌激素受体水平，导致受孕率降低、每窝胎仔数减少，甚至不育。近年来还有一些研究表明，TCDD 亦有明显的抗雄激素作用，可致雄性动物睾丸形态改变，精子数量减少，雄性生殖功能降低，血清睾酮水平亦有明显降低。还有研究表明，人对 TCDD 的抗雄激素作用可能比鼠类更为敏感。

5. 发育毒性和致畸性

TCDD 对多种动物有致畸性，尤以小鼠最为敏感，可致胎鼠发生腭裂和肾盂积水等畸形。大鼠则对 TCDD 的发育毒性较为敏感，孕鼠在着床 15d 时给予 $0.064\mu g/(kg \cdot bw)$

剂量的 TCDD（一次染毒）可导致仔代出生后雄性动物的睾丸发育和性行为异常，在出生后 120d 检查仍可见睾丸和附睾质量明显轻于对照动物，精子数亦有明显减少。

6. 致癌性

TCDD 对多种动物有极强的致癌性，尤以啮齿类最为敏感，对大、小鼠的最低致肝癌剂量为 10ng/（kg·bw）。有流行病学研究表明，PCDD/Fs 的接触与人类某些肿瘤的发生有关。国际癌症研究机构（IARC）1997 年已将 TCDD 确定为 I 类对人有致癌性的致癌物，但目前尚未发现 PCDD/Fs 有明显的致突变作用，故认为此类化合物可能是非遗传毒性致癌物，其主要作用发生在肿瘤的促进阶段，是一类作用较强的促癌剂。

（四）预防二噁英类化合物危害的措施

1. 控制环境 PCDD/Fs 的污染

控制环境 PCDD/Fs 的污染是预防二噁英类化合物污染食品及对人体危害的根本措施。如减少含 PCDD/Fs 的农药和其他化合物的使用；严格控制有关的农药和工业化合物中杂质（尤其是各种 PCDD/Fs）的含量，控制垃圾燃烧，尤其是不完全燃烧和汽车尾气对环境的污染等。

2. 发展实用的 PCDD/Fs 检测方法

由于对 PCDD/Fs 的异构体多达 200 余种，而且在环境和食品中的含量极微，使其定量分析十分困难。目前公认的检测方法只有高分辨气质联用技术，但所需设备昂贵，检测周期长，检测成本高昂，目前仅少数发达国家和国内极个别实验室能够开展对 PCDD/Fs 的检测工作，这使得对 PCDD/Fs 的研究和环境、食品中污染水平的检测变得十分困难。因此，发展可靠、实用和成本较低的 PCDD/Fs 检测方法是目前亟待解决的问题。只有在此基础上才能加强环境和食品中 PCDD/Fs 含量的监测，并制定食品中的允许限量标准，从而对防止 PCDD/Fs 的危害起到积极作用。

3. 其他措施

应深入研究 PCDD/Fs 的生成条件及其影响因素、体内代谢、毒性作用及其机制、阈剂量水平等，在此基础上提出切实可行的预防二噁英类化合物危害的综合措施。

第五节　容器和包装材料污染

食品容器、包装材料是指包装、盛放食品用的纸、竹、木、金属、搪瓷、陶瓷、塑料、橡胶、天然纤维、化学纤维、玻璃等制品和接触食品的涂料。食品用工具设备是指在生产经营过程中接触食品的机械、管道、传送带、容器、用具、餐具等。随着化学工业与食品工业的发展，新的包装材料越来越多，在与食品接触时，某些材料的成分有可能迁移到食品中，造成食品的化学性污染，将给人体带来危害。所以应该严格注意它们的卫生质量，防止产生有害物质向食品迁移，以保证人体健康。

目前我国已制订的食品容器、包装材料卫生标准有 6 类 38 种，包括塑料 19 种，橡胶 2 种，金属及搪陶瓷 4 种，涂料 8 种，其他品种 5 种。某些高分子食品容器、包装材料在生产加工过程中需要加入加工助剂。根据《食品容器、包装材料用助剂使用卫生标准》的规定，我国容许使用的食品容器、包装材料用助剂共有 17 类 57 种。

一、塑料及其卫生问题

塑料是由大量小分子的单体通过共价键聚合成的一类以高分子树脂为基础，添加适量增塑剂、稳定剂、抗氧剂等助剂，在一定的条件下塑化而成的。根据受热后的性能变化，可分为热塑性和热固性两类。前者主要具有链状的线型结构，受热软化，可反复塑制；后者成型后具有网状的体型结构，受热不能软化，不能反复塑制。目前我国允许使用于食品容器包装的热塑性塑料有聚乙烯、聚丙烯、聚苯乙烯、聚氯乙烯、聚碳酸酯、聚对苯二甲酸乙二醇酯、尼龙、苯乙烯 – 丙烯腈 – 丁二烯共聚物（acrylonitrile butadiene styrene，ABS）、苯乙烯与丙烯腈的共聚物（acrylonitrile styrene，AS）等；热固性塑料有三聚氰胺甲醛树脂等。

（一）常用塑料制品

（1）聚乙烯（polyethylene，PE）和聚丙烯（polypropylene，PP） 均为饱和聚烯烃，故与其他元素的相容性很差，能加入其中的添加剂的种类很少，因而难以印上鲜艳的图案。其急性毒性属于低毒级物质。

高压聚乙烯质地柔软，多制成薄膜，其特点是具透气性、不耐高温，耐油性亦较差。低压聚乙烯坚硬、耐高温，可以煮沸消毒。聚丙烯透明度好，耐热，且有防潮性（即透气性差），常用于制成薄膜、编织袋和食品周转箱等。两种单体沸点均较低，易于挥发，一般无残留。

（2）聚苯乙烯（polystyrene，PS） 亦属于聚烯烃，由于在每个乙烯单元中有一苯核，因而比重较大，燃烧时冒烟。常用品种有透明聚苯乙烯和泡沫聚苯乙烯两类（后者在加工中加入发泡剂制成，曾用作快餐饭盒，因可造成白色污染，现已禁用）。

聚苯乙烯为饱和烃，故相容性亦较差。其主要卫生问题是单体苯乙烯及甲苯、乙苯和异丙苯等杂质具有一定的毒性（表 2 – 10）。如每天给予 400mg/（kg·bw）苯乙烯可致动物肝、肾质量减轻，并可抑制动物的繁殖能力。

表 2 – 10　　　　　　　苯乙烯单体及其挥发成分对大鼠的口服毒性

化合物名称	实验动物性别	LD_{50}/（g/kg）	MNL/（mg/kg）
苯	雄	5.6	—
甲苯	雄、雌	7.0	118
二甲苯	雄	4.3	—
乙苯	雄、雌	3.5	136
二乙苯	雌	1.2	—
异丙苯	雄	1.4	154
苯乙烯	雄、雌	5.0	133
α – 甲基苯乙烯	雄	4.9	—
乙烯苯	雄	4.0	—

用聚苯乙烯容器贮存牛乳、肉汁、糖液及酱油等可产生异味；贮放发酵乳饮料后，可有少量苯乙烯移入饮料，其移入量与贮存温度和时间成正相关。

（3）聚氯乙烯（polyvinyl chloride，PVC） PVC 本身无毒，主要的卫生问题有以下三个方面。

① 氯乙烯单体和降解产物的毒性：氯乙烯经胃肠道吸收后，一部分未发生变化经呼吸道排出，还有一部分分解成氯乙醇和一氯醋酸。氯乙烯在体内可与 DNA 结合产生毒性，主要表现在神经系统、骨骼和肝脏。研究表明，氯乙烯单体及其分解产物具有致癌作用，甚至有引起血管肉瘤的人群报告。因此各国对 PVC 树脂中氯乙烯单体的残留量都作出规定，如日本、美国、英国、法国、荷兰、德国、意大利、瑞士等国规定应≤1mg/kg；法国、意大利、瑞士还规定食品中迁移量≤0.05mg/kg。我国国家标准规定，食品包装用 PVC 树脂和成型品中氯乙烯单体含量应分别控制在 5mg/kg 和 1mg/L 以下。

② 氯乙烯单体的来源：聚氯乙烯的生产可分为乙炔法和乙烯法两种，由于合成工艺不同，聚氯乙烯中所含的卤代烃也不同。乙炔法聚氯乙烯含有 1，1 - 二氯乙烷，而乙烯法聚氯乙烯中含有 1，2 - 二氯乙烷，后者的毒性是前者的 10 倍。因此，国家标准规定，乙炔法 PVC 树脂中 1，1 - 二氯乙烷残留量应≤150mg/kg；乙烯法 PVC 树脂中 1，2 - 二氯乙烷残留量应≤2mg/kg。

③ 增塑剂和助剂：PVC 成型品中要使用大量的增塑剂，有些增塑剂的毒性较大（表2 - 11）。除增塑剂以外，生产聚氯乙烯成型品时还要添加稳定剂和紫外线吸收剂等助剂，这些助剂也会向食品迁移。

表 2 - 11	部分增塑剂的 ADI	单位：mg/kg
增塑剂名称	无条件 ADI	有条件 ADI
乙基邻苯二甲酰乙醇酸乙酯	0 ~ 2.5	2.5 ~ 5.0
对一叔丁基苯基水杨酸酯	0 ~ 1.0	1.0 ~ 2.0
苯二甲酸二辛酯	0 ~ 1.0	1.0 ~ 2.0
己二酸二异丁酯	0 ~ 2.5	2.5 ~ 5.0
环氧大豆油	0 ~ 12.5	12.5 ~ 25.0
乙酰柠檬酸三丁酯	0 ~ 10.0	10.0 ~ 20.0
癸二酸二丁酯	0 ~ 30.0	30.0 ~ 60.0
苯二甲酸二丁酯	0 ~ 1.0	1.0 ~ 2.0
硬脂酸丁酯	0 ~ 30.0	30.0 ~ 60.0

（4）三聚氰胺甲醛（melamine - formaldehyde，MF）树脂 三聚氰胺甲醛树脂本身无毒。但三聚氰胺甲醛树脂会含有一定量的游离甲醛，尤其是由苯酚与甲醛缩聚而成的酚醛树脂（俗称电木）和由尿素与甲醛缩聚而成的脲醛树脂（俗称电玉）中甲醛含量更高。甲醛是一种细胞的原浆毒，动物经口摄入甲醛，可出现肝细胞坏死和淋巴细胞浸润。因此，酚醛树脂和脲醛树脂不得用于食品容器和包装材料。MF 树脂中甲醛的迁移量随树脂热固压制的时间和热固成型后放置时间的延长以及热固压制温度的升高而降低。

（5）聚碳酸酯（polycarbonate，PC）塑料 PC 树脂本身无毒，经口 LD_{50} 为 >10g/（kg·bw），致突变试验（Ames 试验、微核试验和精子畸变分析）阴性。但双酚 A 与碳酸二苯酯进行酯交换时会产生中间体——苯酚；PC 树脂在高浓度乙醇溶液中浸泡后，其质量和抗张强度均有明显下降。PC 容器和包装材料不宜接触高浓度乙醇溶液。

（6）聚对苯二甲酸乙二醇酯（polyethylene terephthalate，PET）塑料　PET 树脂无毒，小鼠经口树脂或提取物的 LD_{50} 均 $>10g/$（$kg \cdot bw$），致突变试验（Ames 试验、微核试验和精子畸变分析）均阴性。由于 PET 树脂在自缩聚过程中要使用锑（三氧化二锑或醋酸锑）作催化剂，所以，树脂中可能有锑的残留。锑为中等急性毒性的金属，三氧化二锑的大鼠 LD_{50}（腹腔）为 3.25g/（$kg \cdot bw$），100mg/kg 剂量喂养大鼠 12 个月，对心肌有损害作用。国外也有使用锗作催化剂。

（7）聚酰胺（尼龙 nylon）　尼龙本身无毒。尼龙 6 树脂的浸泡液对小鼠口服 $LD_{50} >$ 10g/（$kg \cdot bw$），致突变试验（Ames 试验和微核试验）均阴性。但尼龙 6 中含有己内酰胺，有报道长期摄入己内酰胺能引起神经衰弱。

（8）不饱和聚酯树脂及其玻璃钢（unsaturated polyester resin and glassfibre reinforced plastics）制品　不饱和聚酯树脂及其玻璃钢本身无毒。不饱和聚酯树脂的经口 $LD_{50} >$ 15g/（$kg \cdot bw$），致突变试验（Ames 试验、微核试验和精子畸变分析）均阴性。但在不饱和聚酯树脂及其玻璃钢聚合、固化时需要使用引发剂和催化剂。因此，在不饱和聚酯树脂及其玻璃钢中会有引发剂和催化剂的残留。引发剂和催化剂的品种较多，有些毒性较大。食品容器、包装材料用不饱和聚酯树脂及其玻璃钢应当使用过氧化甲乙酮为引发剂，环烷酸钴为催化剂。苯乙烯既是不饱和聚酯树脂及其玻璃钢的溶剂，又是其固化的交联剂。因此，苯乙烯的残留是不可避免的。苯乙烯具有较大的毒性，其残留量与引发剂、催化剂加入的比例、固化程度以及成型后的处理有关。

（9）苯乙烯 – 丙烯腈 – 丁二烯共聚物（ABS）和苯乙烯和丙烯腈的共聚物（AS）ABS 和 AS 是一类含丙烯腈单体的化合物。其主要的卫生问题除了苯乙烯外，还有丙烯腈单体的残留问题。丙烯腈（$CH_2 = CH—C \equiv N$）是一种无色、挥发性、易燃、带有甜味并有特殊香味的气体，稍溶于水，易溶于大多数有机溶剂，沸点为 77.3℃，冰点为 -83.55℃。动物经口丙烯腈的 LD_{50} 为 25 ~ 186mg/（$kg \cdot bw$）。动物急性中毒表现为兴奋，呼吸快而浅，缓慢喘气，窒息，抽搐，死亡。口服丙烯腈还可造成循环系统、肾脏损伤和血液生化改变。2 年慢性实验证明，丙烯腈有致瘤性，尤其是中枢神经系统、皮脂腺、舌、肾、小肠、乳腺的肿瘤。因此，美国和英国认为丙烯腈对实验动物有致癌性。Werner 和 Carter（1981）对接触丙烯腈工人进行流行病学调查，结果发现接触丙烯腈工人的胃癌、肺癌发生率显著升高，但实验组肺癌发病与对照缺乏恒定性。

（二）塑料助剂

塑料助剂种类很多，对于保证塑料制品的质量和理化特性非常重要。但有些助剂对人体可能有毒害作用并向食品中迁移，必须加以注意。

（1）增塑剂　增塑剂可增加塑料制品的可塑性，使其能在较低温度下进行加工。一般多采用化学性质稳定、在常温下为液态并易与树脂混合的有机化合物。如邻苯二甲酸酯类是应用最为广泛的一种，其毒性较低。其中二丁酯、二辛酯在许多国家都允许使用。磷酸酯类增塑剂中的磷酸二苯一辛酸耐浸泡和耐低温性较好，毒性也较低。另外，脂肪族二元酸酯类的己二酸二辛酯也是一种常用的增塑剂，耐低温性也较好。

（2）稳定剂　稳定剂具有防止塑料制品光照或高温下发生降解的作用。大多数为金属盐类，如三盐基硫酸铅、二盐基硫酸铅或硬脂酸铅盐、钡盐、锌盐及镉盐，其中铅盐耐热性强。但铅盐、钡盐和镉盐对人体危害较大，不得用于食品容器和工、用具的塑料中。容许使用锌盐，其用量规定为 1% ~ 3%。有机锡稳定剂工艺性能较好，毒性也较低（除二丁基锡外），一般二烷基锡碳链越长，毒性越小，二辛基锡可以认为经口无毒。

（3）其他　① 抗氧化剂，如丁基羟基茴香醚和二丁基羟基甲苯等；② 抗静电剂，大多为表面活性剂，如阴离子型的烷基苯磺酸盐和 α - 烯烃磺酸盐、阳离子型的月桂醇、非离子型的醚类和酯类；③ 润滑剂，如高级脂肪酸、高级醇类或脂肪酸酯类；④ 着色剂，包括染料及颜料。

（三）卫生要求与标准

由于各种塑料的树脂、助剂种类和用量、加工工艺以及使用条件不同，对不同塑料制品应有不同要求，但总的要求应是对人体无害。根据我国有关规定，对塑料制品提出了树脂和成型品的卫生标准。采用模拟食品作为浸泡液，按接触"食品"的面积加入浸泡液（一般为 $2mL/cm^2$），浸泡一定时间后测定浸泡液中迁移物的含量。此外许多树脂和成型品还制定特异性指标，有些有色的塑料制品还控制褪色试验。我国几种常用塑料的卫生标准见表 2 - 12。

表 2 - 12　　　　　　　　几种常用塑料的卫生标准　　　　　　　单位：mg/L

项目		PE	PP	PVC	PS	MF	PC	PET	玻璃钢	尼龙	ABS	AS
蒸发残渣	4% 醋酸	30	30	30	30	—	30	30	30	30	15	15
	20% 乙醇	—		30			30			20	15	15
	65% 乙醇	30			30			30	30			
	正己烷	60	30	150			30		30	30	15	15
	水	—				30	30	30		30	15	15
高锰酸钾消耗量		10	10	10	10	10	10	10	10	10	10	10
重金属 4% 醋酸		1	1	1	1	1	1	1	1	1	1	1
褪色试验		阴性	阴性	阴性	阴性	阴性	阴性	阴性	阴性	阴性	阴性	阴性
特异性指标				1		30	0.05	0.05	0.1	15	11	50
				氯乙烯		甲醛	酚	锑	苯乙烯	己内酰胺	丙烯腈	丙烯腈

二、橡胶制品及其卫生问题

橡胶制品一般是以橡胶基料为主要原料，配以一定助剂，组成特定配方加工而成。橡胶是一种高分子化合物，有天然与合成橡胶二类。橡胶中的毒性物质来源于橡胶基料和添加的助剂。

1. 橡胶基料

（1）天然橡胶　天然橡胶是由橡胶树流出的乳胶经过凝固、干燥等工艺加工而成的弹性固形物。它是以异戊二烯为主要成分的不饱和的高分子化合物，其含烃量达 90% 以上。由于加工工艺的不同，天然橡胶基料有乳胶、烟胶片、风干胶片、白皱片、褐皱片等。天然橡胶因不被消化酶分解，也不被人体吸收，一般认为本身无毒。尤其是乳胶和白皱片质地纯净，较适合制作食品用橡胶制品。褐皱片杂质较多，质量较差，烟胶片经过烟熏，可能含有多环芳烃，一般不用于制作食品用橡胶制品。

（2）合成橡胶 合成橡胶单体因橡胶种类不同而异，大多是由二烯类单体聚合而成，主要有硅橡胶、丁橡胶、乙丙橡胶、丁苯胶、丁腈胶、氯丁胶等。硅橡胶的化学成分为聚二甲基硅烷，毒性甚小，化学性质稳定，可以用于食品工业；丁橡胶由异戊二烯和异丁二烯聚合而成；乙丙橡胶由乙烯和丙烯聚合而成。异戊二烯和异丁二烯、乙烯和丙烯单体都具有麻醉作用，但丁基橡胶经大鼠、狗两年喂养试验尚未证明有慢性毒性作用。丁橡胶、乙丙橡胶广泛用于制作食品用橡胶制品；丁苯胶由丁二烯和苯乙烯共聚而成，苯乙烯单体有一定毒性，但聚合物本身并无毒性作用，也可用作食品用橡胶制品；丁腈胶由丁二烯和丙烯腈共聚而成。虽然耐油性较强，但丙烯腈单体的毒性较大，大鼠口服 LD_{50} 为 78 ~ 93mg/（kg·bw），能引起溶血且有致癌致畸作用。美国 FDA 1977 年将丁腈橡胶成型品中丙烯腈的溶出量由 0.3mg/kg 下降到 0.05mg/kg。氯丁胶由二氯 – 1，3 – 丁二烯聚合而成，有报道二氯 – 1，3 – 丁二烯单体局部接触有致癌作用，一般不得用于制作食品用橡胶制品。

2. 橡胶助剂

橡胶加工成型时，往往需要加入大量加工助剂。食品用橡胶制品中加工助剂占 50%以上，而添加的助剂一般都不是高分子化合物，有些并没有结合到橡胶的高分子化合物结构中，有些则有较大的毒性（表 2 – 13）。常用的橡胶加工助剂有以下几种。

表 2 – 13 部分橡胶助剂的毒性

助剂名称	商品名	实验动物	LD_{50} /[g/（kg·bw）]	MNL /[mg/（kg·bw）]	ADI /[mg/（kg·bw）]	PADI[*] /[mg/（kg·bw）]
过氧化苯甲酰	—	小鼠腹腔	0.25	—	0 ~ 40（无条件）	40 ~ 75（有条件）
二硫化四甲基秋兰姆	促进剂 TMTD	大鼠口服	1.25	48	0 ~ 0.25（WHO）	7（WHO）
二甲基硫化氨基甲酸锌	促进剂 PZ	大鼠口服	1.40	250	0 ~ 1.25（WHO）	7（WHO）
α – 硫醇基苯并噻唑	促进剂 M	小鼠口服	0.20（MLD） 1.7 ~ 1.97	120	0 ~ 0.075	4.5
二叔丁基甲基苯酚	防老剂 BHT	大鼠口服		1000	0 ~ 0.50（WHO）	30
烷基与芳基取代苯酚	—	—	250	0 ~ 0.04	2.5	—

* 为暂定 ADI 值。

（1）硫化促进剂 硫化促进剂简称促进剂，起促进橡胶硫化的作用，可提高橡胶的硬度、耐热性和耐浸泡性。促进剂大多数为有机化合物，如硫脲类、噻唑类、次磺酰胺类和秋兰姆类等。目前食品用橡胶制品中容许使用的促进剂有二硫化四甲基秋兰姆、二乙基二硫代氨基甲酸锌、N – 氧二乙撑 – 2 – 苯并噻唑次磺酰胺。其他的促进剂毒性较大，如乌洛托品能产生甲醛而对肝脏有毒性，乙撑硫脲有致癌性，二苯胍对肝脏、肾脏有毒性。美国 FDA 1974 年作出规定，禁止在食品用橡胶制品中使用乌洛托品和乙撑硫脲。

（2）防老剂 防老剂具有防止橡胶制品老化的作用，可提高橡胶制品的耐热、耐酸、耐臭氧、耐曲折龟裂性。食品用橡胶制品中容许使用的防老剂有防老剂 264（叔二丁基羟基甲苯)、防老剂 BLE(丙酮和二苯胺高温反应物)。一般芳香胺类衍生物有明显的毒性,禁止用于食品用橡胶制品中,如苯基 β - 萘胺中含有 $1 \sim 20\text{mg/kg}$ β - 萘胺,β - 萘胺能引起膀胱癌;N,N - 二苯基对苯二胺在人体内可代谢转化为 β - 萘胺。

(3)填充剂 填充剂是橡胶制品中使用量最多的助剂。食品用橡胶制品允许使用的填充剂有碳酸钙、重质碳酸钙、轻质碳酸钙、滑石粉。一般橡胶制品常使用的炭黑中含有较多的 B(a)P,炭黑的提取物有明显的致突变作用。有些国家规定去除 B(a)P 的炭黑才能用于食品用橡胶制品中,如法国和意大利规定炭黑中 B(a)P 的含量 <0.01%,前联邦德国规定 <0.15%。

三、涂料及其卫生问题

食品是一种较好的溶剂,尤其是饮料、调味品、酒类等对其包装材料和容器的腐蚀性较大,对食品容器、包装材料耐腐蚀性的要求较高。为防止食品对食品容器、包装材料内壁的腐蚀,以及食品容器、包装材料中的有害物质向食品中的迁移,常常在有些食品容器、包装材料的内壁涂上一层耐酸、耐油、耐碱的防腐蚀涂料。另外,有些食品加工工艺的特殊要求,也需要在加工机械、设备上涂有特殊的材料(如防粘)。根据涂料使用的对象以及成膜条件,分为大池内壁非高温成膜涂料和罐头容器内壁高温成膜涂料两大类。

1. 非高温成膜涂料

非高温成膜涂料一般用于贮藏酒(包括白酒、黄酒、葡萄酒、啤酒等)、酱、酱油、醋等的大池(罐)的内壁。这类涂料经喷涂后,在自然环境条件下常温固化成膜,成膜后必须用清水冲洗干净后方可使用。常用的有聚酰胺环氧树脂涂料、过氯乙烯涂料、漆酚涂料等。

(1)聚酰胺环氧树脂涂料 聚酰胺环氧树脂涂料属于环氧树脂类涂料。环氧树脂涂料是一种加固化剂固化成膜的涂料,环氧树脂一般由双酚 A(二酚基丙烷)与环氧氯丙烷聚合而成。根据聚合程度不同,环氧树脂的分子质量也不同。分子质量越大(即环氧值越小)越稳定,越不易溶出迁移到食品中去,因此其安全性越高。聚酰胺作为聚酰胺环氧树脂涂料的固化剂,其本身是一种高分子化合物,未见有毒性报道。聚酰胺环氧树脂涂料的主要卫生问题是环氧树脂的质量、与固化剂的配比、固化度,以及环氧树脂中未固化物质向食品的迁移。聚酰胺环氧树脂涂料在各种溶剂中的蒸发残渣应控制在 30mg/L 以下。

(2)过氯乙烯涂料 过氯乙烯涂料以过氯乙烯树脂为原料,配以增塑剂、溶剂等助剂,经涂刷或喷涂后自然干燥成膜。过氯乙烯树脂中含有氯乙烯单体,氯乙烯是一种致癌的有毒化合物。成膜后的过氯乙烯涂料中仍可能有氯乙烯的残留,成膜后氯乙烯单体残留量应控制在 1mg/kg 以下。

(3)漆酚涂料 漆酚涂料是以我国传统的天然生漆为主要原料,经精炼加工成清漆,或在清漆中加入一定量的巧氧树脂,并以醇、酮为溶剂稀释而成。漆酚涂料含有游离酚、甲醛等杂质,成膜后会向食品迁移。成膜后游离酚、甲醛的残留量应控制在 0.1mg/L 和 5mg/L 以下。

2. 高温固化成膜涂料

高温固化成膜涂料一般喷涂在罐头、炊具的内壁和食品加工设备的表面,经高温烧结固化成膜。常用的高温固化成膜涂料有环氧酚醛涂料、水基改性环氧涂料、有机硅防粘涂料、聚四氟乙烯涂料等。

（1）环氧酚醛涂料　环氧酚醛涂料为环氧与酚醛树脂的聚合物，常常喷涂在食品罐头内壁，经高温烧结成膜，具有抗酸、抗硫特性。成膜后的聚合物中可含有游离酚和甲醛等未聚合的单体和低分子聚合物。酚醛树脂和环氧酚醛涂料中游离酚的含量应分别低于10%和3.5%；成膜后游离酚和甲醛的残留量均应控制在0.1mg/L以下。

（2）水基改性环氧涂料　水基改性环氧涂料以环氧树脂为主要原料，配以一定的助剂，主要喷涂在啤酒、碳酸饮料全铝二片易拉罐的内壁，经高温烧结成膜。水基改性环氧涂料中含有环氧酚醛树脂，也含有游离酚和甲醛等。涂料中游离酚的含量应低于1 9/6；涂膜中游离酚和甲醛残留量均应控制在0.1mg/L以下。

（3）有机硅防粘涂料　有机硅防粘涂料是以含羟基的聚甲基硅氧烷或聚甲基苯基硅氧烷为主要原料，配以一定的助剂，喷涂在铝板、镀锡铁板等食品加工设备的金属表面，经高温烧结固化成膜，具有耐腐蚀、防粘等特性，主要用于面包、糕点等具有防粘要求的食品模具表面。有机硅防粘涂料是一类高分子化合物，无毒，经口 $LD_{50} > 10g/$（kg·bw），致突变试验（Ames试验、微核试验和精子畸变分析）均阴性，是一种比较安全的食品容器内壁防粘涂料。

（4）氟涂料　氟涂料包括聚氟乙烯、聚四氟乙烯、聚六氟丙烯涂料等，这些涂料以氟乙烯、四氟乙烯、六氟丙烯为主要原料聚合而成，并配以一定助剂，喷涂在铝材、铁板等金属表面，经高温烧结成膜。氟涂料具有防粘、耐腐蚀（但耐酸性较差）特性，主要用于不粘炊具、麦乳晶烧结盘等有防粘要求物的表面，其中以聚四氟乙烯最常用。聚四氟乙烯是一种高分子化合物，化学性质稳定，$LD_{50} > 10g/$（kg·bw），致突变试验（Ames试验、微核试验和精子畸变分析）均阴性，是一种比较安全的食品容器内壁涂料。由于坯料在喷涂前常用铬酸盐处理，从而造成涂膜中有铬的残留。涂膜中铬和氟的迁移量应分别控制在0.01mg/L和0.2mg/L以下。另外，聚四氟乙烯在280℃时会发生裂解，产生挥发性很强的有毒氟化物，所以，聚四氟乙烯涂料的使用温度不得超过250℃。

四、陶瓷、搪器及其卫生问题

1．陶器和瓷器

陶器和瓷器以黏土为主要原料，加入长石、石英，经过配料、细碎、除铁、炼泥、成型、干燥、上釉、烧结、彩饰，经高温烧结而成。根据选用的原料和加工工艺又可分别分为粗陶、精陶和粗瓷、细瓷。陶器的烧结温度1000～1200℃，瓷器为1200～1500℃。一般的陶瓷器本身没有毒性，主要是釉彩的毒性。① 陶瓷器釉彩均为金属氧化颜料，如硫化镉、氧化铅、氧化铬、硝酸锰等，釉彩中加入铅盐可降低釉彩的熔点，从而降低烧釉的温度，陶器、瓷器食具容器中铅和镉的含量应分别控制在7mg/L和0.5mg/L以下；② 根据陶瓷器彩饰工艺不同，分为釉上彩、釉下彩和粉彩，其中釉下彩最安全，金属的迁移量最少，粉彩的金属迁移最多；③ 瓷器的花饰一般采用花纸印花，应当采用无铅或低铅花纸，接触食品的部位不应有花饰。

2．搪瓷

搪瓷是以铁皮冲压成铁坯、喷涂搪釉、800～900℃高温烧结而成。搪瓷食具容器具有耐酸、耐高温、易于清洗等特性。搪瓷表面的釉彩成分复杂，为降低釉彩熔融温度，往往加入硼砂、氧化铝等。釉彩的颜料采用金属盐类，如氧化钛、氧化锌、硫化镉、氧化铅、氧化锑等，应尽量少用或者不用铅、锌、砷、镉的金属氧化物。搪瓷制品中铅、镉、锑的迁移量应分别控制在 1.0mg/L、0.5mg/L、0.7mg/L 以下。

五、不锈钢、铝制品和玻璃制品及其卫生问题

1. 不锈钢

不锈钢具有耐腐蚀、外观洁净、易于清洗消毒的特性。不同型号的不锈钢组分和特性不同。例如，奥氏体型不锈钢含有铬、镍、钛等元素，其硬度较低，耐腐蚀性较好，如 1Cr18Ni9Ti、0Cr18Ni9、1Cr18Ni9，适合于制作食品容器、食品加工机械、厨房设备等，其铅、铬、镍、镉、砷的迁移量必须分别控制在 1.0mg/L、0.5mg/L、3.0mg/L、0.02mg/L、0.04mg/L 以下。马氏体型不锈钢含有铬元素，其硬度较高，耐腐蚀性较差，俗称不锈铁，如 0Cr13、1Cr13、2Cr13、3Cr13，适合制作刀、叉等餐具，其铅、镍、镉、砷的迁移量必须分别控制在 1.0mg/L、1.0mg/L、0.02mg/L、0.04mg/L 以下。

2. 铝制品

用于制造食品容器和包装材料的铝材有精铝和回收铝之分。精铝纯度较高，杂质含量较低，但硬度较低，适合于制造各种铝制容器、餐具、铝箔；回收铝来源复杂，杂质含量高，不得用于制造食具和食品容器，只能用于制造菜铲、饭勺等炊具，但要注意回收铝的来源。精铝制品和回收铝制品的铅溶出量应分别低于 0.2mg/L 和 5mg/L，锌、砷、镉则应分别控制在 1mg/L、0.04mg/L、0.02mg/L 以下。

3. 玻璃制品

玻璃是以二氧化硅为主要原料，配以一定的辅料，经高温熔融制成。二氧化硅的毒性很小，经消化道摄入几乎不被人体吸收。但有些辅料的毒性很大，如红丹粉、三氧化二砷，尤其是中高档玻璃器皿，如高脚酒杯的加铅量可达 30% 以上。铅和砷的毒性都比较大，是玻璃制品的主要卫生问题。

六、包装纸、复合包装材料及其卫生问题

1. 包装纸

造纸的原料包括纸浆和辅料。纸浆有木浆、草浆（稻草、麦杆、甘蔗渣等）、棉浆等辅料有硫酸铝、氢氧化钠、亚硫酸钠、次氯酸钠、松香、杀菌剂、防霉剂、漂白剂等。主要的卫生问题有：① 纸浆中的农药残留；② 回收纸中油墨颜料中的铅、镉、多氯联苯等有害物质；③ 劣质纸浆漂白剂，有些漂白剂有一定的毒性，甚至有致癌作用，如荧光漂白剂等；④ 造纸加工助剂的毒性。由于目前我国尚无食品包装材料印刷专用油墨颜料，一般工业印刷用油墨及颜料中的铅、镉等有害金属和甲苯、二甲苯或多氯联苯等有机溶剂均有一定毒性。

2. 复合包装材料

复合包装材料品种有很多，主要有：① 供真空或低温消毒杀菌类，如聚乙烯层压赛珞玢或压聚酯、聚酰胺等；② 供高温（105～120℃）杀菌类，如高密度聚乙烯层压聚酯或压聚酰胺，以及三层材料（如聚酯－铝箔－高密度聚乙烯）等；③ 可充气类，如聚乙烯层压聚酯、压拉伸聚酰胺等。复合材料的卫生问题应从如下两个方面考虑。

（1）原料的卫生　复合包装材料的塑料薄膜、铝箔、纸等应当符合相应的卫生要求和卫生标准。用于黏合的黏合剂有两种，一是马来酸改性聚丙烯，不会对食品产生影响；二是聚氨酯型黏合剂，该黏合剂中的中间体—甲苯二异氰酸酯水解后产生甲苯二胺，尤其是在酸性和高温条件下更易水解。甲苯二胺是一种致癌物质并会向食品迁移，其迁移量应控制在 0.004mg/L 以下。

（2）复合包装袋的卫生　经复合的包装袋各层之间黏合牢固，不能发生剥离，彩色油墨应印刷在两层薄膜之间。复合时，必须待油墨和黏合剂中的溶剂充分干燥后再粘合，防止溶剂向食品迁移。

七、食品容器、包装材料和食品用工具设备的卫生管理

食品容器包装材料种类繁多，原材料复杂，且与食品直接接触，其材料成分有可能移行到食品中，造成对人体健康的损害。为加强对食品容器包装材料设备的卫生管理，以避免或降低其对食品的污染和对人体的危害，我国已制定了相应的法律法规、管理办法和卫生标准，如《中华人民共和国食品安全法》规定："食品容器、包装材料和食品用工具、设备必须符合卫生标准和卫生管理办法的规定。""食品容器、包装材料和食品用工具、设备的生产必须采用符合卫生要求的原材料，产品应当便于清洗和消毒。"我国卫生部和其他相关部门已先后制订了有关的管理办法，其管理涉及原材料、配方、生产工艺、新品种审批、抽样及检验、包装、运输、储存、销售，以及食品卫生监督等各个环节。其主要内容有：

（1）食品包装容器材料必须符合相应的国家标准和其他有关卫生标准，并经检验合格方可出厂。

（2）利用新原料生产食品容器包装材料，在投产前必须提供产品卫生评价所需的资料（包括配方、检验方法、毒理学安全评价、卫生标准等）和样品，按照规定的食品卫生标准审批程序报请审批，经审查同意后方可投产。

（3）生产过程中必须严格执行生产工艺和质量标准、建立健全产品卫生质量检验制度。产品必须有清晰完整的生产厂名、厂址、批号、生产日期的标志和产品卫生质量合格证。

（4）销售单位在采购时，要索取检验合格证或检验证书，凡不符合卫生标准的产品不得销售。食品生产经营者不得使用不符合标准的食品容器、包装材料与设备。

（5）食品容器包装材料设备在生产、运输、贮存过程中，应防止有毒有害化学品的污染。

（6）食品卫生监督机构对生产经营与使用单位应加强经常性卫生监督，并根据需要采取样品进行检验。对于违反管理办法者，应根据《中华人民共和国食品卫生法》的有关规定追究法律责任。

思　考　题

1. 简述动植物天然有毒物质的概念。
2. 试列举大豆中的抗营养因子及其有效去除方法。

3. 毒蕈中毒的症状分为哪几型？

4. 简述河豚鱼的毒性特点及食用河豚鱼中毒的预防措施。

5. 什么是农药及农药残留？农药有哪些种类？简述食品中农药的残留有哪些来源及其危害。

6. 什么是兽药及兽药残留？兽药有哪些种类？简述食品中兽药的残留有哪些来源及其危害。

7. 简述预防金属毒物污染食品及其对人体危害的一般措施。

8. 人体中 N – 亚硝基化合物的来源有哪些？

9. 食品中多环芳烃的主要来源有哪些？

10. 食品中杂环按类化合物的来源及食品中影响其形成的因素有哪些？

11. 预防 POPs 污染食品及对人体产生危害的措施有哪些？

12. 控制丙烯酰胺污染食物的措施有哪些？

13. 食品容器、包装材料的卫生管理措施中对材料和原材料的主要卫生要求是什么？

14. 我国某地区为消化系统癌症死亡的高发区，当地有在冬季食用自家腌制的酸菜的饮食习惯。卫生部门调查发现居民胃癌的发病率与酸菜的摄入量成正比关系。自制的酸菜中，某种有害物质的含量远高于新鲜白菜及工业化加工酸菜。根据所学知识，回答以下问题：

（1）推断当地居民胃癌的发病与死亡可能与其膳食中可能存在的哪类有害因素有关？

（2）为降低该地区居民消化系统癌症的发病率，你建议应该采取哪些措施？

（3）当地酸菜工业化生产企业的产品优势是什么？

（4）生产企业产品质量控制关键检测指标有哪些？

（5）商品流通过程中质量控制指标有哪些？

第二篇 食品安全卫生与食品加工

第三章 食品企业建筑与设施卫生

第一节 食品企业选址与建筑

新建、改建或扩建的食品加工与经营企业应该有计划地按照卫生操作规范（GMP,SSOP）进行选址和设计。大多数设备和厂房在设计时都以其功能性为主，但是，要确保卫生操作规范的实施，必须重视有关卫生设计和建筑方面的一些基本要求。符合卫生设计要求的厂房和设施不但能提高产品的卫生与安全性，而且还有利于保持环境卫生。

一、食品工厂设计

（一）食品加工企业厂址的选择

在实施卫生操作规范的过程中，食品加工企业厂址的选择至关重要。除了必须考虑城乡规划发展、交通运输、动力电源、地质构造外，从食品安全卫生的角度看，食品企业既要避免外部环境有害、有毒因素对食品的污染，保证食品卫生和安全，同时又要避免生产过程中产生的废气、废水、噪声对环境和周围居民的影响。因此，食品企业厂址的选择还应遵循以下原则：

首先，食品企业厂区周围不得有粉尘、烟雾、灰砂、有毒气体、放射性物质和其他扩散性污染源；不得有垃圾场、废渣场、粪场以及其他有昆虫大量孳生的潜在场所，防止病原菌污染。

其次，食品企业厂区要远离有害场所，不能建在化工厂附近，因为化工厂常常排放有毒气体；不能建在捕捞厂或水处理系统和医院等附近，因为脂肪含量相对较高的食品容易吸收并贮积有害气体和不良气味，如果生产车间的空气入口处没有特设的过滤系统，那么这些地方的病原菌将会被风吹到加工好的食品上，并在食品中繁殖。厂址虽远离有害场所，但在一定范围内又存在污染源而可能影响食品工厂时，食品厂必须建在该污染源的上风向（地区的主导风向），位于生活区的下风向。

此外，所选地点的排水性也是相当重要的。如果厂房靠近排水较差的积水区，那么，其设施和产品上很可能带有单核细胞增生李斯特菌。若积水体积较大，将吸引携带沙门菌的食腐性鸟类。死水还为昆虫、啮齿动物以及其他害虫提供了适宜的生存环境。

选择的地点必须具有发展余地，否则，随着生产规模的扩大，过分拥挤的厂区不但使生产效率降低，而且还会使卫生管理工作变得困难重重。建厂时还应考虑如何提高水的利用率，配备足够的废弃物处理设施。车间旁不得种植能为鸟类提供食宿的树木或簇叶植物，已有的这类植物必须移走。停车场应该用防尘材料铺砌，并具备良好的排水系统，使雨水能及时排出。

总之，为了使产品达到卫生要求，应该充分考虑食品加工企业周围的环境，并采取相应的预防措施。

(二) 厂址的预处理

为了消除潜在的污染源，必须将已定厂址上所有的有毒物质处理掉，同时还要平整地表，修筑可排暴雨的排水沟以保证厂区内不存在积水（积水是昆虫，特别是蚊子的栖息地）。有时食品加工企业的规划和设计要求符合一定的审美观，但是要注意：灌木丛与车间的距离不能少于10m，以保证鸟类、啮齿类动物以及昆虫等没有活动场所；草地与墙之间的距离至少为1m，最好在其中铺设具有聚乙烯层、厚度为 7.5～10cm 的鹅卵石路面，防止啮齿类动物进入生产区域。

(三) 车间设计中应注意的问题

1. 地面

地面的种类较多，食品企业从仓库中普通的致密水泥地面到高压、高温、高化学腐蚀区域的耐酸砖地面均有使用。食品加工车间的地面应具有防水、防裂、防滑、防化学腐蚀和无毒的性能；地面要平整、无裂缝，车间地坪有 1/50～1/100 的坡度，便于清扫和消毒。

2. 屋顶

平顶房屋顶通常采用防腐涂料粉刷，而尖顶房在生产车间常用三合板或铝扣板等材料托天花板。对屋面要求是不积水、不渗漏、隔热。天花板则要求表面光洁，用不吸水、耐腐蚀、耐温、浅色材料覆涂或装修，适当有些坡度，防止凝结水滴落，防止虫害和霉菌孳生，防止积尘，容易清扫、冲洗、消毒，保持清洁。

在水蒸气、油烟及热量较集中的车间，屋顶根据需要开天窗来通风排气。需要进行空气处理或具有其他用途的屋顶通道应该用屏风遮住或者用防护层覆盖或密封起来，以防止各种污染（如昆虫、污水、灰尘）进入。屋顶通道的柱头和装配好的空气处理系统应该用夹层绝热隔板绝热，不能采用直接外露的绝热材料，因为外露的绝热材料不但清洗困难，而且还是昆虫的寄生场所。

3. 墙壁

生产车间、原材料和成品库等用房的墙壁要用浅色、不吸水、不渗水、耐受清洗和消毒、无毒的材料覆涂。一般采用水泥，干燥的车间可用石灰粉刷，离地面 1.5～2m 高的墙壁应用白色瓷砖或其他防腐蚀、耐热、不透水的材料设置墙裙。在水蒸气、油污比较集中的车间或用房，最好将整个墙面贴上白色瓷砖。

墙壁、墙裙的表面应平整光滑，无缝隙，不脱落、散发或吸附尘粒，其四壁和地面交界面要呈漫弯形，一般圆半径不少于5cm，以便于洗刷和吸尘机作业，防止污垢积存。墙壁多成为食品厂霉菌、螨虫的发生源，应采用防霉、表面光滑平整的材料。

4. 门窗

门、窗、天窗要严密不变形，防护门能两面开，自动关闭。门窗位置不能与邻近车间的排气口直对或毗邻，不得与垃圾堆或厕所对面设置。食品车间对外开启的门在数量上要适当控制，一般可分为经常性通道用门和备用门。备用门只有在设备进出、维修时开启，生产车间经常开启的门必须装纱门、挂尼龙帘子、气帘、风幕、金属网气浴等，防止昆虫随作业人员进入车间。直接对外的门不能留缝隙，在门的下方与地面交接处钉上橡皮，防止老鼠进入。生产车间之间的门多用半透明塑料门，便于开启和叉车、推车通行。

窗台要设于地面1m以上，防止车辆碰撞和室外飞溅的水、地面灰尘进入室内。窗台内侧和外侧一律下斜45°角，防止在窗台上放杂物，便于洗刷，不积尘。门、窗应有防蝇防尘设施，安装的纱门和纱窗等必须便于拆下洗刷。靠近炉灶、油炸锅处应装金属网防蝇。

5. 防害虫设施

老鼠、蚊蝇、飞鸟及昆虫等害虫的主要危害是破坏、污染食品，传播病原体。由于鼠类对环境有很强的适应能力，彻底根除鼠害是困难的。在食品厂防鼠对策主要包括：毁灭鼠穴、切断通路、断绝鼠饵、毒饵灭鼠。在建筑时，地基下方要建一条60cm深、外伸30cm宽的防鼠缘，用于防止老鼠从水泥地板下打洞、咬破较松的接合面进入车间或者从排水道进入车间。墙内应避免有洞，以免为老鼠和昆虫提供巢穴。所有的架子、灰坑和电梯坑等都应该容易清洗。电线、缆绳、导管和电机的安装应尽量避免存在隐蔽处。电动机的壳子常成为老鼠的理想巢穴，所以要特别注意。在污水沟、排水沟、除尘口、门口、通气口、烟筒、门扉、窗隙等处设置防护网，门窗隙缝处钉橡皮等防止鼠类及其他害虫进入室内。

（四）工艺设计中应注意的问题

在整个生产流程中，要求成品不得与原料或任何中间产品相接触。理想的生产流程是原料和辅料在接收点附近便开始处理，然后依次进入预处理区、加工区、包装区，最后进入成品库。

有的工厂采用空气压力系统，这种设计，用于人员流通的门只允许工人从"洁净区"走向"低洁净区"，如果要返回更干净的区域，就必须按照规定的路线和消毒步骤，经过消毒室和加压式走廊才能到达。

以空气为媒介的污染主要是病原菌污染。因此，就卫生而言，空气流向的设计也非常重要。在设计空气处理系统时，必须考虑到外门的开启会使车间内产生空气流，如果车间处于负压状态，开门时携带外界污染物的微风将吹进车间，随着这些没有过滤的空气的持续侵入，整个生产区域、设备、空中管道以及其他设施的卫生状况将会变差。在产品外露区域，如果空气没有经过过滤，且处于负压状态，这种环境能加剧微生物污染。产品外露等待包装的地方应该是空气压力最高的区域，气流从这个区域由内向外吹向处理区、加工区以及贮存区。

在设备布局时，为了便于维修和清洗，生产设备周围一般应留有1m的空间，设备与设备之间的间隔应不小于0.5m。生产设备应固定在便于维修、消毒和检查的地方，便于经常进行彻底的清洗。

二、食品工厂的卫生设施

1. 洗手、消毒设施

在污染手指的细菌中与食品安全卫生有关的主要是金黄色葡萄球菌和肠道菌。健康人的鼻腔分布较多的金黄色葡萄球菌，手指接触鼻部或擤鼻涕时受到污染。据调查，食品从业人员皮肤受此菌污染的占 30% ~ 40% 。痢疾、伤寒、沙门菌等肠道病原菌对手指的污染主要是大便后所用卫生纸张数较少。有人试验，食品从业人员的手指大肠菌群检出率高达 50% 以上。所以，食品工厂设置洗手消毒设施十分重要。我国在食品企业卫生规范中对洗手、消毒设施的设置地点、数量、配备等均有明确的要求。

2. 更衣室

食品从业人员平时所穿的衣服因与外界环境有广泛的接触，其上附着尘埃和大量的细菌，在进入生产车间前必须在更衣室换上清洁的隔离服，戴上帽子以防头发上的灰尘及脱落的头发污染食品。更衣间应设置在便于操作人员进入各生产车间的位置。更衣室应设储衣柜或衣架、鞋箱（架），衣柜之间要保持一定距离，离地面 20cm 以上，如采用衣架应另设个人物品存放柜。更衣室还应备有穿衣镜，供工作人员自检。更衣室内应通风、采光，安装紫外线灯。

3. 淋浴室

食品工厂设置淋浴设施对保证从业人员个人卫生十分必要。淋浴室可分散或集中设置，一般设置在卫生通过室的男、女更衣室旁边，用小门相通。淋浴器龙头数按每班工作人员计，至少每 20 ~ 25 人设置一个。

淋浴室应设置在通风、采光较好的位置，装备通风排气设施，也可以设置天窗。为便于冬季使用，必须有采暖设备。

4. 厕所

工厂厕所的位置、卫生条件直接影响食品安全卫生，这是因为厕所是蚊蝇的孳生场所，厕所的地面常被带大肠菌群和杂菌的脏水污染，工作人员进出不使用专门的鞋子或穿工作服去厕所以及苍蝇在食品车间与厕所之间来回飞，都可将污染物带到食品上。

厕所的设置应根据工厂的大小等具体情况确定，厂区公厕应设置在生产车间的下风侧。车间的厕所应设置在车间外，其出入口不宜正对车间门，可以将其设置在淋浴室旁边的专用房内。厕所数量和便池坑位应根据生产需要和人员情况适当设置。

便池坑应用不透水的陶瓷卫生器具，也可贴瓷砖，地面用防滑的地砖铺设，有排水明沟和地漏。厕所内还应设洗污池，要便于清扫和保洁。便池应为水冲式。厕所的排水管道与车间排水管道分开，避免污水溢出或倒流造成车间污染。厕所的排水管不得位于操作台或设备的上方，以防滴漏。

厕所要安装防蚊防蝇设施，并采取消杀措施，指定专人对厕所每天每班定期清洗消毒。

第二节　食品企业安全卫生管理

做好食品卫生管理工作，防止食品污染，保证产品的卫生质量，确保消费者食用安全，既是法律赋予企业的职责，也是企业自身发展的需要。对于一个食品生产经营企业来说，食品卫生质量的好与差，关键是加强自身卫生管理。按照 GB 14881—2013《食品安全国家标准　食品生产通用卫生规范》等 GMP 法规的要求，食品企业的卫生管理主要包括以下内容。

一、建立卫生管理机构

食品生产企业必须建立健全卫生管理机构。食品生产工厂（公司）的厂长（经理）或副厂长应担任卫生管理机构的负责人，并配备经专业培训的专职或兼职的食品卫生管理人员，把食品卫生工作列入生产、工作计划，全面开展食品卫生管理工作。卫生管理机构的主要职责具体如下。

1. 贯彻执行食品卫生法规

认真贯彻执行《食品安全法》和有关卫生法规、生产卫生规范和食品卫生标准，切实落实 GMP，运用 SSOP、HACCP 系统进行管理，制止违反食品卫生法律、法规和规章的行为，并及时向食品卫生监督部门报告。

2. 制（修）订各项卫生管理制度

主要有个人卫生制度，使从业人员保持良好的个人卫生状态；定期体格检查制度，每年至少进行一次健康检查，及时调离"六病"患者及带菌者；器具清洁和消毒制度，保证食品生产的工具、容器清洁和消毒；建立健全不同岗位的卫生制度、环境卫生制度和卫生检查制度。卫生管理制度是让员工在生产实践中付诸实施的具体要求，因此，既要严格卫生要求，也要切实可行和行之有效，并要加强检查落实。

3. 开展健康教育

按照国家卫生和计划生育委员会《食品生产经营人员食品卫生知识培训管理办法》的规定，对全体食品生产经营人员进行《食品安全法》、食品生产卫生规范和食品卫生知识的宣传培训，并对培训效果进行考核。

4. 控制与报告

对发生的食品污染或食物中毒事件，立即控制事态发展，如实向食品卫生监督机构报告，并积极协助调查处理工作。

二、设施的维修和保养

建筑物和各种机械设备、装置、给排水系统等设施均应保持良好状态，确保正常运行和整齐洁净，不污染食品。设备的表面应可进行清洁、消毒操作，方便拆卸。设备与原料接触的表面材质要好，要光滑，因为凹凸不平的地方不仅不方便清洁，还会成为细菌繁殖的场所。各种设施特别是防尘防蝇设施也应完好无损。应当经常全面检查设备装置等使用是否适当，并注意有无使用不当的情况。必须注意及时修理生锈的设备和损坏的设备，防止可能发生的污染情况。应有专人定期检查、维修和保养设备和设施，以保证食品生产符合卫生要求。主要生产设备每年进行一次大的维修和保养，季节性生产的产品如冷饮、啤酒应在每年生产淡季做好设备的维修和保养。维修保养情况应进行书面记录，内容包括：所在部门、机器名称和代号；经批准的清洁规程，完成时的检查；所加工产品批号、日期和批加工结束时间；保养、维修记录；操作人员和工段长签名、日期。

三、工具设备的清洗和消毒

清洗和消毒是食品加工中保证卫生质量的重要措施。工厂应制定有效的清洗、消毒方法和制度。对生产工具设备可使用清洗剂清洗。

清洗剂是指专用于清洗食品工具、设备上各种有机、无机污染和有害物质而使用的洗涤剂。清洗剂的种类很多，食品工厂使用较多的有酸、碱清洗剂和以十二烷基磺酸为主要成分的合成洗涤剂。清洗剂使用时应注意：彻底湿润被清洗物的表面，清除表面的污染物，使清除的污物处于悬浮状态，易于冲洗。

消毒剂是指为杀灭食品工具、设备上的微生物而使用的杀菌剂，通常制成兼有洗涤作用的洗涤消毒剂。消毒剂基本的卫生要求：① 消毒剂本身无毒或低毒，安全无害；② 使用对食品质量没有影响或影响较小；③ 使用后不遗留或尽可能少遗留使人不悦的气味。卫生部规定消毒剂的残留量，游离性余氯不得超过 0.3mg/L，食品工具表面积烷基磺酸钠的残留量不超过 0.1mg/100cm^2。

食品行业常用的消毒剂有含氯消毒剂（主要有漂白粉、次氯酸钠、二氯异氰尿酸钠等）及二氧化氯、含碘消毒剂、过氧乙酸（又名过醋酸）。清洗、消毒食品工具、设备的程序：先在常温或60%：以下温水加清洗剂洗涤 3～5min，然后用消毒剂配成一定的比例，对工具、设备杀菌 10～20min，最后用净水清洗 3～5min。对油污较多的工具、设备可增加使用1%～2%硝酸溶液和1%～3%氢氧化钠溶液，杀菌及洗净效果更好。化学消毒剂的稀释液应每天或需要时在干净、干燥的容器内配制新鲜的。

四、灭鼠、灭蝇、灭蟑

老鼠、苍蝇、蟑螂对食品生产的危害很大，食品被它们爬过或者啃咬后，易沾染病菌、病毒、寄生虫，甚至有难闻的气味，失去固有的色、香、味、形等，造成食品的污染和损失。因此，加强防虫灭害的工作是提高食品安全质量的重要工作。

1. 灭鼠

（1）防范措施　减少和消除鼠类栖息的各种环境条件，是控制食品生产场所鼠害的重要措施。可采用毁灭巢穴、堵塞通路、断绝鼠饵三种办法。如毁灭巢穴，就要搞好车间、厂房、仓库、食堂内外的清洁卫生，使老鼠没有藏身之地。食品生产工厂的建筑物要有防鼠设施。

（2）灭鼠方法　在食品生产场所一般可采用鼠夹、鼠笼、黏鼠胶和药物灭鼠的措施。在采用鼠夹、鼠笼捕杀时，首先要考虑鼠类的生态习性，小家鼠对鼠夹、鼠笼无新物反应，捕杀率高。布夹、布笼要寻找鼠类生活场所以确定布放点，选用的饵料要新鲜，可采用含有水分的瓜果类或油条、花生米、瓜子、饼糕、油渣、肉皮等，饵料要常换。黏鼠胶在食品生产场所使用是有效安全的，可见到死鼠，便于处理，但其只能黏住小家鼠和幼年体的黄胸鼠、褐家鼠。药物灭鼠是迅速降低鼠密度，达到基本无鼠的有效手段。在食品生产场所采用抗凝血杀鼠剂灭鼠，经实验证明是安全可靠的。常用的抗凝血杀鼠剂有敌鼠钠盐、氯鼠酮、杀鼠醚、溴敌隆、大隆、杀他仗等。禁止使用急性杀鼠剂，控制使用磷化锌。

2. 灭蝇

（1）防范措施 食品生产厂应设置纱窗、纱门和防蝇风帘，有条件的安装灯光诱蝇装置及电动捕蝇装置。食品原料、食品下脚、垃圾要有盛器并加盖，盛器外壁清洁，做到工完场清，保存好各类食品原料与成品。清除生活垃圾，进行无害化处理，消除蝇类的孳生地。

（2）灭蝇方法 灭蝇的方法有机械拍打、粘蝇纸粘、药物喷洒等。外环境、绿化场所可设毒蝇点毒杀成蝇。毒蝇点用 1% 敌百虫拌鱼头鱼脚、甜面酱、乙醇。如毒杀家蝇，则可选用糖醋加 1‰三甲基胺或顺九二十三烯作拌饵，诱杀效果强。毒蝇点不宜放在阳光直射的地方，需保持湿润。食品生产场所灭蝇的药物有：二氯苯醚菊酯、溴氰菊酯、氯氰菊酯等，拟除虫菊酯对人畜较安全。多蝇场所选用以"二氯"加胺菊酯的市售灭害酒精剂做快速灭蝇。

3．灭蟑螂

（1）防范措施 改善食品生产、加工、储存条件，在车间、食堂等场所的下水道口安置丝网，防止蟑螂自下水道侵入。建立严格的物品清扫洗刷消毒制度，分类保管好食品和垃圾，不给蟑螂提供生活栖息地和觅食场所。

（2）灭蟑螂方法 药物处理是迅速降低虫口密度的主要手段。常采用毒饵、喷洒的方法。1% 乙酰甲胺磷毒饵是常用的毒饵。毒饵最好选用粉剂或细小颗粒剂，以少量多堆原则投在各类缝隙外。当蟑螂密度较高时，采用 3‰二氯苯醚菊酯乙醇液、1.5‰氯氰菊酯、1.5% 残杀威、0.3‰溴氰菊酯溶液直接喷洒于蟑螂隐匿处，喷洒后，蟑螂迅速驱出击倒死亡，一次处理后密度会减少 90% 左右。第一次喷洒后可能会遗留，隔周重复一次，此后辅以毒饵。处理周期一般 2~3 月。

五、有害有毒物的管理

杀虫剂、清洗剂、消毒剂等化学物品均应有固定完好的包装，瓶口应密闭，不得有泄漏，特别是杀虫剂类产品应在明显处标示"有毒品"字样，防止操作人员混用，防止对食品加工过程的污染。应有专用的柜橱或储存场所，由专人负责保管，并建立管理制度。使用杀虫剂、清洗剂和消毒剂要特别小心，严格按厂方的说明处理和稀释。应指定专门的卫生管理人员使用杀虫剂、消毒剂，使用前应经过短期培训，了解和掌握物品的化学性质、质量情况、使用量和操作方法，误食或误用的解救方法，以及意外污染食品的处理方法。

除卫生和工艺需要，食品生产车间不使用和存放可能污染食品的任何种类的药剂。这是食品生产防止污染的基本要求，要避免从业人员误将化学药品混入食品生产过程，污染食品，也要避免化学物品对设备、工具的污染。食品生产过程和环境使用的洗涤剂、消毒剂、杀虫剂等药剂，必须经省卫生行政部门的批准，不得使用未经批准的产品。

六、饲养动物的管理

食品厂内除供实验动物和待加工禽畜外，一律不得饲养家禽家畜。家禽和家畜携带的病原体可通过土壤、空气和水对食品加工造成污染。从动物饲料以及动物胃肠道中经常分离出沙门菌。有的狗或猫感染狂犬病毒，直接威胁职工的安全。

加强对待加工禽畜的管理，防止污染食品。肉联厂应当设有猪的待宰圈，并与加工场所间隔一定的距离，待宰圈应有牢固的水泥地面和水泥墙，便于清理和冲洗粪污。猪群来自地区较多的应分别设置待宰圈，一旦发生疫情便于控制和追查。待宰圈应经常进行消毒，应加强对禽畜的宰前检验，如在屠畜到达宰场休息24h后进行的健康检查，其方法为外观检查、触诊、叩诊。家禽加工厂应设立候宰棚。

体温检查（正常体温：猪、羊38～40℃，牛37.5～39.5℃）。家畜屠宰前经次清水"淋浴"，冲洗皮毛上的污秽，防止污染宰后的肉品。家禽宰前检验要鸡（鸭）群健康状态，经检验确为健康鸡（鸭）群方可进行宰杀，患病的鸡（鸭）在急宰间单独宰杀，并严格实施消毒。

七、污水、污物的处理

食品工厂在生产加工食品的过程中产生污水和有害污染物，对环境造成污染。食品工厂污水、污物的排放应符合国家关于"三废"排放的有关规定，积极采用行之有效的先进技术，减少污水、污物的产生，并将治理的设施与主体工程同时设计、同时施工、同时投产。对于生产中还不能完全消除的污水污物应积极改进工艺，建立必要的处理和排放系统。针对污水中所含污染物质选定相应的处理方法处理，减少对厂区和厂外环境的污染。

厂区内应设置污物收集设施，应为密闭或带盖，其容积与污物的产出量相适应。车间内可放置垃圾桶或箱，并防止污物外溢，防止有害气体逸出，防止有害动物集聚孳生。收集的污物应及时清洗，日产日清，在24h内运出厂区，送到规定的集散地，保持厂区内清洁、整齐。

八、副产品的管理

副产品是指生产加工过程中产品的下脚料和不可利用、再加工成产品的废弃物。副产品应收集后及时运出车间，储存于副产品专用仓库；应分别处理，防止环境污染，有利用价值的应尽量综合利用，如酒厂的副产品二氧化碳，可收集纯化后灌瓶，作为饮料的添加剂。运输和存放副产品的工具和容器应经常清洗消毒，保持清洁卫生。

九、卫生设施和工作服的管理

工厂应根据生产特点、卫生要求和使用方便的原则，配备下列卫生设施：洗手、消毒池，靴、鞋消毒池，更衣室、淋浴室，厕所，洗刷车辆、容器、工具的洗消室，并有专人管理，建立管理制度，责任到人，保持良好状态。应分别设男、女更衣室并与生产车间连接，门窗不得直接开向食品生产车间，更衣室配置橱（柜）以便存放衣物。

食品生产加工人员在食品制作场所应当穿戴衣帽，防止操作人员对食品的污染。许多事实表明，加工食品的污染源之一往往是人，因为人常常通过呼吸、衣物将微生物带至车间。工作服、帽可以将人体和食品隔开，防止加工人员对食品的污染，工作衣、裤、帽应为淡色或白色，最好用易洗不易脏的材料制成。冷饮包装车间及裱花蛋糕加工场所的操作人员还应戴口罩，一些特殊加工岗位还须使用围裙、套袖等卫生防护用品。工厂应提供食品加工人员2～3套工作服（帽）；建立工作服清洗保洁制度，工作服经常清洗，定期更换，并进行灭菌处理；设专人管理，负责监督操作人员穿戴工作服，凡直接接触食品工作人员必须每月更换，其他人员也应定期更换，保持清洁。

思　考　题

1. 食品工厂车间设计中应注意哪些问题？
2. 食品工厂卫生设施的设计应重点关注哪些方面？
3. 食品企业的卫生管理内容有哪些？

第四章 食品生产中的安全与卫生

第一节 原料的选择与采购

一、供应商的选择

供应商应该具有生产或销售相应种类食品的卫生许可证。这是在选择供应商时最先应予以考虑的。供应商还应该具有良好的食品安全信誉。这点可以通过询问行业内的其他单位得以证实。

供应商为食品销售单位的，要了解所要采购食品的最初来源。加工产品应由供应商提供产品生产单位的卫生许可证，食用农产品也应要求提供具体的产地。

可能的话，不定期到实地检查供应商，或抽取准备采购的原料送到实验室进行检验。实地检查的重点可以包括食品库房、运输车辆、管理体系等，对于生产单位还可以对生产现场进行检查。

对于大量使用的食品原料，除应建立相对固定的原料供应商和供应基地外，建议对于每种原料还应确定备选的供应商，以便在一家供应商因各种情况停止供货时，能够及时从其他供应商处采购到符合要求的原料，而不会发生原料断货或者卫生质量失控的情况。

二、查验有关票证

1. 采购前查验有关证明
(1) 卫生许可证（供应商、生产单位）。
(2) 除未经加工的农产品：生产许可证。
(3) 加工产品：检验机构或生产企业出具的检验合格证。
(4) 畜禽肉类（不包括加工后的制品）：动物卫生监督部门出具的检疫合格证明。
(5) 进口食品：口岸食品监督检验机构出具的卫生证书。
(6) 豆制品、非定型包装熟食：生产企业出具的送货单。
2. 采购时索取购物凭证
为便于溯源，采购时应索取购物发票或凭证。送货上门的，必须确认供货方有卫生许可证，并留存对方的联系方式，以便发生问题时可以追溯。
索证注意事项：
(1) 许可证的经营范围应包含所采购的食品原料。
(2) 检验合格证、卫生证书上产品的名称、生产厂家、生产日期或批号等与采购的食品应一致。
(3) 送货单、检疫合格证明上的日期、品种、数量与供应的食品应相符。
(4) 建立索证档案，妥善保存索取的各种证明。

三、开展质量验收

1. 车辆和证明

（1）运输车辆　车厢是否清洁；是否存在可能导致交叉污染的情形；应低温保存的食品，是否采用冷藏车或保温车运输。

（2）相关证明　除卫生许可证外的其他证明，都应在验收时要求供应商提供，并做到货证相符。

2. 温度

产品标注保存温度条件的，应与产品标签上的温度条件一致。

散装食品或没有标注保存温度条件的，具有潜在危害的食品应冷冻或冷藏条件下保存，热的熟食品应保存在60℃以上。

图4-1　运输车辆

图4-2　测量食品温度

测量时包装食品应将温度计放在两个食品包装之间，散装食品应把温度计插入食物中心部分。

为避免污染食品，温度计使用前应进行清洁，测量直接入口食品的还应进行消毒。

3. 标签

验收时至少应包括以下内容：

（1）品名、厂名。

（2）生产日期。

（3）保质期限（或到期日期）。

（4）保存条件。

（5）食用或者使用方法。

（6）加工食品标签上应有"QS"标志。

4. 感官和其他

（1）感官

看——包装是否完整，有无破损，食品的颜色、外观形态是否正常。

闻——食品的气味是否正常，有无异味。

摸——检查硬度和弹性是否正常。

（2）其他　冷冻、冷藏食品应尽量减少常温下存放时间，已验收原料及时冷冻、冷藏。不符合要求的食品应当场拒收。做好验收记录。

5. 不采购禁止食品

禁止食品有:

(1) 粮油类　酸败的食用油、霉变的粮食、生虫的干货等。

(2) 果蔬类　发芽土豆、严重腐烂的水果、野蘑菇、鲜黄花菜等。

(3) 畜禽类　不能提供有关证明的畜禽肉类、感官不符要求的畜禽肉类等。

(4) 水产类　河豚鱼及其制品,毛蚶、泥蚶、魁蚶(又称赤贝)、炝虾、织纹螺,死河蟹、死蟛蜞、死螯虾、死黄鳝、死甲鱼、死乌龟、死的贝壳类、一矾或二矾海蜇等。每年的5—10月禁止采购、经营醉虾、醉蟹、醉螃蜞、咸蟹、醉泥螺(取得《上海市特种食品卫生许可证》的醉泥螺除外)。

四、做好进货台账

为保证产品的溯源性,食品生产经营单位还应建立采购食品的进货台账。台账应记录进货时间、食品名称、规格、数量、供货商及其联系方式等内容。台账保存期限不得少于食品使用完毕后6个月。

建议采购食品遵循使用多少采购多少的原则,一方面能保证食品新鲜和卫生质量,另一方面能避免销毁因积压而过期的食品而带来不必要的损失。

第二节　食品加工的卫生安全

一、食品生产加工过程中严禁的行为

(1) 违反国家标准规定使用或者滥用食品添加剂。

(2) 使用非食用的原料生产食品;加入非食品用化学物质或者将非食品当作食品。

(3) 以未经检验检疫或者检验检疫不合格的肉类生产食品;以病死、毒死或者死因不明的禽、畜、兽、水产动物等生产食品;生产含有致病性寄生虫、微生物,或者微生物毒素含量超过国家限定标准的食品。

(4) 在食品中掺杂、掺假,以假充真,以次充好,以不合格食品冒充合格食品。

(5) 伪造食品的产地,伪造或者冒用他人厂名、厂址,伪造或者冒用质量标志。

(6) 生产和使用国家明令淘汰的食品及相关产品。食品质量安全检验根据《细则》规定,食品生产加工企业对用于生产加工食品的原材料、食品添加剂、包装材料和容器等必须实施进货验收制度。

(7) 食品出厂必须经过检验,具备出厂检验能力的企业,可以按要求自行进行出厂检验,不具备产品出厂检验能力的企业,必须委托有资质的检验机构进行出厂检验。

(8) 实施食品质量安全市场准入制度管理的食品,按审查细则的规定执行。

(9) 实施自行检验的企业,应当每年将样品送到质量技术监督部门指定的检验机构进行一次比对检验。

我国对食品生产加工企业的产品实施强制检验制度。质量技术监督部门负责确定强制检验的频次,并组织实施。已通过HACCP认证等质量稳定的大型企业、国家和省级监督抽查连续合格的企业,将减少强制检验的频次。对尚未列入食品生产许可证管理且在生产过程中没有控制要求和手段、不具备标准要求的出厂检验能力的企业，将加大强制检验频次。承担食品质量安全检验工作的检验机构，必须是依法设置或者依法授权的法定检验机构，按照国家规定经过计量认证、审查认可或者通过实验室认可，并经省级以上质量技术监督部门指定。

二、食品企业注意事项

（1）食品生产加工企业应当持续地具备保证食品质量安全的必备条件，保证持续稳定地生产合格的食品。

（2）应当对其所生产加工食品的质量安全负责，并应当明确承诺不滥用食品添加剂、不使用非食品原料生产加工食品、不用有毒有害物质生产加工食品、不生产假冒伪劣食品。

（3）企业采购食品原材料、食品添加剂时，应当验明标志，向供货单位索取合格证明，或者自行检验、委托检验合格，并建立进货台账。食品生产加工企业要将使用的食品添加剂情况和国家要求备案的其他事项报所在地县级质量技术监督部门备案。食品生产加工企业使用新品种的食品添加剂、新的原材料生产的食品容器、包装材料和食品用工具、设备的新品种，应当在使用前索取省级以上安全评价机构出具的安全评价报告，并留存备查。

（4）食品生产加工企业应当建立生产记录和销售记录。销售记录应当注明食品的名称、规格、批号、购货单位名称、销货数量、销货日期等内容。企业应当建立食品质量安全档案，保存企业购销记录、生产记录和检验记录等与食品质量安全有关的资料。企业食品质量安全档案应当保存 3 年。

（5）取得食品生产许可证的企业连续停止生产加工获证产品 1 年以上的，重新生产加工时，应当向原受理食品生产许可证申请的质量技术监督部门提出重新现场核查的申请。

（6）食品生产加工企业利用新资源生产食品，必须按有关规定在投产前由省级以上安全评价机构进行安全评价，并将评价结果向所在地县级质量技术监督部门报告。企业对报告的真实性负责。取得食品生产许可证的企业应当在证书有效期内，每满 1 年前的 1 个月内向所在地县级质量技术监督部门提交持续保证食品质量安全必备条件情况的年度报告。

（7）采用委托加工方式生产加工食品的，委托双方必须分别到所在地市（地）级质量技术监督部门备案，提交双方营业执照和委托加工合同复印件。

根据有关规定，各级质量技术监督部门会定期或者不定期地对食品质量安全和卫生状况、对食品生产加工企业持续保证食品质量安全必备条件的情况进行监督检查，并建立食品生产加工企业质量安全管理档案，对食品生产企业实行分类监管制度，对食品生产企业及其生产活动实行巡查。同时，国家质检总局和各级质量技术监督部门将根据不同类型食品的特点及产品质量状况，组织实施食品质量安全监督抽查，对不安全食品实行召回制度，因此食品生产加工企业如果发现其产品存在严重质量安全问题的，应当主动召回已出厂销售的有问题食品。

三、食品加工卫生与安全要求

（1）食品生产加工企业必须采用科学、合理的食品加工工艺流程。生产加工过程应当严格、规范，防止生物性、化学性、物理性污染，防止待加工食品与直接入口食品、原料与半成品、成品交叉污染，食品不得接触有毒有害物品或者其他不洁物品。

（2）必须按照有效的产品标准组织生产。依据企业生产实施食品质量安全市场准入管理食品的，其企业标准必须符合法律法规和相关国家标准、行业标准要求，不得降低食品质量安全指标。

（3）食品生产加工企业必须具有与食品生产加工相适应的专业技术人员、熟练技术工人、质量管理人员和检验人员。从事食品生产加工的人员必须身体健康、无传染性疾病和影响食品质量安全的其他疾病，并持有健康证明；检验人员必须具备相关产品的检验能力，取得从事食品质量检验的资质。食品生产加工企业人员应当具有相应的食品质量安全知识，负责人和主要管理人员还应当了解与食品质量安全相关的法律法规知识。

（4）食品生产加工企业应当具有与所生产产品相适应的质量安全检验和计量检测手段，检验、检测仪器必须经计量检定合格或者经校准满足使用要求，并在有效期限内方可使用。企业应当具备产品出厂检验能力，并按规定实施出厂检验。应当建立健全企业质量管理体系，在生产的全过程实行标准化管理，实施从原材料采购、生产过程控制与检验、产品出厂检验到售后服务全过程的质量管理。

（5）国家鼓励食品生产加工企业根据国际通行的质量管理标准和技术规范获取质量体系认证或者 HACCP 认证，提高企业质量管理水平。

（6）出厂销售的食品应当进行预包装或者使用其他形式的包装。用于包装的材料必须清洁、安全，符合国家相关法律法规和标准的要求。应当具有标签标志。食品标签标志应当符合国家相关法律法规和标准的要求。贮存、运输和装卸食品的容器、包装、工具、设备、洗涤剂、消毒剂必须安全，保持清洁，对食品无污染，能满足保证食品质量安全的需要。

思 考 题

1. 原料采购时索证的注意事项有哪些？
2. 原料标签应包括哪些内容？
3. 食品生产过程中的严禁行为有哪些？
4. 我国对食品加工企业的产品实施强制检验制度，并要求食品生产加工企业根据国际通行的质量管理标准和技术规范获取质量体系认证或者 HACCP 认证，提高企业质量管理水平。判断以上说法是否正确，请说明理由。

第五章 食品贮运中的安全与卫生

第一节 食品原料、成品的运输

一、运输对食品质量的影响

运输是将食品从农场运至餐桌的整个过程中的重要环节，因此在运输过程中的每一环节都必须采取有效措施，防止食品在运输过程中受到二次污染。食品用具、容器、包装材料、运输工具等用具设备要符合国家卫生标准及有关规定，不得与有毒、有害、有异味或影响产品质量的物品混装运输，运输食品时应避免日晒、雨淋。

以水果运输为例，分析运输对食品质量的影响。

1. 物理损伤

运输中食品遭受物理损伤对质量影响很大。其主要原因是不良操作、超载、堆垛安排不当等。不良操作是引起水果质量损伤的一个主要因素。虽然包装对缓解运输中食品遭受物理损伤的程度有很大帮助，但仍不能防止运输中不良操作的影响。绝大多数水果含水80%以上，属于鲜嫩易腐性产品，如果在运输装卸操作中不注意轻装轻卸就会遭受破损。破损后的食品不易贮藏，十分容易腐烂，因而水果运输中要严格做到轻装轻卸。

超载是我国运输中一个普遍的问题。运输业务人员想在一辆车上尽量多装，以获得更多的经济效益，在运输人员的工作与商品质量无经济联系的情况下，这个问题就会变得更加突出。工人在水果装卸或运输过程中，站或坐在包装商品上，也会产生类似于超载造成的损伤。运输中码货安排也十分重要，即便货物没有超载，也必须小心地将一车水果有秩序地堆好、码好，最大限度地保护好。包装间靠紧，运输中各包装物间就不会有太大的晃动。包装要放满整个车的底部，以保证货物中的静压分布均匀。码垛不要超出车边缘。要使下层的包装承担上层整个包装件的质量而不是由下层的商品来承受上层的质量。为此，长方形的容器比较好，形状不规则的容器堆放成理想的形态就难得多。

2. 聚热

防止聚热的主要方法是加强通风，就是在堆放包装件时，使各包装之间空气可以自由流动。特别要注意利用运输工具行驶时产生的空气流动，使空气流过货堆甚至流过包装件内部。在高温季节，还要注意遮盖货物，使阳光不能直接照射在食品上。但是，遮盖物的放置要使货物前后通风道不被挡住。

3. 失水

水果保鲜在很大程度上可以说是保持水分。水果采收后由于呼吸代谢，运输期间发生失水现象是不可避免的。控制运输中水果失水的主要方法如下。

（1）运输中减少空气在产品周围的流动 这是影响失水速率的一个重要因素，空气在水果表面流动得越快，水果的失水速率就越大。这点与加强空气运动防止聚热的要求又相冲突，需要某些折中的安排，如何折中则需要根据各种商品萎蔫的难易程度来定。

（2）可以适当地加强运输中水果的湿度控制　保证水果在运输过程中经常处于温度较高的环境中特别是在炎热天气的情况下而不失水或少失水，可以向水果上洒一些水。

（3）包装对水蒸气的渗透性以及封装的密集度决定包装降低失水速率的程度　聚乙烯薄膜等材料与纸板和纤维板比较，前者允许水蒸气通过的比例比较低。但是，有纸箱或纸袋包装同无包装的散装食品比较，也能大大减少失水量。因此，对于长途运输的食品一定要有合适的包装，以防止失水。

二、食品的冷藏运输

我国由于保鲜技术落后，每年有大量的果品、蔬菜等食品在中转运输和存放过程中腐烂损耗，食品运输在我国还存在巨大的发展空间。发达国家为保证生鲜食品的运输质量，采取了铁路、公路、水路多式联运的组织方式，建立了包括生产、加工、贮藏、运输、销售等在内的生鲜食品冷藏链，运输过程中全部采用冷藏车或冷藏箱，配以 EDI 系统等先进的信息技术，使易腐货物的冷藏运输率达到了 100%，冷藏运输质量完好率接近 100%。

冷藏保鲜运输设备包括冷藏车、加冰站、冷藏集装箱、制冰厂等。

1. 冷藏车

目前我国铁路冷藏运输的冷藏车包括冰盐冷藏车、机械冷藏车及冷板冷藏车三种。另配备隔热车和与国际冷藏运输接轨的冷藏集装箱等运输设备。

（1）冰盐冷藏车　根据冰盐制冷理论，冰盐制冷最低可达 −21.2℃。但实践证明，加冰保温车利用冰盐混合物冷却，在外界气温为 25℃ 时，车内最低只能保持在 −8℃ 左右。我国加冰保温车以 B11 型车顶式冰箱保温车为主，它有 6 个鞍形冰箱均匀分布在车顶上，每个冰箱分 2 个冰槽，每边 3 个冰槽连通，共用一个排水器，所以每侧 2 个排水器。每个冰箱容积为 1.7m³，全车共能载冰 10.2m³，6 ~ 8t。车厢装有隔热材料聚苯乙烯，底部装有地搁栅，侧墙、端墙设有通风木条，以便冷空气在车内流通，保持车内温度均匀。

加冰保温车在运输中溶化到一定程度时要加冰，因此，在铁路沿线每 350 ~ 600km 距离处要设置加冰站，站内有加冰台、储盐库及其他设备，或有可移动的加冰车。

（2）机械冷藏车　我国使用机械制冷的铁路运送车辆有 B16、B17、B18、B19、B20 等，B16 型机械冷藏车组由 23 辆车组成，BIT 型由 12 辆车组成，它们都是集中发电和集中制冷。B18、B19、B20 型机械冷藏车是集中供电，每辆货车单独制冷，车内装有风机，使空气进行循环，以增加冷却效果。它们分别由 10 辆、5 辆、9 辆车组成一个车组。机械冷藏车降温快，冷却效果好，有电热器进行加温，容易实现自动化控制，中途不需要加冰，运输速度较快。

（3）冷板冷藏车　冷板冷藏车利用冷冻板与货物间的若干块温度调节板，实现车内温度的控制。改进后的冷冻板车还增设了制冷机组，装车站利用外插电源驱动制冷机为冷冻板充冷。

2. 加冰站

加冰站是铁路专为加冰冷藏车服务的基层单位。具体工作主要是制冰、储冰、储盐；检查冷藏车的技术状态、卫生情况；及时正确地给冷藏车加冰、加盐；对装有通风设备的装运易腐货物的冷藏车进行通风等。

为完成上述工作，加冰站都应具备加冰台和必要的加冰机械，无制冰厂的加冰站应该建临时储冰库和储盐库。

我国目前现有铁路冷藏车约8000辆，其中一半左右为机械式冷藏车，亟待大力发展环保型制冷剂的新型铁路冷藏车。而方便灵活的冷藏汽车在我国冷藏运输中逐渐扮演着越来越重要的角色，其需求量大幅增长，中型车被轻、微型和重型车所取代，液氮、二氧化碳、蓄冷板等新型制冷方式的新能源冷藏车越来越受到欢迎。此外，我国冷藏集装箱建造业发展迅速，正逐步成为世界冷藏集装箱生产大国，每年生产国际标准冷藏集装箱约4万只。上海沪东中华造船厂近期还为德国设计建造了一艘2700箱位的"柏林快航"号大型全冷藏集装箱船。该船采用了全新的制冷系统，设有两种供冷模式，集装箱内的温度可根据装载货物的要求给定，并自动调节与控制，十分先进。

三、食品的运输组织

良好的运输组织工作，对保证食品的质量十分重要。为了适应生鲜食品对运输的特殊要求，防止生鲜食品在贮存、运输过程中腐烂、变质，交通运输部门制定了相应的运输规则。如《铁路鲜活货物运输规则》确定了生鲜货物运输的基本条件，并对生鲜货物装车与卸车、车辆运行组织、冷藏车的加冰作业等做了具体详尽的规定。

承运生鲜食品时，应由车站货运员对托运食品的质量、状态进行认真检查。要求质量新鲜，包装合乎要求，热状态符合规定。对已有腐烂变质现象的食品，托运前应加以适当处理；对不符合规定质量的生鲜食品不予承运。

托运生鲜食品时，托运人须向车站提出最长的运到期限，并在托运单上注明。承运人应根据托运人的要求和承运人的可能等情况，及时安排适宜的车辆予以装运。使用的车辆和装载方法要适合货物性质，按照货物的容许运输期限及货物运送全程的季节和气候条件选择运送方法，并根据需要采取预冷、制冷、加冰、保温、加温、通风、上水、押运等措施，以保持货物的质量状态良好。

承运人应考虑鲜活货物季节性强、运量波动大、时间要求快的特点，加强运输组织工作，坚持优先安排运输计划、按运输合同约定的车种拨配适当的车辆、优先进货装车、优先取送、优先挂运，并做好途中服务。

承运人为确保鲜活货物的运输质量和快速运输，各级调度应对其运输车辆重点掌握，防止中途积压。在鲜活货物运量集中的区段，应积极组织开行快运货物列车或鲜活货物直达列车，编制快运货物列车或鲜活货物直达列车组织方案，应落实日常配空、装车、留轴挂运、中转衔接、编组等工作，并加强调度指挥与组织实施。

托运人要做到货源落实，单证齐全，备齐必要的安全防护用品。托运人、收货人要积极配合承运人及时组织装车、卸车和搬运，并采取必要的防护措施，避免装卸车过程中货物发生腐坏、冻损、污染及植物生理病害等事故。装卸作业中严禁损坏车辆。对到达的发生腐坏、污染或死亡等事故的鲜活货物应立即卸车并妥善处理，防止损失扩大。

第二节　食品原料、成品的贮存

食品在贮存和加工过程中，为防止腐败变质，延长贮存和可供食用的期限，根据食品的性质，常采用各种技术和方法进行处理，即食品保藏（food preservation）。通过食品保藏可以改善食品风味，便于携带运输，但其主要食品安全卫生意义是防止食品腐败变质。常用的保藏技术和方法的基本原理是改变食品的温度、水分、氢离子浓度、渗透压等，或采用辐照以及其他抑菌、杀菌措施，将食品中的微生物杀灭或减弱其繁殖的能力。但实际上各种保藏方法都难以将食品中的微生物全部杀灭，仅可延长微生物每代繁殖所需的时间，从而达到防止食品腐败变质的目的。下面分别讨论常用的食品保藏技术和方法对食品安全的影响。

一、低温保藏与食品安全

(一) 食品冷藏、冷冻概念

冷藏是预冷（冷却）后的食品在稍高于冰点温度（0℃）中进行贮藏的方法。冷藏温度一般为 -2~15℃，而4~8℃则为常用冷藏温度。采用此贮藏温度，储存期一般为几天到数周。其冷藏方法有接触式冰块冷藏法、空气冷藏法、水冷法、真空冷藏法、气调冷藏法等。

食品冷冻是采用缓冻或速冻方法先将食品冻结，而后在能保持冻结状态的温度下贮藏食品的保藏方法。常用冻藏温度为 -12~ -23℃，而以 -18℃最为适用。贮藏食品短的可达数日，长的可以年计。冷冻方式有两种：一种是用制冷剂冻结，常用制冷剂有液氮和液体 CO_2，另一种是机械式冷冻法。商业上最常用的方法有三种：鼓风冷冻、间接接触冻结法和浸液式冻结法。

(二) 冷藏、冷冻对食品中微生物及化学过程的影响

低温可以降低或停止微生物的增殖速度，食品中酶活力和一切化学反应也同时降低，对食品质量影响较小，所以冷藏、冷冻是一种最常用的食品保藏方法。

食品中的微生物尤其在受到冰冻时，细胞内的游离水形成冰晶体，对微生物细胞有机械性损伤，同时由于游离水被冰冻，细胞失去可利用水分，造成干燥状态，细胞内细胞质形成浓缩而使黏度增大，电解质浓度增高，细胞质的 pH 和胶体状态发生改变，导致细胞质内蛋白质部分变性，从而抑制微生物生长或使其致死。

1. 不同微生物对低温的抵抗力

一般来说，球菌比革兰阴性杆菌具有更强的抗冷冻能力，具有芽孢的菌体细胞和真菌的孢子都具有较强的抗冷冻特性。温度越接近最低生长温度，微生物生长延缓的程度就越明显。从种类上讲，在低温下，生长在食品中的主要细菌多数是属于革兰阴性的无芽孢杆菌，常见的有假单胞菌属、无色杆菌属、黄色杆菌属、产碱杆菌属、弧菌属、气杆菌属、变形杆菌属、色杆菌属等；革兰阳性细菌有小球菌属、乳杆菌属、小杆菌属、链球菌属、芽孢杆菌属和梭状芽孢杆菌属等；酵母菌有假丝酵母属、酵母属、毕赤酵母属、丝孢酵母属等，以及霉菌中的赤霉属、芽枝霉属、念珠霉属、毛霉属、葡萄孢霉属等。

2. 微生物低温致死因素

低温可减弱食品中一切化学反应过程，一般情况下，温度每下降10℃，化学反应速度可降低一半。-7~ -10℃下只有少数霉菌尚能生长，而所有细菌和酵母几乎都停止了生长。低温虽然不能将酶破坏，但可使其活力明显下降，当温度急剧下降到低于 -20~ -30℃时，微生物细胞内所有酶的反应实际上几乎全部停止。低温下食品的主要变化是脂肪酸败，这是由于解脂酶在 -20℃以下才能基本停止活动，因此长期保藏肉类时以 -20~

−30℃较为可靠。此外食品冻结前降温速度越快，微生物的死亡率越高。结合水分、过冷状态及介质性质对微生物均有影响。在高水分和低 pH 的介质中会加速微生物的死亡，而盐、糖、蛋白质、胶体、脂肪等对微生物则有保护作用。

（三）冷冻工艺对食品质量的影响

所谓急速冷冻，在现代冷冻工业中是指要求食品的温度在 30min 内迅速下降到 −20℃左右。所谓缓冻，是将食品置于 −2 ~ −5℃的环境中，时间在 3 ~ 72h，令其缓慢冻结温度下降到所需的低温。一般在 −2℃以下即开始冻结，在 −5℃左右，食品中的大部分水可冻成冰晶。冻结食品会发生食品组织瓦解、质地改变、乳化液冻坏、蛋白质变性以及其他物理化学变化等。冷冻对食品安全品质的影响大致有以下几个方面。

1. 冰晶体对食品的影响

冻结过程中温度降低到食品开始冻结的温度［冻结点时，处于细胞间隙的水分首先形成冰晶体（核晶）］。继之，冰晶体附近溶液浓度增加并受到细胞内液所形成渗透压的推动，以及冰晶体对细胞的挤压，以致细胞或肌纤维内的水分不断向细胞或肌纤维的外界扩散并聚积于核晶的周围，只要温度不超过 −1 ~ −5℃这个温度带，核晶将向其周围食品成分中不断吸引水分，使晶体不断增大。因而在这个温度带冻结的食品，其细胞与组织结构必将受到体积增大的冰晶的压迫而发生机械损伤以致溃破。因此，在食品冷冻工艺中，应该加速降温过程，以最短的时间通过冰晶生成带，避免上述现象的发生。迅速降温冻结的食品，其内部生成核晶的数量很多，又因核晶非常细小，故不会压破细胞膜，所以食品结构不至于因受损伤而发生溃破。

冷冻食品的解冻过程对食品质量也有明显的影响。急速升温解冻食品时，食品内发生突然变化，融化解冻出来的水来不及被食品细胞吸收回至原处，因而自由水增多，汁液流动外泄而降低食品质量。相反，如食品解冻温度缓慢上升，则这些现象即可避免，所冷冻的食品基本上得以恢复冻结前的新鲜状态。所以"急速冻结，缓慢化冻"的原则在冷冻食品中应予以严格执行。

微波加热解冻食品的方法在国外已开始普遍推广使用，它能将冻制的预煮食品同时解冻和煮熟。肉食品在微波炉中，从解冻并加热到食用温度仅需很短时间。微波加热时，热量不是从外部传入，而是在食品外部和内部同时产生，因而解冻后的食品仍能保持同样的结构和原有的形状。

2. 食品中蛋白质变质

食品中蛋白质在低温冻结时，由于溶媒（水）流动和高分子的水化状态发生变化而变性。食品中蛋白质的冻结变性主要取决于冻结速度和最后达到的温度，速度越慢，温度越低，变性越严重。

冻结蛋白质变性的具体原因可能是：冻结食品内局部发生盐类浓缩吸水，破坏蛋白质的水化状态；食品中起缓冲液作用的成分物质溶解度差，使 pH 发生改变；冰晶生成并增大产生机械作用和冰与蛋白质之间的相互作用；也可能与在蛋白质分子间发生—SH 基转化为—S—S—基有关。

（四）冷藏冷冻工艺的安全卫生要求

不耐保藏的食品从生产到销售以及在整个商业网中应一直处于适宜的低温下，即保持冷冻链（cold chain）的使用。对冷冻链的要求其理论基础是食品保存时间（time）、保存温度（temperature）和质量容许度（tolerance）三者之间关系，简称 T. T. T. 。即在一定温度下一定时间后，食品质量发生变化的程度。可以根据食品种类或实用性为目的来编制 T. T. T. 表或图，以此为基础求出不同温度下平均每日的质量降低量，推定贮藏和流通过程的食品质量，这样贮藏界限就明确了。

除此之外，还要注意冷藏或冷冻原料与工艺过程的安全卫生要求：① 只有新鲜优质的材料才能够制作冻制食品；② 用冷水或冰制冷时，要保证水和人造冰的卫生质量相当于饮用水标准；③ 冻结用制冷剂要防止外溢；④ 冷藏车船还要注意防鼠和出现异味等；⑤ 防止冻藏食品的干缩。

二、高温杀菌保藏与食品安全

（一）高温杀菌保藏原理与微生物耐热能力

食品经高温处理，微生物体内的酶、脂质体（liposome）和细胞膜被破坏，原生质构造呈现不均一状态，以致蛋白质凝固，细胞内一切代谢反应停止。经高温处理后的食品，再结合密封、真空和冷藏等方法，即可更长期保藏。

热对微生物有致死作用，不同微生物因其本身结构的特点和细胞组成的性质不同，致死温度也不相同，即各种微生物有不同的耐热性。细菌受热致死的速度基本上正比于受热体系中活菌的数量，这被称为对数死亡法则（图 5 - 1，图 5 - 2）。它是指在恒定加热条件下，不论体系中残存的细菌数目有多少，在给定的时间里被杀死细菌的百分数是相同的。该法则也适用于细菌孢子，但其热致死曲线的斜率不同于营养细胞，这种差别表明孢子具有更强的抗热性。在食品工业中，微生物耐热性的大小以以下几种数值来表示。

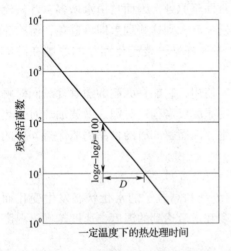

图 5 - 1 遵循对数死亡法规的细菌典型热致死速度区行

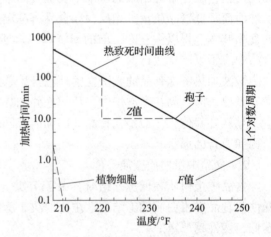

图 5 - 2 细菌孢子和植物细胞的热致时间区行

1. D 值（decimal time reduction value 或 decimal reduction time）

D 值是指在某一特定的温度条件下，杀死给定体系中微生物总量的 90% 所需的时间，也即体系中存活微生物减少一个对数周期所需时间，这里所用时间单位通常以分钟表示。D 值（亦称十进制衰减时间）便于比较细菌在加热时的死亡速度。

由于同一细菌菌株在不同温度条件下 D 值是不同的，故 D 值要说明加热的温度，在右下角注明加热温度（℃）。如果加热温度为 121.1℃（D_{121}），其 D 值常用 D_r 来表示。

D 值的计算公式为：$D = \dfrac{t}{\lg A - \lg B}$，其中 A 为原有细菌数，B 为处理后残存细菌数，t 为加热时间（min）。在同样温度下 D 值越大，所试细菌的耐热性越强。各种嗜热性细菌芽孢的 D_r 值见表 5 - 1。

表 5 - 1　　　　　　　　　　各种嗜热性细菌芽孢的 D_r 值

细菌种类	D_r 值
嗜热脂肪芽孢杆菌	4 ~ 5
嗜热解糖梭状芽孢杆菌	3 ~ 4
致黑梭状芽孢杆菌	2 ~ 3
A、B 型肉毒梭状芽孢杆菌	0.1 ~ 0.2
生芽孢梭状芽孢杆菌	0.1 ~ 4.5
凝结芽孢杆菌	0.01 ~ 0.07
巨大芽孢杆菌	0.02
蜡样芽孢杆菌	0.007
枯草芽孢杆菌	0.08

2. F 值

F 值为在给定温度下，一定量具有特定抗温度变化能力的微生物完全杀死所需的时间（以分钟表示）。因此，F 值表征的是特定热处理条件下的杀菌能力。右下角注明加热温度，如 F_{240}、F_{250}。目前常用 F_{250}，F_{250} 亦可用 F_r 代表。并将 F 值应用于比较杀菌程度。

食品的加热杀菌条件也可按"加热致死时间曲线（thermal death time curve）"来估测。在半对数纸上，纵轴（对数）表示 D 值，横轴表示温度（t/℃），画出所有微生物全部死亡所需的最少加热时间和对应温度的坐标，将各坐标点连线，大致成一直线，称之为加热致死时间曲线。

3. Z 值

Z 值为在热致死时间曲线中，使热致死时间降低一个对数周期（即热致死时间降低10倍）（如由 10min 到 100min）所需要提高加热温度的变化值（℃）。也就是热致死时间减去温度曲线斜率的绝对值。对于一种给定的食品，其中存在的不同种类的微生物具有不同的 Z 值，同样，不同食品中某一特定的微生物也具有不同的 Z 值，Z 值相应地表征了微生物抗温度变化的能力。例如，肉毒梭菌芽孢加热致死时间 110℃ 为 35min，100℃ 为 350min，故其 Z 值为 10℃。

（二）加热杀菌技术

现代化的热杀菌，采用微型信息处理机来控制和连续监视所规定的杀菌过程，能及时反映出杀菌过程中的变化情况，提高杀菌效果。影响微生物抗热性的因素主要有：① 菌种和菌株：芽孢杆菌抗热性大于非芽孢杆菌，球菌大于无芽孢杆菌，革兰阳性菌大于革兰阴性菌，霉菌大于酵母菌，真菌的孢子稍大于菌丝体或营养细胞，霉菌的菌核抗热性特别强；② 热处理前细菌芽孢的培育和所处环境以及菌龄和贮藏期对抗热性均有一定的影响；③ 基质或食品成分对抗热性也有较大的影响。在食品工业中，常用的热杀菌方式有高温灭菌法、巴氏消毒法、超高温处理法和一般煮沸法等。

1. 高温灭菌法

在高压蒸气锅中用 110～121℃ 的温度和大约 20min 的时间处理食品，使繁殖型和芽孢型细菌被杀灭，起到长期保藏食品的目的。罐头食品是高温灭菌的一种典型形式。高温灭菌法对食物的营养成分有较大的破坏，例如维生素损失较多，对食物的感官质量也有一定影响。

2. 巴氏消毒（巴斯德消毒）法

巴氏消毒法是一种不完全灭菌的加热方法，它只能杀死繁殖型（生长型）微生物，不能杀死芽孢。巴氏消毒的具体方法有低温长时间消毒法（low temperature long time, LTLT），一般温度为 62.8℃ 加热 30min。多用于鲜乳、pH 4 以下蔬菜、果汁罐头和啤酒、葡萄酒等的杀菌；再有高温短时消毒法（high temperature short time, HTST），温度 71.7℃，时间 15s。

3. 超高温消毒法（ultra high temperature process, UHT）

用 137.8℃ 加热 2s，这种方法能杀灭大量的细菌，并且能使耐高温的嗜热芽孢梭杆菌的芽孢也被杀灭，但又不至于影响食物质量。本法多用于消毒牛乳，具体做法是使牛乳在无搅拌情况下，以薄膜状态与过热蒸汽接触，或用高压过热蒸汽吹入牛奶中消毒。使用该方法消毒的牛乳，无异味，如进行无菌包装，可在冷藏情况下保存数月不发生变质。一般煮沸法时，如温度为 100℃ 煮沸 5min，则无芽孢细菌的细胞质便开始凝固，细菌死灭。如 100℃ 煮沸 10min，可完全杀菌，但带芽孢的细菌不会死灭。一般煮沸法适用于各种食品。

商业灭菌（commercial, sterilization）是指罐头食品中所有的肉毒梭菌芽孢和其他致病菌，以及在正常的贮藏和销售条件下能引起内容物变质的嗜热菌均已被杀灭。商业灭菌的罐头中，偶尔含有少数耐热性芽孢残留，但如果不在 43℃ 以上的温度中贮存，而在常温保存条件下，它们在制品中将不能正常繁殖。因此，不易引起内容物变质，这种状态的食品称为商业无菌（commercial sterility）。要达到商业无菌，所需加热条件决定于食品性质（如 pH）、食品保存条件、微生物或芽孢的耐热性、传热特性、初始微生物的量等条件。

4. 微波加热（microwave heating）杀菌

微波是高频电磁波，波长范围从 1mm 到 1m。国际上对食品工业使用的微波规定为 915MHz 和 2450MHz 两个频率。微波杀菌的机制有热效应和非热效应（生物学效应）两个方面。2450MHz 微波炉加热食品，1s 一个极性分子旋转次数为 24.5 亿次，可使食品温度迅速升高，微生物体内蛋白质产生热变性，菌体死亡，如牛乳加温 72℃ 维持 15s，消毒效果与常规巴氏消毒法相近。此外，还有远红外线（波长 1000μm 以上）加热方式也是一种节省能源的方式。

（三）高温工艺对食品质量的影响

1. 引起蛋白质化学变化的主要反应

100℃ 以下加热处理：使蛋白质变性，易被消化酶作用提高消化吸收率。但可使各种酶、某些激素失活，蛋白质的物理、化学特性发生变化。

100～150℃ 加热处理：在蛋白质内部赖氨酸和精氨酸的游离氨基（胍基）与谷氨酸和天门冬氨酸发生反应，生成新的酰胺键交联。除赖氨酸以外，精氨酸、色氨酸、苏氨酸等也均易与共存的还原酶发生羰氨反应，使产品带有金黄色甚至棕褐色。由赖氨酸的热分解中分析出了吡啶、哌啶、吡咯类化合物。在食品中由于多种成分的相互作用，其产物常常决定着食品的风味。

150℃以上过度加热：如焙烤食品的外表，其所含的氨基酸会分解或外旋消化，由交链而形成聚氨基酸。近年有研究报告认为蛋白质中色氨酸、谷氨酸等在190℃以上可热解产生有诱变性的杂环胺类化合物。

2．油脂

油脂经过160～180℃以上温度加热特别是达250℃时，将产生过氧化物、低分子分解产物、脂肪酸的二聚体和多聚体、羰基和环氨基等，使油脂变色、黏度上升、脂肪酸氧化，而有一定毒性并破坏氨基酸等营养素。

3．对食品中糖类的影响

（1）淀粉的α化（糊化）　淀粉粒结晶被破坏，膨润与水结合，黏度增高。α化程度至少达到85％以上，这是人体吸收利用淀粉的必要条件。淀粉类食品处理后的α化程度是高温加工工艺中应该注意的问题。

（2）淀粉性食物老化（aging）　老化和糊化都是淀粉呈结晶状态，是不和水结合或分子内氢键结合被破坏与水结合的两个相反过程，在一定条件下两者的过程是可逆的。老化条件是直链淀粉比例大，玉米、小麦等来源的淀粉，水分含量在30％～60％，弱酸性，温度0～60℃。如果温度保持在60℃以上，即不发生老化。

4．食品褐变

食品褐变有酶促褐变与非酶褐变。酶促褐变是酚酶催化酚类物质形成醌及其聚合物的结果。如苹果、梨及蔬菜中常含有的儿茶酚、咖啡酸、氯原酸等多酚化合物，在酚酶催化下，首先被氧化为邻醌，在酚羟酶催化下形成三羟基化合物，它在邻醌氧化条件下形成羟基醌，羟基醌容易聚合形成有棕褐色的物质。非酶褐变也被称为羰氨反应或美拉德（Maillard）反应，是由蛋白质、氨基酸等的氨基和糖以及脂肪氧化的醛、酮等羰基所发生的反应，使食品带有红棕色和香气，如牛乳、烤面包的硬壳、果汁等棕色物质。牛乳的褐变主要是羰氨发生反应，其次是由于乳糖的焦糖化。褐变过程是酪蛋白末端赖氨酸的氨基与乳糖的羰基发生反应，生成氨代葡糖胺，其后通过分子重排，再经裂解、脱水等过程而产生褐色物质。

三、食品腌渍和烟熏保藏与食品安全

（一）食品腌渍保藏

让食盐或食糖渗入食品组织内，降低其水分，提高其渗透压，借以有选择地控制微生物的活动和发酵，抑制腐败菌的生长，从而防止食品腐败变质，保持它们的食用品质，该保藏方法称为腌渍保藏，其制品称为腌渍食品。这是长期以来行之有效的食品保藏技术，是某些食品行业为防止食品腐败，加强食品安全性的常用手段。

在食品腌渍过程中，不论采用湿腌还是干腌的方法，食盐或食糖形成溶液后，扩散渗透进入食品组织内，降低其游离水分，提高结合水分及其渗透压，正是在这种渗透压的影响下，抑制了微生物生长。因此，溶液的浓度以及扩散和渗透的理论成为食品腌渍过程中重要的理论基础。

常见的腌渍法有提高酸度、糖分和盐分浓度等方法。

1. 提高酸度

提高酸度的方法有两种：酸渍法及酸发酵法。酸渍法是利用食用酸保藏食品，在食用酸中多选用醋酸，因其抑制细菌力强，且对人无害。醋酸浓度为 1.7% ~ 2.0% 时，其 pH 为 2.3 ~ 2.5，该 pH 可抑制许多腐败菌的生长。醋酸浓度为 5% ~ 6% 时，许多不含芽孢的腐败细菌死亡。我国常见的酸渍食品主要有醋渍黄瓜、糖醋蒜等。

酸发酵法是利用一些能发酵产酸的微生物，使其在食品中发酵产酸，提高食品的酸度，从而保藏食品。在酸发酵中，最常用的是乳酸菌。乳酸菌为蔬菜本身存在的细菌，故其发酵为自然发酵产酸。我国民间喜食的泡菜就是利用乳酸菌发酵的。乳酸菌一般厌氧，故在制作泡菜时，应当防止空气进入。

2. 提高糖分或盐分浓度

具体的做法有盐腌保藏和糖渍保藏两种。常见的盐腌食物有腌鱼、腌菜、腌肉、咸蛋等，加入食盐量为食物的 15% ~ 20%，大多数腐败菌与致病菌在含食盐 15% 的情况下，都较难生长。糖渍食物，常见的有蜜饯、果脯等，加入糖量大约为食物总质量的 50%，甚至 60% 或更高些。

糖类的渗透压较低，1% 的蔗糖液只有 71kPa 的渗透压，而 1% 的食盐即能产生 618kPa 的渗透压，故糖渍须用较高的浓度。糖的浓度在 50% 以上时，方能抑制肉毒杆菌的生长，如要抑制其他腐败菌及霉菌生长，糖的浓度需达到 70%。

某些酵母能耐很高的渗透压，并能在食糖浓度很高的食品中生长繁殖，此种嗜渗透压性酵母可使蜂蜜、果酱和一些糖果变质。但在缺氧条件下，霉菌和酵母菌均不易生长繁殖，故蜂蜜、果酱等应装瓶密封，隔绝空气。

（二）食品腌渍保藏的安全性

正常腌制的产品，因盐度、酸度较高，一般不适宜肠道致病菌生长。但如果腌渍过程中条件控制不当，或储存、运输、销售过程中不注意卫生，均可招致微生物污染，导致大量有害微生物生长繁殖，如大肠杆菌、丁酸杆菌、霉菌、酵母菌等，造成腌制产品质量下降，变酸甚至败坏。

腌制时食盐用量要足，一般为 15% ~ 20%，每层都需加盐且要均匀，防止腌不透造成腐烂变质或者产生亚硝酸盐，引起食物中毒。如某卫生防疫站检测民间食用的腌制菜，亚硝酸盐含量高达 652.5mg/kg。腌制菜中检出具有强致癌作用的亚硝胺也已被一些研究报告证实。要阻止腌制菜中亚硝胺的合成，主要从降低亚硝酸盐含量和减少胺类物质入手，最重要的措施是防止微生物污染及制品败坏。

腌制菜中的亚硝酸盐含量普遍高于同品种的新鲜蔬菜。腌制菜在腌制过程中，一般都有亚硝峰现象，即亚硝酸盐含量随腌制时间呈"低—逐渐升高至峰值—然后再回落"的变化。亚硝峰出现的时间与食盐浓度、温度、酸度、糖量、微生物污染等因素有关，一般为 7 ~ 15d。例如，食盐浓度为 50g/kg 左右的酸白菜，15 ~ 20℃，亚硝峰出现的时间为 7d 左右。腌制菜必须腌熟腌透，待亚硝峰回稳后，方可食用或进入下一道加工工序。

制酱和低盐发酵性酱腌菜的菌种应定期鉴定，防止污染和变异产毒。使用新菌种必须经卫生部门指定的机构鉴定，证明不产毒素方能使用。

（三）食品的熏制

熏制食品是将盐腌食品用植物性燃料烟熏或液熏而成。常用方法有冷熏（10～30℃）、温熏（30～50℃）、热熏（50～80℃）、焙熏（90～120℃）和液熏（用木材干馏液喷洒或浸渍食品）等方式。熏烟或熏液中虽有少许防腐物，但防腐效果有限，主要还是靠食盐、脱水及肠衣防污染等防腐保藏。

制品周围熏烟和空气混合气体的温度不超过22℃的烟熏过程称为冷熏，超过这一温度的烟熏过程则称为热熏。冷熏时间较长，需要4～7d，熏烟成分在制品中内渗较深，制品干燥均匀，失重量大。同时由于干缩提高了制品内盐的含量和熏烟成分（醛、酚等）的聚积量，制品内脂肪溶化不显著。冷熏的耐藏性较其他烟熏法稳定，特别适合于烟熏生香肠。热熏常用温度为35～50℃，也有50～80℃，甚至90～120℃，一般熏制时间为12～48h，相对比较短。热熏时因蛋白质迅速凝固，制品表面很快形成干膜，妨碍内部渗透，因而内渗深度较浅，耐藏性不及冷熏。但不论冷熏或热熏，制品的pH几乎没有变化。液态烟熏制剂的优点是可以节省大量的投资费用，重现性较好，而且制得的液态烟熏制剂中固相已经完全除去，无致癌的危险性。烟熏食品的致癌问题仍值得进一步研究。

（四）熏制食品的安全性

熏制肉品的烟气主要是由硬木不完全燃烧产生的，而硬木在燃烧过程中会产生种类繁多的烃的热解产物，主要是多环烃类，这类物质多是有害或有毒的，如苯并(a)芘和二苯并(a,h)蒽都属于强烈的致癌物。由于烟气中存在以上有毒物质，而一般肉品在加工过程中又直接与烟气接触才能达到熏制目的，因此，肉制品不可避免地就被污染，使成品中含有一定量的多环烃类致癌物，尤其是浓烟熏制，污染更严重，这样就给消费者带来一定的危害，常见的就是导致胃癌。据报道，喜食烟熏制品的人比一般人易患胃癌，如冰岛人喜食烟熏的肉或鱼，该国的胃癌死亡率居世界第三位。因此，在熏制食品的加工中应设法对烟气中的有害成分加以控制。

对烟熏制品中有害成分的控制，最有效、最直接的方法就是尽量避免肉品与火焰、燃料或烟气的直接接触；减少污染可能，切断污染来源；降低或避免熏制品中的有害成分。具体方法有：① 隔离保护法：使用肠衣等物理方法进行过滤，以除去或减少有害物质。② 外室生烟法：把生烟室与烟熏室分开，将生成的熏烟用棉花或其他材料过滤后再引入烟熏室熏制肉品，这样可大大降低烟气中的有害成分。此两种方法虽能很大程度地降低熏烟中有害成分的含量，但并不能完全避免，尤其是苯并(a)芘等一些致癌物仍有存在。若能使用液态烟熏法，则可除净有害有毒物质，无致癌危险。③ 使用烟熏液：是目前较先进的熏制方法，比天然烟熏有不少优点，最主要的就是可避免因烟熏而产生的有毒有害成分，食用安全性更高，是熏制业必然的发展趋势。液态烟熏制剂一般是从硬木干馏制成并经过特殊净化。最常用的方法是在开始蒸煮前对食品进行喷洒。如山楂核烟熏液就是一种优质烟熏液。此外，控制熏烟温度也可有效控制有害物质的生成量，最好温度在300℃以下。

综上所述，熏制肉品在加工过程中不可避免地要产生有害成分，但通过控制用量和改进加工工艺与方法，可以有效降低其含量，保证食用的安全性，使产品更符合安全卫生要求。

四、食品化学保藏与食品安全

食品化学保藏就是在食品生产和贮运过程中使用化学制品来提高食品的耐藏性，延长其保藏时间并尽可能地保持其原有品质的措施。用于保存食品、防止食品变质的物质通称食品保藏剂，其中包括防腐剂、杀菌剂、抗氧化剂等。食品及其原料在生产、贮存、运输、销售过程中，由于本身具有丰富的营养，所以许多微生物都能在食品中生长繁殖，造成食品的腐败。另外，食品中油脂与其他成分的氧化是导致食品品质劣化的另一个重要因素。氧化会使食品变色、维生素破坏、油脂酸败、营养价值降低等。所以，微生物和氧化都会降低食品质量，甚至产生有害物质，造成食物中毒，影响食品的安全性。同时，食品保藏剂本身也可能对食品安全造成危害。

(一) 食品化学保藏的发展

在食品保藏中，化学制品的使用有着悠久的历史。食盐本身就是化学制品，如前所述，盐渍保藏食品在我国就是一种古老的食品化学保藏法。鸡蛋浸渍水玻璃后的保藏也创始于我国。盐腌、糖渍、酸渍及烟熏等贮藏方法早已是人们在食品加工中利用食盐、食糖、食醋和熏烟等物质保藏食品的有效措施，但是，化学制品用于食品防腐在20世纪初才开始发展，1906年出现于市场上的用于食品保藏的化学制品已达到12种之多，但直到20世纪30年代，使用化学制品作为防腐剂仍然不甚普遍。当时在其他保藏方法、生产方法和清洁卫生等不断改进的情况下，化学制品的应用却有所下降。直至20世纪50年代，随着化学工业和食品科学的发展，化学合成的食品保藏剂逐渐增多，在世界各国的食品贮藏中才得到了普遍应用。化学制品在食品保藏和食品加工中的使用呈现日益增长的趋势。

使用食品保藏剂能充分保护有限的食品资源，在食物、食品的储存过程中需要食品保藏剂以减少已收获的食物和已制成的食品的各种损失。例如，在油脂中加入抗氧化剂以防油脂氧化变质，在酱油中加入苯甲酸来防止酱油变质等。据估计，目前，粮食由于贮藏上的损失约占总量的14.8%。食品、蔬菜、水果的变质损耗也很惊人，达25%～30%。因此，在食物中加入食品保藏剂已成为贮存、保鲜、运输、销售过程中减少变质损失的重要手段。

目前，食品生产和销售中需要防腐和保鲜的方面也越来越多，我国的食品添加剂中防腐剂和保鲜剂的需要量在增加，但国内该类产品的产量小、品种少、成本高，不能满足实际生产的要求，要解决这一矛盾急需开发出更多更好的食品保藏剂。

食品化学保藏剂种类繁多，其理化性质和保藏的机制各异。有的化学保藏剂作为食品添加剂直接参与食品的组成，有的化学保藏剂则是以改变或控制环境因素（如氧）对食品起保藏作用。化学保藏剂有人工化学合成的，也有从天然生物体内提取的。有人把抑制微生物生长而不能杀灭微生物的物质称为防腐剂，而将能够杀灭微生物的物质称为杀菌剂。但是杀菌与抑菌无法严格区分，同种添加剂在不同浓度、不同作用时间，对不同种类微生物的作用不可能一样。因此，防腐剂和杀菌剂不作严格区分，统称为防腐剂。凡能抑制微生物生长活动，不一定能杀死微生物，却能延缓食品腐败变质的化学制品或生物代谢制品统称为防腐剂。

食品化学添加物中有许多对人体无害或危害性较低的物质，如糖、盐、醋、有机酸、酒花和酒精等。这些物质在食品生产和保藏中经常使用。它们虽然也能抑菌，或阻止发酵，甚至还有一定的杀菌作用，但一般不被列入化学防腐剂范畴，而作为"食品辅料"处理。只有苯甲酸、水杨酸、硼酸、硼酸盐、二氧化碳、甲醛等化学制品方能定为正规的化学防腐剂。

食品的变质腐败不一定只和微生物有关，氧化和自溶酶的作用也能引起食品变质腐败。其他如可见光和紫外线、压力、冷冻、脱水、非酶褐变、氧化和还原等也同样会导致食品变质。因此，能防止这类变质的化学制品也应列为食品化学保藏剂的范畴，如抗氧化剂等。

现在添加于食品中的化学制品不再只满足于以防止或延缓食品腐败变质为目的。为了改善食品的颜色、风味和质地，以及使用上的方便性，还出现了各种专用的化学制品。还有不少其他的化学制品可添加于食品内作为营养素补充，或用以改善食品的加工工艺，提高食品品质，满足食品消费者的需要。因而，用于食品的化学制品日益增多，远远超过了原来防止食品腐败变质的范围，于是，对应用于食品中的所有化学制品统称为化学添加剂或食品添加剂。因此，化学防腐剂、抗氧化剂也应包括在添加剂范围内。

食品化学保藏的优点就是在食品中添加化学制品，如化学防腐剂和抗氧化剂等，就能在室温条件下延缓食品的腐败变质，和其他食品保藏方法，如罐藏、冷冻保藏、干藏等相比，则具有简便而又经济的特点。但是，必须明确的是仅在有限时间内保持食品原来的品质状态，属于暂时性的保藏。这是因为它们只能推迟微生物的生长，并不能完全阻止其生长或只能短时间内延缓食品内的化学变化。防腐剂用量越大，延缓腐败变质的时间也越长，然而，同时也有可能为食品带来明显的异味及其他卫生安全问题。实际上，食品保藏使用防腐剂虽然比较经济，但是不论在家庭或工厂中，加工果、蔬、鱼、肉时，如果在极不清洁卫生和粗制滥造的情况下使用防腐剂，则会减弱防腐剂的防腐性能。防腐剂只能延长细菌生长滞后期，因而只有未遭受细菌严重污染的食品才适合用化学防腐剂进行保藏。

需要强调的是，食品保藏剂的使用并不能改善低质食品的品质，而且食品的腐败变质一旦开始，绝不可能利用食品保藏剂将已经腐败变质的食品改变成优质的食品，因为这时腐败变质的产物已留存在食品之中了。

目前，由于人口集中区日益增多，农业产区也日趋远离人口集中区，食品经常在容易发生腐败变质的条件下进行贮运。为此，如何保证食品在贮运过程中不腐败变质，已成为迫切需要解决的问题。在发展中国家和地区，交通运输不便，同时缺少有效的保藏手段，显然食品化学保藏仍不失为比较适用的方法。在炎热的地区，高温、高湿的气候条件特别有利于微生物的生长活动和易于发生氧化酸败，因而和气候冷凉地区相比，常需要使用更多量的防腐剂和抗氧化剂。但是，如果为了减少食品的损耗并向消费地区供应足量的食品，而必须增加化学保藏剂用量，此时的化学保藏剂就不宜完全取代传统的保藏方法，只能作为辅助性的保藏方法以提高传统食品保藏方法的有效性。

（二）食品化学保藏的安全性

食品化学保藏的安全性是人们最为关注的问题，食品中使用的化学保藏剂必须对人体无毒害。为此，在生产和选用化学保藏剂时，首先要求保藏剂必须符合食品添加剂的卫生安全性规定，并严格按照食品安全国家标准规定控制其用量，以保证食用者的身体健康。

在尚未确定某种食品添加剂使用后对人体无毒害或尚未确定其使用条件以前，必须经过足够时间的动物生理、药理和生物化学试验，为确定食品保藏剂的安全使用量提供科学的依据。同时还需要由有经验的专家对其使用量的确定做出判断，然后才能对保藏剂的使用给予最后的考虑。核准使用的保藏剂还应在改变使用条件下继续进行观察，再根据新的认识作进一步改进。

根据联合国粮农组织和世界卫生组织（FAO/WHO）的主张，在膳食中消费量比例大的各类食品中使用食品保藏剂，应该予以严格限制。食品保藏剂杂质含量应通过确立纯度规格加以控制，这样才能有效地避免在食品添加剂中出现有害杂质。

食品保藏剂的使用量在能产生预期效果的基础上必须是最低量的，确定使用量极限时还必须考虑下列各因素：① 应该对添加保藏剂的食品或多种食品消费量做出充分的估计；② 动物试验中表明正常生理现象开始出现偏向时的最低使用量；③ 对所有各类消费者健康的任何危害性降低到最低程度时，保证完全适宜的极限。

我国和许多国家规定，食品中加有保藏剂等添加剂时应向消费者说明，如在食品标签标明所用的食品添加剂种类。

在使用食品保藏剂时，除所使用的食品保藏剂本身对人体无毒害或在加工中和食用前极易从食品中清除掉外，还应达到以下几点要求：① 少量使用时就能达到防止腐败变质或改善食品品质的要求；② 不会引起食品发生不可逆性的化学变化，并且不会使食品出现异味，但允许改善风味；③ 不会与生产设备及容器等发生化学反应。

食品生产者使用食品保藏剂时还应受到以下几点限制：① 不允许将食品保藏剂用来掩盖因食品生产和贮运过程中采用错误的生产技术所产生的后果；② 不允许使用食品保藏剂后导致食品内营养素的大量损耗；③ 已建立经济上切实可行的合理生产过程并能取得良好的保藏效果时，不应再添加食品保藏剂。

五、食品辐照保藏与食品安全

（一）食品辐照概述

食品辐照保藏是 20 世纪 40 年代开始发展的新保藏技术，主要是将放射线用于食品灭菌、杀虫、抑制发芽等，以延长食品的保藏期限。另外，也用于促进成熟和改善食品品质等方面。受照射处理的食品称为辐照食品（irradiatied food）。

目前，加工和实验用的辐照源有 ^{60}Co 和 ^{137}Cs 产生的 γ 射线及电子加速器产生的低于10 兆电子伏（MeV）的电子束。食品辐照分为静式和动式两种，静式是在辐照前将包装好的食品预先摆在辐照源所在地的周围，定量进行翻转，以保证辐照均匀；动式是用机械装置将食品输入场内不断回转进行辐照。

根据不同目的和不同食品类别，辐照剂量各不相同。辐照所用剂量以被辐照物吸收的能量表示。1980 年以后国际上统一规定，被辐照物吸收辐照能 1J（焦耳）称为 1Gy（戈瑞），1Gy 的 1000 倍和 100 万倍分别为 kGy（千戈瑞）和 MGy（兆戈瑞）。在此之前以 rad（拉德）表示，1Gy = 100rad。国际原子能机构统一规定食品辐照灭菌剂量：在 5kGy 以下称辐照防腐（radurization），以杀死部分腐败菌，延长保存期；在 5 ~ 10kGy 称为辐照消毒（radicidation），以消除无芽孢致病菌；剂量达 10 ~ 50kGy 称辐照灭菌（radappertization），可以杀灭物料中的一切微生物。

（二）辐照食品的安全性

1. 辐照食品时需注意的问题

目前，对辐照食品安全性的研究结果基本上是肯定的。然而，辐照食品逐渐进入实用阶段时，食品在加工过程中的安全性和有关辐照食品安全性的进一步研究，是食品安全和公共卫生方面不可忽视的问题。剂量过大的放射线照射食品所产生的变化，因食物的种类、品种及照射的条件不同，在食品中所生成的有害成分和微生物变性所带来的种种危害是不同的。关于辐照食品的安全性，有以下几方面的问题值得考虑。

（1）有害物质的生成　经过照射处理的食品是否生成有害成分或带来有害作用的问题，特别是慢性病害和致畸的问题，有过高剂量（大于 10^4Gy）照射产生有害物质的报道，而低剂量（小于 10^4Gy）的照射却不曾发生过这类情况。

（2）营养成分的破坏　照射处理的食品中所含的大量营养素和微量营养素都受到影响，蛋白质、脂肪、糖类和纤维素被破坏或变性，存在营养价值降低的问题。特别是对维生素 A、维生素 E 和维生素 K 及维生素 C 的破坏，同时也涉及感官的变化。应确保食品不因辐照引起某些营养成分的损失而造成营养不足的积累作用，以保证膳食的安全性。事实上，辐照作用在规定剂量的条件下，不会使食品的营养质量有显著下降。

（3）致癌物质的生成　关于多脂肪食品经照射后生成过氧化物和放射线引起化学反应产生自由基等，是否生成致癌性或致癌诱因性物质的问题，研究者对辐照食品的致癌性有了一般的看法：食品在推荐和批准的条件下辐照时，不会产生危害水平的致癌物。

（4）诱变物质的生成　食品辐照后可能生成具有诱变和细胞毒性的少量分解产物，这些产物可能诱导遗传变化，包括生物学系统中染色体的畸变。

（5）食品中的诱导放射性　对照射食品使用的放射线，要求穿透能力强，以便使食品深处均能受到辐照处理；同时又要求放射能诱导性小，以避免被冲击的元素变成具有放射性。经过照照处理的食品，由于处理过程中不与放射源直接接触，所以，一般不会沾染放射性物质。目前，主要使用的食品放射线有 γ–射线、X–射线或电子束，不能排除照射在某一能级时，放射能有被诱导的可能性。从目前食品辐射采用的射线和使用的放射剂量看，认为诱导放射不会引起健康危害。

（6）伤残微生物的危害　已有实验证实，在完全杀菌剂量（$4.5\times10^4 \sim 5.0\times10^4\text{Gy}$）以下，微生物出现耐放射性，而且反复照射，其耐性成倍增长。这种伤残微生物菌丛的变化，生成与原来微生物不同的有害生成物，有可能造成新的危害，这方面的安全性也有待研究确认。

2. 辐照食品的安全适宜性

辐照保藏工艺简单，食品在辐照过程中仅有轻微的升温，称为"冷加工"。一般用安全适宜性来评价辐照食品是否卫生安全，可归纳为以下内容：

（1）是否在食品中产生放射性物质沾染问题　辐照结束时放射线不残留在食品表面，所以辐照食品本身不存在放射性物质沾染问题。

（2）是否会产生感生射线　感生射线的产生与辐照剂量有关。辐射能级只有达到一定阈值后，才能使被照物质产生感生放射性。目前应用于食品辐照的放射源几乎都是 ^{60}Co

和^{137}Cs，其 γ 射线的能量分别为 1.17 和 0.66MeV，远低于 5～10MeV 可促使被辐照物质产生感生射线的能量阈值。同样地，以电子加速器为能源的食品辐照，其能量也低于产生感生射线的能量阈值。因此，辐照食品本身不至于产生感生射线。

（3）毒性问题　用 10kGy 以下剂量辐照的食品，经动物试验与人体观察证明是安全的。

（4）在照射剂量常规条件下，食品感官性状及营养成分很少改变　10kGy 以上剂量辐照，食品可产生感官性状变化，出现所谓辐照气味及褐变反应。如在低温、真空条件下高剂量照射前加入维生素 C、食盐、碳酸氢钠等物质，可改善食品感官性状。

1984 年，FAO/WHO 联合组织了国际食品辐照咨询组（Internal consultative group on Food Irradiation，ICGFI），所有辐照食品重大事项在 ICGFI 上讨论。1994 年该咨询组提出了辐照食品模式法规，其中提出了针对各类食品及各种目的的有效剂量范围，见表 5 - 2。

表 5 - 2　　　　　　　　　　　各类食品辐照目的及剂量

食品分类	目的	推荐有效控制剂量范围/kGy
Ⅰ．根茎类	抑制发芽	0.05～0.2
Ⅱ．新鲜蔬菜、水果	杀虫	0.1～1.0
	延长成熟/货架期	0.5～2.0
Ⅲ．谷类、豆类（脱水食品及含脱水成分）	杀虫	0.2～1.0
Ⅳ．鱼、海产品、蛙腿及其产品（生或冷冻）	延长货架期	1.0～3.0
	抑制致病菌或腐败菌	1.5～5.0
Ⅴ．禽、肉及其产品（生或冷冻）	延长货架期	1.0～3.0
	抑制致病菌或腐败菌	1.5～5.0
	抑制寄生虫	0.3～1.0
Ⅵ．调味品及脱水蔬菜	抑制致病菌或腐败菌	3.0～10.0

自 1984 年以来，我国卫生部批准发布了辐照食品卫生标准共 18 项，其中专业标准有 7 项，国家标准 11 项。随后为了和国际辐照食品类别标准接轨，1997 年卫生部发布了 6 类辐照食品国家标准，并保留了 3 项辐照食品国家标准，以前发布的 7 项专业标准全部废止。有效的标准见表 5 - 3。

表 5 - 3　　　　　　　　　　　辐照食品国家标准

品种	编号	目的	平均吸收剂量/kGy	发布（实施）时间（年月）
辐照熟肉类	GB 14891.1—1997	消毒灭菌	8.0	1997.6（1998.1）
辐照花粉	GB 14891.2—1997	消毒灭菌	8.0	1994.3（1994.6）
辐照干果果脯类	GB 14891.3—1997	灭虫	0.4～1.0	1997.6（1998.1）
辐照香辛料类	GB 14891.4—1997	消毒灭菌、灭虫	<10.0	1997.6（1998.1）
辐照新鲜水果及蔬菜类	GB 14891.5—1997	抑制发芽、延迟成熟、延长货架期	1.5	1997.6（1998.1）
辐照猪肉	GB 14891.6—1997	杀旋毛虫	0.65	1994.3（1994.6）

续表

品种	编号	目的	平均吸收剂量/kGy	发布（实施）时间（年月）
辐照冷浆包装	GB 14891.7—1997	消毒灭菌	2.5	1997.6（1998.1）
辐照豆类、谷类及制品	GB 14891.8—1997	灭虫	豆类 0.2 谷类 0.4~0.6	1997.6（1998.1）
辐照薯干酒	GB 14891.9—1997	改善品质	4.0	1994.3（1994.6）

上述标准对辐照食品的感官性状、卫生质量、农药残留以及平均辐照吸收剂量、剂量匀度、辐照加工食品的许可、市场销售、辐照加工设施的安全防护、操作人员的资格等都做了严格规定。

六、脱水与干燥保藏

（一）脱水保藏

脱水保藏是一种普遍应用的食品保藏方法，主要是将食品中水分降至微生物生长繁殖所必需的水平以下，例如对细菌应为 10% 以下，酵母应为 20% 以下，霉菌为 13%~16%以下。如以水分活性（a_w）表示，则在 0.6 以下，一般微生物均不易生长繁殖。食品脱水时所用的温度一般均较低，往往不能破坏其中酶的活性。为了破坏其活性经常在脱水之前进行预煮，即采用热水或蒸汽将食品加热到 70℃，时间 1~3min，称为漂烫；或用0.13% 亚硫酸及其盐类处理，通过所产生的二氧化硫将食品中的氧化酶破坏。预煮的目的是可以保存较多的营养成分。脱水食品在保存中应加以密封，有时以惰性气体填充包装，或将食品压紧，减少与空气的接触。脱水食品的保藏期限还受周围环境因素的影响，如空气的相对湿度等。因此，脱水食品应存放在干燥冷暗处。

（二）干燥保藏

干燥过程的本质是水分从物料表面向气相中转移的过程。正是由于表面水分不断汽化，物料内部水分方可继续扩散到表面上来。干燥是利用热能的去湿方法，根据热能传递方式的不同而有如下 4 种干燥方法。

1. 热风干燥（对流干燥）

此法直接以高温的热空气为热源，借对流传热将热量传给物料。热空气既是载热体又是载湿体，一般多在常压下进行。在真空条件下，由于气相处于低压，其热容量很小，必须采用其他的热源。

喷雾干燥是根据工艺要求选用适当的雾化器将料液雾化成几十微米大小的液滴，然后采用较高温度的干燥介质，将热量传递给物料，获得均匀的干燥产品。它具有干燥速度快、时间短，干燥温度较低，产品具有较好的分散性和溶解性，产品纯度高，生产过程简单、操作控制方便，适于连续化生产等特点。

2. 接触干燥（传导式）

此法是间接靠间壁的导热将热量传给与壁面接触的物料。热源可以是水蒸气、热水、燃气、热空气等。接触干燥可以在常压条件下进行，也可以在真空条件下进行。常压操作时，气体起着载湿体的作用，即加速排出汽化水分的作用。真空接触干燥是食品工业广泛应用的一种干燥法。

3. 辐射干燥

此法是利用红外线、远红外线、微波或介电等能源，将热量传给物料，可在常压或真空下进行，是食品工业中一种重要的干燥法。

4. 冷冻干燥

冷冻干燥又称真空冷冻干燥、冷冻升华干燥、分子干燥等。它是将湿物料先冻结至冰点以下，使液态水分变为固态的冰，然后在较高的真空度下，将冰直接转化为蒸汽而除去。

冷冻干燥早期用于生物制品的脱水，第二次世界大战后才用于食品工业。如加工得当，大多数冷冻干燥食品可长期保藏，保持了原有的物理、化学、生物学以及感官性质不变。食用时，加水复原后，可恢复到原有的形状和结构。在食品工业中，该项技术常用于肉类、水产品类、蔬菜类、蛋类、速溶咖啡、速溶茶、水果粉、香料、辛辣料、酱油等的干燥。冷冻干燥法具有如下特点：

（1）冷冻干燥是在低于水的三相点压力下进行的干燥。所以，此法特别适用于热敏食品以及一些易氧化食品的干燥，可以保留新鲜食品的色、香、味等。

（2）由于物料中水分存在的空间在水分升华以后基本维持不变，保持原有的形状。

（3）由于物料中水分在预冻结后以冰晶形态存在，原来溶于水中的无机盐被均匀地分配在物料中，这就避免了一般干燥方法因物料内部水分向表面扩散携带无机盐而造成表面硬化的现象。

（4）便于贮藏、携带和运输，故在特殊条件下，仍有很好的发展前景。如军需食品、登山食品、宇航食品、旅游食品以及婴儿食品等。

七、气 体 保 藏

氧是许多有生命物质进行代谢活动的重要物质。微生物根据氧的需要不同可分为需氧菌（aerobes）、厌氧菌（anaerobes）、兼性厌氧菌（fecultative，anaerobes）和微需氧菌（microaerophiles）。

1. 氧张力或氧分压以及氧化还原电位

氧张力（oxygen tension）或氧分压（partial pressure）以及氧化还原电位（O - R potential），它们均影响微生物的种类和数量。食物氧化还原电位取决于：① 原来食物的氧化还原电位；② 阻止食物中氧化还原电位改变的能力；③ 食物周围大气中氧张力。氧化还原电位以 Eh 表示，单位一般用毫伏（mV）来表示。阳性值表示需氧环境，需氧菌常在 +100mV 以上生长，而阴性值表示是厌氧环境，厌氧菌在 -100mv 以上生长。食品中各种组分，如还原糖、维生素 C、含硫氨基酸或其他含巯基（—SH）的含硫化合物均能影响食品中氧化还原电势。微生物在食物中生长要求有适合的氧化还原电位，微生物获得繁殖后可改变食品的氧化还原电位；需氧菌生长降低氧化还原电位值，为厌氧菌生长创造有利条件；食品加工也会发生食品氧化还原电位的变化。

2. 微生物引起食品变质和氧及其他气体的关系

在食品的新鲜原料中含有还原物质，如植物组织含有维生素 C 和还原糖，动物组织含有巯基（—SH），再加上组织细胞还具有一定呼吸作用，所以其有抗氧化能力，可使动植物组织内部一直保持少氧的状态。在食品中加入某些添加剂后，会引起食品中含氧性状的改变，如腌肉中加入硝酸盐有利于需氧微生物生长，若硝酸盐被还原成亚硝酸盐，则有利于厌氧微生物的生长。

当食品贮存于含有高浓度 CO_2 的环境中，可防止需氧性细菌和霉菌所引起的食品变质，但乳酸菌和酵母等对 CO_2 有较强的耐受力。在大气中含有 10% 的 CO_2 可以抑制水果蔬菜在贮藏中的霉变。在果汁装瓶时，充入 CO_2 对酵母的抑制作用却很差。在酿造制曲过程中，由于曲霉呼吸作用可以产生 CO_2，即能显著抑制曲霉的繁殖及酶的产生。

3. 气体保藏的措施

改变食品贮存环境中气体组成达到杀菌抑菌和减缓食品变化过程的工艺处理，称为气体保藏（controlled atmosphere storage），简称 CA 保藏。当空气中二氧化碳增加到 10% ~ 20% 时，嗜冷菌生长受抑制。CO_2 浓度与鸡肉保存期限之间成直线关系，在 5℃ 情况下，空气中含 $CO_2$15% 时保存期比一般空气中长 2 倍，含 $CO_2$25% 时保存期延长 2.5 倍，如图 5-3、图 5-4 所示。

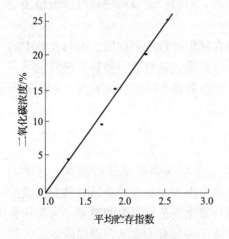

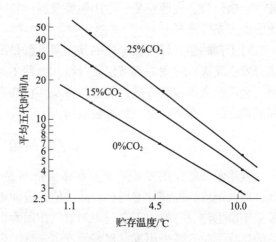

图 5-3　贮存天数与二氧化碳
　　　　浓度间的关系（5℃）

图 5-4　在不同二氧化碳浓度时温度与微生物
　　　　世代时间的关系（5℃）

气藏时，如果苹果维持在 O_2 2% ~ 4%、CO_2 3% ~ 5%，柿子维持在 O_2 3% ~ 5%、CO_2 8%，温度为 0℃ 条件下两者可保存 3 个月。有试验证实，臭氧对果蔬有一定贮存保鲜作用。经臭氧作用后使西红柿、青椒延缓成熟，延长保存期。

此外，食品用不透气薄膜袋包装，充填 N_2 或 CO_2 气体，置换时用脱氧剂包装，已广泛应用于蔬菜、水果、茶叶、乳粉、火腿等的保藏。

第三节　食品原料、成品的包装

多数食品都需要进行包装。包装在食品工业生产中已占据相当重要的地位，是食品产业的重要组成部分，它应用化工、生物工程、物理、机械、电子以及艺术设计等多学科知识，形成了集先进技术、材料、设备为一体的完整工业体系。食品包装材料是食品包装中的重要部分。食品在生产加工、贮藏运输、销售以及被消费的过程中，不可避免地要接触到各种容器和包装材料等，其中的某些有害成分就会转移到加工的食品中造成污染，危害人体健康，甚至危及生命安全。食品包装材料品种和数量的增加，在一定程度上给食品带来了不安全因素。因此，食品包装材料的安全性问题越来越受到人们的重视和注意，并在很多国家已经作为研究热点。世界上许多国家制定了食品包装材料的限制标准，如英国评价了约 90 多种物质为安全物质，允许其作为食品包装物质使用。我国在这方面也做了一定的工作，制定了食品包装材料的卫生标准。

一、食品包装材料的分类

包装材料直接和食品接触，很多材料成分可进入食品中，这一过程一般称为"迁移"。它可在玻璃、陶瓷、金属、硬纸板、塑料包装材料中发生。按包装材料的种类可分为：纸与纸板、塑料、金属（镀锡薄板、铝、不锈钢）、玻璃、橡胶、复合材料、化学纤维等。

在食品的生产和流通领域内，按食品包装的功能可分为保鲜包装、防腐包装、销售包装、运输包装、方便包装、专用包装及展示包装等。纸、塑料、金属和玻璃已成为包装工业的四大支柱材料。

对于食品包装材料安全性的基本要求就是不能向食品中释放有害物质，不与食品中的成分发生反应。常用的食品包装材料和容器主要有：纸和纸包装容器、塑料和塑料包装容器、金属和金属包装容器、复合材料及其包装容器、组合容器、玻璃陶瓷容器、木质容器和其他麻袋、布袋、草、竹等包装物。

二、食品包装的作用

食品包装的作用主要是保护食品质量和卫生安全，不损失原始成分和营养，方便贮运，促进销售，提高货架期和商品价值，进而增值或减少损失。如有的食品容易发霉或生长繁殖微生物，有的由于空气中的氧气作用而引起脂肪氧化或色素减退的现象。为防止食品的腐败变质，多采用真空包装等许多先进的包装方法。再如有的食品在潮湿的空气中很容易吸收水分，加速食品的污染或变质，因而在包装时可选用防潮性能良好的包装材料进行防潮包装，如铝箔或铝箔蒸镀薄膜。随着人们生活水平的日益提高，对包装的要求也越来越高，包装材料逐渐向安全、轻便、美观、经济的方向发展。

三、食品包装的卫生安全要求

食品包装的安全性在食品的保质、运输、贮藏、销售等方面都是非常重要的。很多食品就是因为在包装上忽视了安全性，而使得本来质量过硬、具有良好品质和潜在市场的商品未能得到用户的信任，更何况所用的很多材料都是消费者无法具体了解的，而且在短时期内又无法体现出来。因此，在食品包装的安全性方面必须引起高度的重视和进行严格的要求。

（一）包装材料的卫生安全

在选用包装材料时，含有有毒或残留有毒成分的包装绝对禁止使用。多年来，人们对食品包装材料不断推陈出新的变化越来越重视，尤其是安全性，建立起不同的信任度，表 5-4 所示为人们对不同包装材料信任度的情况。

表 5 –4　　　　　　　　　　　　包装材料安全信任度情况表

1	2	3	4	5	6
玻璃	陶瓷	纸制品	金属	塑料	木材

大　———————————————————————————————→　小

　　表 5 –4 表明消费者针对不同食品包装材料安全性的信任度，信任度最大的是玻璃，其次是陶瓷，而信任度最小的是木材和塑料。本来木材与塑料也是较为安全的包装材料，之所以对它们两者的信任度降低，可能与环保宣传和国外对木包装的某些限制有关。

　　包装材料的卫生安全还与包装材料的生产工艺与处理方法有很大的关系。以纸制品包装为例，纸的着色剂中含有荧光染料，在各种充填剂、交联剂、纸浆防腐剂中均有带毒性的残留物质，使用时必须进行严格的检验，经过荧光染料处理着色的纸不能用于包装食品。蜡纸包装过去用于包装糖果食品，现经过验证蜡纸中含有残留单体，某些蜡还含有致癌物质，因此，蜡纸已被禁止用于食品包装。

（二）包装技术的卫生安全

　　不同的包装处理技术，其卫生安全效果也不一样。在现代包装技术中，人们一般认为高温杀菌处理后的包装食品最为安全和卫生，其次是低温速冻处理的包装食品。纯粹从包装技术方法上来看，一般认为真空包装的食品卫生安全，但是有些食品是可以通过高温处理或进行真空包装的，而另一些食品则不能采用上述方法。因此，能够通过高温处理的包装食品或经过高温处理的食品，在包装上一定要突出其人们最信赖的处理过程或技术，能用真空包装的尽可能采用真空包装。

　　现代技术不断应用于现代食品包装。通过处理后食品的安全卫生效果极佳，但处理后的食品在营养成分、色、香、味等多方面应尽可能得以保留，如辐射处理、微波处理、高压处理等均属于理想的技术应用。

（三）其他卫生安全因素

1．人为因素

　　在包装食品时，人与食品或包装材料的接触可能会带来细菌或其他污染物，因此，食品包装时应尽量采用包装机械来实现。

2．物面因素

　　就是包装材料或食品包装贮运等表面要尽可能光滑平整，避免残杂物引起的污染。特别是包装外表面更应注意，否则，沾染污垢或吸尘等，都会导致染菌或造成视觉卫生污染等。

3．匹配因素

　　不同的食品与不同的包装相匹配，主要是在化学物性或色彩上的匹配。如食品的成分与包装材料的成分不能在包装后的一段时间内发生化学反应，产生有害的化学物质；又如食品的颜色与包装的颜色搭配不能造成人的视觉上的误导（如发霉变涩等问题）。也就是说，食品包装的卫生安全问题必须考虑到匹配因素。

思 考 题

1. 常用冷藏、保鲜运输设备有哪些？
2. 简述常用食品保藏技术和方法。
3. 简述食品包装的卫生安全要求。

第三篇　食品安全管理与控制

第六章　各类食品的卫生管理

各类食品在生产、运输、贮存、销售等环节中，均有可能受到生物性、化学性及物理性有毒有害物质的污染，威胁人体健康。本章将讨论与膳食有关的动物性食品、植物性食品、加工食品及其他几种食品的主要卫生问题和卫生管理。

第一节　粮豆的卫生及管理

一、粮豆的主要卫生问题

1. 霉菌和霉菌毒素的污染

粮豆在农田生长期、收获及贮存过程中的各个环节均可受到霉菌的污染。当环境湿度较大、温度增高时，霉菌易在粮豆中生长繁殖并分解其营养成分，产酸产气，使粮豆发生霉变。这不仅改变了粮豆的感官性状，使其降低和失去营养价值，而且还可能产生相应的霉菌毒素，对人体健康造成危害。常见污染粮豆的霉菌有曲霉、青霉、毛霉、根霉和镰刀菌等。

2. 农药残留

残留在粮豆中的农药可转移到人体而损害机体健康。粮豆中的农药残留可来自：① 防治病虫害和除草时直接施用的农药；② 农药的施用对环境造成一定的污染，环境中的农药又通过水、空气、土壤等途径进入粮豆作物。我国目前使用的农药 80% ~ 90% 为有机磷农药，1993 年我国曾报道谷类中残留的敌敌畏和甲胺磷分别占最大残留限量标准的 7.87% 和 39.15%。

3. 有毒有害物质的污染

粮豆中的汞、镉、砷、铅、铬、酚和氰化物等主要来自未经处理或处理不彻底的工业废水和生活污水对农田、菜地的灌溉。一般情况下，污水中的有害有机成分经过生物、物理及化学方法处理后可减少甚至消除，但以金属毒物为主的无机有害成分或中间产物可通过污水灌溉严重污染农作物。日本曾发生的"水俣病"、"痛痛病"都是由于用含汞、镉的污水灌溉所造成的。1990 年我国总膳食调查结果显示，每人每天平均摄入的铅、镉、汞分别为 86.3μg（占 ADI 20.1%）、13.8μg（占 ADI 22.9%）和 10.3μg（占 ADI 23.6%），主要来自谷类和蔬菜类，但有相当一部分汞（甲基汞）来自水产品。

4. 仓储害虫

我国常见的仓储害虫有甲虫（大谷盗、米象、谷蠹和黑粉虫等）、螨虫（粉螨）及蛾类（螟蛾）等50余种。当仓库温度在18~21℃、相对湿度65%以上时，适于虫卵孵化及害虫繁殖；当仓库温度在10℃以下时，害虫活动减少。仓储害虫在原粮、半成品粮豆上都能生长并使其发生变质，失去或降低食用价值。每年因病虫害造成的世界粮谷损失为5%~30%，因此应予以积极防治。

5. 其他污染，包括无机夹杂物和有毒种子的污染

泥土、砂石和金属是粮豆中的主要无机夹杂物，可来自田园、晒场、农具和加工机械，不但影响粮豆的感官性状，而且可能损伤牙齿和胃肠道组织。麦角、毒麦、麦仙翁籽、槐籽、毛果洋茉莉籽、曼陀罗籽、苍耳子等均是粮豆在农田生长期和收割时混杂的有毒植物种子。

二、粮豆的卫生管理

1. 粮豆的安全水分

粮豆水分含量的高低与其贮藏时间的长短和加工密切相关。在贮藏期间，粮豆水分含量过高时，其代谢活动增强而发热，使霉菌、仓虫易生长繁殖，致使粮豆发生霉变，而变质的粮豆不利于加工，因此应将粮豆水分含量控制在安全贮存所要求的水分含量以下。粮谷的安全水分含量为12%~14%，豆类为10%~13%。此外，粮豆籽粒饱满、成熟度高、外壳完整时贮藏性更好，因此应加强粮食入库前的质量检查，同时还应控制粮豆贮存环境的温度和湿度。

2. 仓库的卫生

要求为使粮豆在贮藏期不受霉菌和昆虫的侵害，保持原有的质量，应严格执行粮库的卫生管理要求：① 仓库建筑应坚固、不漏、不潮，能防鼠防雀；② 保持粮库的清洁卫生，定期清扫消毒；③ 控制仓库内温度、湿度，按时翻仓、晾晒，降低粮温，掌握顺应气象条件的门窗启闭规律；④ 检测粮豆温度和水分含量的变化，加强粮豆的质量检查，发现问题立即采取相应措施。此外，仓库使用熏蒸剂防治虫害时，要注意使用范围和用量，熏蒸后粮食中的药剂残留量必须符合国家卫生标准才能出库、加工和销售。

3. 粮豆运输、销售的卫生要求

粮豆运输时，铁路、交通和粮食部门要认真执行安全运输的各项规章制度，搞好粮豆运输和包装的卫生管理。运粮应有清洁卫生的专用车以防止意外污染。对装过毒品、农药或有异味的车船未经彻底清洗消毒的，不准装运。粮豆包装必须专用并在包装上标明"食品包装用"字样。包装袋使用的原材料应符合卫生要求，袋上油墨应无毒或低毒，不得向内容物渗透。

销售单位应按食品卫生经营企业的要求设置各种经营房舍，搞好环境卫生。加强成品粮卫生管理，做到不加工、不销售不符合卫生标准的粮豆。

4. 防止农药及有害金属的污染

为控制粮豆中农药的残留，必须合理使用农药，严格遵守《农药安全使用规定》和《农药安全使用标准》，采取的措施是：① 针对农药毒性和在人体内的蓄积性，不同作物及条件选用不同的农药和剂量；② 确定农药的安全使用期；③ 确定合适的施药方式；

④ 制定农药在粮豆中的最大残留限量标准。使用污水灌溉应采用的措施是：① 污水应经活性炭吸附、化学沉淀、离子交换等方法处理，必须使灌溉水质符合《农田灌溉水质标准》，并根据作物品种掌握灌溉时期及灌溉量；② 定期检测农田污染程度及农作物的毒物残留量，防止污水中有害化学物质对粮豆的污染。为防止各种贮粮害虫，常使用化学熏蒸剂、杀虫剂和灭菌剂，如甲基溴、氰氢酸等，使用时应注意其质量和剂量，使其在粮豆中的残留量不超过国家限量标准。近年采用^{60}Co 的 γ 射线低剂量辐照粮豆，可杀死所有害虫且不破坏粮豆营养成分及品质，我国已颁布了《辐照豆类、谷类及其制品卫生标准》（GB 14891.8—1997）。

5. 防止无机夹杂物及有毒种籽的污染

粮豆中混入的泥土、砂石、金属屑及有毒种籽对粮豆的保管、加工和食用均有很大的影响。为此，在粮豆加工过程中安装过筛、吸铁和风车筛选等设备可有效去除有毒种籽和无机夹杂物。有条件时，逐步推广无夹杂物、无污染物的小包装粮豆产品。

为防止有毒种籽的污染应做好以下工作：① 加强选种、种植及收获后的管理，尽量减少有毒种籽含量或完全将其清除；② 制定粮豆中各种有毒种籽的限量标准并进行监督。我国规定，按质量计麦角不得大于 0.01% ，毒麦不得大于 0.1% 。

6. 执行 GMP 和 HACCP

在粮食类食品的生产加工过程中必须严格执行良好生产规范（GMP）和危害分析关键控制点（hazard analysis critical control points，HACCP）的方法，以保证粮食类食品的卫生安全。

第二节　蔬菜和水果的卫生及管理

一、蔬菜和水果的主要卫生问题

1. 细菌及寄生虫的污染

由于施用人畜粪便和生活污水灌溉菜地，使蔬菜被肠道致病菌和寄生虫卵污染的情况较严重，据调查有的地区蔬菜中大肠埃希菌的阳性检出率为 67% ～95% ，蛔虫卵检出率为 48% ，钩虫为 22% 。流行病学调查也证实生食不洁的黄瓜和西红柿在痢疾的传播途径中占主要地位。水生植物，如红菱、茭白、荸荠等都有可能污染姜片虫囊蚴，如生吃可导致姜片虫病。水果采摘后在运输、贮存或销售过程中也可受到肠道致病菌的污染，污染程度和表皮破损有关。

2. 有害化学物质对蔬菜和水果的污染

（1）农药污染　蔬菜和水果施用农药较多，其农药残留较严重。甲胺磷为高毒杀虫剂，应禁止在蔬菜、水果上使用，但调查结果显示甲胺磷不仅广泛存在于各类蔬菜、水果中，且其含量也较检出的其他有机磷农药含量高，如在蔬菜、水果中的甲胺磷残留量分别为 14.52μg/kg、17.70μg/kg。我国卫生标准明确规定蔬菜中不得检出对硫磷，但部分蔬菜中仍可检出对硫磷（1.70μg/kg），显然这是违反《农药安全使用规定》滥用高毒农药所致。

（2）工业废水中有害化学物质的污染　工业废水中含有许多有害物质，如酚、镉、铬等，若不经处理直接灌溉菜地，毒物可通过蔬菜进入人体产生危害。据调查，我国平均每人每天摄入铅86.3μg，其中23.7%来自蔬菜；平均每人每天摄入镉13.8μg，其中23.9%来自蔬菜，2.9%来自水果。某地用含砷废水灌溉菜地，可使小白菜含砷高达60~70mg/kg，而一般蔬菜中平均含量在0.5mg/kg以下。有些地区蔬菜受工业废水中酚和铬的污染严重。

（3）其他有害化学物质　一般情况下，蔬菜、水果中硝酸盐与亚硝酸盐含量很少，但在生长时遇到干旱或收获后不恰当地存放、贮藏和腌制时，硝酸盐和亚硝酸盐含量增加，对人体产生不利影响。

二、蔬菜和水果的卫生管理

1. 防止肠道致病菌及寄生虫卵的污染

应采取的措施是：① 人畜粪便应经无害化处理再施用，如采用沼气池处理不仅可杀灭致病菌和寄生虫卵，还可增加能源途径并有提高肥效的作用；② 用生活污水灌溉时应先沉淀去除寄生虫卵，禁止使用未经处理的生活污水灌溉；③ 水果和生食的蔬菜在食前应清洗干净，有的应消毒；④ 蔬菜水果在运输、销售时应剔除残叶、烂根、破损及腐败变质部分，推行清洗干净后小包装上市。

2. 施用农药的卫生要求

蔬菜的特点是生长期短，植株的大部分或全部均可食用而且无明显成熟期，有的蔬菜自幼苗期即可食用；另外，一部分水果食用前无法去皮。因此应严格控制蔬菜水果中的农药残留，具体措施是：① 应严格遵守并执行有关农药安全使用规定，高毒农药不准用于蔬菜、水果，如甲胺磷、对硫磷等；② 控制农药的使用剂量，根据农药的毒性和残效期来确定对作物使用的次数、剂量和安全间隔期（即最后一次施药距收获的天数），如40%的乐果乳剂以每亩100g、800倍稀释喷洒大白菜和黄瓜时，其安全间隔期分别不少于10d和2d。此外，过量施用含氮化肥会使蔬菜受硝酸盐污染，如对茄果类蔬菜在收获前15~20d，应少用或停用含氮化肥，且不应使用硝基氮化肥进行叶面喷肥；③ 制定农药在蔬菜和水果中最大残留限量标准，如我国规定敌敌畏在蔬菜水果中最大残留限量为0.2mg/kg（GB 5127—1998《食品中敌敌畏、乐果、马拉硫磷、对硫磷最大残留限量标准》）；④ 应慎重使用激素类农药。

3. 工业废水灌溉卫生要求

利用工业废水灌溉菜地应经无害化处理，水质符合国家工业废水排放标准后方可使用；应尽量使用地下水灌溉。

4. 蔬菜、水果贮藏的卫生要求

蔬菜、水果含水分多、组织嫩脆、易损伤和腐败变质，因此贮藏的关键是保持蔬菜、水果的新鲜度。贮藏条件应根据蔬菜、水果的种类和品种特点而异。一般保存蔬菜、水果的适宜温度是0℃左右，此温度既能抑制微生物生长繁殖，又能防止蔬菜、水果间隙结冰，避免在冰融时因水分溢出而造成蔬菜水果的腐败。蔬菜水果大量上市时可用冷藏或速冻的方法。采用^{60}Co-γ射线辐照洋葱、土豆、苹果、草莓等可延长其保藏期。

防霉剂、杀虫剂、生长调节剂等化学制剂在蔬菜、水果贮藏中的应用越来越广泛，可延长贮藏期限并提高保藏效果，但同时也增加了污染食品的机会。目前尚未建立相应残留量的卫生标准。

第三节　畜、禽肉类食品的卫生及管理

一、畜肉的卫生及管理

(一) 肉的腐败变质

牲畜宰杀后，从新鲜至腐败变质要经僵直、后熟、自溶和腐败四个过程。刚宰杀的畜肉呈弱碱性（pH7.0~7.4），肌肉中糖原和含磷有机化合物在组织酶的作用下分解为乳酸和游离磷酸，使肉的酸度增加。pH 为 5.4 时达到肌凝蛋白等电点，肌凝蛋白开始凝固并使肌纤维硬化出现僵直，此时肉味道差，肉汤浑浊。此后，肉内糖原分解，酶继续作用，使 pH 进一步下降，肌肉结缔组织变软并具有一定弹性，此时肉松软多汁、味美芳香，表面因蛋白质凝固形成有光泽的膜，有阻止微生物侵入内部的作用，上述过程称后熟，俗称排酸。后熟过程与畜肉中糖原含量和外界温度有关。疲劳牲畜的肌肉中糖原少，其后熟过程延长。温度越高后熟速度越快，一般在 4℃ 时 1~3d 可完成后熟过程。此外，肌肉中形成的乳酸具有一定的杀菌作用。畜肉处于僵直和后熟阶段为新鲜肉。

宰杀后的畜肉若在常温下存放，使畜肉原有体温维持较长时间，则其组织酶在无菌条件下仍然可继续活动，分解蛋白质、脂肪而使畜肉发生自溶。此时，蛋白质分解产物硫化氢、硫醇与血红蛋白或肌红蛋白中的铁结合，在肌肉的表层和深层形成暗绿色的硫化血红蛋白，并伴有肌肉纤维松弛现象，影响肉的质量，其中内脏自溶较肌肉快。当变质程度不严重时，这种肉必须经高温处理后才可食用。为防止肉尸发生自溶，宰后的肉应及时挂晾降温或冷藏。

自溶为细菌的侵入、繁殖创造了条件，细菌的酶使蛋白质、含氮物质分解，使肉的 pH 上升，该过程即为腐败过程。腐败变质的主要表现为畜肉发黏、发绿、发臭。腐败肉含有的蛋白质和脂肪分解产物，如吲哚、硫化物、硫醇、粪臭素、尸胺、醛类、酮类和细菌毒素等，这些物质可使人中毒。

不适当的生产加工和保藏条件也会促进肉类腐败变质，其原因有：① 健康牲畜在屠宰、加工运输、销售等环节中被微生物污染；② 病畜宰前就有细菌侵入，并蔓延至全身各组织；③ 牲畜因疲劳过度，宰杀后肉的后熟力不强，产酸少，难以抑制细菌的生长繁殖，导致肉的腐败变质。

引起肉腐败变质的细菌最初为在肉表面出现的各种需氧球菌，以后为大肠埃希菌、普通变形杆菌、化脓性球菌、兼性厌氧菌（如产气荚膜杆菌、产气芽孢杆菌），最后是厌氧菌。因此根据菌相的变化可确定肉的腐败变质阶段。

(二) 常见人畜共患传染病畜肉的处理

1. 炭疽

炭疽是由炭疽杆菌引起的烈性传染病。炭疽杆菌在未形成芽孢之前，55~58℃、10~15min 即可被杀死。炭疽杆菌在空气中 6h 形成芽孢，形成芽孢的炭疽杆菌需 140℃、3min 或 100℃、5min 方能杀灭；炭疽杆菌能在土壤中存活 15 年。其传染途径主要是经过皮肤接触或由空气吸入，因食用被污染食物引起的胃肠型炭疽较少见。

炭疽主要是牛、羊和马的传染病，表现为全身出血、脾脏肿大、天然孔流血，血液呈黑红色且不易凝固。猪多患慢性局部炭疽，病变部位在颌下、咽喉与肠系膜淋巴结，病变淋巴结剖面呈砖红色，肿胀、质硬，宰前一般无症状。特别要注意做好洪灾后牛、马、羊等突然死亡的检查工作。

发现炭疽病畜必须在 6h 内立即采取措施，隔离消毒，防止芽孢形成。病畜一律不准屠宰和解体，应整体（不放血）高温化制或 2m 深坑加生石灰掩埋，同群牲畜应立即隔离，并进行炭疽芽孢疫苗和免疫血清预防注射。若屠宰中发现可疑患畜应立即停宰，将可疑部位取样送检。当确证为炭疽后，患畜前后邻近的畜体均须进行处理。屠宰人员的手和衣服需用 2% 来苏液消毒并接受青霉素预防注射。饲养间、屠宰间需用含 20% 有效氯的漂白粉液、2% 高锰酸钾液或 5% 甲醛消毒 45min。

2. 鼻疽

鼻疽是由鼻疽杆菌引起的牲畜烈性传染病。感染途径为消化道、呼吸道和损伤的皮肤和黏膜。病畜在鼻腔、喉头和气管内有粟粒状大小、高低不平的结节或边缘不齐的溃疡，在肺、肝、脾也有粟米至豌豆大小不等的结节。对鼻疽病畜的处理同炭疽。

3. 口蹄疫

病原体为口蹄疫病毒，是猪、牛、羊等偶蹄动物的一种急性传染病，是高度接触性人畜共患传染病。病畜表现为体温升高，在口腔黏膜、牙龈、舌面和鼻翼边缘出现水疱或形成烂斑，口角线状流涎，蹄冠、蹄叉发生典型水疱。

病畜肉处理：凡确诊或疑似患口蹄疫的牲畜应急宰，为杜绝疫源传播，同群牲畜均应全部屠宰。体温升高的病畜肉、内脏和副产品应高温处理；体温正常的病畜可去骨肉和内脏，经后熟过程，即在 0 ~ 5℃48h 或 6℃ 以上 30h，或 10 ~ 12℃24h 无害化处理后方可食用。凡接触过病畜的工具、衣服、屠宰场所等均应进行严格消毒。

4. 猪水泡病

病原体为滤过性病毒，只侵害猪。人的感染途径以接触感染为主。在牲畜集中、调度频繁的地区易流行此病，应予注意。患传染性水疱性皮炎的病猪症状与口蹄疫难以区别，主要依靠实验室诊断。

病畜肉处理：对病猪及同群生猪应急宰，病猪的肉尸、内脏和副产品（包括头、蹄、血、骨等）均应经高温处理后方可出厂，毛皮也须经消毒后再出厂。对屠宰场所、工具、工人衣物应进行彻底消毒。

5. 猪瘟、猪丹毒、猪出血性败血症

猪瘟是猪传染病中常见的三种病，分别由猪瘟病毒、丹毒杆菌、猪出血性败血症杆菌所致。除猪丹毒可通过皮肤接触感染人外，猪瘟和猪出血性败血症均不感染人，但因病猪抵抗力下降，肌肉和内脏中往往有沙门菌属继发感染，易引起食物中毒。

病畜肉处理：肉尸和内脏有显著病变时作工业用或销毁。有轻微病变的肉尸和内脏应在 24h 内经高温处理后出厂，若超过 24h 即需延长高温处理 30min，内脏改工业用或销毁；其血液作工业用或销毁，猪皮消毒后可利用，脂肪炼制后方可食用。

6. 结核病

结核病是由结核杆菌引起的人畜共患慢性传染病。牛、羊、猪和家禽均可感染。牛型和禽型结核可传染给人。病畜表现为消瘦、贫血、咳嗽，呼吸音粗糙、有啰音，颌下、乳房及体表淋巴结肿大、变硬；如为局部结核，有大小不一的结节，呈半透明或灰白色，也可呈干酪样钙化或化脓等。

病畜肉处理：全身结核且消瘦病畜应全部销毁，未消瘦者切除病灶部位销毁，其余部分高温处理后可食用。个别淋巴或脏器有病变时可局部废弃，肉尸不受限制。

7. 布氏杆菌病

布氏杆菌病是由布氏杆菌引起的慢性接触性传染病，绵羊、山羊、牛及猪易感。布氏杆菌分为六型，其中羊型、牛型、猪型是人类布氏杆菌病的主要致病菌，羊型对人的致病力最强，猪型次之，牛型较弱。主要经皮肤、黏膜接触传染。

患病雌畜表现为传染性流产、阴道炎、子宫炎，雄畜为睾丸炎；患羊的肾皮质中有小结节，患猪则表现为化脓性关节炎、骨髓炎等。

病畜肉处理：病畜生殖器和乳房必须废弃，肉尸及内脏均应高温处理或盐腌后食用。高温处理是使肉中心温度达 80℃ 以上，即一般肉块切成重 2.5kg 以下、8cm 厚，煮沸 2h 可达到。盐腌时肉块质量应小于 2.5kg，干腌用盐量应是肉重的 15%，湿腌盐水的波美浓度为 18~20 度。对血清学诊断为阳性、无临床症状、宰后又未发现病灶的牲畜，除必须废弃生殖器和乳房外，其余不受限制。

(三) 常见人畜共患寄生虫病畜肉的处理

1. 囊虫病

囊虫病病原体在牛为无钩绦虫，猪为有钩绦虫，家畜为绦虫中间宿主。幼虫在猪和牛的肌肉组织内形成囊尾蚴，主要寄生在舌肌、咬肌、臀肌、深腰肌和膈肌等部位。囊尾蚴在半透明水泡状囊中，肉眼为白色，绿豆大小，这种肉俗称"米猪肉"或"痘猪肉"。当人吃有囊尾蚴的肉后，囊尾蚴在人的肠道内发育为成虫并长期寄生在肠道内，引起人的绦虫病，可通过粪便不断排出节片或虫卵污染环境。由于肠道的逆转运动，成虫的节片或虫卵逆行入胃，经消化孵出幼虫，幼虫进入肠壁并通过血液达到全身，使人患囊尾蚴病。根据囊尾蚴寄生部位不同，可分为脑囊尾蚴病、眼囊尾蚴病和肌肉囊尾蚴病，严重损害人体健康。

病畜肉处理：我国规定猪肉、牛肉在规定检验部位 40cm² 面积上，有 3 个或 3 个以下囊尾蚴，可以冷冻或盐腌处理后出厂；在 40cm² 面积上有 4~5 个虫体者，高温处理后可出厂；在 40cm² 有 6~10 个囊尾蚴者可工业用或销毁，不允许做食品加工的原料。羊肉在 40cm² 检验部位面积上囊尾蚴小于 8 个者，不受限制出厂；9 个以上虫体而肌肉无任何病变者，高温处理或冷冻处理出厂；若发现 40cm² 有 9 个以上囊尾蚴、肌肉又有病变时，作工业用或销毁。

冷冻处理方法是使肌肉深部温度达 -10℃，然后在 -12℃ 放置 10d，或达 -12℃ 后在 -13℃ 放置 4d 即可。盐腌要求肉块质量小于 2.5kg，厚度应小于 8cm，在浓食盐溶液中腌渍 3 周。为检查处理后畜肉中的囊尾蚴是否被杀死，可进行囊尾蚴活力检验，即取出囊尾蚴，在 37℃ 加胆汁孵化 1h，未被杀死的囊尾蚴，其头节将从囊中伸出。

预防措施：加强肉品的卫生管理，畜肉须有兽医卫生检验合格印戳才允许销售。加强市场管理，防止贩卖病畜肉。对消费者应开展宣传教育，肉类食用前需充分加热，烹调时防止交叉污染。对患者应及时驱虫，加强粪便管理。

2. 旋毛虫病

旋毛虫幼虫主要寄生在动物的膈肌、舌肌和心肌，形成包囊。当人食入含旋毛虫包囊的肉后，约一周幼虫在肠道发育为成虫，并产生大量新幼虫钻入肠壁，随血液循环移行到身体各部位，损害人体健康。人患旋毛虫发病与嗜生食或半生食肉类习惯有关。

病畜肉处理：取病畜横膈肌脚部的肌肉，在低倍显微镜下观察，24 个检样中有包囊或钙化囊 5 个以下者，肉尸高温处理后可食用；超过 5 个者应销毁或工业用，脂肪可炼食用油。

预防措施：加强贯彻肉品卫生检验制度，未经检验的肉品不准上市；进行卫生宣传教育，改变生食或半生食肉类的饮食习惯，烹调时防止交叉污染，加热要彻底。

3. 其他

蛔虫病、姜片虫病、猪弓形虫病等也是人畜共患寄生虫病。

（四）情况不明死畜肉的处理

牲畜死后解体者为死畜肉。死畜肉因未经放血或放血不全外观呈暗红色，肌肉间毛细血管淤血，切开后按压可见暗紫色淤血溢出，切面呈豆腐状，含水分较多。死畜肉可来自病死（包括人畜共患疾病）、中毒和外伤等急性死亡。对死畜肉必须在确定死亡原因后才考虑采取何种处理方法。如确定死亡原因为一般性疾病或外伤且肉未腐败变质，弃内脏，肉尸经高温处理后可食用；如确定死亡原因为中毒，则应根据毒物的种类、性质、中毒症状及毒物在体内分布情况决定处理原则；确定为人畜共患传染病的死畜肉不能食用；死因不明的死畜肉一律不准食用。

经过兽医卫生检验，肉品质量分为以下三类。

1. 良质肉

指健康畜肉，食用不受限制。其感官和理化状况见表 6 - 1。

表 6 - 1　　　　　　　　　良质肉的感官和理化指标

	鲜猪肉	冻猪肉
感官指标		
色泽	肌肉有光泽，红色均匀，脂肪乳白色	肌肉有光泽，红色或稍暗，脂肪乳白色
组织状态	纤维清晰，有坚韧性，指压后凹陷立即恢复	肉质紧密，有韧性，解冻后指压凹陷恢复较慢
黏度	外表湿润，不黏手	外表湿润，切面有渗出液，不黏手
气味	具有鲜猪肉固有的气味，无异味	解冻后有鲜猪肉固有气味，无异味
煮沸后肉汤	澄清透明，脂肪团聚于表面	澄清透明或微浊，脂肪团聚于表面
理化指标[1]		
挥发性盐基总氮/（mg/100g）	≤15	
铅（Pb）/（mg/kg）	≤0.2	
无机砷/（mg/kg）	≤0.05	
铬（Cd）/（mg/kg）	≤0.1	
总汞（以 Hg 计）/（mg/kg）	≤0.05	

1) 引自 GB 2707—2005《鲜（冻）畜肉卫生标准》。

2. 条件可食肉

指必须经过高温、冷冻或其他有效方法处理达到卫生要求并食用无害的肉。如患口蹄疫猪的体温正常，其肉和内脏经后熟后可食用；体温升高时其肉和内脏需经高温处理。

3. 废弃肉

指患炭疽、鼻疽等的肉尸、严重感染囊尾蚴的肉品、死因不明的死畜肉及严重腐败变质的畜肉等，均应进行销毁或化制而不准食用。

（五）　药物残留及其危害

为了防治牲畜疫病及提高畜产品的生产效率，经常会使用各种药物，如抗生素、抗寄生虫药、生长促进剂、雌激素等。这些药品不论是大剂量短时间治疗还是小剂量在饲料中长期添加，在畜肉、内脏都会有残留，残留过量会危害食用者健康。

1. 抗生素

常用的抗生素有青霉素、链霉素、庆大霉素、四环素、头孢霉素等，其中青霉素使用最为广泛。

抗生素在畜类食品中残留对人体的危害包括：① 经常食用含抗生素残留的畜肉可使人产生耐药性，影响药物治疗效果；② 对抗生素过敏的人群具有潜在的危险性。

美国 FDA 规定，食用组织、蛋、乳中不允许有青霉素残留，在各种肉制品中磺胺类允许残留量为 $1.0\mu g/kg$。长效磺胺禁止用于蛋鸡和乳牛。

2. 生长促进剂和激素

这类药物在使用时亦能在畜体内残留，现已证实有的药物对人体是有危害的，如激素药物中的己烯雌酚对动物的正常合成代谢具有促进作用，可提高动物增长率，因此，一直用以促进牛和羊的增长。现已证实己烯雌酚可在肝脏内残留并存在致癌性，2002 年已被列入我国农业部《食品动物禁用的兽药及其它化合物清单》之中。

为防止动物性食品中残留药物对人体健康的危害，我国农业部已颁布《动物性食品中兽药最高残留限量》，要求合理使用兽药，遵守休药期（休药期：畜、禽停止给药到允许屠宰，或它们的产品如乳、蛋许可上市的间隔期），加强残留量的监测。

3. 盐酸克伦特罗（瘦肉精）

盐酸克伦特罗属于拟肾上腺素药物，临床上用于治疗哮喘病。饲料中添加盐酸克伦特罗后可使牲畜和禽类生长速率、饲料转化率、酮体瘦肉率提高 10% 以上，所以盐酸克伦特罗在作为饲料添加剂销售时，其商品名为"瘦肉精"或"肉多精"。盐酸克伦特罗在体内代谢较慢，添加于饲料中会在畜、禽肌肉，特别是内脏，如肺、肝、肾脏等中残留而引起食用者中毒，中毒症状为头晕、头痛、肌肉震颤、心悸、恶心、呕吐等。严重者可出现心律失常。我国《药品管理法》及其配套规章明确规定，任何单位和个人不得将盐酸克伦特罗出售给非医疗机构和个人。1999 年国务院颁布的《饲料和饲料添加剂管理条例》明确规定，严禁在饲料和饲料添加剂中添加盐酸克伦特罗等激素类药品。有关部门开始组建全国饲料监测体系和饲料安全评价体系，对所有饲料生产企业实行强制性监测，提供安全肉食，保证消费者的健康。

（六）　肉制品的卫生

肉制品品种繁多，常见的有干制品（如肉干、肉松）、腌制品（如咸肉、火腿、腊肉等）、灌肠制品（如香肠、肉肠、粉肠、红肠等）、熟肉制品（如卤肉、熟副产品）及各种烧烤制品。

肉制品加工时，必须保证原料肉的卫生质量。肉松因加工过程中经过较高温度和较长时间加热（烧煮4h），可使用条件可食肉作原料肉，其余品种需以良质肉为原料；在加工各环节应防止细菌污染；使用的食品添加剂必须符合食品安全国家标准，防止滥用添加剂。

在制作熏肉、火腿、烟熏香肠及腊肉时，应注意降低多环芳烃的污染，加工腌肉或香肠时应严格限制硝酸盐或亚硝酸盐用量，如香肠及火腿中亚硝酸盐残留量不得超过20mg/kg。

（七）肉类生产加工、运输及销售的卫生要求

1. 屠宰场的卫生要求

我国《肉类加工厂卫生规范》（GB 12694—1990）规定：肉类联合加工厂、屠宰场、肉制品厂应建在地势较高、干燥、水源充足、交通方便、无有害气体及其他污染源、便于排放污水的地区，屠宰场的选址应当远离生活饮用水的地表水源保护区。厂房设计要符合流水作业，为避免交叉污染，应按饲养、屠宰、分割、加工冷藏的顺序合理设置。

规模较大的屠宰场应设有宰前饲养场、待宰圈、检疫室、观察饲养室，以及屠宰、解体、宰后检验、畜肉冷却、冷冻、肉品加工、内脏及血液初步处理、皮毛及污水无害化处理等部门，并设置病畜隔离室、急宰间和病畜无害化处理间等。

此外，屠宰场的厂房与设施必须结构合理、坚固、便于清洗和消毒。车间墙壁要有不低于2m的不透水墙裙，地面要有一定的斜坡度，表面无裂缝，无局部积水，易于清洗消毒；各工作间流水生产线的运输应有悬空轨道传送装置；屠宰车间必须设有兽医检验设施，包括同步检验、对号检验、内脏检验等。

2. 屠宰的卫生要求

屠宰前牲畜应停食12~24h，宰前3h充分喂水以防屠宰时牲畜胃肠内容物污染肉尸；测量体温（正常体温：猪为38~40℃，牛为37.8~39.8℃），体温异常者应予隔离。屠宰程序为淋浴、电麻、宰杀、倒挂放血、热烫刮毛或剥皮、剖腹、取出全部内脏（肛门连同周围组织一起挖除），修割剔除甲状腺、肾上腺及明显病变的淋巴结。肉尸与内脏统一编号，以便发现问题后及时查处。经检验合格的肉尸要及时冷却入库，冻肉入冷冻库。

3. 运输销售的卫生要求

肉类食品的合理运输是保证肉品卫生质量的一个重要环节，运输新鲜肉和冻肉应有密闭冷藏车，车上有防尘、防蝇、防晒设备，鲜肉应挂放，冻肉可堆放。合格肉与病畜肉、鲜肉与熟肉不得同车运输，肉尸和内脏不得混放。卸车时应有铺垫。

熟肉制品必须盒装，专车运输，盒子不能落地。每次运输后车辆、工具必须洗刷消毒。肉类零售点应有防蝇、防尘设备，刀、砧板要专用，当天售不完的肉应冷藏保存，次日重新彻底加热后再销售。

此外，为了加强生猪屠宰管理，保证生猪产品（即屠宰后未经加工的胴体、肉、脂、脏器、血液、骨、头、蹄、皮）质量，保障人民身体健康，我国国务院颁布了《生猪屠宰管理条例》。国家对生猪实行定点屠宰、集中检疫、统一纳税、分散经营的制度。定点屠宰厂（场）由市、县级人民政府根据定点屠宰厂（场）的设置规划，组织商品流通行政主管部门和农牧部门以及其他有关部门，依照该条例规定的条件审查、确定并颁发定点屠宰标志牌。未经定点，任何单位和个人不得屠宰生猪，但农村地区个人自宰自食者除

外。条例中规定屠宰厂（场）应当建立严格的肉品品质检验管理制度，对合格的生猪产品应加盖肉品品质检验合格验讫印章后放行出厂（场）。从事生猪产品销售、加工的单位和个人，以及饭店、宾馆、集体伙食单位销售或者使用的生猪产品应当是定点屠宰厂（场）屠宰的生猪产品。

二、禽类的卫生及管理

（一）禽肉的卫生

禽肉的微生物污染主要有两类：一类为病原微生物，如沙门菌、金黄色葡萄球菌和其他致病菌，这些菌侵入肌肉深部，食前未充分加热可引起食物中毒；另一类为假单胞菌等，能在低温下生长繁殖，引起禽肉感官改变甚至腐败变质，在禽肉表面可产生各种色斑。因此，必须加强禽肉的卫生质量检查并做好下列工作：① 加强卫生检验，宰前发现病禽应及时隔离、急宰，宰后检验发现的病禽肉尸应根据情况做无害化处理。② 合理宰杀，宰前 24h 停食、充分喂水以清洗肠道。禽类的宰杀过程类似牲畜，为吊挂、放血、浸烫（50~54℃或56~65℃）、拔毛、通过排泄腔取出全部内脏，应尽量减少污染。③ 宰后冷冻保存，宰后禽肉在 -25 ~ -30℃、相对湿度为 80% ~90% 的条件下冷藏，可保存半年。

（二）禽蛋的卫生

鲜蛋的主要卫生问题是致病菌（沙门菌、金黄色葡萄球菌）和引起腐败变质的微生物污染。蛋类的微生物一方面来自卵巢，禽类感染传染病后病原菌通过血液进入卵巢，使卵巢中形成的蛋黄带有致病菌，如鸡伤寒沙门菌等；另一方面来自于泄殖腔、不洁的产蛋场所及运输、贮藏等各环节。在气温适宜条件下，微生物通过蛋壳气孔进入蛋内并迅速生长繁殖，使禽蛋腐败变质。如外界霉菌进入蛋内可形成黑斑，称"黑斑蛋"；微生物分解蛋黄膜形成"散黄蛋"，蛋黄与蛋清混在一起称"浑汤蛋"。由于蛋白质分解形成的硫化氢、胺类、粪臭素使蛋具有恶臭气味，腐败变质的蛋不得食用。此外，不正确的使用抗生素、激素等化学物品，可对禽蛋造成污染。

为了防止微生物对禽蛋的污染，提高鲜蛋的卫生质量，应加强禽类饲养条件的卫生管理，保持禽体及产蛋场所的卫生。鲜蛋应贮存在 1 ~5℃、相对湿度 87% ~97% 的条件下。出库时应先在预暖室放置一段时间，防止因产生冷凝水而造成微生物对禽蛋的污染。

蛋类制品有冰蛋、蛋粉、咸蛋和皮蛋（松花皮蛋），制作蛋制品不得使用腐败变质的蛋。制作冰蛋和蛋粉应严格遵守有关的卫生制度，采取有效措施防止沙门菌的污染，如打蛋前蛋壳预先洗净并消毒，工具容器也应消毒。制作皮蛋时应注意铅的含量，可采用氧化锌代替氧化铅，使皮蛋内铅含量明显降低。

第四节　水产品的卫生及管理

水产类包括许多动物界的类群，如软体动物门（河蚌、田螺等），节肢动物门（虾、蟹等）、棘皮动物门（海胆、海参等）、脊索动物门、鱼纲（青鱼、带鱼等）……用作食品加工行业原料的最普遍、最多数的是鱼纲。下面以鱼类为水产品的代表来介绍水产品的卫生要求。

一、鱼类的主要卫生问题

1. 腐败变质

鱼类离开水后很快死亡，鱼死后的变化与畜肉相似，其僵直持续的时间比哺乳动物短。手持鱼身时，尾不下垂，按压肌肉不凹陷、鳃紧闭、口不张、体表有光泽、眼球光亮是鲜鱼的标志。随后由于鱼体内酶的作用，鱼体蛋白质分解，肌肉逐渐变软失去弹性，出现自溶。自溶时微生物易侵入鱼体。由于鱼体酶和微生物的作用，鱼体出现腐败，表现为鱼鳞脱落、眼球凹陷、鳃呈褐色并有臭味、腹部膨胀、肛门肛管突出、鱼肌肉碎裂并与鱼骨分离，发生严重腐败变质。

2. 鱼类的污染

鱼类及其他水产品常因生活水域被污染使其体内含有较多的重金属（如汞、镉、铬、砷、铅等）、农药和病原微生物。据报道，我国水产品汞含量平均为 0.04mg/kg，占最大残留限量标准的 13.3%。平均每人每天从水产品中摄入汞的量为 1.0μg，镉 0.5μg。

由于人畜粪便及生活污水对水体污染，使鱼类及其他水产品受到肠道致病菌的污染，如 1988 年上海甲型肝炎暴发流行，患病人数达 29 万之多，主要是因食用被污染的毛蚶引起。此外鱼类及其他水产品还可受到有机磷、有机氯等农药的污染。鱼体内的寄生虫可引起人类疾病，如人们会因吃生的或半生的淡水鱼而感染华支睾吸虫。

二、鱼类食品的卫生管理

1. 鱼类保鲜

鱼处在僵直期时组织状态完整、质量新鲜。鱼的保鲜就是要抑制酶的活力和微生物的污染和繁殖，使自溶和腐败延缓发生。有效的措施是低温、盐腌、防止微生物污染和减少鱼体损伤。

低温保鲜有冷藏和冷冻两种，冷藏多用机冰使鱼体温度降至10℃左右，保存 5~14d；冷冻贮存是选用鲜度较高的鱼在 -25℃以下速冻，使鱼体内形成的冰块小而均匀，然后在 -15~-18℃的冷藏条件下，保鲜期可达 6~9 个月。含脂肪多的鱼不宜久藏，因鱼的脂肪酶须在 -23℃以下温度才会受到抑制。

盐腌保藏用盐量视鱼的品种、贮存时间及气温高低等因素而定。盐分含量为 15% 左右的鱼制品具有一定的贮藏性。此方法简易可行、使用广泛。

2. 运输销售的卫生要求

生产运输渔船（车）应经常冲洗，保持清洁卫生，减少污染；外运供销的鱼类及水产品应达到规定的鲜度，尽量冷冻调运，用冷藏车船装运。

鱼类在运输销售时应避免污水和化学毒物的污染，凡接触鱼类及水产品的设备用具应由无毒无害的材料制成。提倡用桶或箱装运，尽量减少鱼体损伤。为保证鱼品的卫生质量，供销各环节均应建立质量检收制度，不得出售和加工已死亡的黄鳝、甲鱼、乌龟、河蟹及各种贝类；含有天然毒素的水产品，如鲨鱼、缸鱼等必须去除肝脏，河豚鱼不得流入市场，应剔出并集中妥善处理。

有生食鱼类习惯的地区应限制食用品种，严格遵守卫生要求，防止食物中毒的发生。卫生部门可根据防疫要求随时采取临时限制措施。

第五节 乳制品的卫生及管理

一、奶源的卫生及管理

（一）乳的生产卫生要求

1. 乳品厂、乳牛的卫生要求

乳品厂的厂房设计与设施的卫生应符合《乳品厂卫生规范》（GB 12693—1990）。乳品厂必须建立在交通方便，水源充足，无有害气体、烟雾、灰沙及其他污染地区。供水除应满足生产需要外，水质应符合《生活饮用水卫生标准》（GB 5749—2006）。乳品厂应有健全配套的卫生设施，如废水、废气及废弃物处理设施，清洗消毒设施和良好的排水系统等。乳品加工过程中各生产工序必须连续生产，防止原料和半成品积压变质而导致致病菌、腐败菌的繁殖和交叉污染。乳牛场及乳品厂应建立化验室，对投产前的原料、辅料和加工后的产品进行卫生质量检查，乳制品必须做到检验合格后方可出厂。

乳品加工厂的工作人员应保持良好的个人卫生，遵守有关卫生制度，定期进行健康检查，取得健康合格证后方可上岗。对传染病及皮肤病患者应及时调离工作岗位。

乳牛应定期预防接种及检疫，如发现病牛应及时隔离饲养，工作人员及用具等均须严格分开。

2. 挤乳的卫生要求

挤乳的操作是否规范直接影响到乳的卫生质量。挤乳前应作好充分准备工作，如挤乳前 1h 停止喂干料并消毒乳房，保持乳畜清洁和挤乳环境的卫生，防止微生物的污染。挤乳的容器、用具应严格执行卫生要求，挤乳人员应穿戴好清洁的工作服，洗手至肘部。挤乳时注意每次开始挤出的第一、二把乳应废弃，以防乳头部细菌污染乳汁。此外，产犊前15d 的胎乳、产犊后 7d 的初乳、兽药休药期内的乳汁及患乳房炎的乳汁等应废弃，不得供食用。

挤出的鲜乳应立即进行净化处理，除去乳中的革屑、牛毛、乳块等非溶解性的杂质。净化可采用过滤净化或离心净化等方法。通过净化可降低乳中微生物的数量，有利于乳的消毒。净化后的乳应及时冷却。

（二）乳的贮运卫生要求

为防止微生物对乳的污染和乳的变质，乳的贮存和运输均应保持低温，贮乳容器应经清洗、消毒后才能使用。运送乳应有专用冷藏车辆。瓶装或袋装消毒乳夏天自冷库取出后应在 6h 内送到用户，乳温不得高于 15℃。

二、鲜乳的卫生及管理

刚挤出的乳汁中含有的乳素具有抑制细菌生长的作用。其抑菌作用的时间与乳中存在的菌量和存放的温度有关。当菌数多、温度高时，抑菌时间就短，如抑菌时间在 0℃时为 48h，5℃为 36h，10℃为 24h，25℃为 6h，30℃为 3h，37℃为 2h，故挤出的乳应及时冷却。

（一）乳的腐败变质

乳是富含多种营养成分的食品，适宜微生物的生长繁殖，是天然的培养基。微生物污染乳后在乳中大量繁殖并分解营养成分，造成乳的腐败变质。如乳中的乳糖分解成乳酸，使乳 pH 下降，呈酸味，并导致蛋白质凝固。蛋白质分解产物，如硫化氢、吲哚等可使乳具有臭味，不仅影响乳的感官性状，而且使乳失去食用价值。

引起乳腐败变质的微生物主要来自乳腔管、乳头管、挤乳人员的手和外界环境。因此，做好挤乳过程各环节的卫生工作是减少微生物对乳的污染、防止鲜乳腐败变质的有效措施。

（二）病畜乳的处理

乳中的致病菌主要是人畜共患传染病的病原体。当乳畜患有结核、布氏杆菌病及乳腺炎时，其致病菌通过乳腺使乳受到污染，食用这种未经卫生处理的乳可使人感染患病。因此，对各种病畜乳必须分别给以卫生处理。

1. 结核病畜乳的处理

结核病是牧场牲畜易患的疾病。有明显结核症状的病畜乳禁止食用，应就地消毒销毁，病畜应予处理。对结核菌素试验阳性而无临床症状的乳畜乳，经巴氏消毒（62℃维持 30min）或煮沸 5min 后可制成乳制品。

2. 布氏杆菌病畜乳的处理

羊布氏杆菌对人易感性强、威胁大，凡有症状的乳羊，禁止挤乳并应予以淘汰。患布氏杆菌病乳牛的乳，经煮沸 5min 后方可利用。对凝集反应阳性但无明显症状的乳牛，其乳经巴氏消毒后允许食品工业使用，但不得制干酪。

3. 口蹄疫病畜乳的处理

如发现个别患口蹄疫的病畜应不挤乳，急宰并按有关要求进行严格消毒，尽早消灭传染源。如已蔓延成群，应在严格控制下对病畜乳分别处理：凡乳房外出现口蹄疫病变（如水泡）的病畜乳，禁止食用并就地进行严格消毒处理后废弃；体温正常的病畜乳在严格防止污染情况下，其乳煮沸 5min 或经巴氏消毒后允许喂饲牛犊或其他禽畜。

4. 乳房炎病畜乳的处理

乳畜乳房局部患有炎症或者乳畜全身疾病在乳房局部有症状表现，其他均应消毒废弃不得利用。

5. 其他病畜乳的处理

乳畜患炭疽病、牛瘟、传染性黄疸、恶性水肿、沙门菌病等，其乳均严禁食用和工业用，应予消毒后废弃。

此外，对病乳畜应用抗生素、饲料中农药残留量高或受霉菌、霉菌毒素污染而引起乳的污染，也应给予足够的重视。

（三）鲜乳的消毒

1. 巴氏消毒法

（1）低温长时间巴氏消毒法　将鲜乳加热到 62℃，保持 30min。

（2）高温短时间巴氏消毒法　75℃加热 15s，或 80～85℃加热 10～15s。

2. 超高温瞬间灭菌法

在 135℃，保持 2s。

3. 煮沸消毒法

将鲜乳直接加热煮沸，保持 10min。该方法虽然简单，但对鲜乳的理化性质和营养成分有影响，且煮沸时因泡沫部分温度低而影响消毒效果。若泡沫层温度提高3.5～4.2℃，可保证消毒效果。

4. 蒸汽消毒法

将瓶装鲜乳置蒸汽箱或蒸笼中加热至蒸汽上升后维持10min，鲜乳温可达85℃，该法鲜乳的营养损失小，适于在无巴氏消毒设备的条件下使用。

牛乳消毒一般在杀菌温度的有效范围内，温度每升高10℃，鲜乳中细菌芽孢的破坏速度增加约10倍，而乳褐变的反应速度增加约2.5倍，故常采用高温短时间巴氏消毒法，也可采取其他经卫生主管部门认可的有效消毒法。禁止生牛乳上市。

（四）消毒牛乳的卫生质量

消毒牛乳的卫生质量应达到《巴氏杀菌乳》（GB 5408.1—1999）的要求。

1. 感官指标

色泽为均匀一致的乳白色或微黄色。具有乳固有的滋味和气味，无异味。无沉淀，无凝块，无黏稠的均匀液体。

2. 理化指标

脂肪≥3.1%，蛋白质≥2.9%，非脂固体≥8.1%，杂质度≤2mg/kg，酸度（°T）≤18.0。

3. 卫生检验

硝酸盐（以$NaNO_3$计）≤11.0 mg/kg，亚硝酸盐（以$NaNO_2$计）≤0.2 mg/kg，黄曲霉毒素M_1≤0.5μg/kg，菌落总数≤30000cfu/m1；大肠菌群MPN≤90个/100m1；致病菌不得检出。

三、乳制品的卫生要求

乳制品包括炼乳、各种乳粉、酸乳、复合乳、干酪和含乳饮料等。为提高乳品的卫生质量，维持人民身体健康，我国制定了《乳与乳制品的卫生管理办法》，保证乳品卫生标准的切实执行。

各种乳制品均应符合相应的食品安全国家标准，卫生质量才能得以保证。如在乳和乳制品管理办法中规定，在乳汁中不得掺水和加入其他任何物质；乳制品使用的添加剂应符合GB 2760—2011《食品安全国家标准　食品添加剂使用标准》，用于酸乳的菌种应纯良、无害；乳制品包装必须严密完整，乳品商标必须与内容相符，必须注明品名、厂名、生产日期、批量、保存期限及食用方法。

（一）全脂乳粉

感官性状应为浅黄色、干燥均匀的粉末，具纯正的乳香味，经搅拌可迅速溶于水中，不结块。全脂乳粉卫生质量应达到GB 19644—2010《食品安全国家标准　乳粉》的要求，当具有苦味、腐败味、霉味、化学药品和石油等气味时禁止食用，作废弃品处理。

（二）炼乳

为乳白色或微黄色、有光泽、具有牛乳的滋味、质地均匀、黏度适中的黏稠液体。酸度（°T）≤48，乳中重金属铅≤0.5mg/kg，铜≤4mg/kg，锡≤10mg/kg，微生物指标应达到GB 13102—2010《食品安全国家标准　炼乳》的要求，凡具有苦味、腐败味、霉味、化学药品和石油等气味或真胖听炼乳应作废弃品处理。

(三) 酸牛乳

以牛乳为原料添加适量砂糖，经巴氏杀菌和冷却后加入纯乳酸菌发酵剂，经保温发酵而制成的产品为酸牛乳。呈乳白色或稍带微黄色，具有纯正的乳酸味，凝块均匀细腻，无气泡，允许少量乳清析出。制果味酸牛乳时允许加入各种果汁，加入的香料应符合 GB 2760—2011《食品安全国家标准　食品添加剂使用标准》的规定。酸牛乳在出售前应贮存在 2～8℃的仓库或冰箱内，贮存时间不应超过 72h。当酸乳表面生霉、有气泡和有大量乳清析出时不得出售和食用。详见 GB 19302—2010《食品安全国家标准　发酵乳》。

(四) 奶油

正常奶油为均匀一致的乳白色或浅黄色，组织状态微柔软、细腻，无孔隙，无析水现象，具有奶油的纯香味。凡有霉斑、腐败、异味（苦味、金属味、鱼腥味等）作废品处理。其他理化指标、微生物指标应达到 GB 19646—2010《食品安全国家标准　稀奶油、奶油和无水奶油》要求。

第六节　食用油脂的卫生及管理

食用油脂通常包括以油料作物制取的植物油及经过炼制的动物脂肪。食用油脂的状态与温度有关，一般说来，前者在常温下呈液体状态（椰子油例外），如豆油、花生油、菜籽油、棉籽油、茶油、芝麻油等；后者常温下则呈固体状态，如猪油、牛脂、奶油等。

一、食用油脂的加工方法

动物原料的制油方法主要是熬煮使脂肪从脂肪组织中溶出。相对于动物脂肪的加工方法，植物油的提取方法要复杂得多，通常是采用压榨法、溶剂萃取法（浸出法）或两者结合的方法，从油料中分离出的初级产品为"毛油"。毛油含有较多的杂质，不宜直接食用，尚须经过精制方可食用。水代法一般仅用于芝麻油的制取。

1. 压榨法

压榨法通常用于植物油的制取，工艺上分为热榨和冷榨两种。热榨先将油料种子经过筛选清除有毒植物种子和其他夹杂物，再经脱壳和去壳、破碎种子、湿润蒸坯、焙炒后进行机械压榨分离出毛油。此种加工方法不仅可以破坏种子内酶类、抗营养因子及有毒物质，而且还有利于油脂与基质的分离，因而出油率高、杂质少。冷榨时原料不经加热直接压榨分离毛油，通常出油率较低，杂质多，但是能较好地保持粕饼中蛋白质原来的理化性质，有利于粕饼资源的开发利用。

2. 溶剂萃取法

即浸出法，此法是利用适当的有机溶剂将植物组织中的油脂分离出来，然后脱去并回收溶剂成为毛油。根据工艺的不同，浸出法又分为直接法和预榨法。直接法是将原料经预处理后直接加入浸出器提取毛油。预榨法是将压榨法与浸出法结合起来，先将油料种子用螺旋榨油机分离出一部分油脂，再将预榨料送入浸出器提取剩余的油脂。这种方法工艺比较先进，不仅出油率较高，而且产品质量较纯，是目前国内外普遍采用的制油技术。

国际上多采用石油烃的低沸点（60～90℃）馏分作为溶剂，沸点过低会增加溶剂的消耗量及工艺上的不安全性，过高则导致溶剂残留量增加。沸程的长短与溶剂的组分有关，一般来说沸程越长，组分越复杂，越有可能带有对人体有害的杂质，如苯、甲苯和多环芳烃类物质。我国使用的溶剂为 6 号"轻汽油"，沸程长，其组分达 25 种。因此，浸出法生产的食用油不仅对溶剂要有严格的要求，而且对食用油的溶剂残留量也有明确的限量。我国《食用植物油卫生标准》（GB 2716—1988）中规定浸出油溶剂残留量应 ≤50mg/kg。

3. 毛油精制

毛油中含有一定量的杂质，不能直接食用。最简单的除杂方法是进行水化处理，即加入相当于毛油量 2% ~3% 的食盐溶液，在加热至 80~90℃ 条件下搅拌，经充分沉淀和水洗后获得可食用的成品油。碱炼是除去毛油中的游离脂肪酸、蛋白质和磷脂等杂质，以及破坏和减少一些由种子原料转入油脂中的有毒物质（如棉酚、黄曲霉毒素）所不可缺少的精炼工艺。制备色拉油通常包括对毛油进行脱胶、脱色、脱酸、脱臭和老化等工艺。

4. 水代法

水代法是用水将油料中的油脂取代出来。水代法仅用于小磨麻油的制取。其生产工艺流程包括：原料筛选、漂洗、炒料、扬烟、磨籽、兑浆搅油和震荡分油。生产用水需符合国家生活饮用水标准，成品应经过滤去杂质后装瓶。

二、食用油脂的主要卫生问题

（一）油脂酸败及其预防

油脂由于含有杂质或在不适宜条件下久藏而发生一系列化学变化和感官性状恶化，称为油脂酸败。

1. 油脂酸败的原因

油脂酸败的原因包括生物学和化学两个方面的因素。由生物学因素引起的酸败过程被认为是一种酶解的过程，来自动植物组织残渣和食品中微生物的酯解酶等催化剂使甘油三酯水解成甘油和脂肪酸，随后高级脂肪酸碳链进一步氧化断裂生成低级酮酸、甲醛和酮等，据此又把酶解酸败过程称作酮式酸败。油脂酸败的化学过程主要是水解和自动氧化，一般多发生在不饱和脂肪酸，特别是多不饱和脂肪酸甘油酯，不饱和脂肪酸在紫外线和氧的作用下双键打开形成过氧化物，再继续分解为低分子脂肪酸及醛、酮、醇等物质。某些金属离子，如铜、铁、锰等在油脂氧化过程中起催化作用。在油脂酸败过程中油脂的自动氧化占主导地位。

2. 油脂酸败常用的卫生学评价指标

（1）酸价（acid value，AV） 中和 1g 油脂中游离脂肪酸所需 KOH 的毫克数称为油脂酸价。油脂酸败时游离脂肪酸增加，酸价也随之增高。因此可用酸价来评价油脂的酸败程度。我国规定精炼食用植物油 AV≤0.5，棉籽油 AV≤1，其他植物油 AV 均应≤4。

（2）过氧化值（POV） 油脂中不饱和脂肪酸被氧化形成的过氧化物的含量称为过氧化值，一般以 1kg 被测油脂使碘化钾析出的碘的 meq 数表示。POV 是油脂酸败的早期指标，当 POV 上升到一定程度后，油脂开始出现感官性状上的改变。值得注意的是，POV 并非随着酸败程度的加剧而持续升高，当油脂由哈喇味变辛辣、色泽变深、黏度增大时，POV 反而会降至较低水平。一般情况下，当 POV 超过 20meq/kg 时表示酸败。

WHO 推荐食用油脂的 POV ≤10meq/kg。我国规定花生油、葵花子油、米糠油 POV ≤ 20meq/kg，其他食用植物油 POV ≤12meq/kg，精炼植物油 POV ≤10meq/kg。

（3）羰基价（carbonyl group value，CGV）　油脂酸败时可产生含有醛基和酮基的脂肪酸或甘油酯及其聚合物，其总量称羰基价。羰基价通常是以被测油脂经处理后在 440nm 下相当 1g（或 100mg）油样的吸光度表示，或以相当 1kg 油样中羰基的 meq 表示。我国规定食用植物油总 CGV ≤20meq/kg，精炼食用植物油 CGV ≤10meq/kg，而酸败油脂和加热劣化油 CGV 大多数超过 50meq/kg，有明显酸败味的食品 CGV 可高达 70meq/kg。

（4）丙二醛含量　丙二醛是猪油油脂酸败时的产物之一，其含量的多少可灵敏地反映猪油酸败的程度，并且随着氧化进行而不断增加。一般用硫代巴比妥酸法测定，这种方法的优点不仅简单方便，而且适用于所有食品，并可反映除甘油三酯本身以外的其他物质的氧化破坏。我国在猪油卫生标准中规定丙二醛 ≤2.5mg/kg。

3. 防止油脂酸败的措施

油脂酸败除了引起感官性质的变化，还会导致不饱和脂肪酸、脂溶性维生素的氧化破坏，不同程度地降低了油脂食用的营养价值；酸败产物还会对人体健康造成不良影响，如对机体重要酶系统（琥珀酸脱氢酶、细胞色素氧化酶等）有明显破坏作用。动物实验证明，酸败油脂可导致动物的热能利用率降低、体重减轻、肝脏肿大和生长发育障碍。因油脂酸败而引发的食物中毒在国内外均有报道。因此，防止油脂酸败具有重要的卫生学意义。

（1）毛油精炼　不论采用何种制油方法产生的毛油必须经过水化、碱炼或精炼以去除动、植物残渣。水分是酶表达活性和微生物生长繁殖的必要条件，其含量必须严加控制，我国油脂质量标准规定含水量应低于 0.2%。

（2）防止油脂自动氧化　自动氧化在油脂酸败中占主要地位，而氧、紫外线、金属离子在其中起着重要的催化作用。油脂自动氧化速度随空气中氧分压的增加而加快；紫外线则可引发酸败过程的链式反应，加速过氧化物的分解；金属离子在整个氧化过程中起着催化剂的作用，其中 Fe、Cu 及 Mn 等的作用尤为显著。油脂的贮存应注意密封、隔氧和遮光，同时在加工和贮存过程中应避免金属离子污染。

（3）油脂抗氧化剂的应用　任何能阻止油脂氧化酸败的物质都可以视为抗氧化剂。抗氧化剂通过清除油脂中的氧或捕获自由基来阻止油脂自动氧化，是防止食用油脂酸败的重要措施。常用的人工合成抗氧化剂有丁基羟基茴香醚、二丁基羟基甲苯和没食子酸丙酯。不同抗氧化剂混合或与柠檬酸混合使用均具有协同作用。柠檬酸虽然不被视为抗氧化剂，但其能与任何微量金属催化剂络合，减弱其在氧化酸败过程中的催化作用。维生素 E 是天然存在于植物油中的抗氧化剂，具有很好的保护作用。

（二）油脂污染和天然存在的有害物质

1. 霉菌毒素

油料种子被霉菌及其毒素污染后，其毒素可转移到油脂中，最常见的霉菌毒素是黄曲霉毒素。各类油料种子中花生最容易受到污染，其次为棉籽和油菜籽，严重污染的花生榨出的油中每公斤黄曲霉毒素可高达数千微克。碱炼法和吸附法均为有效的去毒方法。我国规定花生油中黄曲霉毒素 B_1 应 ≤20μg/kg，其他植物油中应 ≤10μg/kg。

2. 多环芳烃类化合物

油脂在生产和使用过程中，可能受到多环芳烃类化合物的污染。其污染大致来源于以下三个方面。

(1) 油料种子的污染 油料作物生长期间受到工业污染。来自上海的资料表明，工业区菜籽榨取的毛油中 B(a)P 含量高于农业区的 10 倍；油料种子用直火烟熏烘干时亦可受到污染，如采用未干、晒干及烟熏干的原料生产的椰子油，其 B(a)P 含量分别为 0.3μg/kg、3.3μg/kg 和 90.0μg/kg。

(2) 油脂加工过程中受到污染 包括压榨法使用润滑油混入、浸出法使用有机溶剂在油中残留以及中间产品或生产环境的污染。对生产中使用的机油进行 B(a)P 的测定，含量可高达 5250 ~ 9200μg/kg。有报道以这样的机油作润滑油时，油脂中 B(a)P 含量为 2.4 ~ 36μg/kg，可见有少量混入就会对油脂造成严重污染。因此，在生产过程中使用不含或少含 B(a)P 的机油是减少油脂中 B(a)P 含量的一项重要措施。

(3) 油脂的热聚 油脂在高温下反复加热也是造成多环芳烃类化合物含量增高的原因之一。活性炭吸附是去除 B(a)P 的有效方法，去除率可达 90% 以上。我国规定食用植物油 B(a)P 含量应 ≤10μg/kg。

3. 棉酚

棉籽的色素腺体内含有多种毒性物质，目前已知有棉酚、棉酚紫和棉酚绿。棉酚又有游离型和结合型之分，具有毒性作用的是游离棉酚。上述物质在棉籽中的含量分别为：游离棉酚 24% ~ 40%，棉酚紫 0.15% ~ 3.0%，棉酚绿 2.0%，可见棉籽油毒性问题主要是游离棉酚。棉籽油中游离棉酚的含量因加工方法而异，冷榨生产的棉籽油中游离棉酚的含量很高，热榨时棉籽经蒸炒加热，游离棉酚能与蛋白质作用形成结合棉酚，压榨时多数留在棉籽饼中，故热榨法生产的油脂中游离棉酚含量可大为降低。通常热榨法生产的油脂中游离棉酚含量仅为冷榨法的 1/10 ~ 1/20。长期食用生棉籽油可引起慢性中毒，其临床特征为皮肤灼热、无汗、头晕、心慌、无力及低钾血症等。此外棉酚还可导致性功能减退及不育症。一次食用较多量的毛棉籽油时会导致急性中毒。降低棉籽油中游离棉酚的含量主要有两种方法：一是采用热榨，二是碱炼或精炼。碱炼时，棉酚在碱性环境下可形成溶于水的钠盐而被除去，碱炼或精炼的棉籽油棉酚可在 0.015% 左右。有研究证明，棉籽油中游离棉酚含量在 0.02% 以下时对动物健康无影响，高至 0.05% 时对动物有危害。我国规定棉籽油中游离棉酚含量 ≤0.02%。

4. 芥子苷

芥子苷普遍存在于十字花科植物，油菜籽中含量较多。芥子苷在植物组织中葡萄糖硫苷酶作用下可水解为硫氰酸酯、异硫氰酸酯和腈。腈的毒性很强，能抑制动物生长或致死；而硫氰化物具有致甲状腺肿作用，其机制为阻断甲状腺对碘的吸收而使甲状腺代偿性肥大。但这些硫化合物大多为挥发性物质，一般可利用其挥发性加热去除。

5. 芥酸

芥酸是一种二十二碳单不饱和脂肪酸（$C_{22:1}$，$n-9$），在菜籽油中含量为 20% ~ 55%。芥酸可使多种动物心肌中脂肪聚积，心肌单核细胞浸润并导致心肌纤维化。除此之外，还可见动物生长发育障碍和生殖功能下降。但有关芥酸对人体毒性作用还缺乏直接的证据。为了预防芥酸对人体可能存在的危害，欧盟规定食用油脂芥酸含量不得超过 5%，美国允许使用的菜油芥酸含量在 2% 以下。

三、食用油脂的卫生管理

我国颁布的《食用植物油厂卫生规范》（GB 8955—1988）和《食品企业通用卫生规范》（GB 14881—2013）是食品卫生监督机构对食用油脂进行经常性卫生监督工作的重要依据。

（1）生产加工食用油脂的各种原辅材料必须符合国家有关的食品卫生标准或规定。严禁采用受工业"三废"、放射性元素和其他有毒、有害物质污染而不符合国家有关卫生标准的原料，以及浸、拌过农药的油料种子，混有非食用植物的油料、油脂和严重腐败变质的原料。生产食用植物油所用的溶剂必须符合国家有关规定。必须采用国家允许使用的、定点生产的食用级食品添加剂。

（2）食用植物油厂必须建在交通方便，水源充足，无有害气体、烟雾、灰尘、放射性物质及其他扩散性污染源的地区。厂房与设施必须结构合理、坚固、完好，锅炉房应远离生产车间和成品库。

（3）生产食用植物油的加工车间一般不宜加工非食用植物油，但由于某些原因加工非食用植物油后，应将所有输送机、设备、中间容器及管道、地坑中积存的油料或油脂全部清出，还应在加工食用植物油的投料初期抽样检验，符合食用植物油的质量、卫生标准后方能视为食用油；不合格的油脂应作为工业用油。用浸出法生产食用植物油的车间，其设备、管道必须密封良好，空气中有害物质的浓度应符合现行的《工业企业设计卫生标准》（GBZ1—2010），严防溶剂跑、冒、滴、漏。

（4）生产食用油脂使用的水必须符合《生活饮用水卫生标准》（GB 5749—2006）的规定。生产过程中应防止润滑油和矿物油对食用油脂的污染。

（5）贮存、运输及销售食用油脂均应有专用的工具、容器和车辆，以防污染，并定期清洗，保持清洁。为防止与非食用油相混，食用油桶应有明显标记，分区存放。贮存、运输、装卸时要避免日晒、雨淋，防止有毒有害物质污染。

（6）生产食用植物油或食用植物油制品的从业人员，必须经健康检查并取得健康合格证后方可工作，工厂应建立职工健康档案。

（7）食用植物油成品须经严格检验，达到国家有关质量、卫生标准后才能进行包装。包装容器应标明品名、等级、规格、毛重、净重、生产单位、生产日期等。各项指标达到国家规定的质量、卫生要求时，食用油脂才可出厂销售。

第七节 饮料类的卫生及管理

一、冷饮食品

冷饮食品通常包括冷冻饮品和软饮料。冷冻饮品亦称冷食品，是以饮用水、甜味料、乳品、果品、豆品、食用油脂等为主要原料，加入适量的香料、着色剂、乳化剂等食品添加剂经配料、灭菌、凝冻而制成冷冻固态饮品，包括冰淇淋、雪糕、冰棍（棒冰）、冰霜和食用冰等产品；软饮料是指经加工后可直接饮用或冲溶后饮用的液态食品。软饮料种类很多，但目前各国对其尚无统一的分类标准，我国软饮料分类标准（GB 10789—1996）

是根据其性状和特色将软饮料分为十大类，即碳酸饮料、果汁饮料、蔬菜汁饮料、乳饮料、植物蛋白饮料、瓶装饮用水、茶饮料、固体饮料、保健饮料及其他类饮料（如果味饮料）。冷饮食品具有消暑、解渴、补充水分和营养的功能，是盛夏时节深受人们喜爱的食品。

（一）冷饮食品原料的卫生要求

1. 冷饮食品用水

水是冷饮食品生产中的主要原料，一般取自自来水、井水、矿泉水（或泉水）等原水。无论是地表水还是地下水，均含有一定量无机物、有机物和微生物，这些杂质若超过一定范围就会影响到冷饮食品的质量和风味，甚至引起食源性疾病。因此，原料用水须经沉淀、过滤、消毒，达到 GB 5749—2006《生活饮用水卫生标准》方可使用。此外，饮料用水还必须符合加工工艺的要求，如水的硬度应低于 8 度（以碳酸度计），避免钙、镁等离子与有机酸结合形成沉淀物而影响饮料的风味和质量。人工或天然泉水须按允许开采量开采。天然泉水应建立自流式建筑物，以免天然因素或人为因素造成污染。

2. 原辅材料

冷饮食品所用原辅料种类繁多，其质量的优劣直接关系到终产品的质量，因此冷饮食品生产中所使用的各种原辅料如乳、蛋、果蔬汁、豆类、茶叶、甜味料（如白砂糖、绵白糖、淀粉糖浆、果葡糖浆）以及各种食品添加剂等，均必须符合国家相关的卫生标准，不得使用糖蜜或进口粗糖（原糖）、变质乳品、发霉的果蔬汁等作为冷饮食品原料，碳酸饮料所使用的二氧化碳应符合食品级使用的标准，可乐型碳酸饮料中咖啡因含量不得超过150mg/kg。

（二）冷饮食品加工过程的卫生要求

1. 冷冻饮品

冷冻饮品加工过程中的主要卫生问题是微生物污染，因为冷冻饮品原料中的乳、蛋和果品常含有大量微生物，所以原料配制后的杀菌与冷却是保证产品质量的关键。熬煮料采用 68～73℃加热 30min 或 85℃加热 15min，能杀灭原辅料中几乎所有的繁殖型细菌，包括致病菌（混合料应该适当提高加热温度或延长加热时间）。杀菌后应迅速冷却，至少要在4h 内将温度降至 20℃以下，以避免残存的或熬料后重复污染的微生物在冷却过程中有繁殖机会。目前冰淇淋原料在杀菌后常采用循环水和热交换器进行冷却。冰棍、雪糕普遍采用热料直接灌模，用冰水冷却后立即冷冻成型，这样可以大大提高产品的卫生质量。

冷饮生产过程中所使用设备、管道、模具应保证内壁光滑无痕，便于拆卸和刷洗，其材质应符合国家有关的卫生标准，焊锡纯度应为 99% 以上，防止铅对冷饮食品的污染。模具要求完整、无渗漏；在冷水熔冻脱膜时，应避免模边、模底上的冷冻液污染冰体。

包装间应有净化措施，班前、班后应采用乳酸或紫外线对空气进行消毒。从事产品包装的操作人员应特别注意个人卫生，包装时手不应直接接触产品，要求以块或支为单位实行小包装，数打或数块应有外包装。产品的包装材料，如纸、盒等接触冷食品的工具容器必须经过高压灭菌后方可使用。成品出厂前应做到批批检验。

2. 软饮料

液体饮料的生产工艺因产品不同而有所不同，但一般均有水处理、容器处理、原辅料处理和混料后的均质、杀菌、罐（包）装等工序。

（1）水处理　水处理是软饮料工业最重要的工艺过程，其目的是除去水中的固体物质、降低硬度和含盐量、杀灭微生物，为饮料生产提供优良的水质。过滤是水处理的重要工艺过程，一般采用活性炭吸附和砂滤棒过滤，可去除水中悬浮性杂质（如异物、氯离子、三氯甲烷和某些有机物等），但不能吸附金属离子，也不能完全去除细菌等微生物，通常作为饮料用水的初步净化手段。水中的溶解性杂质主要有 K^+、Ca^{2+}、Mg^{2+}、Na^+、HCO^-、SO^{2-}、Cl^- 等离子，其总量称作含盐量，Ca^{2+} 和 Mg^{2+} 含量的总和为水的总硬度。饮料用水含盐量高会直接影响产品的质量，因此，必须对其进行脱盐软化处理。常用的方法如下。

① 电渗析法：利用直流电场将水中阴、阳离子分开，使阴离子通过渗透膜进入阳极区，阳离子进入阴极区，从而达到脱盐软化的目的。此法除盐率高（80% 以上）、耗电少、可连续处理、操作简单、检修方便，因而在饮料、啤酒等行业广泛应用。但是它不能除去水中的不溶性杂质。

② 反渗透法：是利用反渗透膜去除比水分子直径大的绝大多数杂质，包括各种阴、阳离子、有机物和微生物，除盐率达到 90% 以上。但此法对预处理的原水要求比较高，投资大，国内采用还不多。

此外，去除水中溶解性杂质的方法还有蒸馏法和离子交换法，但这些方法因某些方面缺陷在实际生产中已很少应用。不同饮料对水质的要求不同，可以进行组合以达到最佳处理效果。

（2）包装容器　包装容器种类很多，有瓶（玻璃瓶、塑料瓶）、罐（二片罐和三片罐）、盒、袋等形式。包装材料应无毒无害，并具有一定的稳定性，即耐酸、耐碱、耐高温和耐老化，同时具有防潮、防晒、防震、耐压、防紫外线穿透和保香性能。聚乙烯或聚氯乙烯软包装因具透气性且强度低，不能充二氧化碳，尤其在夏、秋季节细菌污染常较严重。因此，这种包装形式应严加限制。

由于饮料瓶可以重复使用，因此，使用前须剔除盛过农药、煤油、油脂和污染严重、不易洗净以及瓶口破损的回收瓶。除可直接无菌包装的容器外，瓶和罐类容器必须经过严格的清洗和消毒，包括浸泡（1% ~ 2% 的 NaOH 碱液或洗涤液）、洗涤、消毒（用热碱水或有效氯含量为 150 ~ 200mg/L 的消毒液在槽内浸泡 5min）以及冲瓶。瓶盖消毒可采用臭氧熏或 25% 乙醇浸泡。洗消后的空瓶在灌装前还须进行灯下检查，剔除不合格的空瓶。

（3）杀菌　杀菌工序是控制原辅材料或终产品微生物污染，延长产品保质期和保证食用者安全的重要措施。杀菌的方法有很多，应根据生产过程中危害分析和产品的性状加以选择。

① 巴氏消毒：亦称巴氏杀菌。传统的方法是 63 ~ 65℃ 维持 30min，现在多采用高温巴氏消毒即 72 ~ 95℃ 维持 10 ~ 20s，此法可杀灭繁殖型微生物，又不破坏产品的结构和营养成分。

② 超高温瞬间杀菌：即 120 ~ 150℃ 维持 1 ~ 3s，可最大限度地减少营养素损失，但所要求的技术和设备条件较高。

③ 加压蒸汽杀菌：适用于非碳酸型饮料，尤其是非发酵型含乳饮料、植物蛋白饮料、果（蔬）汁饮料等，一般蒸汽压为 $1kg/cm^2$，温度为 120℃，持续 20 ~ 30min，杀菌后产品可达到商业无菌要求。

④ 紫外线杀菌：原理是微生物经紫外线（波长 260nm）照射后，其细胞内的蛋白质和核酸发生变性而死亡。紫外线对水有一定穿透力，使水得以消毒，因此常将该方法应用于原料用水的杀菌。

⑤ 臭氧杀菌：臭氧是一种强氧化剂和消毒剂，杀菌速率为氯的 30～50 倍。一般认为，水中臭氧浓度达 0.3～0.5mg/L，即可获得满意的杀菌效果，且具有半衰期短、易分解、无残留等特点，因而适用于饮用水的杀菌。

（4）灌（包）装卫生 灌（包）装通常是在暴露和半暴露条件下进行，其工艺是否符合卫生要求，对产品的卫生质量，尤其是无终产品消毒的产品质量至关重要。空气净化是防止微生物污染的重要环节，首先应将灌装工序设在单独房间，或用铝合金隔成独立的灌装间，与厂房其他工序隔开，避免空气交叉污染；其次是对灌装间消毒，可采用紫外线照射，一般按 $1w/m^3$ 功率设置，也可采用过氧乙酸熏蒸消毒，按 $0.75～1.0g/m^3$ 配制。目前最先进的方法是在灌装间安装空气净化器。灌装间空气中杂菌数以 <30 个/平皿为宜。

（5）灌装间的卫生 灌装设备、管道、冷却器等材质应符合相关的卫生要求。使用前必须彻底清洗、消毒，管道应无死角、无盲端、无渗漏，便于拆卸和刷洗消毒，防止设备、管道对产品的污染。

(三) 冷饮食品的卫生管理

随着经济的发展和人民生活水平的提高，冷饮食品的市场发展十分迅速，其种类之多、销售量之大和消费人群之广对其卫生管理工作提出了严峻的挑战。我国已经颁布多项相关的卫生标准、卫生规范和管理办法，为冷饮食品经营者开展科学管理和食品卫生监督人员的监督执法提供了理论和实践依据，在保障食用者安全上发挥着重要作用。

（1）严格执行冷饮食品卫生管理办法的有关规定，实行企业生产经营卫生许可证制度。新企业正式投产前必须经食品卫生监督机构检查、审批，获得卫生许可证后方可生产经营。冷饮食品的许可证每年复验一次。

（2）冷饮食品生产企业应远离污染源，周围环境应经常保持清洁。生产工艺和设备布置要合理，原料库和成品库要分开，且设有防蝇、防鼠、防尘设施。冷冻饮品企业必须有可容纳三天产量的专用成品库和专有的产品运输车。生产车间地面、墙壁及天花板应采用防霉、防水、无毒、耐腐蚀、易冲洗消毒的建材，车间内设有不用手开关的洗手设备和洗手用的清洗剂，入口处设有与通道等宽的鞋靴消毒池，门窗应有防蝇、防虫、防尘设施，车间还须安装通风设施，保证空气对流。

灌（包）装前后所有的机械设备、管道、盛器和容器等应彻底清洗、消毒。生产过程中所使用的原辅料应符合卫生要求。

（3）对冷饮食品从业人员，包括销售摊贩每年要进行健康检查。季节性生产的从业人员上岗前也要进行健康检查，凡患痢疾、伤寒、病毒性肝炎的人或病原体携带者，以及患活动型肺结核、化脓性或渗出性皮肤病者均不得直接参与饮食业的生产和销售。建立健全从业人员的培训制度和个人健康档案。

（4）冷饮食品企业应有与生产规模和产品品种相适应的质量和卫生检验能力，做到批批检验，确保合格产品出厂。不合格的产品可视具体情况允许加工复制，复制后产品应增加三倍采样量复检，若仍不合格应依据具体情况进行食品加工或废弃。

（5）产品包装要完整严密，做到食品不外露。商品标志应有产品名称、生产厂名、厂址、生产日期、保存期等，以便监督检查。

二、酒 类

我国酒类的生产与消费具有悠久的历史渊源，迄今有数千年的历史。在现代社会中，酒类已发展成为世界性的含乙醇饮料，不论是种类还是数量都在迅速增加。据统计，我国现有各类酒厂约 4 万家，遍及全国 2000 多个市县，年产量达数千万吨以上，随着食品经济的发展和需求量的上升还会呈逐年增加趋势。

但是在酒类生产过程中，从原料选择到加工工艺等诸环节若达不到卫生要求，就有可能产生或带入有毒物质，如甲醛、杂醇油、铅等，对饮用者的健康造成危害。

（一）酒类的生产工艺与卫生要求

酒的基本成分是乙醇。基本生产原理是将原料中的糖类借酶的催化作用，首先发酵分解为寡糖和单糖，然后再由发酵菌种作用转化为乙醇，这个过程称酿造。酒类按其生产工艺一般可分为三类：蒸馏酒、发酵酒和配制酒。

1. 蒸馏酒

蒸馏酒因其原料和具体生产工艺的不同，品种繁多，风味各异。我国的蒸馏酒称白酒或烧酒，是以粮谷、薯类、糖蜜等为主要原料，在固态或液态下经糊化、糖化、发酵和蒸馏而成，乙醇含量一般在 60% 以下。

（1）原辅料的卫生 酿酒的原料种类很多，如高粱、大米、玉米、小麦、甘薯、马铃薯、甜菜、糖蜜等；辅料有谷糠、稻壳、玉米芯及麸皮等。所有的原辅料应具有正常色泽和良好感官性状，无霉变、无异味、无腐烂，粮食类原料应符合 GB 2715—2005《粮食卫生标准》的有关规定。

（2）生产工艺卫生要求 白酒生产过程中，制曲、蒸煮、发酵、蒸馏等工艺是影响其质量的关键环节。各种酒曲的培养必须在特殊工艺技术条件要求下配料、加工、制作和培养，并严格控制培养温度、湿度，以确保酿酒微生物生长繁殖。为防止菌种退化、变异和污染，应定期进行筛选和纯化。所有原辅料在投产前必须经过检验、筛选和清蒸除杂处理。清蒸是减少酒中甲醇含量的重要工艺过程，在以木薯、果核为原料时，清蒸还可使氰苷类物质提前分解挥散。

白酒在蒸馏过程中，由于各组分间分子的引力不同，使得酒尾中的甲醇含量要高于酒头，而杂醇油恰好与之相反，酒头含量高于酒尾。为此酒厂在蒸馏工艺中多采用"截头去尾"，恰当地选择自己所需的中段酒，可以大大减少成品中甲醇和杂醇油的含量。对使用高锰酸钾处理的白酒要复蒸后才能使用，以去除锰离子的影响。蒸馏设备和储酒容器应采用含锡 99% 以上的镀锡材料或无铅材料，以减少铅污染。用于发酵的设备、工具及管道应经常清理，去除残留物，保持发酵容器周围清洁卫生。

2. 发酵酒

发酵酒指原料经糖化和发酵后不再蒸馏而制成的酒类，乙醇含量较低，一般在 20% 以下。由于原料和具体工艺的不同，可分为果酒、啤酒和黄酒。

（1）果酒生产工艺与卫生要求 果酒是以水果为原料，通过发酵或浸渍等加工后再经调配而制成的品种和风味各异的一类低度酒。可以用来酿造果酒的果实很多，如仁果类（苹果、山楂等）、核果类（桃、杏等）、橘柑类（橘、橙等）、浆果类（葡萄、猕猴桃等)。各类果酒中以葡萄酒产量最高，花色品种最多，质量也最好。

果酒生产过程中，用于酿酒的原料应采购无毒区域种植的产品，且收割前15d不得喷洒任何农药；原料果实应新鲜成熟、无腐烂、生霉、变质及变味；盛装原料的容器应清洁干燥，不准使用铁制容器或装过有毒物质、有异嗅的容器；原料在运输保存时应避免污染，葡萄应在采摘后24h内加工完毕，以防挤压破碎污染杂菌而影响酒的质量。

生产果酒的辅料和食品添加剂必须符合 GB 2760—2011《食品安全国家标准 食品添加剂使用标准》的规定。用于调兑果酒的乙醇必须是经脱臭处理、符合国家标准二级以上乙醇指标的食用乙醇。酿酒用酵母菌不准使用变异或不纯菌种。

酿酒用设备、用具、管道必须保持清洁，避免生霉和其他杂菌污染。发酵储酒容器必须使用国家允许使用的、符合国家卫生标准的内壁涂料。在陈酿过程中的换桶或倒池要注意卫生要求，洗滤棉必须用热水洗净消毒，保证无臭、无味。

（2）啤酒生产工艺与卫生要求 啤酒是以大麦制成的芽和水为主要原料，加入酒花，经糖化和酵母发酵酿制而成的低乙醇度、含有二氧化碳和多种营养成分的饮料酒。根据酵母的品种、生产工艺、产品色泽、麦汁浓度、包装等不同，啤酒有不同的类型，如未经巴氏消毒的啤酒为生啤酒（鲜啤酒），而经巴氏消毒的啤酒即为熟啤酒。

酿造啤酒用的粮食类原料如大麦、大米、麦芽等应符合 GB 2715—2005《粮食卫生标准》，不得采用腐败变质原料。酒花或酒花制品应气味正常，不变质。生产用水必须符合 GB 5749—2006《生活饮用水卫生标准》。

啤酒生产过程主要包括制备麦芽汁、前发酵、后发酵、过滤等工艺环节。原料经糊化和糖化后过滤制成麦芽汁，添加啤酒花后煮沸，煮沸后的麦芽汁应冷却至添加酵母的适宜温度（5~9℃），这一过程要经历一个易污染的温区，因此，整个冷却过程中使用的各种设备、工具容器、管道等应保持无菌状态。冷却后的麦芽汁接种啤酒酵母，进入前发酵阶段，而后再经过一段较长时间的低温（1~2℃）后发酵，产生大量二氧化碳，使酒成熟。为防止发酵过程中污染杂菌，酵母培养室、发酵室以及设备、工具、管道、地面等应保持清洁，并定期消毒。

酿制成熟的啤酒经过滤处理，以除去悬浮物、酵母、蛋白质凝固物及酒花等，过滤所使用的滤材、滤器应彻底清洗消毒，保持无菌。过滤后的成品为生啤酒，生啤酒装瓶巴氏消毒后为熟啤酒。瓶、听装熟啤酒一级品保质期不少于120d，二级品不少于60d；瓶装鲜啤酒保质期不少于7d，罐、桶装鲜啤酒保质期不少于3d。

（3）黄酒生产工艺与卫生要求 黄酒是以大米（糯米）、玉米等为原料，经蒸煮，加麦曲、酒药、酒母，糖化发酵而制成的低乙醇度发酵酒。黄酒生产使用的主要原料应符合 GB 2715—2005《粮食卫生标准》，酒药、酒母的原料应符合食品卫生要求。制作麦曲应使用纯种菌种，接种过程应无菌操作。糖化发酵过程中不可用石灰中和来降低酸度，但为了调味在压滤前允许加入少量澄清石灰水，限制成品中氧化钙含量不得超过0.5%。生产过程所使用的设备、器具等应清洗消毒。成品酒采用巴氏消毒工艺进行消毒。

3. 配制酒

配制酒又称再制酒、改制酒、露酒、色酒等，是以各种蒸馏酒和发酵酒为酒基，添加可食用的辅料（糖、香精、色素、果汁等），采用浸渍和复蒸馏等工艺，加工调和而成的一类具有不同风味的饮料酒。我国著名的竹叶青酒就是传统的配制酒。

配制酒所使用的原辅材料必须符合相关的卫生要求，特别是香精、色素应符合（GB 2760—2011）《食品安全国家标准　食品添加剂使用标准》的规定。酒基必须符合（GB 2757—1981）《蒸馏酒及配制酒卫生标准》和（GB 2758—1981）《发酵酒卫生标准》，不得使用工业乙醇和医用乙醇作为配制酒的原料。

（二）酒类的成分与卫生问题

1. 乙醇

乙醇是酒的主要成分，除了可提供热量外（114kJ/g），无其他营养价值。血液中乙醇浓度一般在饮酒后 1～1.5h 最高，但其清除速率较慢，过量饮酒 24h 也能在血中测出。乙醇主要在肝脏代谢，在其氧化过程中可使肝脏正常物质代谢让位于乙醇。因此，经常过量饮酒的人，肝脏功能很容易受到损害。

乙醇对人体健康的影响是多方面的，常见的是急性乙醇中毒。通常情况下，中毒体征与血中乙醇浓度有关，如乙醇含量为 2.0～9.9mg/L 时，会出现肌肉运动不协调及感觉功能受损，情绪、人格与行为改变等；随着血中乙醇含量增高，出现恶心与呕吐、复视、共济失调、体温降低、严重的发音困难、遗忘甚至进入浅麻醉状态；当乙醇含量达到 40～70mg/L 时，可出现昏迷、呼吸衰竭，甚至死亡。

过量饮酒除了造成机体方面的损害外，酒精滥用（alcohol abuse）和酒精依赖（alcohol dependence，alcoholism）也是事故和犯罪的重要因素。据报道，全世界交通事故、工作事故有 1/3 以上是酗酒所致。

2. 甲醇

酒中的甲醇来自制酒原辅料（薯干、马铃薯、水果、糠麸等）中的果胶。在原料的蒸煮过程中，果胶中半乳糖醛酸甲酯分子中的甲氧基分解生成甲醇。黑曲霉中果胶酶活性较高，以黑曲霉作糖化发酵剂时酒中的甲醇含量常常较高。此外，糖化发酵温度过高、时间过长也会使甲醇含量增加。

甲醇是一种剧烈的神经毒，主要侵害视神经，导致视网膜受损、视神经萎缩、视力减退和双目失明。甲醇中毒的个体差异很大，一次摄入 5mL 可致严重中毒，40% 甲醇 10mL 可致失明，40% 甲醇 30mL 为人的最小致死剂量。1977 年我国广西假酒案，酒中甲醇含量高达 2.4～40.4g/kg，造成 1614 人中毒，双目失明 12 人，死亡 33 人。此外，甲醇在体内代谢生成的甲醛和甲酸，毒性分别比甲醇大 30 倍和 4 倍，甲酸可导致机体发生代谢性酸中毒。我国规定以谷物为原料的白酒甲醇含量应≤0.04g/100mL，以薯干等代用品为原料的白酒应≤0.12g/100mL（均以 60 度蒸馏酒折算）。

3. 杂醇油

杂醇油是比乙醇碳链长的多种高级醇的统称，由原料和酵母中蛋白质、氨基酸及糖类分解和代谢产生，包括丙醇、异丁醇、异戊醇等，以异戊醇为主。高级醇的毒性和麻醉力与碳链的长短有关，碳链越长者毒性越强。杂醇油中以异丁醇和异戊醇的毒性为主。杂醇油在体内氧化分解缓慢，可使中枢神经系统充血。因此，杂醇油含量高的酒常造成饮用者头痛及大醉。我国规定蒸馏酒及配制酒杂醇油含量（以异丁醇和异戊醇计）应≤0.15g/100mL，以大米为原料的酒不得超过 0.20g/100mL。

4. 醛类

包括甲醛、乙醛、糠醛和丁醛等，由白酒发酵过程中产生。醛类毒性比相应的醇要高，其中毒性较大的是甲醛，属于细胞原浆毒，可使蛋白质变性和酶失活。浓度在30mg/100mL时即可产生黏膜刺激症状，出现灼烧感和呕吐等，10g甲醛可使人致死。由于醛类在低温排醛过程中可大部分去除，因此我国关于蒸馏酒的卫生标准中对醛类未作限量规定。

5. 氰化物

以木薯或果核为原料制酒时原料中的氰苷经水解后产生氢氰酸，由于氢氰酸分子质量低，具有挥发性，因此能够随水蒸气一起进入酒中。我国蒸馏酒与配制酒卫生标准中规定，以木薯为原料的（以HCN计）应≤5mg/L，以代用品为原料的应≤2mg/L（均以60度蒸馏酒折算）。

6. 铅

酒中铅的来源主要是蒸馏器、冷凝导管和贮酒容器中含有的铅。蒸馏酒在发酵过程中可产生少量的有机酸（如丙酸、丁酸、酒石酸和乳酸等），含有机酸的高温酒蒸气可使蒸馏器和冷凝管壁中的铅溶出。总酸含量高的酒铅含量往往也高。铅在人体内的蓄积性很强，由于饮酒而引起的急性铅中毒比较少见，但长期饮用含铅量高的白酒可致慢性中毒。现普遍认为铅与认知和行为异常有关，并提出铅可能是一种潜在致癌物。故对酒中的铅含量必须严加限制。我国规定蒸馏酒及配制酒铅含量（以Pb计）应≤1mg/L，发酵酒应≤0.5mg/L（均以60度蒸馏酒折算）。

7. 锰

对发生铁混浊的白酒，以及采用非粮食原料酿制或因甲醛含量高而带有不良气味的白酒，常使用高锰酸钾–活性炭进行脱嗅除杂处理。若使用方法不当或不经过复蒸馏，可使酒中残留较高含量的锰。

尽管锰属于人体必需的微量元素，但因其安全范围窄，长期过量摄入仍有可能引起慢性中毒。目前我国酒的卫生标准中对发酵酒没有锰的限量规定，只规定蒸馏酒及配制酒中锰（以Mn计）≤2mg/L。

8. N–二甲基亚硝胺

N–二甲基亚硝胺是啤酒的主要卫生问题之一。啤酒生产过程中，采用直火烘干大麦芽，使含酪氨酸的大麦碱受到来自烟气中的气态氮氧化物（NO和NO_2）作用，发生亚硝基化而形成二甲基亚硝胺。现已证明，NO和NO_2混合物比单一NO的亚硝基化作用强得多。目前我国啤酒生产已改变了直火烘干，多采用发芽、干燥两用箱，以热空气进行干燥，明显地减少了二甲基亚硝胺的产生。我国关于发酵酒的卫生标准中规定，啤酒中N–二甲基亚硝胺≤3μg/L。

9. 黄曲霉毒素B_1

啤酒、果酒和黄酒是发酵后不经蒸馏的酒类，如果原料受到黄曲霉毒素和其他非挥发性有毒物质的污染，这些有毒物质将全部保留在酒体中。因此对发酵酒来说，原料的卫生问题要比蒸馏酒意义大得多。我国发酵酒卫生标准中规定黄曲霉毒素B_1应≤5μg/L。

10. 发酵酒的微生物污染

发酵酒微生物污染的原因很多，除了乙醇含量低外，从原料到成品的每个生产环节中均可能污染微生物。就啤酒而言，生啤酒的生产除了糖化工艺之外再无杀菌过程，使微生物污染和繁殖机会相对较多。一般认为，通过发酵啤酒污染的细菌数量随酸度和酒精度的升高而大为削减。因此，为保证啤酒的质量，首先应有足够的发酵期，其次是严格执行有关卫生要求，注意灌装设备、管道及酒瓶的清洗和消毒等。我国发酵酒卫生标准中规定菌落总数应≤50cfu/mL，生啤酒的大肠菌群为 MPN/100mL≤50，其他发酵酒的大肠菌群为 MPN/100mL≤3。

（三）酒类的卫生管理

为了规范对酒类的卫生管理，我国卫生部于 1981 年颁布了《蒸馏酒及配制酒卫生标准》（GB 2757—1981）、《发酵酒卫生标准》（GB 2758—1981）及相配套的卫生标准分析方法。此后又相继出台了白酒厂、果酒厂、葡萄酒厂、啤酒厂及黄酒厂的卫生规范，从工厂选址、原辅料、生产过程、成品贮存、运输及工厂卫生管理等方面均作了具体的规定和要求。原国家技术监督局和原轻工部还颁布了啤酒、黄酒、葡萄酒、低度浓香型白酒、低度清香型白酒、低度米香型白酒、风香型白酒（卫生指标执行国家标准）以及食用乙醇、饮料酒的标签等国家标准。1997 年国家经贸委、卫生部等部门又联合颁发了《进口酒类国内市场管理办法》，为酒类的监督、监测工作提供了充分的依据。

第八节 调味品的卫生及管理

调味品系指赋予食物咸、甜、酸、鲜、辛辣等特定味道或特定风味的一大类天然或加工食品，包括咸味剂、甜味剂、酸味剂、鲜味剂、食用香料等。

一、酱油类调味品的卫生及管理

（一）酱油类调味品的种类及其生产工艺

酱油类是以鲜、咸味为主要特点的调味品，包括以富含蛋白质的植物性食物（大豆或豆粕）或动物性食物（鱼、虾、蟹、牡蛎等）为原料，通过天然或人工发酵，利用微生物酶分解其中蛋白质而获得含低分子含氮浸出物较丰富的各种半固态或液态调味品，如酱油、豆酱、虾酱、虾油、蟹酱、蟹油以及鱼露、蚝油等。酱油类调味品的主要鲜味物质是氨基酸态氮，品种越好的酱和酱油中，其含量越高。

1. 酱油

按生产工艺酱油可分为发酵酱油和化学酱油。发酵酱油是以大豆或豆粕为原料，经清洗浸泡，在特定温度和压力下蒸煮后以传统固定的工艺制曲发酵酿制。根据生产工艺的不同，发酵酱油又分为天然发酵酱油和人工发酵酱油。利用微生物的酶分解大豆蛋白质，经压榨或淋出而获得液态呈鲜味物基质，再添加适量食盐和色素，如此制成的酱油称为天然发酵酱油。人工发酵酱油则是将原料在特定温度下蒸煮后，降至一定温度（40℃），按比例（0.1%）接种专用曲菌，进行发酵酿制而获得鲜味物基质，再经调制而成。化学酱油是以盐酸水解大豆蛋白质，经抽滤，添加适量食盐、色素勾兑而成，风味通常较差。我国酱油的生产以人工发酵酱油生产规模大，产量高，市售生抽和老抽酱油均为人工发酵酱油，生抽色淡，常用于凉拌菜或餐桌佐餐；老抽色浓，多用于烧制菜肴。

2. 水产调味品

以小虾、小蟹、小鱼为原料经腌制、发酵、抽滤、提炼加工制成的鲜咸味调味品，分别称为虾酱或虾油、蟹酱或蟹油以及鱼露；以鲜牡蛎为原料，经温水浸泡、抽提、煮制提炼而制成蚝油。这些调味品广泛用于调味及餐桌佐餐。以往水产调味品的消费是以沿海地区为主，但随着饮食文化交流，其消费群体已遍及全国各地。

3．酱类

以大豆（豆粕）和面粉、蚕豆和面粉、面粉等为原料，经盐腌、蒸煮、天然发酵，利于微生物酶分解其中蛋白质所获得的黄豆酱、豆瓣酱、面酱等，是我国居民广泛使用的调味品。

（二）酱油的卫生及管理

酱油常作烹调或餐桌佐餐，因此，食品卫生监督机构应根据《酱油厂卫生规范》，对生产经营者进行经常性卫生监督，以保证食用者安全。

1．原料

用于酱油类调味品生产的植物原料应无霉变、无杂质、无虫蛀，大豆、脱脂大豆、小麦、麸皮等原料必须符合 GB 2715—2005《粮食卫生标准》的规定，生产用水应符合 GB 5749—2006《生活饮用水卫生标准》。严格禁止生产化学酱油时使用工业用盐酸。

2．食品添加剂

酱油生产中使用的防腐剂和色素必须符合 GB 2760—2011《食品安全国家标准 食品添加剂使用标准》。焦糖色素是构成酱色的主要物质，传统的制作方法是食糖经加热聚合生成，因此是安全的。如果生产焦糖色素时加入铵盐（硫酸铵）作为催化剂以加速反应，则不可避免地产生 4 - 甲基咪唑，这是一种可引起人和动物惊厥的物质，因此，严格禁止使用加铵法生产的焦糖色素。

3．曲霉菌种

生产人工发酵酱油所接种的曲霉菌是专用曲菌。如由中国科学院微生物研究所提供的黄曲霉菌 3951，是一种不产毒的黄曲霉菌。为防止菌种退化和变异产毒或污染其他杂菌，必须定期对其进行纯化与鉴定，一旦发现变异或污染应立即停止使用。使用新菌种前应按《新资源食品卫生管理办法》进行审批后方可使用。我国规定酱油中黄曲霉毒素 B_1 含量 $\leq 5\mu g/kg$。

4．防腐与消毒

酱油中常带有大量的细菌，包括条件致病菌和致病菌。这些微生物污染酱油后，不仅可引起相应的传染病或食物中毒，还可导致产品质量下降甚至失去食用价值，因此，在酱油的生产过程中消毒和灭菌极为重要。酱油消毒可采用高温巴氏消毒法（85 ~ 90℃ 瞬间）；所有管道、设备、用具、容器等都应严格按规定并定期进行洗刷和消毒；回收瓶、滤包布等可采用蒸煮或漂白粉上清液消毒。提倡不使用回收瓶而使用一次性独立小包装。

5．食盐浓度

酱油生产过程中加适量的食盐具有调味作用，并可抑制某些寄生虫（如蛔虫卵）、微生物的生长繁殖。GB 2717—2003《酱油卫生标准》中规定，食盐浓度不得低于 15%，所用食盐必须符合 GB 5461—2003《食用盐卫生标准》中的规定。

6．酱油中总酸

酱油和酱为发酵食品，均具有一定酸度，当酱油和酱受到微生物污染时，其中的糖被分解成有机酸而使其酸度增加，发生酱油酸败，导致产品质量下降，甚至失去食用价值。因此，为保证产品质量，必须限制酱油酸度在一定范围内。《酱油卫生标准》中规定，其总酸度应 $\leq 2.5g/100mL$。

（三）水产调味品的卫生及管理

鱼露、虾油、蚝油等水产调味品的卫生问题尤其重要。用于生产水产调味品的原料，如鱼、虾、蟹、牡蛎等必须新鲜，禁止使用不新鲜甚至腐败的水产品加工调味品。水产调味品宜采用机械化、密闭化、规模化生产，容器管道应进行消毒，成品应进行灭菌处理后方可装罐。装罐后的产品需经卫生质量检验，其感官、理化、微生物等指标应符合国家相应的卫生标准，方可出厂销售。水产调味品开罐后应冷藏。

二、食醋的卫生及管理

（一）食醋生产工艺

食醋是酸性调味品，按原料及加工工艺的不同可分为米醋、陈醋、熏醋、水果醋等，但共同的加工工艺是发酵。普通的米醋以谷类（大米、谷糠）为原料，经蒸煮冷却后按 6% ~ 15% 接种黑曲霉 3758 及酒精酵母 2399，再经淀粉糖化、酒精发酵后，利用醋酸杆菌 141 进行有氧发酵而形成醋醅，此醋醅淋醋即成。醋醅加火熏烤两周，再淋醋制成熏醋。普通米醋陈酿一年为陈醋。不同的食醋具有不同的芳香和风味，其芳香气味主要是由发酵过程中形成的醋酸乙酯和有机酸共同作用所致。

人工合成醋是未经发酵而直接用冰醋酸配制或勾兑的醋，除不含有芳香味道之外，还可能含有对人体有害的 NO_3^- 或 SO_4^{2-}，以及砷、铅等有毒重金属。我国禁止生产和销售此类醋，只允许生产酿造醋。

（二）食醋的卫生及管理

食醋生产的卫生及管理按 GB 8954—1988《食醋厂卫生规范》执行。成品须符合 GB 2719—2003《食醋卫生标准》方可出厂销售。

1. 原辅料生产

食醋的粮食类原料须干燥、无杂质、无污染，各项指标均应符合 GB 2715—2005《粮食卫生标准》的规定。生产用水需符合 GB 5749—2006《生活饮用水卫生标准》。

2. 食品添加剂

食醋生产过程中允许使用某些食品添加剂，如为了抑制耐酸的霉菌在醋中生长并形成霉膜，及为防止生产过程中污染醋虱、醋鳗等需要添加防腐剂。添加剂的使用剂量和范围应严格执行 GB 2760—2011《食品安全国家标准 食品添加剂使用标准》。

3. 发酵菌种

必须选择蛋白酶活力强、不产毒、不易变异的优良菌种，并对发酵菌种进行定期筛选、纯化及鉴定。为防止种曲霉变，应将其贮存于通风、干燥、低温、清洁的专用房间。

4. 容器、包装

食醋具有一定的腐蚀性，故不应储存于金属容器或不耐酸的塑料包装材料中，以免溶出有害物质而污染食醋。盛装食醋的容器必须无毒、耐腐蚀、易清洗、结构坚固，具有防雨、防污染措施，并经常保持清洁、干燥。回收的包装容器须无毒、无异味。灌装前包装容器应彻底清洗消毒，灌装后封口要严密，不得漏液，防止二次污染。

三、食盐的卫生及管理

食盐按来源不同可分为海盐、湖盐、地下矿盐或以天然卤水制成的盐，按生产工艺可分为精制盐、粉碎洗涤盐和日晒盐。

（一）食盐的来源与生产

1. 精制盐

生产工艺有两种：一种称真空盐，是以地下卤水、溶解岩矿卤水或以溶解海湖盐制得的饱和卤水为原料，经卤水处理和除杂质后，再经多效蒸发结晶、离心脱水、干燥、筛分等工序制成；另一种称为粉洗精盐，是以海湖盐为原料，经粉碎、洗涤、离心脱水、干燥、筛分等工序制成。以精制盐为原料生产的食盐占我国食盐总产量的60%。

2. 粉碎洗涤盐

是以海湖盐为原料，经粉碎、洗涤、脱水等工序制得的产品。以粉碎洗涤盐为原料生产的食盐约占我国食盐总产量的25%。

3. 日晒盐

以海水为原料，通过滩晒方法获得。以其为原料生产的食盐约为食盐总产量的15%。

（二）食盐的卫生管理

1. 井矿盐的卫生

井矿盐的成分复杂，我国井矿盐产区所用的原料大致有三种，即硫酸钙型岩盐卤水、硫酸钠型岩盐卤水和天然卤水。生产中必须将硫酸钙、硫酸钠等杂质分离出去，否则会影响食盐的品质，甚至危害身体健康。如矿盐中过高的硫酸钠可使食盐有苦涩味并影响食物在肠道吸收，通常采用冷冻提硝或热法提硝将其除去。此外，井矿盐中还含钡盐，其具有肌肉毒，长期少量食用可引起慢性中毒。临床表现为全身麻木刺痛、四肢乏力，严重时可出现迟缓性瘫痪。食盐卫生标准中规定钡含量应≤15mg/kg。

2. 抗结剂

固结问题一直困扰着食盐的生产、贮运，也给使用造成了极大的不便，抗结剂的使用为解决这一难题提供了有效措施。抗结剂以亚铁氰化钾效果最好，我国规定最大使用量为0.005g/kg。

3. 营养强化盐

由于食盐的稳定性及摄入量恒定，被认为是安全而有效的营养素强化载体。我国营养强化食盐除了全民推广的碘盐，尚有铁、锌、钙、硒、核黄素等强化盐。营养强化盐的卫生管理应严格依据《调味品卫生管理办法》及 GB 14880—2012《食品安全国家标准　食品营养强化剂使用标准》执行。

第九节　罐头食品的卫生及管理

罐头食品系指将加工处理后的食品装入金属罐、玻璃瓶或软质材料容器中，经排气、密封、加热杀菌、冷却等工序达到商业无菌的食品。罐头食品的分类因原料、包装材料、调味方法及酸度等不同而异，如按原料不同分为畜类、禽类、水产类、蔬菜类、水果类、粮食制品类、坚果类等罐头食品；按包装材料不同分为金属罐、玻璃罐和软罐头等。近年来还出现了适应不同需求的品种，如供儿童、老年人等特殊人群食用的富于营养且易于消化的罐头；供宇航员等特殊职业食用的专用罐头以及各类保健罐头食品。

一、罐头食品生产的卫生

(一) 容器材料的卫生要求

罐头食品的容器材料必须符合安全无毒、密封良好、抗腐蚀及机械性能良好等基本要求，以保证罐头食品的质量和加工、贮存、运输及销售的需要。常用的罐头容器有金属罐、玻璃罐和塑料复合膜。

1. 金属罐

主要材质为镀锡薄钢板、镀铬薄钢板和铝材。镀锡薄钢板又称马口铁，厚度为 0.2 ~ 0.3mm，具有良好的耐腐蚀性、延展性、刚性和加工性能。镀锡层通常为钢基板的 0.5%，要求均匀无空斑，否则在酸性介质中将形成铁锡微电偶，加速锡铅溶出，严重者可造成穿孔，形成漏罐。为避免上述现象的发生，常在马口铁罐内壁涂上涂料（涂料罐）。可作罐头涂料的有机涂料很多，主要成分是树脂，常用的有环氧树脂、酚醛树脂和聚烯类树脂等；按作用可分为抗硫涂料、抗酸涂料、防粘涂料和冲拔罐涂料等。加工后形成的涂膜应符合国家卫生要求，即涂膜致密、遮盖性好，具有良好的耐腐蚀性，并且无毒、无害、无嗅和无味，有良好的稳定性和附着性。

镀铬薄钢板是表面镀有金属铬和水合氧化铬层的薄钢板，主要用于制造罐头底盖和皇冠盖。铝金属薄板由铝镁、铝锰等合金经一系列加工工序制成，具有轻便、不生锈、延展性好、导热率高等特点，是冲拔罐的良好材质。金属罐按加工工艺有三片罐和二片罐（冲拔罐或易拉罐）之分，为了减少铅污染，三片罐的焊接应采用高频电焊或黏合剂焊接，焊缝应光滑均匀，不能外露，黏合剂须无毒无害；制盖所使用的密封填料除应具有良好的密封性能和热稳定性外，还应对人体无毒无害，符合相关的卫生要求。

2. 玻璃罐

特点是透明、无毒、无臭、无味，化学性质稳定，具有良好的耐腐蚀性，能保持食品的原有风味，无有害金属污染。但也存在机械性能差、易破碎、透光、保存期短、运输困难且费用高等缺陷。玻璃瓶顶盖部分的密封面、垫圈等材料应为食品工业专用材料。

3. 塑料复合膜

塑料复合膜是软罐头的包装材料，由三层不同材质的薄膜经黏合而成，外层为 $12\mu m$ 聚酯薄膜，具有加固和耐高温作用；中层为 $9\mu m$ 的铝箔，起避光和密闭作用；内层为 $70\mu m$ 改性聚乙烯或聚丙烯，具有良好的安全性和热封性。三层间普遍采用聚氨酯型黏合剂，该黏合剂中含有甲苯二异氰酸酯，其水解产物 2,4 - 氨基甲苯具有致癌性，因此必须加强对其检测，要求每平方英寸面积复合膜溶出量不得大于 $0.05\mu g$。软罐头一般为扁平状，传热效果好，杀菌时间比铁罐头显著缩短。但因包装材料较柔软，易受外力影响而损坏，特别是锋利物体易刺破袋体，因此在加工、贮存、运输、销售等过程中要加以注意。

空罐在使用前必须经热水冲洗、蒸汽消毒和沥干（每个空罐残留水不超过 1mL）。如用回收玻璃罐需在 40 ~ 50℃、2% ~ 3% 的碱水中浸泡 5 ~ 10min，然后彻底冲洗。

(二) 原辅材料的卫生要求

罐头食品的原料主要包括蔬菜水果类、肉禽类、水产类等；辅料有调味品（糖、醋、盐、酱油等）、食用香料（葱、姜、胡椒等）和食品添加剂（护色剂、防腐剂、食用色素、抗氧化剂等）。所有食品原料应保持新鲜清洁状态。果蔬类原料应无虫蛀、无霉烂、无锈斑和无机械损伤。不同的品种还应有适宜的成熟度，其不仅对产品的色泽、组织状态、风味、汁液等具有重要的影响，还直接关系到生产效率和原料的利用率。果蔬原料的预处理包括分选和洗涤、去皮和修整、漂烫及抽真空。其中漂烫的目的主要是破坏酶的活性，杀死部分附着在原料上的微生物，稳定色泽、软化组织和改善风味；抽真空处理可以排除原料组织中空气，以减少对罐壁的腐蚀和果蔬变色，还可使终产品具有较高的真空度。

畜禽肉类必须经严格检疫，不得使用病畜禽肉和变质肉作为原料。原料应严格修整，去除毛污、血污、淋巴结、粗大血管和伤肉。水产品原料挥发性碱基氮应在 15mg/kg 以下。使用冷冻原料时应缓慢解冻，以保持原料的新鲜度，避免营养成分的流失。

生产用水应符合国家饮用水质量标准。由于硝酸盐可促进镀锡金属罐的锡溶出，因此，要求水中 NO_3^- 含量在 2mg/kg 以下。罐头食品所使用的辅料中，调味品和食用香料可以不受限制，食品添加剂的使用范围和剂量则应符合相关的国家标准。

（三）加工过程的卫生要求

装罐、排气、密封、杀菌、冷却是罐头生产中的关键环节，直接影响罐头食品的品质和卫生质量。

1. 装罐、排气和密封

经预处理的原料或半成品应迅速装罐，以减少微生物污染和繁殖机会。灌装固体物料时要有适当顶隙（6～10mm），以免在杀菌或冷却过程中出现鼓盖、胀裂或罐体凹陷。装罐后应立即排气，造成罐内部分真空和乏氧，减少杀菌时罐内产生的压力，防止罐头变形损坏。此外，在缺氧情况下有利于抑制一些细菌的生长繁殖，减少食品的腐败变质。排气有加热排气、机械排气和蒸汽喷射排气等方式。加热排气适用于半液体食品及浇汤汁的品种；机械排气适用于固态品种（鱼、肉罐头等）；蒸汽喷射排气通常只限于氧溶解量和吸收量很低的某些罐头品种。排气后应迅速封盖，使食品与外界隔离，不受外界微生物污染而能较长时间保存。密封后应迅速进入杀菌工序。

2. 杀菌和冷却

罐头食品的杀菌也称商业杀菌，即加热到一定程度后，杀灭罐内存留的绝大部分微生物（包括腐败菌、致病菌、产毒菌等）并破坏食品酶类，以达到长期贮存的目的。罐头杀菌首先要考虑杀灭食品中的肉毒梭菌，罐头杀菌工艺若能达到杀灭或抑制肉毒梭菌的效果，就容易使罐头中大多数腐败菌及一些致病菌也能受到抑制。罐头杀菌工艺条件主要由温度、时间等因素组成，常用杀菌公式为：

$$\frac{T_1 - T_2 - T_3}{t}$$

式中，T_1——从加热至杀菌温度所需时间，min；

　　　T_2——保持恒温的时间，min；

　　　T_3——降至常温所需的时间，min；

　　　t——杀菌所需温度，℃。

罐头杀菌因食物的种类、罐内容物 pH、热传导性能、微生物污染程度、杀菌前初温和罐型大小等不同。其杀菌的温度和杀菌公式也不同，如肉类罐头杀菌公式为 $\frac{15' - 60' - 20'}{120}$，而蔬菜罐头的杀菌公式为 $\dfrac{10'-30'-10'}{116}$。

罐头的杀菌常采用常压水杀菌、加压蒸汽杀菌和加压水杀菌。水果类罐头为保持色、形、味，多采用常压水杀菌；加压蒸汽杀菌温度可达 100℃ 以上，适用于畜肉类和禽肉类罐头；加压水杀菌则适用于水产、肉类的玻璃罐头以及铝罐等。

罐头杀菌后应迅速冷却，罐中心温度要在短时间内降至 40℃ 左右，以免罐内食品仍然保持相当高温度继续加热，使色泽、风味、组织结构受到影响；同时也可避免长时间高温促进嗜热芽孢菌的发育和繁殖，有利于冷却后罐外水分挥发，防止生锈。罐头生产中的冷却方式有空气冷却和水冷却，水冷却因具有较高的热交换能力是常用的冷却方式。根据罐头灭菌方法的不同，可采用常压水冷却或加压水冷却，冷却用水应符合国家生活饮用水质量标准。

（四）成品检验

成品检验是企业管理和确保产品卫生质量的关键。一般包括外观、真空度和保温试验。外观检查主要包括容器有无缺口、折裂、碰伤以及有无锈蚀、穿孔、泄露和胀罐等情况。真空度检查产生浊音可能由多种情况造成，如排气不充分、密封不好、罐内食物填充过满以及罐头受细菌或化学性因素作用产气等，要视具体情况结合其他检查决定如何处理。保温试验是检查成品杀菌效果的重要手段，肉、禽、水产品罐头应在 (37 ± 2)℃ 下保温 7d；水果罐头应在常温下放置 7d。含糖 50% 以上的品种，如果酱、糖浆水果罐头类、干制品罐头类可不做保温。经保温试验后，外观正常者方可进行产品质量检验和卫生检验。

（五）罐头食品出厂前的检查

应按照国家规定的检验方法（标准）抽样，进行感观、理化和微生物等方面的检验。凡不符合标准的产品一律不得出厂。

1. 感观检查

包括外观和内容物的检查。感观检查中可见到罐头底盖向外鼓起的胀罐，称为胖听。根据产生的原因胖听可分为三种：① 物理性胖听，多由于装罐过满或罐内真空度过低引起，一般叩击呈实音，穿洞无气体逸出，可食用；② 化学性胖听，是由于金属罐受酸性内容物腐蚀产生大量氢气所致，叩击呈鼓音，穿洞有气体逸出，但无腐败气味，一般不宜食用；③ 生物性胖听，是杀菌不彻底残留的微生物或因罐头有裂缝从外界进入的微生物生长繁殖产气的结果，此类胖听常为两端凸起，叩击有明显鼓音，保温试验胖听增大，穿洞有腐败味气体逸出——此种罐头禁止食用。

罐头内容物发生变色和变味时应视具体情况加以处理，如蔬类罐头内容物色泽不鲜艳、颜色变黄，一般为酸性条件下叶绿素脱 Mg^{2+} 引起，蘑菇罐头变黑是由酪氨酸与黄酮类化合物在酶作用下形成棕黑色络合物，一般不影响食用。肉、禽和水产品罐头在杀菌过程中挥发出的硫化氢与罐壁作用可能产生黑色的硫化铁或紫色的硫化锡，在贴近罐壁的食品上留下黑色斑或紫色斑，一般去除色斑部分可食用。若罐头出现油脂酸败味、酸味、苦味和其他异味，或伴有汤汁浑浊、肉质液化等，应禁止食用。

2. 理化检验

包括真空度、重金属、亚硝酸盐、防腐剂、酸度等。

3. 微生物检验

主要是细菌总数、大肠菌群、致病菌等。一般食品罐头应该达到商业无菌的要求。平酸腐败是罐头食品常见的一种腐败变质，表现为罐头内容物酸度增加而外观完全正常。此种腐败变质由可分解糖类产酸不产气的平酸菌引起。低酸性罐头的典型平酸菌为嗜热脂肪芽孢杆菌，而酸性罐头则主要为嗜热凝结芽孢杆菌。由于它们广泛存在于泥土、尘埃之中，容易对原料、辅料（糖、淀粉等）和生产设备构成污染，因此在生产各个环节都必须严加管理。平酸腐败的罐头应销毁，禁止食用。

二、罐头食品的卫生及管理

为了加强对罐头食品的卫生管理，我国于 1988 年颁布了《罐头厂卫生规范》（GB 8950—1988），包括对生产原料的采购、运输、贮藏的卫生要求，工厂设计与设施的卫生，工厂的卫生管理，个人卫生与健康要求，罐头加工过程中的卫生，质量记录，成品贮藏、运输的卫生及产品出厂前卫生与质量检验管理等。并相继颁布了《食品罐头内壁脱膜涂料卫生标准》（GB 9682—1988）、《食品罐头内壁环氧酚醛涂料卫生标准》（GB 4805—1994）、《食品安全国家标准 易拉罐内壁水基改性环氧树脂涂料》（GB 11677—2012）以及果蔬类、蘑菇、鱼、肉类、番茄酱罐头等卫生标准，为卫生行政部门的监督监测以及罐头生产企业的自身管理提供了依据。

在对罐头食品的卫生管理上，企业的自身管理尤为重要。美国的食品企业已把严格执行 GMP 作为保证食品质量、进行市场竞争的必备条件。我国加入世贸组织后，面对激烈的市场竞争，企业必须将自身的食品卫生管理作为以优取胜的切入点，自觉遵守食品卫生法规，严把食品卫生质量关，这样才能稳固地占领市场，取得良好的经济效益。

第十节 糕点类食品的卫生及管理

糕点是指以面、糖、油、蛋、乳等为主要原料，加入适量辅料，经配制、成型、成熟等工艺加工制作的具有不同风味的食品。糕点的种类很多，通常分为中式糕点和西式糕点两大类。中式糕点因地域和饮食文化的差异形成了广、苏、扬、潮、京、清真、宁绍、高桥、闽等不同地方风味；西式糕点主要有面包、蛋糕、点心三大类。糕点类食品通常不经加热直接食用，因此，在糕点类食品的加工过程中，从原料选择到销售等诸环节的卫生管理尤为重要。

一、原辅料的卫生及管理

1. 粮食及其他粉状原辅料

生产中使用的粮食原料（如面粉类）要求无杂质、无霉变、无粉螨。贮存时要有防酶措施，周转期要短，有结块现象的应予以剔除。所有粮食原料，包括其他粉状原辅料使用前必须过筛，且过筛装置中须增设磁铁装置，以去除金属杂质。

2. 糖类

砂糖、饴糖应有固有的外形、颜色、气味、滋味，无昆虫残骸和沉淀物。化学饴糖因生产过程中利用盐酸水解淀粉，及质量差的盐酸中往往含有较多的重金属杂质，而使饴糖中砷、铅等含量超标，故应尽可能地采用麦芽饴糖。使用前糖浆应煮沸后经过滤再使用。

3. 油脂

应无杂质、无酸败，防止矿物油、桐油等非食用油混入。为防止酸败，油脂贮存时及用于生产需较长时间存放的糕点（如压缩饼干）的油脂，最好加入适量的抗氧化剂。制作油炸类糕点时，由于油脂反复高温加热可形成聚合物而污染糕点，因此，煎炸油最高温度不得超过250℃，每次使用后的油应过滤除渣并补充新油后方可再用。

4. 乳及乳制品

为防止含乳糕点受到葡萄球菌的污染，作为糕点的原料乳及乳制品须经巴氏消毒并冷藏，临用前从冰箱或冷库取出。

5. 蛋及蛋制品

蛋类易污染沙门菌，因此，制作糕点用蛋需经仔细的挑选，剔除变质蛋和碎壳蛋，再经清洗消毒后方可使用。蛋壳消毒通常采用0.4%氢氧化钠溶液或漂白粉溶液（有效氯浓度为0.08%～0.1%）浸泡5min。打蛋前操作人员要洗手，消毒蛋壳和打蛋应避离糕点加工车间。若用冰蛋应在临用前从冰箱或冷库中取出，置水浴中融化后使用。水禽蛋极易污染沙门菌，不得作为糕点原料。高温复制冰蛋也不得作为糕点原料。

6. 食品添加剂

糕点类加工中使用的各类食品添加剂，其使用范围和使用量必须符合 GB 2760—2011《食品安全国家标准　食品添加剂使用标准》。用作防黏剂的滑石粉，规定铅、砷含量应在2.5mg/kg以下，且在成品中含量不得超过0.25%。目前，我国糕点行业多采用淀粉来替代滑石粉作防黏剂。

二、生产场所及从业人员的卫生及管理

糕点类生产企业选址应远离污染源，设备布局和工艺流程合理，有专用的原料库和成品库，以防生熟食品或原料与成品交叉污染。还应设有与产品种类、数量相适应的原料处理、加工、包装等车间，并具有防蝇、防尘、防鼠设施，以及包装箱洗刷消毒、流动水洗手消毒、更衣等卫生设施。直接接触食品的操作台、机器设备、工具和容器等应用硬质木材或对人体无毒无害的其他材料组成，表面光滑，使用前必须清洁消毒。

加工、销售糕点类食品的从业人员每年至少进行一次健康体检，凡是患有痢疾、伤寒、病毒性肝炎等消化道传染病（包括病原携带者）、活动性肺结核、化脓性或渗出性皮肤病，以及其他有碍食品卫生的疾病的人员均应调离岗位。制售人员要养成良好的卫生习惯，操作前须洗手消毒，工作服、帽要穿戴整齐，从事冷制作的人员要戴口罩，以防不洁的双手及咳嗽、打喷嚏等分泌物污染糕点。

三、加工过程中的卫生及管理

糕点加工过程中，烘烤、油炸时的温度及成熟后的冷却直接关系到成品的卫生质量。温度过高而相对湿度过低，容易造成外焦里不熟；反之，温度过低会造成成品不熟。因此，要求以肉为馅心的糕点，中心温度应达到90℃以上，一般糕点中心温度应达到85℃以上。成品加工完毕，须彻底冷却再包装，否则容易使糕点发生霉变、氧化酸败等变化，使其失去食用价值。冷却最适宜的温度是30～40℃，室内相对湿度为

70%～80%。

直接包装糕点的纸、塑料薄膜、纸箱必须符合相应的国家标准。包装上应按《中华人民共和国食品安全法》规定，标出品名、产地、厂名、生产日期、批号或代号、保质期、规格、配方或主要成分及食用方法等。

四、运输、贮存及销售的卫生及管理

运输糕点的车辆要专用，并定期冲洗，保持清洁，运输时须严密遮盖、防雨、防尘、防晒，并不许与其他货物同车运输，以防污染。

糕点成品库应专用，库内须通风良好、定期消毒，并设有各种防止污染的设施和温控设施；奶油裱花蛋糕须冷藏；散装糕点应用专用箱盖严存放。

销售糕点的场所须具有防蝇、防尘等设施；销售散装糕点的用具要保持清洁；包装用的纸、盒、袋要符合相应卫生标准；销售人员不得用手直接接触糕点。

五、糕点出厂前的卫生及管理

糕点在出厂前需进行卫生与质量的检验，内容包括感官、理化及微生物指标等。符合国家相应卫生标准的糕点方可出厂。如 GB 7099—2013《糕点、面包卫生标准》中规定：过氧化物值应≤0.25mg/kg，铅、砷含量均应≤0.5mg/kg，黄曲霉毒素 B_1 的含量≤5μg/kg。热加工糕点菌落总数应≤1500cfu/g，大肠菌群≤30MPN/100g，霉菌计数≤100cfu/g，致病菌不得检出等。

第十一节　食糖、蜂蜜、糖果的卫生及管理

一、食糖的卫生及管理

食糖主要成分指蔗糖，是以甜菜、甘蔗为原料压榨取汁制成，包括粗制糖和精制糖。前者是将原料压榨汁煮炼，挥干其中水分所获得的低纯度粗糖（红糖或黄砂糖）；后者是将原料压榨汁经净化、煮炼、结晶、漂白等工序处理而获得的结晶颗粒，称白砂糖；白砂糖经粉碎处理而获得的粉末状糖称绵白糖。

（1）生产加工食糖不得使用变质发霉或被有毒物质污染的原料，生产用水和食品添加剂需符合相应的卫生标准。

（2）生产经营过程中所用的工具、容器、机械、管道、包装用品、车辆等应符合相应的卫生标准和要求，并应做到经常消毒，保持清洁。

（3）食糖必须采用二层包装袋（内包装为食品包装用塑料袋）包装后方可出厂，积极推广小包装。

（4）食糖的储存应有专库，做到通风、干燥，以防潮、防尘、防鼠、防蝇，保证食糖不受外来有害因素的污染和潮解变质。

（5）用于食糖漂白的 SO_2 残留量在（GB 13104—2005）《食糖卫生标准》中已作规定：原糖应≤20mg/kg，白砂糖应≤30mg/kg，绵白糖应≤15mg/kg，赤砂糖应≤70mg/kg。生产企业应对成品进行检验，成品符合卫生标准方可出厂。

二、蜂蜜的卫生及管理

(一) 蜂蜜的主要成分

蜂蜜是蜜蜂用从植物花的蜜腺所采集的花蜜与自身含丰富转化酶的唾液腺混合酿制而成。新鲜蜂蜜在常温下是呈透明或半透明黏稠状液体，较低温度时可析出部分结晶，具有蜜源植物特有的色、香、味，无涩、麻、辛辣等异味。蜂蜜相对密度为 1.401～1.443，葡萄糖和果糖含量为 65%～81%，蔗糖含量约为 8%，含水量 16%～25%，糊精、矿物质及有机酸等成分约占 5%，此外尚含有酵素、芳香物质、维生素和花粉渣等。因其蜜源不同，蜂蜜成分有一定的差异。

(二) 蜂蜜的卫生问题

1. 抗生素残留

抗生素，如四环素常被蜂农用于防治蜜蜂的疾病，因此，蜂蜜中可能污染抗生素。我国规定蜂蜜中四环素残留量应≤0.05mg/kg。

2. 锌的污染

蜂蜜因含有机酸而呈微酸性，故不可盛放或贮存于镀锌铁皮桶中，用镀锌容器储存的蜂蜜含锌量可高达 625～803mg/kg，超过正常含量的 100～300 倍。含锌过高的蜂蜜通常味涩、微酸、有金属味，不可食用。我国规定蜂蜜中锌含量应≤25mg/kg，铅含量应≤1mg/kg。

3. 毒蜜

具有杀虫作用的中草药，如雷公藤、羊踯、钩吻属等植物含有多种生物碱，食用以其花粉为蜜源的蜂蜜常可引起中毒，表现为乏力、头昏、头疼、口干、舌麻、恶心及剧烈的呕吐、腹泻，大便呈洗肉水样，皮下出血、肝脏肿大，严重时可导致死亡。因此，应加强有关毒蜜的宣传教育，放蜂点应远离有毒植物，避免蜂蜜采集有毒花粉。

4. 肉毒梭菌的污染

有文献报道婴儿肉毒中毒可能与进食含有肉毒梭菌的蜂蜜有关。但在我国目前尚未见到相关报道。

(三) 蜂蜜的卫生管理

蜂蜜要符合 GB 14963—2011《食品安全国家标准　蜂蜜》。不得掺假、掺杂及含有毒有害物质，放蜂点应远离有毒植物，防止蜂蜜采集有毒花蜜。接触蜂蜜的容器、用具、管道和涂料以及包装材料必须清洁，无毒、无害，符合相应卫生标准和要求。严禁使用有毒、有害的容器，如镀锌铁皮制品、回收的塑料桶等。为防止污染，蜂蜜的贮存和运输不得与有毒有害物质同仓共载。食品卫生监督机构对生产经营者应加强经常性监督工作。

三、糖果的卫生及管理

糖果系指以白砂糖（绵白糖）、淀粉糖浆、可可粉、可可脂、乳制品、凝胶剂等为主要原料，添加各种辅料，按一定工艺加工制成的固体食品，包括糖果和巧克力。前者根据原料组成、加工工艺、产品结构和卫生学特点，又分为硬糖、半软糖、夹心糖和软糖四类。

（1）原辅料　生产糖果的所有原料应符合相应的卫生标准。生产过程中使用的食品添加剂必须符合 GB 2760—2011《食品安全国家标准　食品添加剂使用标准》。

（2）包装纸　糖果包装纸应符合 GB 11680—1989《食品包装用原纸卫生标准》，油墨应选择含铅量低的原料并印在不直接接触糖果的一面；若印在内层，必须在油墨层外涂塑或加衬纸（铝箔或蜡纸）包装，衬纸应略长于糖果，使包装后的糖果不直接接触到外包装纸。衬纸本身也应符合卫生标准，用糯米纸作为内包装纸时其铜含量不应超过 100mg/kg。没有包装纸的糖果及巧克力应采用小包装。

（3）防黏剂　糖果生产中不得使用滑石粉做防黏剂，使用淀粉做防黏剂应先烘（炒）熟后才可使用，并用专门容器盛放。

（4）食品卫生监督机构对糖果生产经营者应加强经常性监督工作。

第十二节　方便食品的卫生及管理

方便食品（convenience food）在国外称为快速食品（instant food）或快餐食品（quick serve meal）、备餐食品（ready to eat foods），日本还称之为"即席食品"。方便食品的出现反映了人们在繁忙的社会活动后，为减轻繁重家务劳动而出现的一种新的生活需求。因此，有人将方便食品定义为那些不需要或稍需加工或烹调就可以食用，并且包装完好、便于携带的预制或冷冻食品。

1983 年的美国农业手册将方便食品定义为"凡是以食品加工和经营代替全部或部分传统的厨房操作（如洗、切、烹调等）的食品，特别是能缩短厨房操作时间、节省精力的食品"。由于方便食品具有食用方便、简单快速、便于携带、营养卫生、价格便宜等特点，颇受消费者欢迎。

一、方便食品的种类及特点

方便食品种类繁多，目前已有 12000 余种，其分类方法也很多。通常可以根据食用和供应方式、原料和用途、加工工艺及包装容器等的不同来分类。

（一）方便食品的种类

1. 按食用和供应方式分类

（1）即食食品　是指经过加工，部分或完全制作好的，只要稍加处理或不作处理即可食用的食品。即食食品通常主料比较单一，并未考虑合理的膳食搭配。

（2）快餐食品　是指商业网点出售的，由几种食品组合而成的，做正餐食用的方便食品。这类食品通常由谷物、蛋白质类食物、蔬菜和饮料组成，营养搭配合理。特点是从点菜到就餐时间很短，可在快餐厅就餐，也可包装后带走。

2. 按原料和用途分类

（1）方便主食　包括方便面、方便米饭、方便米粉、包装速煮米、方便粥、速溶粉类等。

（2）方便副食　包括各种汤料和菜肴。汤料有固体的和粉末的两种，配以不同口味，用塑料袋包装，食用时水冲即可。方便菜肴也有多种，如香肠、肉品、土豆片和海味等。

（3）方便调味品　方便调味品有粉状和液体状，如方便咖喱、粉末酱油、调味汁等。

（4）方便小食品　方便小食品是指做零食或下酒的各种小食品，如油炸锅巴、香酥片、小米薄酥脆等。

（5）其他方便食品　是指除上述 4 种以外的方便食品，如果汁、饮料等。

（二）方便食品的特点

1. 食用简便迅速，携带方便

方便食品都有规格的包装，便于携带；进餐时加工简单，只需要复水、解冻或稍微加热就可食用，省时省力。

2. 营养丰富，卫生安全

方便食品在加工中经过合理的配料和食物搭配，并经过严格的卫生检验、灭菌和包装，因此，营养较丰富，安全可靠。

3. 成本低，价格便宜

方便食品采用大规模的工业化集中生产，能充分利用食物资源，实现综合利用，因此大大降低了生产成本和销售价格。

二、方便食品的卫生及管理

方便食品种类繁多，一般均为简单处理或直接食用的食品，因此每一种方便食品从感观指标、理化指标到微生物指标都应该符合相应国家卫生标准的要求。对目前我国尚未颁布卫生标准的方便食品，可参照国外类似产品的卫生标准。

在管理上就其共性问题应考虑以下几个方面：

1. 原辅料

（1）原料　粮食类原料应无杂质、无霉变、无虫蛀；畜、禽肉类须经严格的检疫，不得使用病畜、禽肉作原料，加工前应剔除毛污、血污、淋巴结、粗大血管及伤肉等；水产品原料挥发性碱基氮应在 15mg/kg 以下；果蔬类原料应新鲜、无腐烂变质、无霉变、无虫蛀、无锈斑，农药残留量应符合相应的卫生标准。

（2）油脂　应无杂质、无酸败，防止矿物油、桐油等非食用油混入；有油炸工艺的方便食品，应按 GB 7102.1—2003《食用植物油煎炸过程中的卫生标准》严格监测油脂的质量。

（3）食品添加剂　方便食品加工过程中使用食品添加剂的种类较多，应严格按照 GB 2760—2011《食品安全国家标准　食品添加剂使用标准》控制食品添加剂的使用种类、范围和剂量。

（4）调味料及食用香料　生产中使用的调味料的质量和卫生应符合相应的标准；食用香料要求干燥、无杂质、无霉变，香气浓郁。

（5）生产用水　应符合 GB 5749—2006《生活饮用水卫生标准》。

2. 包装材料

方便食品因品种繁多，其包装材料也各具特色，如纸、塑料袋（盒、碗、瓶）、金属罐（盒）、复合膜、纸箱等，所有这些包装材料必须符合相应的国家标准，防止微生物、有毒重金属及其他有毒物质的污染。

3. 贮藏

通常要专库专用，库内须通风良好、定期消毒，并设有各种防止污染的设施和温控设施，避免生熟食品的混放或成品与原料的混放。

第十三节　转基因食品的卫生及管理

转基因食品（foods from genetically modified organisms，GMO food），系指利用基因工程技术（gene engineering）改变基因组构成的动物、植物和微生物而生产的食品。转基因食品包括三种形式：① 转基因动植物、微生物产品，如转基因大豆；② 转基因动植物、微生物直接加工品，如由转基因大豆加工的豆油；③ 以转基因动植物、微生物或者其直接加工品为原料生产的食品，如用转基因大豆油加工的食品。以转基因动植物、微生物生产的食品添加剂虽不属于食品，但因其含有转基因成分，也应按转基因食品进行管理。

基因工程技术的基本方法是采用体外核酸技术（包括 DNA 重组技术，或将核酸直接注入细胞或细胞器）将供体基因植入受体植物、动物、微生物中，形成新的转基因生物。其中基因供体（donor organism）是指在重组 DNA 结构中提供 DNA 的有机体；基因受体（host organism，host recipient）是指通过自身遗传物质的一部分被修饰（或改造）和/或插入外源性遗传物质使其遗传物质发生改变的有机体。与基因工程技术相关的技术还包括基因载体、基因表达产物、插入基因等的构建。由于基因工程技术使外源性 DNA 分子与受体基因形成新的组合，打破了物种间的界限，使带有外源基因的新生物能够具有与固有遗传性状完全无关的新特性，由此取得预期的有利特性，如获得抗虫、抗病、抗除草剂和抗逆境的转基因植物种子，获得丰产优质的种畜禽、水产种苗等。

基因工程技术自 20 世纪 70 年代产生，到 1995 年开始实际生产应用并得以迅速发展，在医药、农牧业、食品业等方面已经产生了巨大经济效益。截止到 1999 年，全球共有 12 个国家种植转基因农作物，种植面积达 3990 万公顷，比 1998 年增加了 40%，主要作物有大豆（抗除草剂）、土豆、玉米（抗虫）、棉花（抗虫）、油菜籽（抗除草剂）等，其中应用最多的转基因 "特性" 是耐除草剂。美国是转基因产品种植面积最大的国家，占全球种植面积的 70% 以上，其转基因大豆产量已占大豆总产量的一半以上。我国已批准棉花、矮牵牛花、番茄和甜椒等五种转基因产品进行大田释放，即在自然条件下采取相应安全措施所进行的中规模试验，1999 年的种植面积达 30 万公顷。

利用基因工程技术产生的转基因生物使生物安全成为全球关注的热点问题，人们担心转基因生物对人类、动植物、微生物和生态环境构成危险或潜在风险。转基因生物的安全问题主要涉及两个方面：① 对生态环境的安全；② 转基因食品对人体和动物的食用安全性。就转基因食品的管理而言，主要涉及三个方面：① 转基因食品的食用安全性；② 食品中转基因成分的检测和抽样方法；③ 如何科学合理地对转基因食品进行标识管理。

一、转基因食品的安全性评价

如何评价转基因食品的安全性也是摆在各国政府及学术界面前的一个难题。目前，对于转基因食品的食用安全性，国际上尚无统一详细的评价程序和评价方法。比较认同的是经济合作与发展组织于 1993 年提出的 "实质等同" 原则（substantial equivalence），即在评价方法和安全性的可接受水平上应与传统对等物保持一致。该原则可归结为以下几个基本点：

（1）如果某一转基因食品与传统食品具有实质等同，那么考虑更多的安全和营养方面的问题就没有意义，可以认为是同等安全的。

（2）如果某一转基因食品在化学成分、组织结构和生物学特性方面没能确定为实质等同，那么安全性评价的重点应放在有差别的项目上，应当认真考虑和设计研究方案，参考该食品的有关特征逐一进行安全性评价。

（3）如果某一转基因食品没有相对应的或类似的传统食品与之相比较，那么就应根据其自身的成分和特性进行全面的卫生和营养评价。

实质等同原则在 1996 年召开的 FAO/WHO 专家咨询会议上得到支持与肯定，以后召开的多次国际技术会议都基本肯定了实质等同原则是目前转基因食品食用安全性和营养质量评价的最适宜战略。但同时也强调，只考虑变化的组分不是确定安全性的唯一基础，只有在所有需要比较的因素都考虑后，才能确定安全性。也就是说，既要关注靶目标的安全性和营养质量问题，也要注意非预期效应的潜在危害性和营养质量问题。总之，实质等同原则不能保证转基因食品的绝对安全，而是按照一个可以接受的安全标准将其与某种食物或食物的成分进行对比分析和比较，是在一定程度上保证转基因食品与传统食品的安全性等同。

在食用安全性评价中，需要考虑的另一问题是人们对转基因食品的不同暴露程度问题。它关注的是食物消费类型是否对人群的健康造成危害，如消费人群是否主要为婴儿、成人、老年人、孕妇以及免疫力低下人群，是否该食物占这一特殊人群总膳食摄入量的相当大的比例，是否这一新食品在某一人群中的消费量大于另一人群，是否某一人群对这一新食品的危害类型比其他人群更为敏感等。

由于转基因工程技术的特殊性，目前公认传统的食品安全评价技术不能完全适应转基因食品食用安全性的评价需要，建立转基因食品的安全性评价技术与标准非常必要，尤其要考虑长期慢性毒性、致敏性、致癌性、神经毒性等问题。但目前的科学水平尚难以精确预测该技术使农作物发生的变化对人体健康的影响，尤其是长期效应，因此，转基因食品的安全性评价仍然是国际社会关注的焦点。

对转基因食品的食用安全性评价不仅是一个科学技术性问题，而且直接关系到国际食品贸易的发展，因此，有关国际组织，如 FAO、WHO 都在努力协调有关转基因食品的食用安全性评价问题，力求统一管理标准和技术措施，从而达到既保护消费者健康，又促进国际食品贸易的发展。

在评价转基因食品食用安全性时，一般要考虑以下六方面的内容：① 直接影响，如食品的营养改变、毒性、致敏性等；② 食品性状改变情况；③ 对人体健康的间接影响，如新陈代谢方面；④ 基因技术导致食品中出现的新成分和改变原有的成分，如基因突变；⑤ 导致胃肠道正常菌群的变化；⑥ 其他健康方面的潜在不良反应。

在对以上 6 个方面进行安全性评价时，评价的内容一般包括：① 转基因食品（物种）的名称；② 转基因食品的理化特性、用途与需要强调的特性；③ 可能的加工方式与终产品种类以及主要食物成分（包括营养成分和有害成分）；④ 基因修饰的目的与预期技术效果以及对预期特性的影响；⑤ 供体的名称、特性、食用史，载体物质的来源、特性、功能、食用史，基因插入的位点及特性；⑥ 引入基因所表达产物的名称、特性、功能及含量；⑦ 表达产物的已知或可疑致敏性和毒性，以及含有此种表达产物食品的食用安全性依据；⑧ 可能产生的非期望效应（包括代谢产物的评价）。

二、转基因食品的卫生和安全管理

目前，国际上许多国家对转基因食品的管理已纳入到"新食品"的范畴进行立法管理，类似我国的《新资源食品卫生管理办法》。对转基因食品管理的内容主要包括食用安全性评价和标志管理。目前不同国家对转基因食品的标签管理尚存在争议，对是否要求强制性标志及要求标志的内容也有所不同，对转基因食品标识管理存在多种模式。美国要求除含有在结构、功能或成分特性均不同的蛋白质或油料的新食物外，其他的转基因食品均不需要获得 FDA 的批准，FDA 也不要求转基因食品在食品标签上予以标注。加拿大规定对人体健康和安全可能有影响的转基因食品必须实行强制性标签，并为此制定了审批制度。欧盟则对转基因食品采用更为严格的管理模式，规定所有的转基因食品上市之前必须获得欧盟的批准，对含有超过 1% 转基因成分的产品采取强制性标签制度。

我国涉及转基因食品的管理规定有：国务院 2001 年发布的《农业转基因生物安全管理条例》；农业部 2002 年发布的《农业转基因生物安全评价管理办法》、《农业转基因生物进口安全管理办法》、《农业转基因生物标识管理办法》；原卫生部 2002 年发布的《转基因食品卫生管理办法》。

我国对转基因食品食用安全性和营养质量评价采用危险性评价、实质等同、个案处理等原则。目前，国内已经建立起较为完善的与国际接轨的转基因食品的安全性评价实验室和评价与检测方法，包括转基因作物及其产品中遗传修饰基因的检测方法；评价转入生物中基因表达产物毒性的程序和方法；评价转基因作物及其产品致敏性的程序和方法；评价转基因作物食品营养质量的程序和方法等，从而有能力开展对国内外转基因食品及其产品的食用安全性评价和监测工作。对转基因食品的标签管理则由农业部及卫生和计划生育委员会根据上述法规和规章具体实施。

思　考　题

1. 粮豆的主要卫生问题是什么？
2. 简述蔬菜、水果的主要卫生问题。
3. 简述乳的消毒方法。
4. 简述油脂酸败的原因和过程。
5. 简述油脂污染和天然存在的有害物质。
6. 罐头食品常用杀菌公式为 $(T_1 - T_2 - T_3)/t$，公式中的字母分别代表什么含义？
7. 胖听的种类及其发生原因。
8. 简述冷饮食品的杀菌方法有哪些。
9. 由新鲜肉到腐败肉分哪几个阶段？在此过程中，起主要作用的是什么？

第七章 食品安全监督管理

第一节 概 述

食品安全是关系人民身体健康的大问题，随着社会经济的发展，人民生活水平的提高，对食品卫生提出了更高的要求。食品安全监督管理是保证食品卫生的一种手段，世界各国都将其纳入国家公共卫生事务管理的职能范围之中，运用科学技术、道德规范、法律规范等手段来保证食品的卫生安全。

新中国成立50多年来，我国的食品安全监督管理取得了长足的发展。从当时的单项条例、办法，到1982年制定颁布《中华人民共和国食品卫生法（试行）》，再到1995年实施的《中华人民共和国食品卫生法》，再到2009年实施的《中华人民共和国食品安全法》（以下简称《食品安全法》），我国的食品安全监督管理已形成了较为完善的体系，标志着食品安全监督管理工作进入了一个新的阶段。

一、食品安全监督管理的概念

食品安全监督管理是由《食品安全法》设定的，包括食品安全监督和食品安全管理两部分含义。

1. 食品安全监督

在现代汉语中，"监督"解释为"监察督促"，即观测、检查、促进、纠正和处理的意思。这里的食品安全监督是根据《食品安全法》的规定来理解的。食品安全监督是指政府卫生行政部门为保护消费者的健康，根据《食品安全法》的规定，对食品生产经营活动实施强制性卫生行政管理，督促检查食品生产经营者执行食品卫生法律、法规和规章的情况，并对其违法行为追究行政法律责任的过程。它具有强制性、规范性、权威性、技术性和普遍性等特点。监督者与被监督者是一种食品安全行政法律关系。

2. 食品安全管理

所谓管理，即管辖和处理。这里的食品安全管理是指政府的食品生产经营管理部门和食品生产经营者根据《食品安全法》的规定，对食品生产经营活动进行管理的过程，即贯彻执行食品安全法律、法规和规章的全过程。

食品安全监督管理是食品安全执法监督和自身管理相结合的措施或手段，两者主体享有不同的权利，承担不同的义务。随着社会主义市场经济体制的完善，食品卫生自身管理显得更为迫切、重要。

二、食品安全监督管理体系

食品安全监督管理体系是《食品安全法》规定的政府、军队管理部门和食品生产经营者进行食品安全监督和管理的基本体制和框架。

根据《食品安全法》的规定，我国食品安全监督管理体系职责分明、层次清楚，可分为以下四个层次：

第一层次，就全国而言，国务院卫生行政部门主管全国食品安全监督管理工作，其他国务院有关部门在各自的职责范围内负责食品卫生管理工作。

第二层次，就地方而言，县级以上地方人民政府卫生行政部门在管辖范围内行使食品安全监督职责，而各级人民政府的食品生产经营管理部门则应当加强食品卫生管理工作，并对执行食品安全法律、法规和规章的情况进行检查、督促、纠正和处理。

第三层次，就特定范围或部门而言，铁道、交通行政主管部门设立的食品安全监督机构，行使国务院卫生行政部门会同国务院有关部门规定的食品卫生监督职责。关于军队系统的专用食品和自供食品卫生管理办法由中央军事委员会依据《食品安全法》制定。

第四层次，就生产经营者而言，应当加强自身管理，建立健全本单位的食品安全管理制度，配备食品安全管理人员，加强对所生产经营食品的检查、检验等工作。

食品安全监督管辖范围在我国是以地域管辖为主，即按照政府行政区域管辖，同时辅之以级别管辖、指定管辖等。具体可分为以下几个层次。

（1）县级卫生行政部门管辖　负责管理本辖区内食品生产经营者和食品生产经营活动；调查处理本辖区内食物中毒和食品污染事故；完成上级卫生行政部门指定或移交的食品安全监督事项，以及辖区内的其他食品安全监督事项。

（2）市（地）级卫生行政部门管辖　负责管理本级卫生行政部门直管的食品生产经营者和食品生产经营活动；调查处理辖区内重大食物中毒和食品污染事故；查处本辖区内重大、复杂的食品安全违法案件；完成上级卫生行政部门指定或移交的食品卫生监督事项；负责法律、法规和规章直接授权辖区的市级卫生行政部门行使的食品安全监督职责。

（3）省级卫生行政部门管辖　负责管理本级卫生行政部门直管的食品生产经营者和食品生产经营活动；调查处理辖区内重大食物中毒和食品污染事故；查处本辖区内重大、复杂的食品安全违法案件；完成国务院卫生行政部门指定或移交的食品安全监督事项。

（4）国务院卫生行政部门管辖　主管全国范围内食品安全监督管理工作，调查处理全国范围内重大食物中毒和食品污染事故以及重大、复杂的食品安全违法案件；完成国务院卫生行政部门认为需要管辖的食品安全监督事项。

三、食品安全监督管理的内容

根据《食品安全法》第八章监督管理的规定，食品安全监督管理有以下内容：

第七十六条　县级以上地方人民政府组织本级卫生行政、农业行政、质量监督、工商行政管理、食品药品监督管理部门制定本行政区域的食品安全年度监督管理计划，并按照年度计划组织开展工作。

第七十七条　县级以上质量监督、工商行政管理、食品药品监督管理部门履行各自食品安全监督管理职责，有权采取下列措施：

（一）进入生产经营场所实施现场检查；

（二）对生产经营的食品进行抽样检验；

（三）查阅、复制有关合同、票据、账簿以及其他有关资料；

（四）查封、扣押有证据证明不符合食品安全标准的食品，违法使用的食品原料、食品添加剂、食品相关产品，以及用于违法生产经营或者被污染的工具、设备；

（五）查封违法从事食品生产经营活动的场所。

县级以上农业行政部门应当依照农产品质量安全法规定的职责，对食用农产品进行监督管理。

第七十八条　县级以上质量监督、工商行政管理、食品药品监督管理部门对食品生产经营者进行监督检查，应当记录监督检查的情况和处理结果。监督检查记录经监督检查人员和食品生产经营者签字后归档。

第七十九条　县级以上质量监督、工商行政管理、食品药品监督管理部门应当建立食品生产经营者食品安全信用档案，记录许可颁发、日常监督检查结果、违法行为查处等情况；根据食品安全信用档案的记录，对有不良信用记录的食品生产经营者增加监督检查频次。

第八十条　县级以上卫生行政、质量监督、工商行政管理、食品药品监督管理部门接到咨询、投诉、举报，对属于本部门职责的，应当受理，并及时进行答复、核实、处理；对不属于本部门职责的，应当书面通知并移交有权处理的部门处理。有权处理的部门应当及时处理，不得推诿；属于食品安全事故的，依照本法第七章有关规定进行处置。

第八十一条　县级以上卫生行政、质量监督、工商行政管理、食品药品监督管理部门应当按照法定权限和程序履行食品安全监督管理职责；对生产经营者的同一违法行为，不得给予二次以上罚款的行政处罚；涉嫌犯罪的，应当依法向公安机关移送。

第八十二条　国家建立食品安全信息统一公布制度。下列信息由国务院卫生行政部门统一公布：

（一）国家食品安全总体情况；

（二）食品安全风险评估信息和食品安全风险警示信息；

（三）重大食品安全事故及其处理信息；

（四）其他重要的食品安全信息和国务院确定的需要统一公布的信息。

前款第二项、第三项规定的信息，其影响限于特定区域的，也可以由有关省、自治区、直辖市人民政府卫生行政部门公布。县级以上农业行政、质量监督、工商行政管理、食品药品监督管理部门依据各自职责公布食品安全日常监督管理信息。

食品安全监督管理部门公布信息，应当做到准确、及时、客观。

第八十三条　县级以上地方卫生行政、农业行政、质量监督、工商行政管理、食品药品监督管理部门获知本法第八十二条第一款规定的需要统一公布的信息，应当向上级主管部门报告，由上级主管部门立即报告国务院卫生行政部门；必要时，可以直接向国务院卫生行政部门报告。

县级以上卫生行政、农业行政、质量监督、工商行政管理、食品药品监督管理部门应当相互通报获知的食品安全信息。

第二节　食品生产加工过程的卫生管理

一、概　述

食品生产加工过程严格定义应包括食品从原料到消费者入口的所有环节（从农田到

餐桌），即从农作物和动物的种植、养殖、初加工到终产品出厂直至运输、销售的全过程。本节所述食品生产加工过程特指食品在工厂中从原料加工为成品的过程，涉及食品的加工方式和加工行为，食品原料、中间产品及成品的包装、贮藏和运输等环节。食品原料的污染因素在本书的其他章节已经涉及，此处不再赘述。

随着经济的发展，食品产品的消费量不断扩大，商品在全球范围内的流通给食品产品的安全带来新的问题。近年来国际上发生的一系列食品污染事件，如比利时的可口可乐污染事件、法国的李斯特菌污染熟肉罐头事件和荷兰的乳粉污染二噁英事件等，都是由食品产品的卫生问题导致的。事故的发生除了企业的自身管理因素外，也说明传统的食品卫生监督管理手段已不能完全防范食品安全问题的发生。我国国内的企业管理能力与监督部门的监督水平和发达国家都有一定的差距，就急需采取更加先进的管理手段来管理国内食品加工企业。

传统上对食品企业的卫生管理包括预防性卫生监督和经常性卫生监督两部分。预防性卫生监督指对食品生产经营企业新建、扩建、改建工程的设计和选址进行卫生审查，对企业的地址选择、生产经营场所的内外环境、水源供应、污水污物处理、车间设备卫生要求、卫生设施配备等提出要求，不符合的要求改进。经常性卫生监督指对生产企业的环境卫生、个人卫生、设备布局、工艺流程、包装、贮运、销售等方面进行日常的现场监督管理，也包括对产品的抽样检验。传统监督方式虽然可以发现食品企业生产中的卫生问题，但由于监督力量不足，且没有充分调动生产企业的主动性，因此仍然不可避免地出现食品污染问题。对产品的抽检也只能做到事后管理，且受到抽检范围和频次的限制，不能起到根本预防污染发生的作用。

消费者对食品安全的关注，使得生产企业重视自身的卫生管理成为一种趋势，一系列先进的卫生管理手段也应运而生，如 GMP 管理、HACCP 系统和 ISO9000 体系等。GMP 管理是对食品生产过程的各个环节、各个方面实行全面质量控制的具体技术要求和为保证产品质量必须采取的监控措施。GMP 的内容包括对食品企业厂房、设备、卫生设施等硬件方面的要求，以及生产工艺、生产行为、管理组织、管理制度和记录、教育等软件方面的管理规定。HACCP 系统则对食品生产加工过程中可能造成食品污染的各种危害因素进行系统和全面的分析，确定需要重点控制的加工环节，通过一系列有效的控制手段达到消除食品污染的目的。从理论上讲，HACCP 的有效实施应当建立在完善 GMP 的基础之上，GMP 的实施可以消除影响产品的一般危害，HACCP 则重点针对影响产品卫生质量的严重危害，二者的关系如同点与面的关系。ISO9000 系列标准为可应用于各种行业质量管理保证的系列标准，应用于食品企业可以发挥其质量保证体系的优势，弥补上述两种管理手段的不足。

保证食品产品的卫生质量，应当综合利用 GMP、HACCP、ISO9000 等先进的管理手段，使之相互结合，相互弥补，充分发挥各种手段的优势，最大限度地保障消费者的健康。

二、食品良好生产规范

食品良好生产规范（GMP）是为保障食品安全、质量而制定的贯穿食品生产全过程一系列措施、方法和技术要求。GMP 是国际上普遍应用于食品生产过程的先进管理系统，它要求食品生产企业应具备良好的生产设备、合理的生产过程、完善的质量管理和严格的检测系统，以确保终产品的质量符合有关标准。

（一）GMP 的由来与发展

GMP 的产生来源于药品的生产。在 1961 年经历了 20 世纪最大的药物灾难事件——"反应停"事件后，人们深刻认识到以成品抽样分析检验结果为依据的质量控制方法有一定缺陷，不能保证生产的药品都做到安全并符合质量要求。美国于 1962 年修改了《联邦食品、药品、化妆品法》，将药品质量管理和质量保证的概念制定成法定的要求。美国食品与药品管理局（FDA）根据修改法的规定，制定了世界上第一部药品 GMP，并于 1963年通过美国国会颁布成法令。1967 年 WHO 在其出版的《国际药典》附录中进行了收载。1969 年 WHO 向各成员国首次推荐了 GMP。1975 年 WHO 向各成员国公布了实施 GMP 的指导方针。

1969 年 FDA 将 GMP 的观点引用到食品的生产法规中，制定了《食品制造、加工包装及贮存的良好生产规范》。1985 年国际食品法典委员会（CAC）又制定了《食品卫生通用 GMP》。一些发达国家，如加拿大、澳大利亚、日本、英国等都相继借鉴了 GMP 的原则和管理模式，制定了某些类食品企业的 GMP（有的是强制性的法律条文，有的是指导性的卫生规范），经实施应用均取得了良好的效果。我国卫生部于 1998 年相继颁布了国家标准《保健食品良好生产规范》和《膨化食品良好生产规范》，全面体现了 GMP 的完整内容。

（二）GMP 的分类

1. 根据 GMP 的制定机构和适用范围分类。

（1）由国家权力机构颁布的 GMP　如美国 FDA 制定的低酸性罐头 GMP，我国颁布的《保健食品良好生产规范》和《膨化食品良好生产规范》。

（2）由行业组织制定的 GMP　可作为同类食品企业共同参照、自愿遵守的管理规范。

（3）由食品企业自己制订的 GMP　作为企业内部管理的规范。

2. 根据 GMP 的法律效力可分类。

（1）强制性 GMP　是食品生产企业必须遵守的法律规定，由国家或有关政府部门制定、颁布并监督实施。

（2）指导性（或推荐性）GMP　由国家有关政府部门或行业组织、协会等制定并推荐给食品企业参照执行，但遵循自愿遵守的原则，不执行不属于违法。

（三）GMP 与一般食品标准的区别

虽然我国的 GMP 是以标准的形式颁布，但其在性质、内容和侧重点上与一般食品标准有根本的区别。

1. 性质

GMP 是对食品企业的生产条件、操作和管理行为提出的规范性要求，而一般食品标准则是对食品企业生产出的终产品所提出的量化指标要求。

2. 内容

GMP 的内容可概括为硬件和软件两个部分。所谓硬件是指对食品企业厂房、设备、卫生设施等方面的技术要求；软件则是指对人员、生产工艺、生产行为、管理组织、管理制度和记录、教育等方面的管理要求。一般食品标准的内容主要是产品必须符合的卫生和质量指标，如理化、微生物等污染物的限量指标，水分、过氧化物值、挥发性盐基氮等食品腐败变质的特征指标，纯度、营养素、功效成分等与产品品质相关的指标等。

3. 侧重点

GMP 的内容体现在从原料到产品的整个食品生产工艺过程中，所以 GMP 是将保证食品质量的重点放在成品出厂前的整个生产过程的各个环节上，而不仅仅是着眼于终产品。一般食品标准侧重于对终产品的判定和评价等方面。

（四）实施 GMP 的三大目标

实施 GMP 的目标要素在于将人为的差错控制到最低的限度，防止对食品的污染，保证产品的质量管理体系高效。

1. 将人为的差错控制到最低限度

（1）管理方面 质量管理部门从生产管理部门中独立出来，建立相互督促检查制度；制定规范的实施细则和作业程序；各生产工序严格复核等。

（2）装备方面 各工作间要保持宽敞，消除妨碍生产的障碍；不同品种操作必须有一定的间距，严格分开。

2. 防止对食品的污染

（1）管理方面 制定操作室清扫和设备洗净的标准并予以实施；操作人员定期进行身体检查；限制非生产人员进入工作间等。

（2）装备方面 操作室专用化；对直接接触食品的机械设备、工具、容器，选用不使食品发生变化的材质制成；注意防止机械润滑油对食品的污染等。

3. 保证产品的质量管理体系高效

（1）管理方面 质量管理部门独立行使质量管理职责；定期进行机械设备、工具、量具的维修校正等。

（2）装备方面 操作室和机械设备的合理配备，采用合理的工艺布局和先进的设备；为保证质量管理的实施配备必要的实验、检验设备和工具等。

（五）GMP 的基本内容

1. 人员

（1）人员配备的重要性 一个先进的生产企业要使各项质量管理措施能够全面、准确地实施，就必须依靠一支称职的质量管理人员队伍，主要负责食品的生产、科研及质量管理。

（2）人员素质 食品企业生产和质量管理部门的负责人应具备大专以上相关学科学历，应能按 GMP 的要求组织生产或进行品质管理，能对原料采购、产品生产和品质管理等环节中出现的实际问题做出正确的判断和处理。工厂应有足够的质量管理和检验人员，并能做到按批进行产品检验。

（3）教育与培训 从业人员上岗前必须经过卫生法规教育及相应技术培训，企业应建立培训考核制度。企业负责人及生产、质量管理部门负责人应接受更高层次的专业培训，并取得合格证书。

2. 企业的设计与设施

无污染的厂房环境、合理的厂房布局、规范化的生产车间、符合标准的生产设备和齐全的辅助设施是一个合格食品企业必备的条件。

（1）厂房环境 工厂不得设置于容易遭受污染的区域，不应设在污染源的下游河段，要选择地势干燥、交通方便、水源充足的地区。厂区周围不得有粉尘、有害气体、放射性物质和其他扩散性污染源；不得有昆虫大量孳生的场所（潜在场所）。厂房道路应采用便于清洗的混凝土、沥青等硬质材料铺设，防止积水及尘土飞扬。

（2）厂房及设施

① 布局：工厂内部要合理布局，划分生产区和生活区；生产区应在生活区的上风向。建筑物、设备布局与工艺流程应衔接合理，并能满足生产工艺和质量卫生要求；应杜绝原料与半成品和成品、生原料与熟食品之间的交叉污染。不同清洁度的场所之间，应加以有效的隔离。

② 配置：厂房应依据工艺流程需要及卫生要求有序地配置。

③ 地面：地面应使用无毒、不渗水、不吸水、防滑材料铺砌，地面应平整、无裂缝，易于清洗消毒。地面应有适当的排水斜度及排水系统。排水出口应有防止有害动物进入的装置，屋内排水沟的流向应由高清洁区流向低清洁区，并采用防止逆流的设计。

④ 屋顶及天花板：屋顶或天花板应选用不吸水、表面光洁、耐腐蚀、耐高温、浅色材料覆涂或装修，并有适当的坡度，在结构上防止凝结水滴落，便于洗刷、消毒。

⑤ 墙壁：车间内的墙壁应采用无毒、非吸收性、平滑、易清洗、不溶水的浅色材料构筑。对清洁度要求较高的车间其墙角及柱角应有适当弧度，以利于清洗消毒。

⑥ 门窗：门、窗要严密不变形，窗台要设于地面1m以上，其台面与水平面之间夹角应在45°以上。非全年使用空调的车间其门窗应有防蝇、防尘设施，纱门应便于拆下清洗。车间对外出入口应装设自动关闭的门或风幕，并设置有消毒鞋、靴等的设施。

⑦ 通风设施：制造、包装及储存等场所应保持通风良好，必要时设机械通风装置，以防止室内温度过高、蒸气凝结，并保持室内空气新鲜。厂房内的空气流向应控制由高清洁区向低清洁区流动，以防止食品、内包装材料被空气中的尘埃和细菌污染。

⑧ 给、排水：给、排水系统应能适应生产需要，经常保持畅通，并设置有防止污染水源和鼠类、昆虫通过排水管道潜入车间的装置。

⑨ 照明设施：车间内各处应装设适当的采光或照明设施，并保证照度能够满足相应的生产需要。所使用的光源不应改变食品的原有颜色。照明设施不应安装在食品加工线上食品暴露处的正上方，否则应使用安全型照明设施，防止破裂时污染食品。

⑩ 洗手设施：车间内要设置足够的洗手消毒设施。洗手设施应包括干手设备、洗涤剂、消毒剂等。水龙头应采用脚踏式或感应式等开关方式，防止已清洗或消毒的手部再度受到污染。

另外生产车间还应配置与生产人员数相适应的更衣室、沐浴室和厕所等专用卫生设施。

（3）设备、工具

① 设计和构造：所有食品加工设备的设计和构造应能防止污染，容易清洗消毒和检查，食品接触面应平滑、无凹陷或裂缝，以减少食品碎屑、污垢及有机物的囤积。

② 材质：凡接触食品物料的设备、工艺、管道，必须使用无毒、无味、抗腐蚀、不吸水、不变形的材料制作。

③ 生产设备：应排列有序，使生产作业顺畅进行并避免引起交叉污染。用于测定、控制或记录的仪器等，应能准确地发挥其功能并定期给予校正。

④ 检验设备：应具备足够且符合检验项目要求的检验设备，以保证对原料、半成品和产品进行检验的需要。

3. 质量管理

（1）机构　食品企业必须建立相应的质量管理部门或组织。管理部门应配备经过专业培训、具备相应资格的专职或兼职的质量管理人员。

（2）质量管理部门的任务　质量管理部门负责生产全过程的质量监督管理。要贯彻预防为主的管理原则，把管理工作的重点从事后检验转移到事前设计和制造上，消除产生不合格产品的种种隐患。

（3）生产过程管理

①"生产管理手册"的制定与执行：工厂应制定"生产管理手册"，主要包括下列生产管理内容：① 原辅料品质要求及处理方法；② 包装材料品质控制；③ 加工过程的温度、时间、压力、水分等控制；④ 投料及其记录等。

所有原始记录资料应保存两年以上以便查询。应教育、培训员工按"生产管理手册"规定进行作业，以符合卫生及品质管理的要求。

② 原、辅料处理：原、辅料必须经过检查、化验，合格者方可使用；不符合质量卫生标准要求的不得投入使用，并与合格的原、辅料严格区分开，防止混淆。原料使用应遵循先进先出的原则。

③ 生产过程：所有食品的生产作业（包括包装、运输和贮存）应符合安全卫生原则，并应尽可能在降低微生物生长繁殖速度及减少外界污染的情况下进行。达到上述要求的途径是严格控制时间、温度、水活性、pH、压力、流速等。

生产设备、工具、容器、场地等在使用前后均应彻底清洗、消毒，维修、检查设备时，不得污染食品。

成品包装应在良好状态下进行，防止将异物带入食品，使用的包装材料应完好无损并符合国家卫生标准。

（4）原料、半成品、成品的品质管理

① 企业应由质量管理部门制定"品质管理标准手册"，经生产部门认可后遵守执行，以确保产品的品质。

② 生产中使用的计量器（如温度计、压力计、称量器等）应定期给予校正，并做好记录。

③ 企业应针对 GMP 中的有关管理措施建立有效的内部检查制度，认真执行并做好记录。

④ 对原料和包装材料的品质管理应详细制定原料及包装材料的质量标准、检验项目、抽样及检验方法等，并保证实施。每批原料及包装材料需经检验合格后，方可进厂使用。

⑤ 半成品的品质管理应采用 HACCP 的原则和方法，找出预防污染、保证产品卫生质量的关键控制点以及控制标准和监测方法并保证执行，发现异常现象时，应迅速查明原因并加以矫正。

⑥ 对成品的品质管理应制定成品的质量标准、检验项目、抽样及检验方法。每批成品应留样保存，必要时做成品稳定性实验，以检测其稳定性。每批成品都需检验，不合格

者应予以适当处理。

4. 成品的贮存与运输

成品贮存时应防止阳光直射、雨淋、高温、撞击，以防止食品的成分、质量及纯度等受到不良影响。仓库应设有防鼠、防虫等设施，并定期进行清扫、消毒。仓库出货时应遵循先进先出的原则。运输工具应符合卫生要求，要根据产品特点配备防雨、防尘、冷藏、保温等设备。运输作业应避光；防止强烈振荡、撞击，轻拿轻放；不得与有毒有害物品混装、混运。

5. 标志

食品标志应符合《食品标签通用标准》（GB 7718—1994）的规定。

6. 卫生管理

（1）维修、保养工作　建筑物和各种机械设备、装置、设施、给排水系统等均应保持良好状态，确保正常运行和洁净。

（2）清洗和消毒工作　应制定有效的消毒方法和制度，以确保所有场所清洁卫生，防止污染食品。

（3）除虫、灭害的管理　厂房应定期或在必要时进行除虫、灭害工作，采取防鼠、防蚊蝇、防昆虫等孳生的有效措施。对已发生的场所应采取紧急措施加以处理。

（4）污水、污物的管理　厂房设置的污物收集设施应为密闭式或带盖，并定期进行清洗、消毒，污物不得外溢，做到日产日清。

（5）卫生设施管理　各类卫生设施应有专人管理，经常保持良好状态。

（6）健康管理　对食品从业人员定期进行健康检查，未取得体检合格证者应立即调离从事食品生产的岗位。

7. 成品售后意见处理

应建立顾客意见处理制度。对顾客提出的书面或口头意见，品质管理负责人应立即调查原因并予以妥善处理。应建立不合格品回收制度和相应的运作体系，包括回收的制度、回收品的鉴定、回收品的处理和防止再度发生的措施等。

（六）我国食品企业的卫生规范和 GMP

我国食品企业质量管理规范的制定工作起步于 20 世纪 80 年代中期，先后颁布了《食品企业通用卫生规范》、《乳品厂卫生规范》等 17 个食品企业卫生规范。

这些卫生规范制定的目的主要是针对我国当时大多数食品企业卫生条件和卫生管理比较落后的现状，重点规定厂房、设备、设施的卫生要求和企业自身卫生管理的内容，借此促使我国食品企业卫生状况的改善。制定这些规范的指导思想与 GMP 的原则类似，但仅限于保证卫生质量的各类要求，对保证产品营养价值、功效成分以及色、香、味等感官性状未做出相应的品质管理要求，因此这些卫生规范还不是完整意义上的 GMP。

自上述规范发布以来，我国食品企业的整体生产条件和管理水平有了较大幅度的提高，食品工业得到了长足发展。鉴于制定我国食品企业 GMP 的时机已经成熟，也考虑到与国际接轨的需要，原卫生部首批制定并发布了 GB 17405—1998《保健食品良好生产规范》和 GB 17404—1998《膨化食品良好生产规范》。上述两部 GMP 与以往的"卫生规范"相比，最突出的特点是增加了品质管理的内容，提出保证其营养和功效成分在加工过程中不损失、不破坏、不转化，确保在终产品中的质量和含量达到要求，同时对企业人员的素质及资格等也提出了具体要求。

我国食品企业 GMP 在内容的全面性、严格性和指标量化方面已基本与国际 GMP 接轨，这为中国食品产品步入国际市场创造了一定的条件。今后，有关部门将逐步对各类"食品企业卫生规范"进行修订，使之转化为食品企业 GMP，并最终形成中国的 GMP 规范体系。

三、HACCP 系统

（一）HACCP 系统概述

HACCP 中文为"危害分析与关键控制点"，其含义是对食品生产加工过程中可能造成食品污染的各种危害因素进行系统和全面的分析，从而确定能有效预防、减轻或消除危害的加工环节（称之为"关键控制点"），进而在关键控制点对危害因素进行控制，并对控制效果进行监控，当发生偏差时予以纠正，从而达到消除食品污染的目的。HACCP 管理方法是一个系统的方法，它覆盖食品从原料到餐桌的加工全过程，对食品生产加工过程的各种因素进行连续系统地分析，是迄今为止人们在实践中总结的最有效保障食品安全的管理方法。

20 世纪 60 年代初，美国为了生产安全的太空食品，与国内的食品生产企业研究并首次建立起了 HACCP 系统。在随后的 20 多年里，HACCP 的概念和方法不断得到了深入研究和广泛应用。1993 年 CAC 推荐 HACCP 系统为目前保障食品安全最经济有效的途径。由于 HACCP 系统在保证食品安全方面的成功经验，美国、欧盟、日本等国家和国际组织在法规中均要求食品企业应建立起 HACCP 系统。

（二）HACCP 系统的特点

HACCP 系统与传统监督管理方法的最大区别是将预防和控制重点前移，对食品原料和生产加工过程进行危害分析，找出能控制产品卫生质量的关键环节并采取有效措施加以控制，做到有的放矢，提高了监督、检查的针对性。

HACCP 系统中需要监控的所有指标都是通过简便、快速的检验方法可以完成的，如温度变化、湿度变化、pH 等。通过对这些指标的实时监控就可以反映终产品的卫生状况。与传统的产品出厂时进行微生物、理化等指标的检测相比，减少了检验所花费的时间和成本，体现了管理的时效性和经济性。

通过 HACCP 的建立与推广，可以在食品加工过程中更加合理地分配资源，避免食品原料和加工过程的资源浪费。食品产品卫生质量的提高减少了卫生监督的投入，也避免了大量不合格产品被销毁，减少了资源的浪费。

HACCP 是适用于各类食品企业的简便、易行的控制体系。HACCP 系统不是固定的、死板的系统。任何一个 HACCP 系统均能适应设备设计的革新、加工工艺或技术的发展变化，当生产线的某一部分发生变化时，HACCP 系统也应作相应调整，这反映了 HACCP 系统的灵活性。

（三）HACCP 系统的内容

按照国际食品法典委员会发布的《HACCP 系统及其应用准则》，HACCP 系统包括以下七部分内容：① 进行危害分析；② 确定关键控制点；③ 确定关键限值；④ 建立对每个关键控制点的控制情况进行监控的系统；⑤ 建立当监控提示某个关键控制点失去控制时应采取的纠偏措施;⑥ 建立确认 HACCP 系统有效运行的验证程序;⑦ 建立有关以上内容及其应用的各项程序和记录的文件档案。

1. 危害与危害分析

危害(hazard)指食品中可能造成人体健康损害的生物、化学或物理的污染,以及影响食品污染发生发展的各种因素。生物性危害包括各种致病菌、病毒、寄生虫、细菌或霉菌及其毒素等;化学性危害包括农药残留、重金属残留、滥用的食品添加剂、杀虫剂、清洗剂等;物理性危害包括放射污染、混杂到食品中的各种杂质如木屑、金属碎片、昆虫尸体等。危害分析指通过对既往资料分析、现场观测、实验室检测等方法,收集和评估相关危害以及导致这些危害存在因素的资料,确定哪些危害对食品安全有重要影响并需要加以控制的过程。

2. 关键控制点与关键控制措施

关键控制点(critical control point,CCP)是指能够将危害预防、消除或减少到可接受水平的关键步骤。关键控制措施(critical control measure)是指能够用于预防、消除危害或将其降低到可接受水平的措施和手段。在食品加工中常见的杀菌、冷冻等技术手段都是针对危害的控制措施,是否可以作为关键控制措施,应结合具体的食品加工过程来确定。关键限值(critical limits)是指应用控制措施时确定的能够确保消除或减小危害的技术指标,即区分可接受水平和不可接受水平的标准值。关键限值是在多次实验的基础上得出的,达到这一限值即可保证有效的控制危害。关键限值应便于快速、及时的监测,灭菌温度、灭菌时间等都可以作为关键限值。

3. 监控程序、纠偏措施和验证程序

监控(monitor)是为评估关键控制点是否得到控制,对控制指标进行有计划地观测或测量的过程。纠偏措施(corrective action)是当针对关键控制点的监测显示该关键控制点失去控制时所采取的纠正措施。验证(verification)是指为了确定整个 HACCP 计划是否正确实施所采用的方法、步骤、检验和评价措施。

4. 文件记录保存体系

HACCP 系统应建立完整的文件记录保存体系,包括危害分析工作单、HACCP 计划表、对关键控制点的监控记录、纠偏措施和验证记录等。管理者通过查阅记录可以真实地了解 HACCP 的运转情况,在发生食品污染事故时也可以根据记录准确追踪污染起源,以便对系统进行改进和完善。

(四)建立 HACCP 系统

在食品生产企业或餐饮业建立一套完整的 HACCP 系统通常需要经过以下 12 个步骤来完成。不同类型的食品企业根据其规模的大小、生产产品种类的不同,HACCP 系统的内容也会有所不同,但建立 HACCP 系统的逻辑顺序是相似的。

1. 组建 HACCP 工作组

在食品企业建立 HACCP 系统,应首先建立企业的 HACCP 工作组。工作组应由生产管理、卫生管理、质量控制、设备维修、产品检验等部门的不同专业人员组成。为确保 HACCP 计划落在实处,HACCP 小组应由生产企业的最高管理者或最高管理者代表组织,并鼓励一线的生产操作人员参加。HACCP 小组的职责是制定 HACCP 计划,验证、修改 HACCP 计划,保证 HACCP 计划的实施,对企业员工进行 HACCP 知识的培训等。

2．描述产品

对产品进行全面的描述有助于开展危害分析。对产品的描述应包括产品的所有关键特性，如成分、理化特性（包括水活性、pH 等）、杀菌或抑菌处理方法（如热处理、冷冻、盐渍、烟熏等）、包装方式、贮存期限和贮存条件以及销售方式。产品如针对特殊消费人群或产品可能有特别的健康影响（如导致过敏等）时应着重说明。

3．确定产品的预期用途

这一步骤的目的是明确产品的食用方式及食用人群，如产品是加热后食用还是即食食品，消费对象是普通人群还是抵抗力较差的儿童和老人。还应考虑产品的食用条件，如是否能在大规模集体用餐时食用该食品等。

4．制作产品加工流程图

产品的加工流程图是对产品生产过程清晰、简明和全面地说明。流程图应包括整个食品加工操作的所有步骤，在制定 HACCP 计划时，按照流程图的步骤进行危害分析。流程图由 HACCP 工作组绘制。

5．现场确认流程图

HACCP 工作组应在现场对操作的所有阶段和全部加工时段，对照加工过程对流程图进行确认，必要时对流程图做适当修改。

6．危害分析

列出每个步骤的所有潜在性危害，进行危害分析，并认定已有的控制措施。HACCP工作组应自最初加工开始，对加工、销售直至最终消费的每个步骤，列出所有可能发生的危害并进行危害分析，以确定哪些危害对食品安全来说是至关重要而必须进行控制的。进行危害分析时，应考虑危害发生的可能性及对健康影响的严重性；危害出现的性质和规模；有关微生物的存活或繁殖情况；毒素、化学物质或物理因素在食品中的出现或残留；以及导致以上情况出现的条件。HACCP 工作组还必须考虑针对所认定的危害已有哪些控制措施。控制一个具体的危害可能需要采取多个控制措施，而一个控制措施也可能用于控制多个危害。

7．确定关键控制点

进行危害分析时，确定某一步骤是否为关键控制点可以考虑以下几个因素：这一步骤有影响终产品安全的危害存在；在该步骤对危害可以采取控制措施减小或消除危害；在后面的加工步骤里没有控制措施。如果加工步骤同时满足以上三个条件就可以初步确定该步骤为关键控制点。在确定关键控制点时，应注意并不是一个关键控制点控制一个危害，有可能需要在几个关键控制点连续性地实施控制措施方可对危害进行有效的控制。但如果没有必要，无须重复确定对同一危害产生同样控制效果的"关键控制点"，如某一临近生产终末步骤的关键控制点能够确保消除某项危害，在其前面的加工步骤就不应当有针对同一危害的关键控制点。

另外还应注意，不能对控制措施的施行情况进行监控的加工步骤，无论其措施如何有效，都不能将其确定为关键控制点。如果在某一步骤上对一个确定的危害进行控制对保证食品安全是必要的，然而在该步骤及其他步骤上都没有相应的控制措施，那么，对该步骤或其前后的步骤的生产或加工工艺必须进行修改，以便使其包括相应的控制措施。

8. 建立每个关键控制点的关键限值

对每个关键控制点所采取的控制措施必须制定关键限值，即加工工艺参数。一旦发生偏离关键限值的情况，就可能有不安全产品出现。某些情况下，在一个具体步骤上可能会有多个关键限值。关键限值所使用的指标应可以快速测量和观察，如温度、时间、湿度、pH、水分活性、有效氯以及感官指标，如外观和质地等。

9. 建立监控程序

通过监控程序可以发现关键控制点是否失控，还能提供必要的信息，以及时调整生产过程，防止超出关键限值。当监控结果提示某个关键控制点有失去控制的趋势时，就必须对加工过程进行调整，调整必须在偏差发生以前进行。对监控数据的分析评价并采取纠正措施必须由 HACCP 工作组的专业人员进行。如果监控是非连续进行的，那么监控的频率必须充分确保关键控制点在控制之下。

因为在生产线上没有时间进行费时的分析化验，绝大多数关键控制点的监控程序需要快速完成。由于物理和化学测试简便易行，而且通常能用以指示食品微生物的控制情况，因此，物理和化学测试常常优于对微生物学的检验。

10. 建立纠偏措施

在 HACCP 系统中，对每一个关键控制点都应当建立相应的纠偏措施，以便在监控出现偏差时实施。所采取的纠偏措施必须能够保证关键控制点重新得到控制。纠偏措施还包括对发生偏差时受影响食品的处理。出现偏差和受影响食品的处理方法必须记录在 HAC-CP 文件中保存。

11. 建立验证程序

通过验证和审查，包括随机抽样及化验分析，可确定 HACCP 是否正确运行。验证的频率应当足以确认 HACCP 系统在有效地运行。验证活动可以包括审核 HACCP 系统及其记录、审核偏差以及偏差产品的处理、确认关键控制点得到良好的控制等。

12. 建立文件和记录档案

有效和准确的记录是实施 HACCP 系统所必需的。HACCP 系统的实施程序应当用文件规范化，文件和记录必须与食品操作的性质和规模相适应。文件内容可包括危害分析过程、关键控制点、关键限值；记录包括对关键控制点的监控记录、偏差记录及纠偏措施记录、HACCP 系统修改记录等。

（五）HACCP 系统在国内外的应用

CAC 一直非常关注 HACCP 的应用与推广工作，进行了多次 HACCP 研究与应用的专家咨询会议，先后起草《全球 HACCP 宣传培训计划纲要》、《HACCP 在发展中国家的推广和应用》等多项文件。FAO 起草的《水产品质量保证》文件中规定应将 HACCP 作为水产品企业进行卫生管理的主要要求，并使用 HACCP 原则对企业进行评估。

美国 FDA 于 1995 年颁布了水产品 HACCP 法规，规定其他国家的水产品必须实施 HACCP 控制方可出口到美国。美国农业部 1996 年底颁布肉禽等食品的 HACCP 法规，要求大多数肉禽加工企业必须在 1999 年之前实施 HACCP 系统。2001 年初 FDA 又颁布了果汁饮料的 HACCP 强制性管理办法，使 HACCP 系统的应用范围更加广泛。

加拿大、澳大利亚在 20 世纪 90 年代初期制定了实施 HACCP 的详细规划，现已普遍采用该技术。日本将 HACCP 原则写入了本国食品卫生法中，并自 90 年代后期采用推荐性方法，进行了一些产品的认证。马来西亚已经有了本国食品企业 HACCP 认证的法规，韩国、新西兰等国家和我国的香港地区也都制定了实施 HACCP 的相应规划。

从 20 世纪 90 年代初，我国就已经进行了多次 HACCP 宣传、培训和试点工作，先后对乳制品、肉制品、饮料、水产品、酱油、益生菌类保健食品、凉果和餐饮业等各类企业开展了试点研究。2001 年，国家科技部把《食品企业 HACCP 实施指南研究》列入"十五"期间国家科技攻关计划进行专项资助，对畜禽肉类制品、水产品、乳制品、果蔬汁饮料、酱油类调味品等食品企业进行了 HACCP 应用性研究，并根据研究结果，提出我国上述食品种类的 HACCP 实施指南和评价准则。以上工作为我国食品企业推行 HACCP 系统打下了一定的基础，但要在全国范围内广泛实施 HACCP 管理，还需进一步加强这方面的研究和立法工作。

四、卫生标准操作程序（SSOP）

卫生标准操作程序（Sa nitation Standard Operation Procedure，SSOP）是食品生产企业为了使其所加工的食品符合卫生要求，而制定的指导食品加工过程中如何具体实施清洗、消毒和卫生保持的作业指导文件，一般它以 SSOP 文件的形式出现。SSOP 文件所列出的程序应依据本企业生产的具体情况，对某人执行的任务提供足够详细的规范，并在实施过程中进行严格的检查和记录，实施不力要及时纠正。

美国联邦法规 21CFR Part123《水产品 HACCP 法规》中，推荐食品生产企业至少按 8 个方面起草卫生控制的 SSOP 文本。这 8 个方面是：

（1）与食品和食品表面接触的水（冰）的安全；

（2）与食品接触面的清洁、卫生和安全；

（3）确保食品免受交叉污染；

（4）操作人员手的清洗与消毒，卫生间设施的维护与卫生保持；

（5）防止食品被润滑剂、燃料、清洗消毒用品、冷凝水及其他化学、物理和生物的污染物污染；

（6）正确标示、存放和使用各类有毒化学物质；

（7）食品加工人员的健康与卫生控制；

（8）虫害、鼠害的防治。

（一）与食品和食品表面接触的水（冰）的安全

食品加工中用水（冰）的卫生质量是影响食品卫生的关键因素，直接与食品接触或用于食品表面接触的水（冰）的来源及其处理应符合有关规定，并要考虑非生产用水与生产用水的交叉污染以及污水处理问题。在生产过程中应重点保证：① 与食品和食品接触面水的安全供应；② 制冰用水的安全供应；③ 饮用水与非饮用水间没有交叉关联。

1. 生产加工用水的要求

食品加工用水应使用符合 GB 5749—2006《生活饮用水卫生标准》的规定（表 7 - 1）；水产品加工中冲洗原料使用的海水应符合 GB 3097—1997《海水水质要求》（表 7 - 2）的要求。另外，申请国外注册的食品加工厂，生产用水应符合进口国规定。

表 7 - 1　　　　　　生活饮用水水质常规指标及限值（GB 5749—2006）

指标	限值
1. 微生物指标[①]	
总大肠菌群/（MPN/100mL 或 CFU/100mL）	不得检出
耐热大肠菌群/（MPN/100mL 或 CFU/100mL）	不得检出
大肠埃希氏菌/（MPN/100mL 或 CFU/100mL）	不得检出
细菌总数/（CFU/mL）	100
2. 毒理指标	
砷/（mg/L）	0.01
镉/（mg/L）	0.005
铬（六价）/（mg/L）	0.05
铅/（mg/L）	0.01
汞/（mg/L）	0.001
硒/（mg/L）	0.01
氰化物/（mg/L）	0.05
氟化物/（mg/L）	1.0
硝酸盐（以 N 计）/（mg/L）	10
	地下水源限制时为 30
三氯甲烷/（mg/L）	0.06
四氯化碳/（mg/L）	0.002
溴酸盐（使用臭氧时）/（mg/L）	0.01
甲醛（使用臭氧时）/（mg/L）	0.9
亚氯酸盐（使用二氧化氯消毒时）/（mg/L）	0.7
氯酸盐（使用复合二氧化氯消毒时）/（mg/L）	0.7
3. 感官性状和一般化学指标	
色度（铂钴色度单位）	15
浑浊度（散色浑浊度单位）/NTU	1
	水源与净水技术条件限制时为 3
臭和味	无异臭、异味
肉眼可见物	无
pH	不小于 6.5 且不大于 8.5
铝/（mg/L）	0.2
铁/（mg/L）	0.3
锰/（mg/L）	0.1
铜/（mg/L）	1.0
锌/（mg/L）	1.0
氯化物/（mg/L）	250
硫酸盐/（mg/L）	250
溶解性总固体/（mg/L）	1000
总硬度（以 $CaCO_3$ 计）/（mg/L）	450

续表

指标	限值
耗氧量（COD$_{Mn}$法，以 O$_2$计）/（mg/L）	3
	水源限制，原水耗氧量 >6mg/L 时为 5
挥发酚类（以苯酚计）/（mg/L）	0.002
阴离子合成洗涤剂/（mg/L）	0.3
4．放射性指标[②]	指导值
总 α 放射性/（Bq/L）	0.5
总 β 放射性/（Bq/L）	1

注：① MPN 表示最可能数；CFU 表示菌落形成单位。当水样检出总大肠菌群时，应进一步检验大肠埃希菌或耐热大肠菌群；水样未检出总大肠菌群，不必检验大肠埃希菌或耐热大肠菌群。

② 放射性指标超过指导值，应进行核素分析和评价，判定能否饮用。

表 7 – 2　　　　　　　　　　　　　海水水质要求

项目	标准	项目	最高容许浓度/（mg/L）
悬浮物质	人为造成增加的量不得超过 10mg/L	汞	0.005
色、臭、味	海水及海产品无异色、异臭、异味	镉	0.05
漂浮物质	水而不得出现油膜、浮沫和其他杂质	铅	0.05
pH	7.5 ~ 8.4	总铬	0.10
化学耗氧量	<3mg/L	砷	0.05
溶解氧	任何时候不低于 5mg/L	铜	0.01
水温	不超过当地、当时水温4℃	锌	0.10
大肠菌群	不超过 10000 个/L（供人生食的贝类养殖水质不超过 700 个/L）	硒	0.01
病原体	含有病原体的工业废水、生活污水需经过严格消毒处理，消灭病原体后，方可排放	油类	0.05
		氰化物	0.02
		硫化物	以溶解氧计
		挥发性酚	0.005
底质	砂石等表面的淤积物不得妨碍种苗的附着生长，溶出的成分应保证海水水质符合本表要求	有机氯农药	0.001
		无机氮	0.10
		无机磷	0.015

2．防止生产用水被污染的措施

城市公共用水是食品加工中最常用的水源，经过净化处理，具有安全、优质、可靠的优点。但当食品企业安装水管或改造管道不合理时，管道中生产用水与非生产用水混合会导致交叉污染；当生产用水体系与由于泵、蒸煮锅、压力蒸汽等原因而产生的高压操作体系相连接时，可导致由压力回流、虹吸管回流等引起的回流污染。通常防止供水设施被污染的措施有：

（1）为便于日常对供水系统进行管理与维护，应建立和保存详细的供水网络图。

（2）有蓄水池（塔）的工厂，水池要有完善的防尘、防虫和防鼠措施，与外界相对封闭，并制订定期清洗消毒计划。

（3）有两种供水系统并存的企业，应用不同颜色标记管道，防止饮用水与非饮用水混淆。

（4）水管离水面距离应为水管直径的 2 倍，水管管道有空气隔断或使用真空排气阀。

（5）供水设施要完好，一旦损坏后应立即维修好。

如果企业自己打井，使用的是自供水，除以上措施外还应注意自供水的水质必须符合国家规定的生活饮用水标准，根据官方实验室的微生物检测报告决定是否使用化学消毒剂，如需使用，常采用 10mg/L 浓度的加氯消毒处理。

直接与食品或与食品接触面接触的海水应符合饮用水的微生物标准且无异物。作为自然水源，海水易受环境污染、微生物污染和某些天然毒素（如赤潮）的影响，因此用海水对水产品进行初加工时要注意对海水质量进行监测。

直接与产品接触的冰必须采用符合饮用水标准的水制造，制冰设备和盛装冰块的器具必须保持良好的清洁卫生状况，冰的存放、粉碎、运输、盛装等必须在卫生条件下进行，防止与地面接触造成污染。

3．供水安全的监测

无论是城市公共用水、自备水源还是海水都必须充分有效地加以监测，有合格的证明后方可使用。

对于城市公共用水，当地卫生防疫部门每年至少一次检验全项目；对自备水源监测频率要增加，一年至少两次。企业对水的微生物检验每月至少一次；企业用试纸或比色法对水的余氯每天检验一次。无论是使用城市公共用水还是自备水源，水质都要符合国家饮用水标准。使用海水加工的，其水质应符合 GB 3097—1997《海水水质要求》，检测的频率应比城市公共用水或自备水源更频繁。应定期对盛装冰的器具和冰进行微生物检测。

4．纠正

监控时发现加工用水存在问题，应终止使用这种水源，直到问题得到解决。

5．记录

水的监控、维护及其他问题处理都要记录并保存。

（二）与食品接触表面的清洁、卫生和安全

与食品接触表面包括加工过程中使用的所有设备、案台和工器具，加工人员的手套、工作服以及包装材料等，保持与食品接触表面的清洁度是为了防止污染食品。

1．与食品接触表面的要求

（1）材料要求　与食品接触表面应选用耐腐蚀、不生锈、表面光滑、易清洗的无毒材料，如 300 系列的不锈钢材料。不能使用木制品、纤维制品、含铁金属、镀锌金属、黄铜等材料；对于手套、围裙、工作服应根据用途，采用耐用、易清洗和消毒的材料进行合理设计和制作。

（2）设计安装要求　与食品接触表面的制造和设计应本着便于清洗和消毒的原则，制作工艺精细，无粗糙焊缝、凹陷、破裂等，易排水并不积存污物；安装及维护方便，始终保持良好保养的状态；设计安全，在加工人员犯错误情况下不致造成严重后果。

2．与食品接触表面的清洗、消毒

（1）加工设备与工器具清洗消毒程序通常包括以下步骤：

① 清扫：首先用刷子、扫帚彻底清除设备、工器具表面的食品残渣和污物。

② 预冲洗：用清洁水冲洗设备和工器具表面，除去清扫后遗留的微小残渣。

③ 清洗：根据清洁对象的不同，选用不同类型的清洗剂对设备和工器具进行清洗，

常用的清洗剂有碱性清洗剂、酸性清洗剂、溶剂型清洗剂以及擦洗剂等。

④ 冲洗：用流动的洁净水冲去与食品接触面上的清洁剂和污物，为消毒提供良好的界面。

⑤ 消毒：应用允许使用的消毒剂，杀死和清除物品上存在的病原微生物。常用的消毒剂有82℃热水、含氯消毒剂、碘化合物、溴化物、季铵化合物、酸杀菌剂和过氧化氢等。消毒的方法通常为喷洒、浸泡等。

⑥ 冲洗：消毒结束后，应用符合卫生条件的水对被消毒对象进行清洗，尽可能减少消毒剂的残留。

⑦ 设有隔离的工器具洗涤消毒间，将不同清洁度的工器具分开。

（2）工作服和手套 应集中由专用洗衣房清洗消毒，洗衣设施应与生产能力相适应；不同清洁区域的工作服应分别清洗消毒，清洁区工作服与脏区工作服分别存放；存放工作服的房间设有臭氧、紫外线等设备，且干燥清洁。

（3）空气消毒

① 紫外线照射法：每 10~15m² 安装一支 30W 紫外线灯，消毒时间不少于 30min；当车间温度低于20℃、高于40℃、相对湿度大于60%时，要延长消毒时间。此方法适用于更衣室、厕所。

② 臭氧消毒法：一般消毒 1h。此方法适用于加工车间。

③ 药物熏蒸法：用过氧乙酸、甲醛，每 10mL/m² 进行熏蒸。此方法适用于冷库、保温车。

（4）清洁频率 大型设备，每班加工结束后进行清洁；工器具根据不同产品而定；工作服和手套被污染后立即进行清洁。

（5）常用消毒剂 常用消毒剂的特性如表 7-3 所示，其使用方法如下。

表 7-3 常用消毒剂特性

特性	蒸汽	碘伏	氯化物	酸	季铵化合物
杀菌效果					
杀灭细菌	好	营养细胞	好	好	选择好
杀灭酵母	好	好	好	好	好
杀灭霉菌	好	好	好	好	好
毒性					
使用稀释液	—	依赖于溶剂	无	依赖于溶剂	中等
缓释能力	—	是	是	是	是
稳定性					
贮存	—	随温度变化	低	很好	很好
使用	—	随温度变化	随温度变化	很好	很好
作用速度	快	快	快	快	快
穿透性	差	好	差	好	很好
膜的形成	无	无到轻	无	无	有
有机物影响	无	中等	高	低	低
受水中其他因素的影响	不	高 pH	低 pH 和铁	高 pH	是
测量难易	差	很好	很好	很好	很好
使用难易	差	很好	很好	泡沫多	泡沫多
气味	无	碘	氯	有一些	无
口味	无	碘	氯	无	无
对皮肤的影响	烧伤	无	有一些	无	无
腐蚀性	无	不腐蚀不锈钢	广泛腐蚀低碳钢	对低碳钢较差	无
成本	高	中	低	中	中

资料来源：Norman G. Marriott 著. 钱和等译. 食品卫生原理. 北京：中国轻工业出版社，2001。

① 氯与氯制剂：常用的有漂白粉、次氯酸钠、二氧化氯，常用浓度（余氯）为洗手液 50mg/L、消毒工器具 100mg/L、消毒鞋靴 200～300mg/L。

② 碘伏化合物：常用于消毒工器具和设备，有效碘含量 25～50mg/L。

③ 季铵化合物：如苯扎溴铵等，不适用于与肥皂以及阴离子洗涤剂共用，使用浓度应不低于 200～1000mg/L。

④ 两性表面活性剂。

⑤ 65%～78% 的乙醇水溶液。

⑥ 强酸、强碱：注意避免对设备、地面腐蚀及对工作人员的灼伤。

3. 与食品接触表面的监测

食品接触表面的设计、安装应便于卫生操作、维护和保养，并能及时、方便、充分地进行清洗和消毒。为了确保食品接触表面的卫生，有关监测工作是十分必要的。

（1）监测对象　与食品接触表面的状况（包括包装材料）是否达到卫生要求；设备和工器具是否进行了良好的清洁和消毒；使用消毒剂类型和浓度是可接受的；手套、工作服的清洁状况良好。

（2）监测方法和频率　用视觉检查与食品接触表面的清洁状况及保养状况；用化学方法检查消毒剂浓度等，如用试纸检查含氯消毒剂的浓度；用平皿计数、电阻法计数、生物发光计数等方法对与食品接触表面进行微生物检查。监测频率取决于监测对象和使用条件。

4. 纠正

在检查发现问题时应采取适当的方法及时纠正，如再清洁、消毒、重新调整消毒剂浓度、培训员工等。

5. 记录

卫生监控记录的目的是提供证据，证实企业 SSOP 计划的充分性，并且在顺利执行当中。对发现的问题也要记录，便于及时纠正，并为以后提供经验教训。记录包括设备和工器具清洗消毒记录、手套与工作服清洗消毒记录、与食品接触表面视觉检查和微生物检验结果。

（三）确保食品免受交叉污染

交叉污染是通过生的食品、食品加工者或食品加工环境把生物的或化学的污染物转移到食品上的过程。当致病菌或毒素被转移到即食食品上时，通常意味着导致食源性疾病的发生。防止交叉污染时要重点防止：① 工厂设计造成的污染；② 生熟食品混放造成的污染；③ 员工违规操作造成的污染。

1. 造成交叉污染的来源

（1）工厂选址、设计、车间工艺布局不合理　由于选址、设计上的失误，将食品厂建在有污染源（如化工厂、医院附近）的地方，或车间工艺布局不合理，使清洁区与非清洁区的界限不明确，造成产品交叉污染。

（2）生、熟产品未分开、原料和成品未隔离可能导致交叉污染。

（3）加工人员不良卫生习惯　事实上，人类是食品污染的主要来源，经常通过手、呼吸、头发和汗液污染食品，不留神时咳嗽和打喷嚏也能传播致病性微生物。员工的不良卫生习惯，如随地吐痰，在车间进食，进车间、如厕后不按规定程序洗手、消毒，接触生产品的手又去摸熟的产品，清洁区与非清洁区的人员来回串岗等，都可能对产品造成交叉污染。

2. 交叉污染的控制和预防

（1）工厂选址、设计和建筑应符合食品加工企业的要求 食品厂应选择在环境卫生状况比较好的区域建厂，注意远离粉尘、有害气体、放射性物质和其他扩散性污染源，也不宜建在闹市区或人口稠密的居民区；厂区的道路应该为水泥或沥青铺制的硬质路面，路面平坦、不积水、无尘土飞扬，厂区要植树种草进行立体绿化；锅炉房设在厂区下风处，厕所、垃圾箱远离车间；并按照规定提前请有关部门审核设计图纸。

生产车间地面一般为 $1° \sim 1.5°$ 的斜坡，以便于废水排放；案台、下脚料盒和清洗消毒槽的废水直接排放入沟；废水应由清洁区向非清洁区流动，明地沟加不锈钢箅子，地沟与外界接口处应有水封防虫装置。排出的生产污水应符合国家环保部门和卫生防疫部门的要求，污水处理池地点的选择应远离生产车间。

（2）车间工艺流程布局 食品加工过程基本上都是从原料到半成品到成品的过程，即从非清洁到清洁的过程，因此，加工车间的生产原则上应该按照产品的加工进程顺序进行布局，不允许在加工流程中出现交叉和倒流；清洁区与非清洁区之间要采取相应的隔离措施，以便控制彼此间的人流和物流，从而避免产生交叉污染；加工品的传递通过传递窗或专用滑道进行；初加工、精加工、成品包装车间应分开；清洗、消毒与加工车间分开。

（3）个人卫生要求

① 加工人员进入车间前要穿着专用的清洁的工作服，更换工作鞋靴，戴好工作帽，头发不得外露。加工供直接食用产品的人员，尤其是在成品工段的工作人员，要戴口罩。

② 与工作无关的个人物品不得带入车间，不得戴首饰和手表，并且不得化妆。

③ 加工人员进入车间前用消毒剂消毒手和鞋靴。

④ 大小便，处理废料和其他污染材料，处理生肉制品、蛋制品或乳制品，接触货币，吸烟、咳嗽、打喷嚏后，开工前或离开车间后都应该清洗消毒双手。

⑤ 禁止在加工场所吃东西、嚼口香糖、喝饮料或吸烟，工作期间不得随意串岗。

⑥ 勤洗澡、勤洗头（每周至少洗两次），勤剪指甲，勤洗内衣和工作服。

3. 交叉污染的监测

监测交叉污染的目的是预防不卫生的物体污染食品、食品包装材料和食品接触面。

① 定期请环保部门和卫生防疫部门对厂区环境进行监测，确保空气、水源无污染情况。

② 生产过程中连续监控确保无人流、物流、水流和气流的交叉污染情况，包括从事生产的加工人员不得随意去或移动设备到加工熟制或即食食品的区域。

③ 在开工、交班、餐后继续加工时进入生产车间前，指定人员检查员工的卫生情况，包括衣着整洁、戴工作帽，严格手部和鞋靴的清洗消毒过程，不准穿工作服、工作用鞋进卫生间或离开生产加工场所等。

④ 每日检查产品贮存区域（如冷库）的卫生状况。

4. 纠正

如果发生交叉污染，要立即采取步骤防止污染再发生。必要时可停产，直到解决问题。如有必要对产品的安全性进行评估，根据评估结果，改用、再加工或弃用受影响产品，并加强员工的培训。

5. 记录

包括每日卫生监控记录，观察记录工厂状况是否满意；消毒控制记录；纠正措施记录；培训员工记录等。

（四）操作人员手的清洗与消毒，卫生间设施的维护与卫生保持

手部清洗设施的状况、手部消毒设施的状况以及卫生间设施的状况是确保卫生操作的基本条件。

1. 洗手消毒和卫生间设施要求

（1）洗手消毒设施　车间入口处要设置有与车间内人员数量相当的洗手消毒设施，一般每 10 人配置 1 个洗手龙头，200 人以上每 20 人增设 1 个；洗手龙头必须为非手动开关，洗手处须有皂液盒，并有温水供应；盛放手消毒液的容器，在数量上也要与使用人数相适应，并合理放置，以方便使用；干手器具必须是不会导致交叉污染的物品，如一次性纸巾、烘手机等；车间内适当位置应设足够数量的洗手、消毒设施，以便工人在生产操作过程中定时洗手、消毒，或在弄脏手后能及时和方便地洗手。

（2）卫生间设施　为了便于生产卫生管理，与车间相连的卫生间不应设在加工作业区内，可以设在更衣区内；卫生间的数量与加工人员相适应，卫生间的门窗不能直接朝向加工作业区；卫生间的墙面、地面和门窗应该用浅色、易清洗消毒、耐腐蚀、不渗水的材料建造，并配有冲水、洗手消毒设施；防虫、蝇装置、通风装置齐备。

（3）卫生间要求　卫生间通风良好，地面干燥，清洁卫生，无任何异味；手纸和纸篓保持清洁卫生；员工在进入卫生间前要脱下工作服和换鞋，如厕之后进行洗手和消毒。

（4）设备的维护与卫生保持　洗手消毒和卫生间设备保持正常运转状态。

2. 洗手消毒程序

（1）方法　清水洗手→用皂液或无菌皂洗手→清水冲净皂液→于 50mg/L（余氯）消毒液浸泡 30s→清水冲洗→干手（用纸巾或干手机）。

（2）频率　每次进入加工车间时、手接触了污染物后、如厕之后，以及根据不同加工产品规定清洗消毒频率。

3. 监测

卫生监控人员巡回监督员工进入车间、如厕后的洗手消毒情况。生产区域、卫生间的洗手设备每天至少检查一次，确保处于正常使用状态，并配备有热水、皂液、一次性纸巾等设施。消毒液的浓度应每小时检测一次，上班高峰期每半小时检测一次。对于厕所设施状况的检查，要求每天开工前至少检查一次，保证厕所设施一直处于完好状态，并经常打扫保持清洁卫生，以免造成污染。化验室定期做产品表面样品检验，确定无交叉污染情况的发生。

4. 纠正

检查时发现问题应立即纠正。

5. 记录

包括洗手间或洗手池和厕所设施的状况的记录；消毒液温度和浓度记录；纠正措施

记录。

（五）防止食品被外部污染物污染

食品加工企业经常要使用一些化学物质，如清洁剂、润滑油、燃料、杀虫剂和灭鼠药等，生产过程中还会产生一些污物和废弃物，如冷凝物和地板污物、下脚料等。在生产中要加以控制，保证食品、食品包装材料和与食品接触的表面不被微生物的、化学的及物理的污染物污染。

1. 外部污染物的来源

（1）有毒化合物的污染　如由非食品级润滑剂、清洗剂、消毒剂、杀虫剂、燃料等化学制品的残留造成的污染，以及来自非食品区域或邻近加工区域的有毒烟雾和灰尘。

（2）不清洁水带来的污染　由不洁净的冷凝水滴入或不清洁水的飞溅而带来的污染。

（3）其他物质带来的污染　由无保护装置的照明设备破损和不卫生的包装材料带来的污染。

2. 外部污染的防止与控制

（1）化学品的正确使用和妥善保管　食品加工机械要使用食品级润滑剂，要按照有关规定使用食品厂专用的清洗剂、消毒剂和杀虫剂，对工器具清洗消毒后要用清水冲洗干净，以防化学品残留。车间内使用的清洗剂、消毒剂和杀虫剂要专柜存放、专人保管，并做好标示。

（2）冷凝水控制　车间保持良好通风，车间的温度稳定在 0～4℃ 的变化范围内，在冬天应将送进车间的空气升温；车间的顶棚设计成圆弧形，各种管道、管线尽可能集中走向，冷水管不宜在生产线、设备和包装台上方通过；将热源如蒸柜、烫漂锅、杀菌器等单独设房间集中排气；如果天花板上有冷凝水，应该及时用真空装置或消毒过的海绵拖把加以消除。

（3）包装材料的控制　包装材料存放库要保持干燥清洁、通风、防霉，内外包装分别存放，上有盖布下有垫板，并设有防虫鼠设施。每批内包装进厂后要进行微生物检验，细菌数 <100 个/cm²，不能有致病菌存在，必要时可进行消毒。

（4）食品的贮存库　食品的贮存库应保持卫生，不同产品、原料、成品分别存放，并设有防鼠设施。

（5）其他污染物的控制　车间对外要相对封闭，正压排气，车间内定期清除生产废弃物并擦洗地面，定期消毒，防止灰尘和不洁污染物对食品的污染；车间使用防爆灯，对外的门设挡鼠板，地面保持无积水。如果在准备生产时，清洗后的地板还没有干燥，就需要采用真空装置将其吸干或用拖把擦干。

3. 监测

建议在生产开始时及工作时间每 4h 检查一次任何可能污染食品或食品接触面的外部污染物，如潜在的有毒化合物、不卫生的水和不卫生的表面所形成的冷凝水。

4. 纠正

如果外部污染物有可能对食品造成污染可采取以下措施：① 清洗化合物残留；② 丢弃没有标签的化合物；③ 对员工培训正确使用化合物的方法；④ 除去不卫生表面的冷凝物，调节空气流通和车间温度以减少水的凝结；⑤ 安装遮盖物以防止冷凝物落到食品、包装材料及食品接触面上；⑥ 清除地面积水、污物；⑦ 评估被污染的食品。

5. 记录

每日卫生控制记录。

（六）正确标示、存放和使用各类有毒化学物质

食品加工企业不可避免使用各类化学物质，使用时必须小心谨慎，按照产品说明书使用，做到正确标记、安全贮存，否则可能会导致企业加工的食品被污染。

1. 食品加工厂有毒化学物质的种类

大多数食品加工厂使用的有毒化学物质包括清洁剂、消毒剂、空气清新剂、杀虫剂、灭鼠药、机械润滑剂、食品添加剂和化学实验室试剂等。

2. 有毒化学物质的使用和贮存

企业应编写本厂使用的有毒有害化学物质一览表。所使用的有毒化学物质要有主管部门批准生产、销售的证明。原包装容器的标签应标明试剂名称、制造商、批准文号和使用说明。配制好的化学药品应正确加以标示，标示应注明主要成分、毒性、浓度、使用剂量、正确使用的方法和注意事项等，并标明有效期。有毒化学物质在使用时应有使用登记记录。

有毒化学物质应设单独的区域进行贮存，如贮存于带锁的柜子里，并设有警告标示，由经过培训的专门人员管理、配制和使用。

3. 监测

监测的目的是确保有毒化合物的标记、贮存和使用能使食品免受污染。监测的范围包括与食品接触面、包装材料、用于加工过程和包含在成品内的化学物质。监测内容为有毒化学物质是否被正确标示、正确贮藏和正确使用。企业要经常检查确保符合要求，建议1d至少检查一次，全天都应注意观察实施情况。

4. 纠正

纠正措施包括：① 将标签不清楚的有毒化学物质拒收或退还给供货商；② 对于工作容器上不清晰的标示，应重新进行标记；③ 转移存放错误的化学物质；④ 对保管、使用人员进行培训；⑤ 评估不正确使用有毒化学物质对食品造成的影响，必要时要销毁食品。

5. 记录与证明

设有进货、领用、配制记录以及有毒化学物质批准使用证明、产品合格证。

（七）食品加工人员的健康与卫生控制

食品企业的生产人员（包括检验人员）是直接接触食品的人，其身体健康及卫生状况直接影响食品卫生质量。因此，食品加工企业必须严格对生产人员，包括从事质量检验工作人员的卫生管理，尤其要管理好患病或有外伤或其他身体不适的员工，他们可能成为食品的微生物污染源。

1. 食品加工人员的健康卫生要求

（1）食品加工人员上岗前要进行健康检查，经检查身体健康人员才能上岗。以后定期进行健康检查，每年至少进行一次体检。

（2）食品生产企业应制定有体检计划，并设有体检档案，凡患有有碍食品卫生的疾病，如病毒性肝炎患者、活动性肺结核患者、肠伤寒及其带菌者、细菌性痢疾及其带菌者、化脓性或渗出性脱屑皮肤病患者、手外伤未愈合者，均不得直接接触食品加工，痊愈后经体检合格后可重新上岗。

（3）生产人员要养成良好的个人卫生习惯，按照卫生规定从事食品加工，进入加工车间更换清洁的工作服、帽、口罩、鞋等，不得化妆、戴首饰、手表等。

（4）食品生产企业应制订有卫生培训计划，定期对加工人员进行培训，并记录存档。

2．纠正

患病人员调离生产岗位直至痊愈。

3．记录

包括食品加工人员的健康检查记录、每日卫生检查记录和出现不满意状况时的相应纠正措施。

（八）虫害、鼠害的防治

苍蝇、蟑螂、鸟类和啮齿类动物带一定种类病原菌，如沙门菌、葡萄球菌、肉毒梭菌、李斯特菌和寄生虫等。通过害虫、老鼠传播的食源性疾病的数量巨大，因此虫、鼠害的防治对食品加工厂是至关重要的，食品加工厂内不允许有害虫、老鼠的存在。

1．防治计划

企业要制订详细的厂区环境清扫消毒计划，定期对厂区环境卫生进行清扫，特别注意不留卫生死角。并制定灭鼠分布图，在厂区范围甚至包括生活区范围进行防治。防治重点为厕所、下脚料出口、垃圾箱周围和食堂。

2．防治措施

① 清除害虫、老鼠孳生地；② 采用风幕、水幕、纱窗、黄色门帘、暗道、挡鼠板、返水弯等防止害虫、老鼠进入车间；③ 厂区用杀虫剂，车间入口用灭蝇灯杀灭害虫，用粘鼠胶、鼠笼、灭鼠药杀灭老鼠。

3．监测

监测频率根据情况而定，严格时需列入 HACCP 计划中。

4．纠正

发现问题，立即消除或杀灭。

5．记录

包括虫害、鼠害检查记录和纠正记录。

第三节 其他行业的卫生监督管理

一、食品市场的卫生管理

食品市场是指由食品批发企业、食品超市、集贸市场、个体摊贩等进行的食品经营行为，是食品作为商品进入经营和消费中的重要环节，也是保证食品从农田到餐桌这一"食品链"卫生安全的重要环节之一。

传统的食品市场主要是食品的采购与销售。近年来，随着市场经济的不断完善，"连锁经营"、"超级市场"、"配菜服务"、"公司加农户"等经营形式越来越普遍，食品的经营已经不是单纯的销售行为，而逐渐向生产、加工、销售的一体化方向发展，因此，食品市场在对食品卫生的影响方面越来越突出，食品市场也成为防止有毒有害和不符合食品卫生标准的食品危害消费者的重要环节。

（一）食品市场存在的主要卫生问题

目前我国尚处于市场经济发展的初期，由于市场机制的不完善，在食品市场容易出现一些食品卫生问题。食品市场存在的主要问题有以下几个方面。

1. 部分假冒伪劣食品非法进入食品市场

一个规范的食品经营过程能够及时发现和消除不卫生食品的危害。由于当前我国食品经营企业规模化、集约化程度不高，自身食品安全管理水平较低，从而为不符合法规标准要求的和假冒伪劣食品进入市场提供了方便。假冒伪劣食品多是地下黑窝点所生产，由于不经过严格的质量控制和检验，产品往往成本较低，很容易进入市场经营，甚至使一些食品批发市场和小商品集散地成为了这些假冒伪劣食品的集散地。这些假冒伪劣食品的经营方式有：

（1）假冒商标或产地　主要是将其他企业生产的产品通过改换商标或生产企业进行假冒。

（2）利用不合格原料生产食品　使用不符合卫生要求的原料或不符合卫生标准的添加剂加工食品。由于其价格较低，使一些见利忘义者用来生产低价格的食品进入市场，对消费者健康造成威胁。值得注意的是，有些假冒伪劣产品往往具备很美观的包装，使经营者和消费者很难区分。

（3）未经卫生和计划生育委员会审批，宣传具有保健功能　此类行为违反了我国《保健食品管理条例》对宣传具有保健功能的食品所规定的要求。有的在食品中违法添加不准用于保健食品名单中的中药，并宣称其产品具有某些功能，甚至对疾病具有治疗作用。

2. 经营过程成为非法加工食品的途径

目前，大量存在于城乡的集贸市场或食品摊贩所经营的食品是城乡消费者采购食品的主要来源之一。由于在这些经营场所同时允许进行食品加工，如水发海产品、街头食品摊贩等，从而使得他们也往往成为一些非法经营者加工、经营不合格食品的重要场所。食品在经营过程中进行重新加工，对卫生安全来说会产生很大的不确定性。

3. 经营过程对食品造成新的污染

食品的经营过程包括食品的运输、贮存、展放、传递、临时包装等过程，一些未经包装的食品在这些过程中易受容器或接触面的污染物污染。另外，对存放的温度、时间有特殊要求的食品，也会因为不适宜的温度和时间而造成微生物的生长繁殖。

（二）食品市场的卫生管理

1. 开业条件与管理的卫生要求

（1）凡进行食品生产、加工或经营的食品市场均应取得相应许可后方可开业。食品市场的经营者应当依照《食品安全法》的规定，做好食品卫生管理，保证所经营食品的卫生质量。

（2）保持食品市场的内外环境清洁，不得设置和形成可能影响食品卫生质量的污染源。食品市场内应当配备卫生保洁人员，保证市场内的环境清洁，维护市场内卫生设施与设备正常使用。

（3）食品市场应合理划定功能区域。兼有经营其他商品的集贸市场或杂货商店应当将食品经营区域与其他商品区域明显分开，不得在同一区域经营农药等有毒有害物品。市场内柜台和摊位的摆放应按照生食品与熟食品、待加工食品和直接入口食品互相分离的原则，分类、分段设定，避免交叉污染。

（4）食品市场应当具备与所经营的食品卫生要求相适应的冷藏、冷冻设备，具备给排水、采光照明、防尘、防蝇、防鼠和垃圾收集设施；市场的地面应当平整结实、易于冲洗、排水通畅。经营鲜活产品应具备能够保持产品鲜活的设施和条件。

（5）食品市场应当配备必要的快速检测设备和检测人员，对可疑受农药或其他污染物污染的蔬菜、农副产品、食品原料和食品进行快速抽样检测。

（6）食品市场应当设立食品卫生管理组织，制定食品卫生管理制度，具备与食品市场内食品生产、加工或经营数量相适应的食品卫生管理人员，负责对市场的食品卫生情况进行检查。

（7）对外承租摊位或柜台的食品市场或集贸市场举办者应对入场经营者的经营资格、条件、资信情况进行审查，建立入场经营者的诚信经营档案，并与入场经营者签订食品卫生保证协议书，约定在保证食品卫生方面的责任义务，并加强对进场交易者的食品卫生教育和管理。

2. 经营过程的卫生要求

（1）承租食品市场摊位或柜台的入场经营者应当按照《食品安全法》和本省、自治区、直辖市卫生行政部门制定的卫生许可证发放管理办法的规定，向所在卫生行政部门申请办理卫生许可证。凡从事食品生产、加工或销售非定型包装直接入口食品的，必须取得《食品卫生许可证》后方可开展经营活动，要按规定进行健康检查并接受食品卫生知识培训。

（2）销售直接入口的散装食品、定型包装食品及加工半成品的入场经营者均应向供货者索取生产者的卫生许可证及产品检验合格证或检验结果报告单。

（3）建立进出货台账制度。在台账中应注明所销售产品的来源、数量，定期查验所销售食品的保质期限，不得销售过期、变质、包装破损和其他不符合食品卫生要求的食品。

（4）在食品市场进行食品现场生产、加工的（包括半成品加工和直接入口食品的加工），还必须符合以下要求：

① 具备可封闭的独立场所，场所的大小应满足相应食品加工经营所要求的洗涤、冷藏、消毒、加工、存放和销售所需要的面积。

② 具备食品加工、经营所要求的给排水设施和洗涤、加工、冷藏和防蝇、防虫设施。

③ 加工工具及食品容器清洁卫生，食品容器存放应当设置台架，不得着地放置。

④ 从业人员必须穿戴洁净的工作衣、帽上岗，保持个人卫生，工作期间不得佩戴首饰、留长指甲和涂指甲油。

⑤ 使用新鲜和清洁，色、香、味正常的原材料，禁止在食品中添加非食品原料和非食品用添加剂。

⑥ 营业场所和周围地区的环境卫生，每日清除污水、垃圾和污物。

（5）加工直接入口的散装食品除符合上述要求外，还应符合下列卫生要求：

① 制作肉、乳、蛋、鱼或其他易引起食物中毒的食品时，应当烧熟煮透，生熟隔离；隔夜熟食品必须彻底加热后再出售。

② 散装的直接入口食品，应当有清洁外罩或覆盖物，使用的包装材料应当清洁、无毒，防止食品污染。出售散装食品必须使用专用工具取售货。

③ 具备食具清洗、消毒条件或使用一次性餐具。

④ 餐具和切配、盛装熟食品的刀、板和容器，在使用前要严格进行清洗、消毒。

（6）经营预包装食品的，所销售的食品包装、标志应当真实，符合食品标签、标志的卫生要求，不得经营未经批准宣传保健功能的食品。

（7）食品市场禁止经营不符合食品卫生要求和相关法规要求的食品，常见的不符合卫生要求的食品有：

① 用非食品原料生产的食品或者添加食品添加剂以外的化学物质的食品，或者用回收食品作为原料生产的食品。

② 致病性微生物、农药残留、兽药残留、重金属、污染物质以及其他危害人体健康的物质含量超过食品安全标准限量的食品。

③ 营养成分不符合食品安全标准的专供婴幼儿和其他特定人群的主辅食品。

④ 腐败变质、油脂酸败、霉变生虫、污秽不洁、混有异物、掺假掺杂或者感官性状异常的食品。

⑤ 病死、毒死或者死因不明的禽、畜、兽、水产动物肉类及其制品。

⑥ 未经动物卫生监督机构检疫或者检疫不合格的肉类，或者未经检验或者检验不合格的肉类制品。

⑦ 被包装材料、容器、运输工具等污染的食品。

⑧ 超过保质期的食品。

⑨ 无标签的预包装食品。

⑩ 国家为防病等特殊需要明令禁止生产经营的食品。

（三）提高食品市场食品卫生水平的措施

1. 通过提高食品的可溯源性，改善对食品生产、经营全过程的管理

食品的可溯源性，是指能够追溯一个产品最初来源的能力，是保证食品最终的卫生安全的重要手段。由于食品是直接关系到消费者健康和生命安全的特殊商品，食品市场广，使用量大，不可能在其经营的每一个阶段都对其安全性进行检验和评价，而食品在原料的种（养）殖、加工、贮存、运输、销售等每一个环节都可能受到污染，因此，提高食品的可溯源性是区分食品生产、加工、经营等不同阶段责任的一项重要手段，是保障食品卫生安全的最终目标。目前，我国《食品卫生法》对食品可溯源性的管理主要是通过食品索证来实现的，要求对重点食品（包括原料）的采购索取卫生合格证或化验单，销售者应当保证提供，具体索证的食品品种由各省、自治区、直辖市卫生行政部门确定。

2. 完善法规，加大对食品市场经营不合格食品违法者惩罚力度

按照我国现行的相关法律制度，食品经营过程中出现违法问题，首先应当追究出现问题的经营者，这样可有效避免经营中出现的一些违反《食品安全法》的现象。另外，要注意制定操作性强的执法程序和司法移送程序，以适应和加大对严重违法责任人追究违法责任的力度。

3. 加强法制宣传教育和从业人员的培训

加强对食品从业人员的宣传教育和培训是提高食品市场食品卫生问题的最根本途径，

应当通过教育和培训，提高食品市场食品生产经营者的诚信意识和自我管理水平，但这将是一个循序渐进的过程。当前应着重改进培训的方法，提高宣传培训效果，尤其是要提高食品市场中经营单位负责人的法律意识和卫生知识水平。

二、餐饮业卫生管理

（一）概述

餐饮业是指通过即时加工制作、商业销售和服务性劳动等手段，向消费者提供食品（包括饮料）、消费场所和设施的食品生产经营行业。包括餐馆、饮食店、街头小吃以及规模较大的酒楼和宾馆饭店的餐厅等。由卫生部颁布实施的《餐饮业食品卫生管理办法》是我国第一个针对餐饮业食品卫生监督管理的部门规章，该规章将企事业单位和学校的集体食堂也按照餐饮业进行管理，但没有将流动或固定方式经营的街头食品纳入管理范围。

餐饮业也是将食品原料直接加工成即食性食品并直接提供给消费者的食品生产经营方式。与西方餐饮业相比，我国传统的餐饮业在经营的食品品种、加工方式上有较大区别，煎、炒、烹、炸等加热食品占主要成分，其余是面点、汤料和冷荤、凉菜，但近年来也逐渐出现了一些西方的餐饮经营方式，而且餐饮业的经营方式上也在不断发生变化，快餐、盒饭、自助餐等方式的餐饮业经营者不断产生。随着经济水平的发展，在外就餐的消费者越来越多，餐饮业食品卫生状况也越来越受到关注。

餐饮行业历来是食物中毒和食源性疾病的高发行业。根据2001年全国发生的食物中毒情况统计，全年在餐饮业和集体食堂共发生食物中毒358起，中毒13498人，中毒的起数和人数均居食品生产经营行业的第一位（除外家庭食物中毒）。因此，如何保证餐饮业的食品安全是卫生监督管理方面一项非常重要的工作。

（二）主要卫生问题

1. 结构布局、建筑材料及卫生设施不能满足卫生操作的需要

餐饮业是一类经营方式、规模和品种差别很大的行业，其经营的品种、每餐次加工量与经营场所的大小及设施的可使用能力是否相适应，对所加工食品的卫生安全有很重要的关系。在餐饮业经营场所建筑方面，可使用面积过小、结构布局不合理、缺乏上下水以及冷藏设施不足是餐饮业在场所和设施方面经常存在的问题。

2. 原料采购和使用缺乏有效保证

餐饮业采购、使用不符合卫生要求的食品原料或食品是原料采购中的常见问题。有的餐饮业在进行食品采购时，没有相对稳定和能够保证卫生的进货渠道、采购无检验合格证明的肉类和无卫生许可证的食品都会严重影响食品的卫生安全。

3. 食品处理不符合卫生要求

（1）食品未彻底清洗　彻底清洗是去除食品原料污染的有效方式。未彻底清洗，会造成可能的化学污染物、物理性污染物残留于食品中。对于不经加热直接食用的食品还应当采取必要的消毒处理。

（2）加热不彻底　如果加热的温度不能使食品的中心温度达到65℃以上（一般要求70℃以上），就很难杀灭存在于食品上的致病菌。另外，对于剩余的食品，因致病微生物有足够时间在其中生长繁殖，故重新食用前必须再次加热。

（3）食品贮存不当　根据常见致病微生物的生长所需要的温度和时间条件，食品在

10~65℃存放很容易造成微生物的生长繁殖。理论上讲，如果污染致病菌的食物在此条件下存放超过4h，就很容易造成食物中毒。食品贮存不当的另一个常见问题是生熟食品未分开存放，或熟食品接触到已经被污染的容器或设备表面，都会导致食品的交叉污染。

4. 不注意个人卫生

个人卫生包括身体健康状况和在加工过程中做到卫生操作的习惯。带病上岗、不卫生的操作都会影响到食品的卫生质量。

5. 容器、餐具清洗消毒不彻底

未经消毒的餐具、容器会对食品造成污染。另外，餐厅的餐具在摆放后若存留时间过长，其间餐厅在清扫、保洁过程中容易对餐具造成污染，因此，摆台时间超过当次就餐时间尚未使用的应当收回保洁。

(三) 餐饮业卫生要求与监督管理

对餐饮业的基本卫生要求是：① 结构布局合理，建筑材料便于卫生清洁；② 设施、设备完备，能够满足食品的贮存、清洗、消毒、冷藏、加工、服务的需要；③ 场所环境和设备表面卫生清洁；④ 加工人员身体健康并具有良好的卫生操作习惯；⑤ 对各类食品采用正确的清洗、加工、贮存方法，防止加工不当和交叉污染；⑥ 不使用不符合卫生要求的原料；⑦ 卫生管理制度健全，加工经营过程实施规范化管理。

有关餐饮业卫生管理的重点内容如下。

1. 对场所和设施的卫生要求

(1) 提供预防性卫生审核意见以及工程竣工验收证明　依据《食品卫生法》的规定，餐饮业的建筑设计和竣工验收必须经过卫生部门的审查。许多用来进行餐饮业加工的建筑原来并不是按餐饮要求设计和建造的，因此餐饮业经营场所的建筑设计及加工流程是否符合卫生要求，对防止食品污染是非常重要的。审查时应注意餐饮经营单位所处环境应当整洁、卫生，远离废气、废水及垃圾处理场所。周围环境中不允许有适合鼠、蝇或其他有害啮齿类或昆虫繁殖的场所。

(2) 加工场所的设置、布局应能满足加工工艺和卫生要求

① 食品加工场所面积应当与食品加工量相适应：理想的加工区面积与加工量的比例应当满足以下要求，即在满足最大加工量时，加工的场地、设施仍能满足设施的清洁、足量的食品冷藏和存放场所以及留有加工人员操作活动的余地。一般要求厨房的大小（包括原料粗加工和洗涤间在内）至少应占餐厅面积的一半。厨房的最小使用面积不得小于 $8m^2$。

② 加工间布局和工作流程：在设计厨房的布局时，主要应考虑其工作流程和功能分区。对流程的要求应符合食品从高污染区→低污染区→清洁区方向流动的要求，也就是食品必须按照从粗加工区（包括洗涤区）→食品加工区→烹调区→备餐区有次序地传送。凉菜间可设在备餐区附近，食品库应靠近厨房的食品进口处。以上各功能分区应相对独立，最好用间隔墙互相间隔。食品操作间内必须统筹安排自然采光、通风、库房、通道、上下水。

(3) 厨房地面、墙壁、顶面应采用不渗水、不吸水、无毒材料，地面应有适当坡度，并在最低点设置地漏，墙壁应有 1.5m 以上采用瓷砖等防腐蚀材料装修的墙裙，顶面应在结构上减少凝结水滴落。

（4）具备食品加工、经营所要求的给排水设施和洗涤、加工、冷藏和防蝇、防虫设施。清洗、洗手、消毒、更衣等有关卫生设施和设备的安装应注意相互间留有足够的空间便于接近和进行清洁。餐饮业应设有水质达到 GB 5749—2006《生活饮用水卫生标准》要求的给水系统。

（5）经营冷荤凉菜需配备凉菜间。凉菜间应配有专用冷藏设施、洗涤消毒和符合要求的更衣设施，有专用餐具保洁柜，室内温度不得高于 25℃；用于制作裱花蛋糕的操作间应当设置空气消毒装置和符合要求的更衣设施及洗手、消毒水池。

（6）食品库房应做到阴凉、干燥、通风良好，安装可移动的纱门、纱窗防蝇，内部设计应保证食品能分类存放，离地离墙。

2．对加工过程的卫生要求

（1）场所和设备　应做到内外环境整洁；无霉斑、鼠迹、苍蝇、蟑螂；清洗、洗手、消毒、更衣、通风、防蝇、防鼠等卫生设施运转良好；经营场所禁止存放有毒、有害物品及个人生活用品。

（2）工具容器　用于原料、半成品、成品的刀、墩、板、桶、盆、筐、抹布以及其他工具、容器必须标志明显，并做到分开使用、定位存放、用后洗净、保持清洁。消毒后的餐饮具应贮存在专用保洁柜内备用。废弃物容器应加盖。

（3）加工人员　加工人员操作时应穿戴清洁工作衣帽，头发应梳理整齐并置于帽内；保持手部清洁，不留长指甲，不涂指甲油、戴戒指；不得有面对食品打喷嚏、咳嗽以及其他有碍食品卫生的行为；不得在食品加工场所和销售场所内吸烟；接触直接入口食品人员应戴口罩，经常性进行手消毒。

3．对食品加工储存的卫生监督

（1）原料、半成品、成品感官应符合相应卫生要求；无变质或超过保质期限的食品；需低温贮存食品应在冷库内存放，冷库温度符合要求。

（2）需要熟制加工的食品应当烧熟煮透，其中心温度不得低于 70℃；加工后的熟制品应当与食品原料或半成品分开存放，半成品应当与食品原料分开存放。

（3）烹饪后至食用前需要较长时间（超过 2h）存放的食品，应当在高于 60℃ 或低于 10℃ 的条件下存放；需要冷藏的熟制品，应当在放凉后再食用；凡隔餐或隔夜的熟制品必须经充分再加热后方可食用。

（4）冷荤凉菜应当由专人加工制作，非凉菜间工作人员不得擅自进入凉菜间；加工凉菜用的蔬菜、水果等食品原料必须洗净消毒，未经清洗处理的，不得带入凉菜间；制作肉类、水产品类凉菜拼盘的原料，应尽量当餐用完，剩余尚需使用的必须存放于专用冰箱内冷藏或冷冻；加工凉菜的工用具、容器必须专用，用前必须消毒，用后必须洗净并保持清洁。

（5）食品添加剂应当按照食品安全国家标准和有关规定使用。

4．对卫生管理情况的卫生监督

（1）从业人员经过健康检查和卫生知识培训，取得健康证上岗。

（2）设立食品卫生管理机构，制定食品卫生管理制度，并配备经培训的专（兼）职食品卫生管理人员。

思 考 题

1. 食品安全监督内容有哪些?
2. 狭义上食品卫生管理的内容有哪些?
3. 简述我国食品安全法律体系的构成。
4. 食品安全标准的意义有哪些?
5. 对于食品中有害物质摄入量评估的方法有哪些?
6. 食品良好生产规范（GMP）的基本内容有哪些?

第八章 食品安全性评价

第一节 概 述

一、制定毒理学安全性评价程序的意义

外来化合物的安全性是指一种化合物在规定的使用方式和用量条件下，对人体健康不致产生任何损害，即不引起急性、慢性中毒，亦不至于对接触者（包括老、弱、病、幼和孕妇）及其后代产生潜在危害。毒理学安全性评价是通过动物实验和对人群的观察，阐明某种物质的毒性及潜在的危害，对该物质能否投放市场做出取舍的决定，或提出人类安全的接触条件，即对人类使用这种物质的安全性做出评价的研究过程称为毒理学安全性评价（toxicological safety evaluation）。

对某种外来化合物进行安全性评价时，必须掌握该化合物的成分、理化性质等基本资料、动物实验资料及对人群的直接观察资料，最后进行综合评定。所谓绝对的安全实际上是不存在的。在掌握上述三方面资料的基础上，进行最终评价时，应全面权衡其利弊和实际的可能性，从确保发挥该物质的最大效益以及对人体健康和环境造成最小的危害的前提下做出结论。

20 世纪以来，随着现代工业特别是化学工业的迅猛发展，人类在日常生活和生产中接触及使用的新化学品与日俱增。但是，在目前已知的人类可能接触或销售的 500 万种化合物质中，进行了化学品毒性登记的只有 10 万余种，而其中人类经常使用或接触的化学品种类已逾 7 万种；此外，许多新化学品正以每年 1000 种的速度不断涌现。据不完全统计，我国生产的化学品约为 4000 多种。这些化合物质在影响生态环境的同时，对人类的健康也造成了严重的威胁。人类长期直接或间接地接触这些化合物质所引起的毒性以及致畸、致突变和致癌作用，越来越受到人们共同的重视和关注。因此，为防止外来化合物质对人体可能带来的有害影响，对各种已投入或即将投入生产和使用的化合物质进行毒性试验研究，据此对其做出安全性评价并提供毒理学方面的科学依据，就成为一项极为重要的任务。为便于将彼此的试验结果进行评价比较时有共同的基础，有利于推动安全性评价工作的开展，按照安全性评价对毒理学试验的最基本要求和目前技术水平的具体情况，制订一个相对统一的毒性试验的毒理学评价程序有着重要的意义。

二、毒理学的基本概念

（一）毒性（toxicity）

毒性指外来化合物能够造成机体损害的能力。毒性较高的物质，只要相对较小的数量，可对机体造成一定的损害；而毒性较低的物质，需要较多的数量，才呈现毒性。物质毒性的高低，仅具有相对意义。在一定意义上，只要到达一定的数量，任何物质对机体都具有毒性；如果低于一定数量，任何物质都不具有毒性。与机体接触的量是影响化学毒性

的关键因素。除物质与机体接触的数量外，还要考虑与机体接触的途径（胃肠道、呼吸道、皮肤或其他途径）、接触的方式（一次接触或多次接触以及每次接触时间的长短与间隔）。此外，物质本身的化学性质及物理性质都可影响物质的毒性。

（二）损害作用（adverse effect）与非损害作用（non adverse effect）

外来化合物在机体内可引起一定的生物学效应，其中包括损害作用和非损害作用。损害作用是外来化合物毒性的具体表现。毒理学的主要研究对象是外来化合物的损害作用。一般认为非损害作用所致机体发生的一切生物学变化都是暂时的和可逆的，并在机体代偿能力范围之内，不造成机体功能、形态、生长发育和寿命的改变；不降低机体维持内稳态的能力，不引起机体某种功能容量（如进食量、体力劳动负荷能力等）的降低，也不引起机体对额外应激状态代偿能力的损伤。损害作用与非损害作用相反，具有下列特点：机体的正常形态、生长发育过程受到严重的影响，寿命亦将缩短；机体功能容量或对额外应激状态代偿能力降低；机体维持内稳态能力下降；机体对其他某些因素的不利影响的易感性增高。

（三）剂量（dose）

剂量是决定外来化合物对机体损害作用的重要因素。它既可指给予机体的数量或与机体接触的外来化合物的数量，也可指外来化合物吸收进入机体的数量，以及外来化合物在关键组织、器官或体液中的浓度或含量。由于后者的测定不易准确进行，所以一般剂量的概念，即为给予机体的外来化合物数量或与机体接触的数量。表示剂量的单位是每单位体重接触的外来化合物数量，例如每千克体重 mg。不同剂量的外来化合物对机体可以造成不同性质或不同程度的损害作用。换言之，造成不同性质或程度损害作用的剂量并不一样，因此，提及剂量，还必须与损害作用的性质或程度相联系。剂量具有下列各种概念。

1. 致死量

致死量即为可以造成机体死亡的剂量。但在一个群体中，死亡个体数目的多少有很大程度的差别，所需的剂量也不一致。

2. 绝对致死量（LD_{100}）

系指能造成一群机体全部死亡的最低剂量。由于在一个群体中，不同个体之间对外来化合物的耐受性存在差异，可能有个别或少数个体耐受性过高或过低，并因此造成 LD_{100} 过多的增加或减少，所以表示一种化合物的毒性高低或对不同外来化合物的毒性进行比较，一般不用 LD_{100}，而采用半数致死量。

3. 半数致死量（half lethal dose，LD_{50}）

系指能引起一群个体 50% 死亡所需剂量。LD_{50} 数值越小，表示外来化合物的毒性越强；反之 LD_{50} 数值越大，则毒性越低。由于动物物种、品系、外来化合物与机体接触的途径和方式都可影响外来化合物的 LD_{50}，所以表示 LD_{50} 必须注明试验动物的种类和接触途径。例如：对硫磷大鼠，经口 LD_{50} 为每千克体重 13mg。此外，还应注明 95% 可信限，一般以 $LD_{50} \pm 1.96$ 标准差表示其误差范围，例如某种化合物 LD_{50} 为每千克体重 1300mg，其 95% 可信为每千克体重 1200 ~ 1492mg。与 LD_{50} 概念相同的剂量单位，还有半数致死浓度（LC_{50}），即能引起一群个体死亡 50% 所需的浓度，一般以 mg/L 表示水中外来化合物浓度，或以 mg/m³ 表示空气中外来化合物浓度。

4. 最大无作用剂量（maximal no – effect level）

在一定时间内，一种外来化合物按一定方式或途径与机体接触，根据目前认识水平，用最灵敏的试验方法和观察指标，未能观察到任何对机体的损害作用的最高剂量。

最大无作用剂量的确定系根据亚慢性毒性试验或慢性毒性试验的结果而确定的，是评定外来化合物对机体损害作用的主要依据，以此为基础可制订一种外来化合物的每日容许摄入量（acceptable daily intake，ADI）和最高允许浓度（maximal allowable concentration，MAC）。ADI 是指人类终生每日摄入该外来化合物不致引起任何损害作用的剂量，MAC 为某一外来化合物可以在环境中存在而不致对人体造成任何损害作用的浓度。

5. 最小有作用剂量（minimal effect level）

即在一定时间内，一种外来化合物按一定方式或途径与机体接触，能使某项观察指标开始出现异常变化或使机体开始出现损害作用所需的最低剂量，也可称为中毒阈剂量（toxic threshold level），或中毒阈值（toxic threshold value）。在理论上，最大无作用剂量和最小有作用剂量应该相差极微，但由于对损害作用的观察指标受此种指标观测方法灵敏度的限制，所以实际上最大无作用剂量与最小有作用剂量之间仍然有一定的差距。如果涉及外来化合物在环境中的浓度，则称为最大无作用浓度或最小有作用浓度。

（四）效应和反应

效应（effect）表示一定剂量外来化合物与机体接触后所引起的生物学变化。此种变化的程度用计量单位来表示，例如某指标变化了若干个、毫克、单位等。反应（response）是一定剂量的外来化合物与机体接触后，呈现某种效应并达到一定程度的个体数在某一群体中所占的比率，一般以% 或比值表示。

（五）剂量 - 效应关系和剂量 - 反应关系

剂量 - 效应关系是指外来化合物的剂量与个体或群体中发生的量效应强度之间的关系。剂量 - 反应关系为外来化合物的剂量与某一群体质效应的发生率之间的关系。剂量 - 效应关系（dose - effect relationship）或剂量 - 反应关系（dose response relationship）是毒理学的重要概念。机体内出现的某种损害作用，如果肯定是某种外来化合物所引起，则必须存在明确的剂量 - 效应或剂量 - 反应关系，否则不能肯定。

第二节　毒理学安全性评价程序的内容

一、毒理学安全性评价程序的运用原则

在实际工作中，对一种外来化合物进行毒性试验时，必须对各种毒性试验方法按一定顺序进行，才能达到在最短的时间内，以最经济的办法，取得最可靠的结果。因此，在实际工作中采取分阶段进行的原则，即试验周期短、费用低、预测价值高的试验先安排。

不同的评价程序对毒性试验划分的阶段性有不同的要求，有些程序要求进行人体或人群试验。如《食品毒理学安全性评价程序》明确指出毒性试验分四个阶段；《农药毒理学安全性评价程序》根据一般毒性试验和特殊毒性试验划分为四个阶段；《化妆品安全性评价程序和方法》对毒理学试验要求进行人体激发斑贴试验和试用试验等五个阶段。一般而言，投产之前，或登记、销售之前，必须进行第一、二阶段的试验。凡属我国首创的化合物质一般要求选择第一到第三阶段甚至第四阶段的某些有关项目进行测试，特别是对其

中产量较大、使用面广、接触机会较多或化学结构提示有慢性毒性、遗传毒性或致癌性可能者，必须进行全部四个阶段的试验。对于有一定毒性资料的仿制品，若生产单位能证明其产品的理化性质、纯度、杂质成分及含量均与国外原产品相似，则需经一项急性毒性试验和致突变试验进行核对，如实验结果与国外产品或文献资料一致，则一般不再继续进行试验，可参考国外有关资料或规定进行评价。如产品质量或毒理学实验结果与国外资料或产品不相同，则必须完成第一、二阶段的试验。

二、毒理学安全性评价程序的基本内容

(一) 试验前的准备

对一种外来化合物进行毒性试验前，必须掌握下列基本情况。

(1) 掌握该化合物的有关基本数据　如① 化学结构式：有时可根据化合物结构对其毒性作出初步估计，如西方和我国学者运用量子力学原理，提出几种致癌活性与化学结构关系的理论，有助于推算多环芳烃等化合物的致癌活性；② 组成成分和杂质：化合物中的杂质，特别对于低毒化合物，在动物实验中可因其中含有杂质而增加其毒性；③ 理化常数：如相对密度、沸点、熔点、水溶性或脂溶性、蒸汽压等；④ 定量测定方法等。

(2) 了解生产过程中所用的原料和中间体。

(3) 了解化合物应用情况及用量，包括人体接触化合物的途径，化合物所产生的社会效益、经济效益、人群健康效益等，这些将为毒性试验的设计和对试验结果进行综合评价及采取生产使用的安全措施提供参考。例如，对食品添加剂应掌握其加入食品中的数量；对农药应掌握施用剂量和可能在农作物的残留量；如果是环境污染物，则应掌握其在水体、空气或土壤中的含量；如果是工业毒物，则应考虑其在空气中的最大浓度。总之，对各种外来化合物都应尽量估计人体通过各种途径实际可能接触的最大剂量。

(4) 作为毒性试验的样品，应是实际生产使用的或人类实际接触的产品　要求生产工艺流程和产品成分规格必须稳定，必要时对受试样品须用紫外或红外分光光度法、气相色谱法、薄层层析等方法进行分类，取得吸收光谱或色谱测试资料，以控制样品的纯度一致性。在一般情况下，应采用工业品或市售商品，而不是纯品。如需确定毒性作用是来自该化合物本身或其所含杂质，则可采用纯品和工业品分别试验，进行比较。

(5) 选择实验动物的要求　根据微生物的控制程度，我国将实验动物分为无菌动物（以无菌技术获得，用现有的方法检不出任何微生物的动物）、无特定病原体动物（不带有指定性的致病性微生物和寄生虫的动物，即 SPF 动物）、清洁级动物（原种群为屏蔽系统中的 SPF 动物，饲养在屏蔽系统或温湿度恒定的普通设施中，其体内不带有人畜共患的传染病病原体的动物）和普通级动物（微生物、寄生虫带有情况不明确，但不能带有人畜共患的和致动物烈性传染病的病原体的动物）。毒理学试验中使用的动物，国家颁布了规范化的管理标准，规定必须使用经权威部门认证合格的试验动物。一般而言，至少应选择清洁级动物。

① 实验动物的种属：不同种属的动物对化合物的反应可能有很大的差别，最好用两种种属的动物，包括啮齿类和非啮齿类。动物种类对受试化合物的代谢方式应尽可能与人类相近：进行毒理学评价时，优先考虑哺乳类的杂食动物，如大鼠是杂食动物，食性和代谢过程与人类较为接近，对许多化合物质的毒作用比较敏感，加上具有体形小、自然寿命

不太长、价格便宜、易于饲养等特点，故在毒理学试验中，除特殊情况外，一般多采用大鼠。此外，小鼠、仓鼠（地鼠）、豚鼠、家兔、狗、猴也可供使用。对种属相同但品系不同的动物，同一种化合物有时可以引发程度不同甚至性质完全不同的反应，因此，为了减少同种动物不同品系造成的差异，最好采用纯系动物（指来自同一祖先、经同窝近亲交配繁殖至少20代以上的动物）或第一代杂交动物（指两种纯品系动物杂交后所得的第一代杂交动物）进行实验。这些动物具有稳定的遗传特性，动物生理常数、营养需要和应激反应都比较稳定，所以对外来化合物的反应较为一致，个体差异小，重复性好。

② 实验动物的性别、年龄与数量：除特殊要求外，一般对动物性别要求为雌雄各半，实验动物的年龄依试验的要求而各不相同，如急性毒性试验需选用成年动物，而亚慢性毒性实验则需选择幼年动物。实验动物的数量应满足统计学的要求。

（二）不同阶段安全性评价的毒理学项目

安全性评价首先是对化合物质进行毒性鉴定，通过一系列毒理学试验测试该化合物对实验动物的毒作用和其他特殊毒性作用，从而评价和预测对人体可能造成的危害。我国对农药、食品、化妆品、消毒产品等健康相关产品的毒理学安全性评价一般要求分阶段进行，各类物质依照的法规不同，因而各阶段的试验名称有所不同。归纳起来，完整的毒理学评价通常可划分为以下四个阶段的实验研究，并结合人群资料进行。

1. 第一阶段（急性毒性试验）

了解受试化合物的急性毒作用强度、性质和可能的靶器官，为急性毒性定级、进一步试验的剂量设计和毒性判定指标的选择提供依据。该阶段主要包括：

（1）急性毒性试验　测定经口、经皮、经呼吸道的急性毒性参数，即 LD_{50}。对化合物的毒性作出初步的估计，染毒途径的选择取决于化合物的理化性质和生产、使用过程与人体的接触途径。

（2）动物皮肤、黏膜试验　包括皮肤刺激试验、眼刺激试验和皮肤变态反应试验，化妆品毒性评价还应增加皮肤光毒和光变态反应试验。凡是有可能与皮肤或眼接触的化合物质应进行这些项目的实验。

（3）吸入刺激阈浓度试验　对呼吸道有刺激作用的外来化合物应进行本实验。

2. 第二阶段（亚急性毒性试验和致突变试验）

了解多次重复接触化合物对机体健康可能造成的潜在危害，并提供靶器官和蓄积毒性等资料，为亚慢性毒性试验设计提供依据，并且初步评价受试化合物是否存在致突变性或潜在的致癌性。

（1）30d 亚急性毒性试验或 20d 蓄积试验　以上两种试验可任选一种进行，主要了解受试化合物在体内的蓄积情况，选择何种染毒途径（口、皮、呼吸道）取决于化合物的理化特性和人体的实际接触途径；同时还应注意受损靶器官的病理组织学检查。

（2）致突变试验。

① 原核细胞基因突变实验：Ames 试验或大肠杆菌试验或枯草杆菌试验。

② 真核细胞染色体畸变实验：微核试验或骨髓细胞染色体畸变分析，如实验结果为阳性，可在下列测试项目中再选两项进行最后综合评价：DNA 修复合成试验、显性致死试验、果蝇伴性隐性致死试验和体外细胞转化试验。在我国食品和农药等安全性评价程序中，致癌危险性短期生物学筛选试验一般首选有三个实验，即 Ames 试验、小鼠骨髓嗜多

染红细胞微核试验（或骨髓细胞染色体畸变分析）和显性致死试验（或睾丸生殖细胞染色体畸变分析）。当三项试验呈阳性时，除非该化合物质具有十分重要的价值，一般应放弃继续试验；如一项阳性，再加两项补充试验仍呈阳性者，一般也应放弃。

3. 第三阶段（亚慢性毒性试验和代谢试验）

了解较长期反复接触受试化合物后对动物的毒作用性质和靶器官，评估对人体健康可能引起的潜在危害，确定最大无作用剂量的估计值，并为慢性毒性试验和致癌性试验设计提供参考依据。

（1）亚慢性毒性试验 亚慢性毒性是指人或实验动物较长时间连续接触较大剂量外来化合物所出现的中毒效应。包括90d亚慢性毒性试验和致畸试验、繁殖试验，可采用同批染毒分批观察，也可根据受试化合物的性质进行其中某一项试验。

（2）代谢试验（毒物动力学实验） 代谢试验是利用数学方法研究外来化合物进入机体的生物转运和生物转化随时间变化的规律和过程。目的是了解化合物在体内的吸收、分布和排泄速度、有无蓄积性及在主要器官和组织中的分布。

4. 第四阶段（慢性毒性试验和致癌试验）

本阶段试验包括慢性毒性试验和致癌试验，这些试验所需时间周期长，可以考虑二者结合进行。慢性毒性是指人或实验动物长期反复接触低剂量的外来化合物所出现的中毒效应。本阶段试验目的是预测长期接触可能出现的毒作用，尤其是进行性或不可逆性毒性作用及致癌作用，同时为确定最大无作用剂量和判断化合物能否应用于实际提供依据。

5. 人群接触资料

人群接触资料是受试化合物对人体毒作用和致癌危险性最直接、最可靠的证据，在化合物安全性评价中具有决定性作用。这些资料的来源有不同的方式，皮肤刺激试验的数据来自于志愿者外，人体中毒剂量和效应的材料来自于中毒事故的调查与记载可提供，另外一些资料来自于人群流行病学调查，这为安全性再评价提供了更加宝贵的资料。需注意的是应将人群接触资料因素分析与实验资料综合起来进行评价。

（三）安全性评价中需注意的问题

影响毒性鉴定和安全性评价的因素很多，进行安全性评价时需要考虑多方面因素并消除相应的干扰，尽可能科学、公正地做出评价结论。

1. 实验设计的科学性

化合物安全性评价将毒理学知识应用于卫生科学，是科学性很强的工作，也是一项创造性的劳动，因此不能以模式化对待，必须根据受试化合物的具体情况，充分利用国内外现有的相关资料，讲求实效地进行科学的实验设计。

2. 试验方法的标准化

毒理学试验方法和操作技术的标准化是实现国际规范和实验室间数据比较的基础。化合物安全性评价结果是否可靠，取决于毒理学实验的科学性，它决定了对实验数据的科学分析和判断。如何进行毒理学科学的测试与研究，要求有严格的规范操作与评价标准。这些规范与基准必须既符合毒理科学的原理，又是良好的毒理与卫生科学研究实践的总结。因此毒理学评价中各项试验方法力求标准化、规范化，并应有质量控制。现行有代表性的实验设计与操作规程是良好实验室规范（GLP）和标准操作程序。

3. 熟悉毒理学试验方法的特点

　　对毒理学实验不仅要明确每项试验的目的，还应该了解试验的局限性或难以说明的问题，以便为安全性评价做出一个比较恰当的结论。

　　4．评价结论的高度综合性

　　在考虑安全性评价结论时，对受试化合物的取舍或是否同意使用，不仅要根据毒理学试验的数据和结果，而且还应同时进行社会效益和经济效益的分析，并考虑其对环境质量和自然资源的影响，充分权衡利弊，做出合理的评价，提出禁用、限用或安全接触和使用的条件以及预防对策的建议，为政府管理部门的最后决策提供科学依据。

　　在毒理学安全性评价时，需根据受试物质的种类来选择相应的程序，不同的化合物质所选择的程序不同，一般根据化合物质的种类和用途来选择国家标准、部委和各级政府发布的法规、规定和行业规范中相应的程序。

第三节　食品毒理学安全性评价程序

一、食品毒理学安全性评价程序适用范围

　　食品毒理学安全性评价是根据一定的程序对食品所含有的某种外来化合物进行毒性实验和人群调查，确定其卫生标准，并依此标准对含有这些外来化合物的食品做出能否商业化的判断过程。不同国家所制定的食品毒理学安全性评价程序均不相同，我国原卫生部于 1994 年颁布了 GB l5193.1—1994《食品毒理学安全性评价程序和方法》，该标准规定了食品毒理学安全性评价的程序；食品毒理学安全性评价程序适用于评价食品生产、加工、保藏、运输和销售过程中使用的化学和生物物质以及在这些生产过程中产生和污染的有害物质、食物新资源及其成分和新资源食品，也适用于食品其他有害物质。

二、食品毒理学安全性评价程序对受试物的要求

　　（1）必须明确受试物（必要时包括杂质）的物理、化学性质（包括化学结构、纯度、稳定性等）。

　　（2）受试物必须是符合既定的生产工艺和配方的规格化产品，其纯度应与实际应用的相同，在需要检测高纯度受试物及其可能存在的杂质的毒性或进行特殊试验时可选用纯品；或以纯品及杂质分别进行毒性检测。

　　（3）受试物与机体接触的途径主要有经口、经皮、经呼吸道三种，在食品毒理学试验中，如无特殊说明，一般指经口途径及灌胃或喂饲。

三、食品毒理学安全性评价试验的四个阶段内容及选用原则

（一）毒理试验的四个阶段和内容

　　1．第一阶段：急性毒性试验

　　经口急性毒性，LD_{50} 联合急性毒性。

　　2．第二阶段：遗传毒性试验（致突变试验）、传统致畸试验、短期喂养试验

　　目前已有200多种致突变试验，但重要的和作为常规使用的约20种。致突变试验通

常为一组体内、外遗传毒理学试验。遗传毒理学试验的组合必须考虑：五种遗传学终点（即① DNA 完整性的改变；② DNA 重排或交换；③ DNA 碱基序列改变；④ 染色体完整性改变；⑤ 染色体分离改变）、体内体外试验、生殖细胞和体细胞、不同进化程度的生物材料相结合的原则。正因如此，在食品毒理学评价程序中明确指出，细菌回复突变试验（Ames 试验）、小鼠骨髓微核率测定或骨髓细胞染色体畸变分析、小鼠精子畸形分析或睾丸染色体畸变分析为必选项目。

（1）细菌致突变试验　鼠伤寒沙门氏菌回复突变、哺乳动物微粒体酶试验（Ames）为首选项目，必要时可另选或加选其他试验。

（2）小鼠骨髓微核率测定或骨髓细胞染色体畸变分析。

（3）小鼠精子畸形分析或睾丸染色体畸变分析。

（4）其他备选遗传毒性试验　V79/HGPRT 基因突变试验、显性致死试验、果蝇伴性隐性致死试验、程序外 DNA 修复合成（UDS）试验。

（5）传统致畸试验。

（6）短期喂养试验　30d 喂养试验。如受试物需进行第三、四阶段毒性试验者，可不进行此试验。

3．第三阶段：亚慢性毒性试验

90d 喂养试验、繁殖试验、代谢试验。

4．第四阶段：慢性毒性试验（包括致癌试验）

（二）对不同受试物选择毒性试验的原则

（1）凡属我国创新的物质一般要求进行全部四个阶段的试验，特别是对其中化学结构提示有慢性毒性、遗传毒性或致癌性可能者，或产量大、使用范围广、摄入机会多者，必须进行全部四个阶段的毒性试验。

（2）凡属与已知物质（指经过安全性评价并允许使用者）的化学结构基本相同的衍生物或类似物，则根据第一、二、三阶段毒性试验结果判断是否需进行第四阶段的毒性试验。

（3）凡属已知的化合物质，世界卫生组织已公布每日容许摄入量者，同时申请单位又有资料证明我国产品的质量规格与国外产品一致，则可先进行第一、二阶段毒性试验，如果试验结果与国外产品的结果一致，一般不要求进行进一步的毒性试验，否则应进行第三阶段毒性实验。

（4）农药、食品添加剂、食品新资源和新资源食品、辐照食品、食品工具及设备用清洁消毒剂的安全毒理学评价试验的选择原则。

① 农药：按卫生部和农业部颁发的《农药毒理学安全性评价程序》进行。对于由一种原药配制的各种商品，其中未加入其他未允许的成分时，一般不要求对各种商品进行毒性试验。凡将两种或两种以上已经国家批准使用的原药混合配制的农药或农药商品的制剂中添加了未经批准的其他具有较大毒性的化合物质作为重要成分，则应先进行急性联合毒性试验，如结果表明无协同作用，则按已颁布的个别农药的标准进行管理，并对所用的未经批准的化合物质进行安全性评价；如有协同作用，则需完成混合制品的第一、二、三阶段的毒性试验。

② 食品添加剂

　　a. 香料：鉴于食品中使用的香料品种很多，化学结构很不相同，而用量却很少，在评价时可参考国际组织和国外的资料和规定，分别决定需要进行的试验。凡属世界卫生组织已建议批准使用或已制定每日容许摄入量者，或者经香料生产者协会（FEMA）、欧洲理事会（COE）和国际香料工业组织（IOFI）几个国际组织中的两个或两个以上允许使用的，在进行急性毒性试验后，可参照国外资料或规定进行评价；凡属资料不全或只有一个国际组织批准的，则需先进行急性毒性试验和本程序所规定的致突变试验中的一项，经初步评价后，再决定是否需要进行进一步试验；凡属尚无资料可查、国际组织未允许使用的先进行第一、二阶段毒性试验，经初步评价后，决定是否需进行进一步试验；从食用动植物可食部分提取的单一组分、高纯度天然香料，如其化学结构及有关资料并未提示具有不安全性的，一般不要求进行毒性试验。

　　b. 其他食品添加剂：凡属毒理学资料比较完整，世界卫生组织已公布每日容许摄入量者或不需规定日许量者，要求进行急性毒性试验和一项致突变试验，首选 Ames 试验或小鼠骨髓微核试验；凡属有一个国际组织或国家批准使用，但世界卫生组织未公布每日容许摄入量，或资料不完整者，在进行第一、二阶段毒性试验后作初步评价，以决定是否需进行进一步的毒性试验；对于由天然植物制取的单一组分、高纯度的添加剂，凡属新品种需先进行第一、二、三阶段毒性试验，凡属国外已批准使用的则需进行第一、二阶段毒性试验。

　　c. 进口食品添加剂：要求进口单位提供毒理学资料及出口国批准使用的资料，由省、直辖市、自治区一级食品卫生监督检验机构提出意见报卫生和计划生育委员会食品卫生监督检验所审查后决定是否需要进行毒性试验。

　　③ 食品新资源和新资源食品：食品新资源及其食品原则上应进行第一、二、三个阶段毒性试验，以及必要的人群流行病学调查，必要时应进行第四阶段试验。若根据有关文献资料及成分分析，未发现有毒或虽有毒但用量甚少，不至构成对健康有害的物质，以及较大数量人群有长期食用历史而未发现有害作用的天然动植物（包括作为调料的天然动植物的粗提制品），可以先进行第一、二阶段毒性试验，经初步评价后，决定是否需要进行进一步的毒性试验。

　　④ 辐照食品：按《辐照食品卫生管理办法》要求提供毒理学试验资料。

　　⑤ 食品工具设备用清洗消毒剂：按原卫生部颁发的《消毒管理办法》进行。

第四节　食品毒理学安全性评价试验

一、急性毒性试验

　　急性毒性（acute toxicity）是指机体（人或实验动物）一次接触或 24h 内多次接触外来化合物后在短期（最长到 14d）内所发生的毒性效应，包括一般行为、外观改变、大体形态变化以及死亡效应。

（一）目的和参数

　　（1）测试和求出外来化合物对一种或几种实验动物的半数致死量以及其他的急性毒性参数，了解急性毒作用强度。

（2）通过观察动物中毒表现和死亡的情况，了解急性毒作用性质、可能的靶器官和致死原因，提供外来化合物的急性中毒资料，初步评价对人体产生损害的危险性。

（3）探求外来化合物急性毒性的剂量－反应关系，为进一步毒理学试验的染毒剂量设计提供参考依据。

（4）所得结果可作为外来化合物分级基础。

在实际工作中，衡量和比较不同外来化合物急性毒性的尺度是采用统一的急性毒性参数。最常用的是半数致死量（LD_{50}）。急性毒性试验的主要内容之一是求外来化合物的LD_{50}，它是比较不同外来化合物急性毒性大小的重要基础。

（二）急性毒性试验设计

1. 实验动物

一般分别用两种性别的成年小鼠和大鼠，小鼠体重为$18 \sim 22g$，大鼠体重为$180 \sim 220g$。一批实验动物体重变异范围不应超过该批动物平均体重的20%。如对一种受试物的毒性已有一定的了解，则应选择敏感动物进行试验。如黄曲霉毒素的毒性试验应选择鸭雏，而氰化物则用鸟类。如果在预试验时发现外来化合物对雌、雄动物毒效应的敏感性有明显差异，则应单独分别求出雌性与雄性动物各自的LD_{50}。

2. 动物分组和剂量设计

常用计算LD_{50}的方法有：霍恩氏（Horn）法、寇氏（Karber）法和概率单位法。不同的方法对动物分组和剂量设计的要求不同。

在设计剂量时有两种预试方式：

1）有相关毒性资料可供参考者　先查阅文献，找出与受试物结构与理化性质近似的化合物的毒性资料，并以文献资料中相同的动物种系和相同接触途径所测得的LD_{50}（LC_{50}）值作为受试化合物的预期毒性中值。设定以此预期值作为待测化合物的中间剂量组，并在该剂量的上下各设计$1 \sim 2$个剂量组作为预试验剂量。每个剂量组间的组距可以大些，以便寻找出受试物的致死剂量范围。每组剂量间一般呈等比数级。

2）没有毒性资料可供查阅者　在完全没有毒性资料参考的情况下，一种备受推荐的方法是进行最大耐受量试验。该法多被用于食品、日用化学品等一些被视为毒性很低的化合物质的毒性鉴定。食品的急性毒性分级规定经口途径最大耐受量为$15g/kg$。如果外来化合物经最大耐受量试验没有发现任何动物死亡和中毒症状，则不必做进一步的毒性试验，认为该物质实际无毒；如果最大耐受量试验发现动物死亡和中毒症状，则必须继续寻找该化合物的致死剂量范围。

通过以上预试方法找出受试物的大致致死范围后（即死亡率从0%～10%至90%～100%），即可设计正式试验的剂量和分组。将动物进行随机分组，每组按设计剂量灌胃染毒。染毒前禁食，以免胃内残留食物对外来化合物毒性产生干扰；染毒后继续禁食$3 \sim 4h$，自由饮水。

3. 症状观察

观察实验动物接触外来化合物的中毒症状是了解该化合物急性毒性十分重要的一环，是补充LD_{50}这个参数不足的重要方面。故应进行详细的观察。观察指标主要有：中毒症状及症状出现时间、死亡数及死亡时间、非死亡动物的症状恢复时间，对死亡动物可做大体解剖。

（三）急性毒性评价

为了评价外来化合物急性毒性的强弱及其对人类的潜在危害程度，当前各国依据 LD_{50} 参照相应的急性毒性分级标准来评价外来化合物的急性毒性。我国 1994 年颁布的 GB 15193.1—1994《食品毒理学安全性评价程序和方法》中提出了急性毒性分级的六级标准（表 8-1）。

表 8-1	急性毒性（LD_{50}）剂量分级	
级别	大鼠口服 LD_{50}/（mg/kg）	相当人的致死量/（g/人）
极毒	<1	0.05
剧毒	1~50	0.5
中等毒	51~500	5
低毒	501~5000	50
实际无毒	5001~15000	500
无毒	>15000	2500

二、急性联合毒性试验

两种或两种以上的受试物同时存在时，可能发生作用之间的颉颃，相加或协同三种不同的联合方式。所谓颉颃作用是指各种化合物质在体内交互作用的总效应低于各个化合成分单独效应的总和。相加作用是指交互作用的各种化合物质对机体产生的总效应等于各个化合成分单独效应的总和。协同作用是指各种化合物质交互作用结果引起毒性增强，即其联合作用所发生的总效应大于各个化合成分单独效应的总和。测定急性联合毒性时，先分别测定单个受试物 LD_{50}，再按各受试物的 LD_{50} 值的比例配制等毒性的混合受试物，测定混合物的 LD_{50}，最后按比值判断作用方式。

三、鼠伤寒沙门菌回复突变试验（Ames 试验）

鼠伤寒沙门菌回复突变试验是遗传毒理学体外试验，遗传学终点是基因突变，用于检测受试物能否引起鼠伤寒沙门氏菌基因组碱基置换或移码突变。

（一）原理

鼠伤寒沙门菌的突变型菌株（组氨酸缺陷型）在无组氨酸的培养基上不能生长，在有组氨酸的培养基上可以正常生长。致突变物可使沙门菌突变型回复突变为野生型，因而在无组氨酸培养基上也能生长。故可根据无组氨酸的培养基上菌落的生成数量，检查受试物是否为致突变物。对于间接致突变物，可用经多氯联苯诱导的大鼠肝匀浆制备的外来化合物代谢酶混合液（S9）作为代谢活化系统。

（二）试验方法

鉴定菌株基因型后，在营养肉汤培养基中 37℃进行增菌培养 10h 至 $(1~2)×10^9$ 活菌数/mL，在顶层培养基（含组氨酸）中加入 0.1mL 菌液及受试物（最高剂量为 5mg/平皿，最低剂量为 0.2μg/平皿，设 4 个剂量组），混匀，倾入底层培养基（不含组氨酸），37℃培养 48h，观察菌落生长数。

(三) 结果判断

受试回变菌落数增加一倍以上，且具有剂量反应关系或在某一测试点有可重复的并有统计学意义的阳性反应，即可认为该受试物为诱变阳性。

四、小鼠骨髓细胞微核试验

(一) 原理

微核试验是用于染色体损伤和干扰细胞有丝分裂的外来化合物的快速检测方法。微核是指存在于细胞中主核之外的一种颗粒，大小相当于细胞直径的 $1/20 \sim 1/5$，呈圆形或杏仁状，其染色与细胞核一致，在间期细胞中可出现一个或多个。一般认为微核是细胞内染色体断裂或纺锤丝受影响而在细胞有丝分裂后期滞留在细胞核外的遗传物质。所以，微核试验能检测外来化合物或物理因素诱导产生的染色体完整性改变和染色体分离改变这两种遗传学终点。小鼠骨髓细胞微核试验是以小鼠骨髓嗜多染红细胞为观察对象的遗传毒理学体内试验。

(二) 试验方法

1. 实验动物

小白鼠是微核试验的常规动物，也可选用大白鼠。通常用 $7 \sim 12$ 周龄、体重 $25 \sim 30g$ 的小鼠或体重 $150 \sim 200g$ 的大鼠。每组用两种性别的动物至少各 5 只。

2. 动物分组和剂量设计

原则上以动物出现严重中毒症状和/或个别动物出现死亡为最高剂量，一般可取 $1/2LD_{50}$。以下设 $3 \sim 5$ 个剂量组。另设溶剂对照组和阳性对照组。受试物经口染毒，连续两天，第二次染毒后 6h 颈椎脱臼处死动物。阳性对照物可用环磷酰胺 $40mg/kg$ 体重经口给予。

3. 制片

取胸骨或股骨骨髓液制成微核涂片。涂片经固定、染色处理后，在油镜下观察并计数嗜多染红细胞的微核率。

(三) 结果判断

试验组的微核率与对照组微核率进行统计学分析，差异具有统计学意义者即为阳性致突变物。

五、骨髓细胞染色体畸变分析

(一) 原理

染色体是细胞核中具有特殊结构和遗传功能的小体，当化合物质作用于细胞周期 G1 和 S 期时，诱发染色体畸变，而作用于 G2 期时则诱发染色单体型畸变。给试验的大、小白鼠腹腔注入秋水仙素，抑制细胞分裂时纺锤体的形成，以便增加中期分裂相细胞的比例，并使染色体丝缩短、分散，轮廓清晰，在显微镜下观察染色体数目和形态。

(二) 试验方法

1. 试验动物

健康成年大、小鼠。

2. 动物分组和剂量设计

动物随机分为三组，每组至少 10 只，雌雄各半。剂量可为 1/4、1/8、1/16LD$_{50}$经口给予，连续 2~4d，在末次给药后 18~24h 颈椎脱臼取材。处死动物前 2~4h 腹腔注射秋水仙素。

3. 取材与制片

冲洗股骨骨髓液，经低渗、固定后，将骨髓细胞悬液滴于冰片上，自然风干后，染色，在显微镜下阅片。

（三）统计观察

染色体数目和形态的变化，并进行统计学处理。

六、小鼠精子畸形试验

（一）原理

小鼠精子畸形受基因控制，具有高度遗传性，许多常染色体及 X、Y 性染色体基因直接或间接地决定精子形态。精子的畸形主要是指形态的异常，已知精子的畸形是决定精子形成的基因发生突变的结果，因此形态的改变提示有关基因及其蛋白质产物的改变。小鼠精子畸形试验对已知的生殖细胞致突变物有高度敏感性，故本试验可用作检测受试物在体内对生殖细胞的致突变作用。

（二）试验方法

1. 试验动物

6~8 周龄（体重 25~35g）雄性小鼠。

2. 动物分组和剂量设计

设一个阴性对照（溶剂）组、一个阳性对照组及三个试验组，每组至少有 5 只动物。阳性物可采用环磷酰胺 40~60mg/（kg·d），最高剂量可取最大耐受量，或分别取 1/2、1/4 和 1/8LD$_{50}$作为剂量组。经口给予，给受试物后的第 35d 用颈椎脱臼法处死小鼠。

3. 制片

取出二侧副睾制成精子涂片，经固定，染色后进行镜检，观察并记数精子畸形率。

（三）结果判断

试验组的精子畸形率与对照组精子畸形率进行统计学分析，差异具有统计学意义者即为阳性致突变物。

七、致 畸 试 验

（一）目的

致畸试验是通过在致畸敏感期（器官形成期）对妊娠动物染毒，在妊娠末期观察胎仔有无发育障碍与畸形来评价受试物，包括在我国生产和销售的一切食品原料及食品用产品的致畸性评价。

（二）试验方法

1. 试验动物

常用试验动物为大鼠、小鼠和家兔。传统致畸应选健康性成熟（90~100d）雌、雄大鼠，雌性应为未交配过的大鼠 80~90 只，雄性 40~50 只。

2. 动物分组和剂量设计

设一个空白对照，3 个试验组，一个阳性对照组，每组至少 12 只孕鼠。试验组剂量可采用 1/4、1/16、1/64LD$_{50}$。常用阳性对照物为维生素 A（25000 ～ 40000IU/只动物）。通过观察阴栓在确认动物受孕后，在受孕的第 7 ～ 16d，孕鼠每天经口给予受试物。

3. 孕鼠处死和检查

大鼠于妊娠的第 20d，小鼠则于妊娠的第 18d 处死，剖腹取出子宫，称重，记录并检查黄体数、胚胎着床数，以及早期吸收胎、迟死胎及活胎数。

4. 测量活胎鼠身长、尾长，检查外观、内脏、骨骼有无畸形

(三) 结果评定

通过计算致畸指数以比较不同有害物质的致畸强度。致畸指数 = 雌鼠 LD$_{50}$/最小致畸剂量。致畸指数 10 以下为不致畸，10 ～ 100 为致畸，100 以上为强致畸。

八、30d 和 90d 喂养试验

(一) 目的

当评价某受试物的毒性特点时，在了解受试物的纯度、溶解特性、稳定性等理化性质的前提下，并通过急性毒性试验及遗传毒性试验取得有关毒性的初步资料之后，可进行 30d 或 90d 喂养试验，以提出较长期喂饲不同剂量受试物对动物引起有害效应的剂量、毒作用性质和靶器官，估计亚慢性摄入的危险性。90d 喂养试验所确定的最大无作用剂量可为慢性毒性试验的剂量选择和观察指标提供依据。当最大无作用剂量达到人可能摄入量的一定倍数时，则可以此为依据外推到人，为确定人食用的安全剂量提供依据。

此试验方法适用于食品添加剂、食品包装材料、饮料、微量元素、新资源食品等。

(二) 试验方法

1. 动物的选择

选择急性毒性试验已证明为对受试物敏感的动物种属和品系，一般选用雌、雄两种性别的断乳大鼠。

2. 动物分组和剂量设计

至少应设三个剂量组和一个对照组。每个剂量组至少 20 只动物，雌、雄各 10 只。剂量的选择原则上高剂量组的动物在喂饲受试物期间应当出现明显中毒症状但不造成死亡（可为 1/10 ～ 1/4LD$_{50}$）；低剂量组不引起毒作用（至少是人可能摄入量的 3 倍），确定出最大无作用剂量。在此二剂量间再设一至几个剂量组，以期获得比较明确的剂量 - 反应关系。给予受试物的方式一般采用混于饲料中喂养，时间为 30d 或 90d。

3. 观察指标

包括动物一般状况观察（如体重、食欲等）、血液学检查、病理组织学检查等。

(三) 结果判断

对各项指标进行统计学处理。

九、繁 殖 试 验

(一) 目的

评价受试物对亲代生殖和后代的发育与生殖的影响等一系列环节。它的依据是生殖细

胞、孕体以及幼年动物对外来化合物往往比较敏感。可用于检测那些人类长期或多世代与之接触的外来化合物，如食品添加剂、食品和饮水污染物等。繁殖试验有两代繁殖试验和三代繁殖试验。

(二) 试验方法

1. 动物和观察代数

一般采用大鼠，每组雌鼠为 20 只、雄鼠 10 只 (或 20 只)。观察代数随受检目的而异，可作一代、二代、三代或多代观察。

2. 动物处理

设对照组、低剂量组 (可按最大无作用剂量的 1/30 或可能摄入量的 100 倍)、高剂量组 (为最大耐受量或有胚胎毒性的阈剂量)。受试物加入饲料或饮水中，亲代和子代雌雄鼠均在断乳后 3 个月接受相同剂量的饲料和饮水。3 个月后雌雄交配，受孕后孕鼠继续接触受试物至分娩。一部分孕鼠在孕 20d 处死以观察有无畸形，一部分孕鼠自然分娩。

3. 观察指标

一般健康状况 (包括体重、进食量、死亡情况、产仔总数、宫重及平均仔重)、受孕率、妊娠率、哺乳存活率 (4d、21d 存活) 及胎儿是否出现畸形。

受孕率 (%) = 怀孕动物数交配雌性动物数×100

妊娠率 (%) = 分娩活体的动物数/怀孕动物数×100

出生存活率 (%) = 产后 4d 仔鼠存活数/出生时活仔数×100

哺乳存活率 (%) = 21d 断乳时仔鼠存活数/出生 4d 后仔鼠存活数×100

(三) 结果判断

对各项指标进行统计学处理。

十、代 谢 试 验

(一) 原理及目的

受试物在体内可发生一系列复杂的生化变化。受试物经胃肠道吸收后通过血液转运到全身各组织器官，再经过生物转化生成代谢产物，原形物由各种途径排出体外。因此，受试物原形物在体内逐渐被代谢降解而其代谢产物不断生成。代谢试验通过测定灌胃后不同时间内受试物原形物或其代谢物在血液、组织或排泄物中的含量，以了解该受试物在动物体内的毒物代谢动力学特征，包括吸收、分布、消除的特点，组织蓄积及可能作用的靶器官等，根据数学模型求出各项毒物的代谢动力学参数，同时采用分离纯化方法确定主要代谢产物的化学结构，测试其毒性，并推测受试物在体内的具体代谢途径。通过本实验的观察，对受试物在体内的生物转运和生物转化过程可做出正确评价，为阐明该受试物的毒作用性质与程度提供科学依据。

(二) 试验方法

1. 动物

一般选用两种性别、体重为 22~28g 成年小鼠或 170~200g 大鼠；灌胃给药。

2. 剂量

选用低于最大无作用剂量，需要时可用高、低两种剂量；可单次或多次给药。

3. 试验项目

进行代谢试验前，需建立测定生物样品中受试物含量的微量化学分析方法或标记受试物的同位素示踪方法。测试血浆、胃肠道、主要器官和组织、尿、粪排泄物、胆汁排泄物中受试物含量或放射性水平，并采用有关分析手段如色谱、质谱及红外光谱等分析受试物在体内的生物转化产物。

（三）结果判断

（1）根据吸收速率、组织分布及排泄情况，估计受试物在体内的代谢速率及蓄积性。

（2）根据主要代谢产物的结构及性质，推断受试物在体内的可能代谢途径以及有无毒性代谢物的产生情况。

十一、慢性毒性和致癌试验

（一）目的

慢性毒性是指人或实验动物长期（甚至终生）反复接触低剂量的外来化合物所产生的毒性效应，尤其是进行性和不可逆毒性作用及肿瘤疾患。研究慢性毒性作用可通过慢性毒性试验进行，该试验的目的是了解经长期接触受试物后出现的毒性作用（包括致癌作用），阐明外来化合物慢性毒作用的性质、靶器官和中毒机制，最后确定最大无作用剂量，为制定化合物质的人类接触安全限量标准如最高容许浓度和每日容许摄入量以及进行危险度评定提供毒理学依据，为受试物能否应用于食品的最终评价提供依据。

（二）试验方法

1. 实验动物

一般用雌、雄两性断乳大鼠或小鼠，对活性不明的受试物，则采用两种性别的啮齿类和非啮齿类动物，最大限度地控制实验动物的自然肿瘤发生率。一般实验组可分为 3～5 组，要求最高剂量组的剂量能引起最小毒性但不影响其正常生长、发育和寿命，试验组的剂量可按几何级数或其他规律划分，对照组除不给予受试物外其他条件均与实验组相同。每组至少 50 只动物，雌雄各半，以喂饲方式接触受试物，严格控制饲料中其他因素的干扰。一般情况下，致癌试验试验期小鼠为 18 个月，大鼠为 24 个月。

2. 试验动物的观察与检测

包括一般观察、血液学检查、病理检查。

（三）结果判断

对各项指标需进行统计学分析。

第五节 食品毒理学安全性评价试验结果的判定

一、各项毒理学试验结果的判定

1. 急性毒性试验

如 LD_{50} 小于人的可能摄入量的 10 倍，则放弃该受试物用于食品，不再继续其他毒理学试验；如大于 10 倍者，可进入下一阶段毒理学试验；凡 LD_{50} 在人的可能摄入量的 10 倍左右时，应进行重复试验，或用另一种方法进行验证。

2. 遗传毒性试验

根据受试物的化学结构、理化性质以及对遗传物质作用终点的不同，并兼顾体外和体内试验以及体细胞和生殖细胞的原则，在上述所列的遗传毒性试验中选择四项试验，根据以下原则对结果进行判断。

（1）如其中三项试验为阳性，则表示该受试物很可能具有遗传毒性作用和致癌作用。一般应放弃该受试物应用于食品，无须进行其他项目的毒理学试验。

（2）如其中两项试验为阳性，而且短期喂养试验显示该受试物具有显著的毒性作用，一般应放弃该受试物用于食品；如短期喂养试验显示有可疑的毒性作用，则经初步评价后，根据受试物的重要性和可能摄入量等综合权衡利弊再做出决定。

（3）如其中一项试验为阳性，则再从上述其他备选遗传毒性试验中选两项遗传毒性试验。如再选的两项为阳性，则无论喂养试验和传统致畸试验是否显示有毒性与致畸作用，均应放弃该受试物用于食品；如有一项试验为阳性，而在短期喂养试验和传统致畸试验中未见有明显毒性与致畸作用，则可进入第三阶段。

（4）如四项试验均为阴性，则可进入第三阶段毒性试验。

3. 短期喂养试验

在只要求进行两阶段毒性试验时，若短期喂养试验未发现有明显毒性作用，综合其他各项试验即可做出初步评价；若试验中发现有明显毒性作用，尤其是有剂量－反应关系时，则考虑进一步的毒性试验。

4. 90d 喂养试验繁殖试验、传统致畸试验

根据这三项试验中所采用的最敏感指标所得的最大无作用剂量进行评价，原则是：最大无作用剂量小于或等于人的可能摄入量的 100 倍者表示毒性较强，应放弃该受试物用于食品；最大无作用剂量大于 100 倍而小于 300 倍者，应进行慢性毒性试验；大于或等于 300 倍者，则不必进行慢性毒性试验，可进行安全性评价。

5. 慢性毒性试验（包括致癌试验）

根据慢性毒性试验所得的最大无作用剂量进行评价，原则是：最大无作用剂量小于或等于人的可能摄入量的 50 倍者，表示毒性很强，应放弃该受试物用于食品；最大无作用剂量大于 50 倍而小于 100 倍者，经安全性评价后，决定该受试物可否用于食品；最大无作用剂量大于或等于 100 倍者，则可考虑使用于食品。

6. 试验及安全评价

新资源食品、复合配方的饮料等在试验中，试样的最大加入量（一般不超过饲料的5%）或液体试样最大可能的浓缩物加入量仍不能达到最大无作用剂量为人的可能摄入量的规定倍数时，则可以综合其他毒性试验结果和实际食用或饮用量进行安全性评价。

二、食品毒理学安全性评价时需要考虑的因素

（1）人的可能摄入量　除一般人群的摄入量外，还应考虑特殊和敏感人群（如儿童、孕妇及高摄入量人群）。

（2）人体资料　出于存在着动物与人之间的种族差异，在将动物试验结果推论到人时，应尽可能收集人群接触受试物后反应的资料，如职业性接触和意外事故接触等。志愿受试者体内的代谢资料对于将动物试验结果推论到人具有重要意义，在确保安全的条件下，可以考虑按照有关规定进行必要的人体试食试验。

（3）动物毒性试验和体外试验资料　本程序所列的各项动物毒性试验和体外试验系统虽然仍有待完善，却是目前水平下所得到的最重要的资料，也是进行评价的主要依据。在试验得到阳性结果，而且结果的判定涉及受试物能否应用于食品时，需要考虑结果的重复性和剂量–反应关系。

（4）由动物毒性试验结果推论到人时，鉴于动物、人的种属和个体之间的生物特性差异，一般采用安全系数的方法，以确保对人的安全性。安全系数通常为100倍，但可根据受试物的理化性质、毒性大小、代谢特点、接触的人群范围、食品中的使用及使用范围等因素，综合考虑增大或减小安全系数。

（5）代谢试验的资料　代谢研究是对化合物质进行毒理学评价的一个重要方面，因为不同化合物质剂量大小，在代谢方面的差别往往对毒性作用影响很大。在毒性试验中，原则上应尽量使用与人具有相同代谢途径和模式的动物种系来进行试验。研究受试物在实验动物及人体内吸收、分布、排泄和生物转化方面的差别，对于将动物试验结果比较正确地外推到人具有重要意义。

（6）综合评价　在进行最后评价时，必须在受试物可能对人体健康造成的危害以及其可能的有益作用之间进行权衡。评价的依据不仅是科学试验资料，而且与当时的科学水平、技术条件以及社会因素有关。因此，随着时间的推移，很可能结论也不同。随着情况的不断改变、科学技术的进步和研究工作的不断进展，对已通过评价的化合物质需进行重新评价并做出新的结论。

对于已在食品中应用了相当长时间的物质进行接触人群的流行病学调查具有重大意义，但往往难以获得剂量–反应关系方面的可靠资料，特别是对于新的受试物质，只能依靠动物试验和其他试验研究资料。而且，即使有了完整和详尽的动物试验资料和一部分人类接触者的流行病学研究资料，由于人类的种族和个体差异，也很难做出能保证每个人都安全的评价，所谓绝对的安全实际上是不存在的。因此，在进行最终评价时，应全面权衡和考虑实际可能，在确保发挥受试物的最大效益的同时，以对人体健康和环境造成最小危害为前提而做出结论。

思 考 题

1. 进行食品安全性评价时需要考虑的因素有哪些？
2. 试述食品安全综合评价指标体系的建立步骤和评价方法。

参 考 文 献

[1] 上海市食品生产经营人员食品安全培训推荐教材编委会组编. 食品安全就在您的手中 [M]. 上海：上海科学技术出版社，2008.

[2] 曾佑新，刘海燕. 食品物流管理 [M]. 北京：化学工业出版社，2007.

[3] 夏延斌，钱和. 食品加工中的安全控制 [M]. 北京：中国轻工业出版社，2005.

[4] 何计国，甄润英. 食品卫生学 [M]. 北京：中国农业大学出版社，2003.

[5] 食品卫生学编写组. 食品卫生学 [M]. 北京：中国轻工业出版社，2008.

[6] 钟耀广. 食品安全学 [M]. 北京：化学工业出版社，2005.

[7] 曹小红. 食品安全与卫生 [M]. 北京：科学出版社，2006.

[8] 高永清，吴小南，蔡美琴. 营养与食品卫生学 [M]. 北京：科学出版社，2008.

[9] 蔡美琴. 食品安全与卫生监督管理 [M]. 上海：上海科学技术出版社，2005.

[10] 蔡同一. 食品卫生监督管理与执法全书 [M]. 北京：中国环境科学出版社，1999.

[11] 陈炳卿，刘志诚，王茂起. 现代食品卫生学 [M]. 北京：人民卫生出版社，2001.

[12] 邓晶，杨仕贵，崔威武等. 浙江省首例人感染高致病性禽流感病例的流行病学调查 [J]. 中华流行病学杂志，2006，27（12）：1099.

[13] 邓平建. 转基因食品食用安全性和营养质量评价及验证 [M]. 北京：人民卫生出版社，2003.

[14] 郭俊生. 现代营养与食品安全学 [M]. 上海：第二军医大学出版社，2006.

[15] 郝利平，夏延斌，陈永泉等. 食品添加剂 [M]. 北京：中国农业大学出版社，2002.

[16] 胡勇军，欧柏青. 毒蕈中毒4例报道 [J]. 医学临床研究，2007，24（3）：523～524.

[17] 黄靖芬，李来好，陈胜军等. 烟熏食品中苯并（a）芘的产生机理及防止方法 [J]. 现代食品科技，2007，23（7）：67～70.

[18] 江燕. 烟熏肉制品中的多环芳烃 [J]. 肉类工业，2007，（12）：44～45.

[19] 李勇. 营养与食品卫生学 [M]. 北京：北京大学医学出版社，2005.

[20] 刘清术，刘前刚，陈海荣等. 生物农药的研究动态、趋势及前景展望 [J]. 农药研究与应用，2007，11（1）：17～23.

[21] 刘庆堂，职爱民，邓瑞广等. 磺胺类药物在饲料和畜产品中的残留、危害与检测 [J]. 饲料工业，2007，28（17）：33～35.

[22] 刘树兴，李宏梁，黄峻榕. 食品添加剂 [M]. 北京：中国石油化工出版社，2001.

[23] 刘秀梅，陈艳，樊永祥等. 2003年中国食源性疾病暴发的监测资料分析 [J]. 卫生研究，2006，35（2）：201～204.

[24] 史贤明. 食品安全与卫生学 [M]. 北京：中国农业出版社，2003.

[25] 孙长颢. 营养与食品卫生学 [M]. 第6版. 北京：人民卫生出版社，2007.

[26] 王颖, 李洁, 陈敏等. 李斯特菌食物中毒的流行现况及其对策 [J]. 上海预防医学杂志, 2000, 30 (4): 193~194.

[27] 吴坤. 营养与食品卫生学 [M]. 第5版. 北京: 人民卫生出版社, 2003.

[28] 吴娟, 王明林, 李艳霞等. 我国食品中农药残留限量标准现状分析 [J]. 世界标准化与质量管理, 2006, (2): 54~57.

[29] 吴永宁. 现代食品安全科学 [M]. 北京: 化学工业出版社, 2003.

[30] 张有林. 食品科学概论 [M]. 北京: 科学出版社, 2006.

[31] David McSwnae. 吴永宁译. 食品安全与卫生基础 [M]. 北京: 化学工业出版社, 2006.

[32] 丁晓雯, 柳春红. 食品安全学 [M]. 北京: 中国农业大学出版社, 2011.

[33] 张晓莺, 殷文政. 食品安全学 [M]. 北京: 科学出版社, 2012.

[34] 魏益民. 食品安全学导论 [M]. 北京: 科学出版社, 2009.

[35] 李蓉. 食品安全学 [M]. 北京: 中国林业出版社, 2009.

[36] 纵伟. 食品卫生学 [M]. 北京: 中国轻工业出版社, 2011.